架子工实用技术手册

主编　叶　刚

金盾出版社

内 容 提 要

本书主要内容包括：脚手架施工基础，架子工识图基础，建筑力学基本知识，扣件式钢管脚手架，门式钢管脚手架，碗扣式钢管脚手架，不落地式脚手架，其他脚手架，安全生产基本知识，施工方案的编制及班组管理，脚手架工程常用数据等。

本书可作为架子工施工指导用书，也可作为架子工上岗培训、评工考级及技工学校、职业高中和培训机构的专业教材，也可供建筑施工企业安全管理人员参考使用。

图书在版编目(CIP)数据

架子工实用技术手册/叶刚主编．—北京：金盾出版社，2016.1(2017.5 重印)

ISBN 978-7-5082-8533-7

Ⅰ.①架… Ⅱ.①叶… Ⅲ.①脚手架—工程施工—技术手册 Ⅳ.①TU731.2-62

中国版本图书馆 CIP 数据核字(2013)第 149724 号

金盾出版社出版、总发行

北京太平路 5 号(地铁万寿路站往南)

邮政编码:100036 电话:68214039 83219215

传真:68276683 网址:www.jdcbs.cn

封面印刷:北京印刷一厂

正文印刷:北京万博诚印刷有限公司

装订:北京万博诚印刷有限公司

各地新华书店经销

开本:850×1168 1/32 印张:15.25 字数:395 千字

2017 年 5 月第 1 版第 2 次印刷

印数:3 001～6 000 册 定价:49.00 元

前 言

建筑脚手架对于建筑施工具有举足轻重的作用，无论结构施工还是室内外装饰施工都离不开各种脚手架。脚手架的搭设质量对施工人员的人身安全、工程进度、工程质量有直接的关系。据统计，脚手架上的事故如能控制，则高处坠落事故可以大幅下降。脚手架不仅是施工作业中必不可少的手段和设备，而且占用着施工企业的流动资金，其使用与管理是建筑企业工程管理的重要部分。

本书的前身是金盾出版社 1996 年出版的《架子起重工基本技术》，此书累计印数已达 7 万册，受到广大读者的欢迎和社会的好评。

随着“一带一路”的建设，建筑业得到了很大的发展，脚手架工程的新材料、新技术、新工艺不断出现，同时国家对职业技能岗位又有所调整，为此，编者在原《架子起重工基本技术》的基础上删除了有关起重吊装的内容，并根据最新的脚手架施工安全技术规范，结合近年来成功的施工经验编写成此书，其特点如下。

1. 标准法规新

本书以《建筑施工扣件式钢管脚手架安全技术规范》（JGJ 130—2011）、《建筑施工门式钢管脚手架安全技术规范》（JGJ 128—2010）、《建筑施工碗扣式钢管脚手架安全技术规范》（JGJ 166－2008）为主，结合国家有关安全生产的最新法规及近年来建筑施工现场的实际情况，对施工建设有较好的指导作用。

2. 很强的针对性和实用性

编写人员具有丰富的现场施工经验，对架子工程的操作人员与设备现状比较了解，所以精选的内容简明扼要，有很强的针对性和实用性。

3. 始终贯彻“安全第一、预防为主”的方针

本书以施工人员的人身安全为主线，在各种脚手架的搭设与拆除过程中，特别强调保护操作人员的安全，同时，介绍了安全事故发生后的应急方案和现场处理方法。建筑施工现场了解这些知识十分必要。

4. 资料详实、图文并茂，方便查询

本书内容全面、条理清晰、主次分明、详实易懂，最大限度地满足了现场作业人员对施工技术知识的需求，是一本实用方便的工具书。

本书在编写过程中得到了北京城建集团较多施工单位和施工人员的支持和帮助，参考并引用了有关部门、单位和个人的有关文献、专著和资料，在此一并表示深深的感谢。

本书由叶刚主编，张颖、刘卫东、刘国民、叶昕、杨柳、李朝晖、叶彤等参编了部分内容。由于编者的水平有限，书中难免有不足之处，敬请读者批评指正。

编 者

目　录

1 脚手架施工基础

1.1 脚手架的作用与分类

1.1.1 脚手架的作用

（1）可以满足施工作业人员在不同部位进行操作。

（2）能在架子上堆放及运输一定数量的建筑材料。

（3）保证施工作业人员在高空操作时的安全。

1.1.2 脚手架的分类与基本要求

1. 脚手架的种类

脚手架的种类很多，按不同标准分类，见表 1.1.1。

表 1.1.1 脚手架的分类

序号	分类标准	分类
1	按搭设材料划分	木脚手架
		竹脚手架
		钢脚手架
2	按脚手架用途划分	结构脚手架，又称为砌筑脚手架，架面施工荷载标准规定为 $3kN/m^2$
		装饰脚手架，架面施工荷载标准值规定为 $2kN/m^2$
		修缮脚手架，架面荷载按实际使用值计
		防护用脚手架，架面施工（搭设）荷载标准值可按 $1kN/m^2$ 计
		支撑脚手架，架面荷载按实际使用值计
3	按脚手架的搭设位置划分	外脚手架。凡搭设在建筑物外围的脚手架，统称为外脚手架。 （1）落地脚手架。从地面搭起，建筑物有多高，它也要搭多高。这种脚手架对外墙砌筑、墙面质量控制有着很大作用，但需要大量脚手架材料，搭设费工费时。建筑物越高，脚手架的稳定性越差，所以高层建筑的落地脚手架要采取相应的稳固措施

续表 1.1.1

<table>
<tr><th>序号</th><th>分类标准</th><th>分类</th></tr>
<tr><td rowspan="2">3</td><td rowspan="2">按脚手架的搭设位置划分</td><td>（2）挂脚手架。挂靠在墙上或柱上的脚手架，随工程的进展上下移挂。
（3）吊脚手架。从屋面或楼板上悬吊下来，利用起重机具逐步提升或下降。
（4）挑脚手架。从墙上向外挑出，其挑支方式又有以下三种（图 1.1.1）：
① 架设于专用悬挑梁上。
② 架设于专用悬挑三角桁架上。
③ 架设于由撑拉杆件组合的支挑结构上。其支挑结构有斜撑式、斜拉式、拉撑式和顶固式等多种。
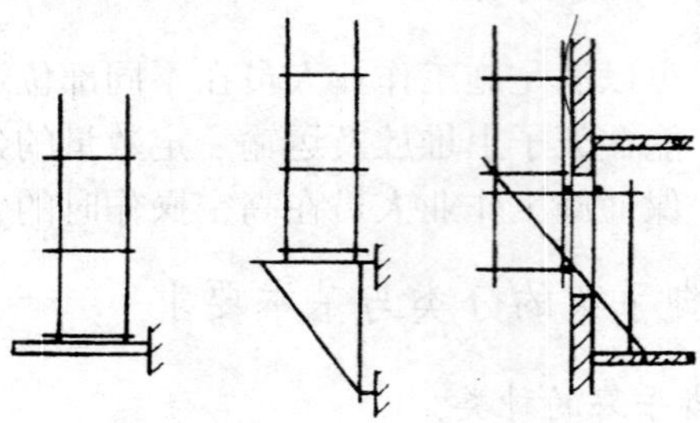
（a）　（b）　（c）
图 1.1.1　挑脚手架的挑支形式
（a）悬挑梁　（b）悬挑三角桁架　（c）杆件支挑结构
（5）爬架。附着于工程结构，依靠自身提升设备来实现升降的悬空脚手架。
（6）水平移动脚手架。带行走装置的脚手架（段）或操作平台架</td></tr>
<tr><td>内脚手架。凡搭设在建筑物内部的脚手架，统称为内脚手架。
内脚手架设在楼层内，可以随楼层建筑高度而搬移，工人在室内操作安全可靠，脚手架的构造也比较简单，用料少，轻便，能多次重复使用</td></tr>
<tr><td rowspan="7">4</td><td rowspan="7">按脚手架的结构形式划分</td><td>多立杆式脚手架，又称杆式组合式脚手架</td></tr>
<tr><td>门式脚手架</td></tr>
<tr><td>梯式钢管脚手架</td></tr>
<tr><td>桥式脚手架</td></tr>
<tr><td>工具式脚手架</td></tr>
<tr><td>台架是具有一定高度和操作平面的平台架，多为定型产品，其本身具有稳定的空间结构，可单独使用或立拼增高与水平连接扩大，并常带有移动装置</td></tr>
<tr><td>其他各种框式构件组装的鹰架</td></tr>
</table>

续表 1.1.1

<table>
<tr><th>序号</th><th>分类标准</th><th>分 类</th></tr>
<tr><td rowspan="7">5</td><td rowspan="7">按脚手架的设置形式划分</td><td>单排脚手架。只有一排立杆的脚手架，其横向平杆的另一端搁置在墙体结构上</td></tr>
<tr><td>双排脚手架。具有两排立杆的脚手架</td></tr>
<tr><td>多排脚手架。具有三排以上立杆的脚手架</td></tr>
<tr><td>满堂脚手架。按施工作业范围满设的、两个方向各有三排以上立杆的脚手架</td></tr>
<tr><td>满高脚手架。按墙体或施工作业最大高度、由地面起满高度设置的脚手架</td></tr>
<tr><td>交圈（周边）脚手架。沿建筑物或作业范围周边设置并相互交圈连接的脚手架</td></tr>
<tr><td>特展脚手架。具有特殊平面和空间造型的脚手架，如用于烟囱、水塔、冷却塔及其他平面为圆形、环形、“外方内圆”形、多边形和上扩、上缩等特殊形式的建筑施工脚手架</td></tr>
<tr><td>6</td><td>按脚手架平、立杆的连接方式划分</td><td>承插式脚手架。在平杆与立杆之间采用承插连接的脚手架。常见的承插连接方式有插片和楔槽、插片和楔盘、插片和碗扣、套管与插头及 U 形托挂等，如图 1.1.2 所示。
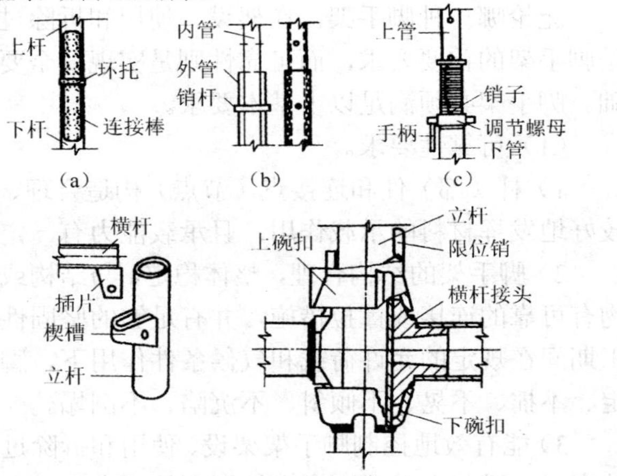

图 1.1.2 承插连接的构造形式
（a）环套承接式 （b）套接销固式 （c）螺旋销接式
（d）槽楔式 （e）碗扣式</td></tr>
</table>

续表 1.1.1

序号	分类标准	分类
6	按脚手架平、立杆的连接方式划分	扣接式脚手架。使用扣件箍紧连接的脚手架，即靠拧紧扣件螺栓所产生的摩擦力作用于构架和承载的脚手架
		销栓式脚手架。采用对穿螺栓或销杆连接的脚手架，此种形式已很少使用
7	按使用对象或场合划分	高层建筑脚手架
		烟囱脚手架
		水塔脚手架
		冷却塔脚手架

脚手架类型的选择要根据工程特点、使用要求、材料配备等因素来决定，力求满足安全、坚固、适用、经济的要求。

2. 脚手架的基本要求

无论哪一种脚手架，在架设、使用和拆除过程中的安全都是脚手架的首要要求，而可靠性则是实现安全要求的前提和基础。脚手架必须满足以下基本要求。

（1）可靠性要求。

1）杆（部）件和连接点（节点）构造合理、受力明确，能较好地发挥材料的承载作用，且承载能力有一定的安全储备。

2）脚手架的结构合理，整体稳定，与结构或其他可靠支持物有可靠的连接或撑拉措施，并有足够的坚固性和稳定性。施工期间在规定的允许荷载和气候条件作用下，脚手架应结构稳定、不摇、不晃、不倾斜、不沉陷、不倒塌。

3）能有效地控制脚手架架设、使用和拆除过程中可能产生的变形，避免出现偏心受力等不利的受力状态，避免无征兆情况下发生突然的倒架事故。

（2）安全防护要求。

1）方便脚手架上的施工人员安全作业和进行其他工作。

2）阻止人员和施工物料从脚手架上坠落。

3）保证作业人员不受外来作用的伤害，确保施工人员的人身安全。

（3）有足够的面积，能满足作业人员使用、材料堆放及车辆行驶的需要。

（4）因地制宜，就地取材，尽量节约脚手架用料。

（5）构造简单，装卸方便，能够多次周转使用。

脚手架使用时不允许超载，计算时以脚手板上实际作用的荷载为准。结构施工用的内、外承重脚手架，使用荷载不得超过 2646N/m^2，装修施工用的内、外脚手架使用荷载不得超过 1960N/m^2，桥式和吊、挂、挑等脚手架的使用荷载必须经过计算和实验来确定。

脚手架大、小横杆的允许挠度，一般不得超过杆长的 1/150；组合式脚手架的允许挠度，一般不得超过跨度的 1/200。

1.2 脚手架构架的基本结构及有关专业术语

1.2.1 脚手架构架的基本结构

脚手架构架的基本结构为直接承受和传递脚手架垂直荷载作用的构架部分。一般情况下，构架基本结构由基本结构单元组合而成，基本结构单元类型有表 1.2.1 中的 8 种。

表 1.2.1 脚手架构架基本结构单元

序号	基本结构单元类型		构架名称和形式	构架组合	
	名称	图示		方式	作用
1	平面框架	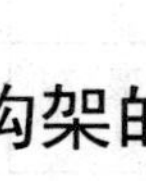	单排脚手架	双向	整体作用
		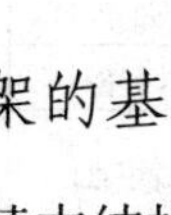	防（挡）护架		

续表 1.2.1

序号	基本结构单元类型		构架名称和形式	构架组合	
	名称	图示		方式	作用
2	立体框架	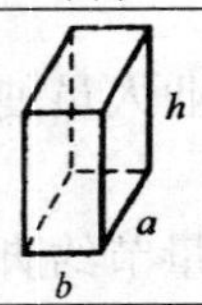	双排脚手架	双向	整体作用
			满堂脚手架	三向	
3	门形架	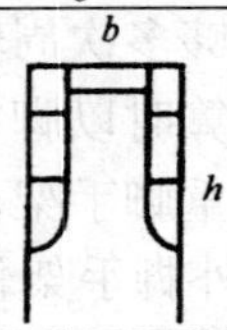	双排脚手架	双向	并列作用
			满堂脚手架	三向	
4	其他专用的平面框架	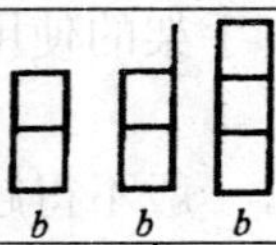	挑脚手架	单向	并列作用
5	三角形平面支架	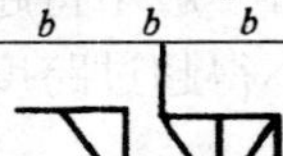	单层挑（挂）脚手架	单向	并列作用
			悬挑支架、卸载架	单向	并列作用
6	平面桁架	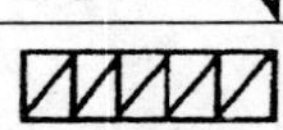	桥式脚手架	单向	并列作用
			栈桥梁	单独使用	
7	“┌”形架	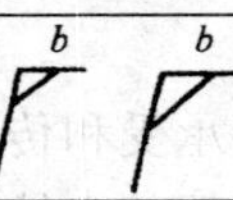	靠墙里脚手架	单向	并列作用
8	支柱	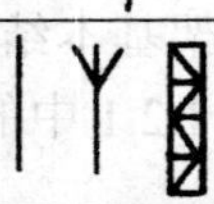	横板支撑架	单独使用或调整方向组合	并列作用

注：单向组合表示沿一个方向扩展，双向组合表示沿高度和宽度（或长度）两个方向扩展，三向组合表示沿高度、宽度和长度三个方向扩展。

1.2.2 脚手架有关专业术语

脚手架的有关专业术语较多，在熟悉有关操作技术之前，必须掌握各有关专业术语的正确含义。脚手架有关专业术语的解释见表 1.2.2。

表 1.2.2 脚手架有关专业术语

序号	专业术语名称	专业术语的解释
1	立柱（立杆）	平行于建筑物并垂直于地面的杆件，是承受自重和施工荷载的主要受力杆件
2	横向水平杆（大横杆）	平行于建筑物，纵向连接各立柱的水平杆，是承受并传递施工荷载给立柱的主要受力杆件
3	横向水平杆（小横杆）	垂直于建筑物，横向连接内、外排立柱的水平杆件，是承受并传递施工荷载给立柱的主要受力杆件
4	剪刀撑	设在脚手架的外侧，呈十字交叉状，可增强脚手架的整体刚度和平面稳定性
5	斜撑	设在脚手架的外侧，上下连接呈“之”字形布置，作用与剪刀撑类似
6	扫地杆	分为纵向扫地杆和横向扫地杆，一般连接立柱的下端，距底座下皮 200mm，可约束立柱底端的纵横位移
7	连墙固定件	连接脚手架与结构物之间的加固件，是承受风荷载，并保持脚手架空间稳定的重要部件。采用钢管、扣件或预埋件组成的连墙件称为刚性连墙件；采用钢筋（或钢丝）作拉筋组成的连墙件称为柔性连墙件
8	扣件	连接各杆件的连接件，可分为如下几种： （1）直角扣件。连接两根垂直相交的杆件，靠扣件和钢管之间的摩擦力传递施工载荷。 （2）对接扣件。钢管对接接长用的扣件。 （3）旋转扣件。连接两根任意角度相交钢管的扣件，用于斜撑和剪刀撑与立柱、大横杆和小横杆之间的连接
9	单排脚手架（单排架）	只有一排立杆和大横杆，小横杆的一端伸入墙体内、一端搁置在大横杆上的脚手架
10	双排脚手架（双排架）	由内、外两排立杆和水平杆等构成的脚手架
11	敞开脚手架	仅设有作业层栏杆和挡脚板，无其他遮挡设施的脚手架
12	封闭脚手架	脚手架外侧用立网、钢丝网等材料沿全长或全高进行封闭处理的脚手架。根据封闭面积不同可分为全封闭、局部封闭和半封闭型的脚手架
13	脚手架的高度	自立杆底座下皮至架顶栏杆上皮之间的垂直高度
14	脚手架的长度	脚手架纵向两端立杆外皮间的水平距离
15	脚手架的宽度	双排脚手架横向内、外两立杆外皮间的水平距离，单排脚手架为外立杆外皮至墙面的距离

续表 1.2.2

序号	专业术语名称	专业术语的解释
16	步距（步）	上下水平杆轴线间的距离
17	立杆横距（间距）	双排脚手架内、外立杆之间的轴线距离，单排脚手架为外立杆轴线至墙面的距离
18	立杆纵距（跨距）	脚手架纵向（铺脚手板方向）相邻立杆轴线间距离
19	底座	设于立杆底部的垫座，包括固定底座、可调底座
20	地基	脚手架下面支承建筑脚手架总荷载的那部分土层
21	抛撑	与脚手架外侧斜交的杆件，起支撑作用，防止脚手架向外倾覆
22	满堂扣件式钢管脚手架	在纵、横方向，由不少于三排立杆并与水平杆、水平剪刀撑、竖向剪刀撑、扣件等构成的脚手架。该架体顶部施工荷载通过水平杆传递给立杆，立杆呈偏心受压状态，因此，也简称满堂脚手架
23	满堂扣件式钢管支撑架	在纵、横方向，由不少于三排立杆并与水平杆、水平剪刀撑、竖向剪刀撑、扣件等构成的脚手架。该架体顶部钢结构安装等（同类工程）施工荷载通过可调托轴心传力给立杆，顶部立杆呈轴心受压状态，因此，也简称满堂支撑架
24	开口型脚手架	沿建筑周边非交圈设置的脚手架为开口型脚手架，其中直线型的脚手架为一字形脚手架
25	可调托撑	插入立杆钢管顶部，可调节高度的顶撑
26	连墙件间距	脚手架相邻连墙件之间的距离，包括连墙件竖距、连墙件横距
27	主节点	立杆、纵向水平杆、横向水平杆三杆紧靠的扣接点

1.3 脚手架施工的一般安全防护规定

脚手架施工应按相关规定编制施工方案，施工单位分管负责人审批签字，项目分管负责人组织有关部门验收，经验收合格签字后，方可作业。作业层脚手架的脚手板应铺设严密，下部应用安全平网兜底，脚手架外侧应采用密目式安全网做全封闭，不得留有空隙，密目式安全网应可靠固定在架体上。作业层脚手板与建筑物之间的空隙大于 15cm 时应作全封闭，防止人员和物料坠落。作业人员上下应走专用通道，不得攀爬架体。

1.3.1 脚手架搭设和拆除中的安全防护

脚手架搭设和拆除中的安全防护主要是防止架上的人员和物料发生坠落。

（1）作业现场应设安全护围和警示标志，禁止无关人员进入危险区域。

（2）对脚手架尚未形成或已失去结构稳定的部位，应加设临时支撑或拉结。

（3）在无可靠的安全带扣挂物时，应拉设安全绳。

（4）设置材料提上或吊下设施，禁止投掷。

（5）进入施工现场要佩戴安全帽，高空作业要系好安全绳。

1.3.2 作业面的安全防护

脚手架的作业面应作全封闭防护，重点是作业面的平面和外侧立面的安全防护，以确保操作人员的人身安全和防止施工杂物坠落伤人。

作业面除高度在 2m 以下的装修脚手架允许使用两块脚手板外，其他脚手架作业面均不得少于三块脚手板，且脚手板之间不得有空隙，脚手板与墙面之间的空隙一般不大于 200mm。

脚手板在长度方向采用平接时，相接端头必须顶紧，其端部下的小横杆应固定牢固，不得浮搁，以免产生滑动，小横杆中心到板端的距离应控制在 150～200mm。同时，处于脚手架始、末端的脚手板应与脚手架可靠拴结。当采用搭接时，搭接长度不得小于 300mm，其下的小横杆距搭接长度的中间或距下板端头应小于 150mm，其始末端也必须拴结牢固。

作业面外侧立面可采用如下防护设施：

（1）挡脚板加两道防护栏杆。

（2）三道栏杆加外围塑料编织布（高度不低于 1.0m 或按步

距设置)。

（3）两道栏杆绑挂高度不小于 1m 的竹笆。

（4）两道栏杆满挂立安全网。

1.3.3 临街防护

为了防止施工杂物坠落、弹出伤人，在施工现场临街的一侧应采取以下措施。

（1）采用塑料编织布、竹笆、席子或篷布将脚手架的临街面完全封闭。

（2）在临街面挂满安全网，下设安全通道。通道的顶盖应满铺脚手板或其他能可靠承接落物的板篷材料。篷顶临街的一侧应设高于篷顶不小于 0.8m 的挡墙，以免落物又反弹到街上。

（3）贴近或穿过脚手架的人行通道和运输通道必须设置板篷；上、下脚手架有高度差的入口应设坡道或踏步，并设栏杆防护。

1.3.4 脚手架安全使用的“十二道关”

1. 人员关

有高血压、心脏病、癫痫病、恐高症、视力差等不适合进行高处作业的人员，未取得架子工特种作业上岗操作证的人员，均不得从事脚手架支搭和拆除作业。

2. 材质关

脚手架所需用的材料、扣件等必须符合现行国家规定的要求，并经过验收合格后才能使用，杜绝使用任何假冒伪劣和不合格的产品。

3. 尺寸关

立杆、横杆、剪刀撑、护身栏等必须按规定的间距尺寸搭设，并且各杆件接头要错开。

4. 地基关

土壤必须夯实，立杆插在底座上，下铺 5cm 厚的通板，并加绑扫地杆；地基排水要良好，防止积水；高层脚手架的基础要经过计算，采取加固措施。

5. 防护关

作业层内侧脚手板与墙的距离不得大于 20cm，外侧必须搭设两道护身栏和一道挡脚板，且牢固严密，或采用设一道护身拉栏和立挂安全网，且下口封严。在操作层的下一步架搭设一层脚手板，以保证安全。如因材料不足不能设安全层时，可在操作层下一步架铺设一层安全网，以防坠落。

6. 铺板关

脚手板必须满铺、铺牢，不得有探头板和飞跳板，并且要经常清除脚手板上杂物，保持清洁平整，同时，脚手板必须和小横杆用铁丝绑牢。

7. 稳定关

必须按规定设剪刀撑，20m 以上的脚手架剪刀撑，宽度不得超过 7 根立柱，水平面夹角应为 45°～60°。脚手架必须按楼层与墙体拉接牢固，每层拉接点的垂直距离不得超过 4m，水平距离不得超过 6m，高大架子不得使用柔性拉接。

8. 承重关

荷载不得超过规定，如在脚手架堆砖，只允许单行侧摆三层。

9. 上下关

必须保证施工人员有安全上下行走而搭设的合格斜道和阶梯，严禁施工人员沿脚手架上下攀爬。

10. 雷电关

脚手架高于周围避雷设施时，必须安装避雷针，其接地电阻不得大于 4Ω。在带电设备附近搭拆脚手架时，应停电施工，或者遵守下列规定：严禁跨越 35kV 及以上带电设备，水平距离应不小于 3m；10kV 以下水平和垂直距离应不小于 1.5m，并应有电气工作人员现场监护。

11. 挑梁、别杆关

对特殊架子的挑梁、别杆是否符合规定，必须认真检查和把关。

12. 检验关

架子搭好后，必须经过有关人员检查验收合格后才能使用，同时，加强使用过程中的检查。高大脚手架应分阶段搭设、分阶段验收、分阶段使用，发现问题应及时加固。大风、大雨、大雪后要进行安全检查，确认无安全隐患后，方可继续使用。

1.4 常用脚手架搭设材料及防护用品

1.4.1 竹木脚手架基本材料

木脚手架是指由木材做材料，用铁丝或麻、棕绳绑扎而成的脚手架。木料应选用剥皮杉木、落叶松，不得使用油松、杨木、柳木、桦木、椴木等质脆易折的木料，其他腐朽、折裂、枯节的木料也禁止使用。

竹脚手架是选用生长期三年以上的毛竹或楠竹为主要杆件，采用竹篾、铁丝、塑料篾绑扎而成的脚手架。

1. 竹木脚手架及其绑扎材料的要求

竹木脚手架及其绑扎材料的要求见表 1.4.1。

表 1.4.1　竹木脚手架及其绑扎材料的要求

项　　目			基 本 要 求
竹脚手架材料	竹杆的材料要求与使用说明		应选用 4～6 年生的毛竹为宜，且没有虫蛀、白麻、黑斑和枯脆现象，横向水平杆（小横杆）、顶杆等没有连通两节以上的纵向裂纹，立杆、纵向水平杆（大横杆）等没有连通四节以上的纵向裂纹。 用作立杆、纵向水平杆（大横杆）、斜杆等的小头有效直径不小于 75mm（脚手架总高度 20m 以下取 60mm），用作横向水平杆（小横杆）的小头有效直径不小于 90mm（脚手架总高度 20m 以下取 75mm），用作防护栏杆的小头有效直径不小于 50mm
	绑扎材料	竹篾	应选用新鲜竹子劈成的片条，厚度 0.6～0.8mm、宽度 5mm 左右、长度约 2.6m，且无断腰、霉点、枯脆、结疤或受过腐蚀的篾料，每个节点应使用 2～3 根进行绑扎，使用前应隔天用水浸泡。 竹篾主要有两种：一种为广东产的叫广篾，强度大，韧性好，有效期一般为 6 个月；另一种多为浙江产的叫小青篾，厚薄不匀，宽窄不一，有效期一般为 3 个月。使用 1 个月应对脚手架的绑扎节点进行检查保养
		镀锌铁丝	一般选用 18 号以上的规格，如使用 18 号镀锌铁丝应两根并联进行绑扎，每个节点应缠绕五圈以上
		塑篾	随着建材市场的不断拓展和新科技、新材料的应用，目前很多地区已采用塑篾替代竹篾，但是，在选用塑篾时，应注意必须有出厂质量保证书或相应达到节点强度的检测报告，方可投入使用，否则极易发生安全事故

续表 1.4.1

项目			基本要求
木脚手架材料	木杆的材料要求与使用说明		一般采用剥皮杉木、落叶松或其他坚韧的硬杂木，其材质应符合现行国家标准《木结构设计规范》（GBJ 5005—2003）中的有关规定。 不得采用杨木、柳木、桦木、椴木、油松等材质脆的木杆，重复使用中，凡有腐朽、折裂、枯节等疵残现象的杆件，应认真剔除，不宜采用。 用作立杆时，木杆梢径应不小于 70mm，大头直径应不小于 180mm，长度不宜小于 6m。 用作纵向水平杆（大横杆）时，杉木梢径应不小于 80mm，红松、落叶松梢径应不小于 70mm，长度不宜小于 6m；用作横向水平杆（小横杆）时，杉木梢径应不小于 80mm，硬木梢径应不小于 70mm，长度宜为 2.1～2.3m
	绑扎材料	镀锌铁丝或回火钢丝	立杆连接必须选择 8 号镀锌铁丝或回火钢丝，纵、横向水平杆（大小横杆）接头可以选择 10 号镀锌铁丝，严禁绑扎铁丝重复使用，且不得有锈蚀斑痕
		机制麻、棕绳	使用期 3 个月以内或架体较低、施工荷载较小时，可采用直径不小于 12mm 的机制麻绳或棕绳，凡受潮、变质、发霉的绳子不得使用

2. 承重结构原木材质标准

木脚手架的立杆、大横杆、小横杆应符合表 1.4.2 的原木材质标准。

表 1.4.2 承重结构原木材质标准

项次	缺陷名称	容许值
1	腐朽	不容许
2	木节	（1）在构件任何 150mm 长度上，沿周长所有木节总和不得大于所测部位原木周长的 1/3。 （2）每个木节的最大尺寸，不得大于所测部位原木周长的 1/6

续表 1.4.2

项次	缺陷名称	容许值
3	扭纹	小头 1m 长度上，倾斜高度不得大于 120mm
4	髓心	不容许
5	虫蛀	容许有表面虫沟，但不得有虫眼

注：1. 对于死节（包括松软节和腐朽节），除一般木节测量外，必要时还应按缺孔验算，若死节有腐朽迹象，则应经局部防腐处理后使用。
2. 木节尺寸按垂直于构件长度方向测量，直径小于 10 mm 的活节不计。
3. 对于原木的裂缝，可通过调整其方位（使裂缝尽量垂直于构件的受剪面）予以使用。

1.4.2 钢管脚手架基本材料

钢管脚手架分为扣件式钢管脚手架、门式钢管脚手架和碗扣式钢管脚手架三种。

1. 扣件

扣件是连接各杆件的连接件，通常有表 1.4.3 的三种形式，其外形如图 1.4.1 所示。扣件的使用方法见表 1.4.4。

表 1.4.3 扣件的分类与适用范围

序号	分类	适用范围
1	旋转扣件	也叫回转扣件，用于垂直相交钢管的连接，如立杆与剪刀撑的连接
2	直角扣件	也叫十字扣件，用于垂直相交钢管的连接，如立杆与横杆的连接
3	对接扣件	也叫一字扣件，用于钢管对接接长，如立杆、大横杆接长

表 1.4.4 扣件的使用方法

序号	使用方法
1	有裂缝、变形的扣件严禁使用，出现滑丝的螺栓必须更换
2	在使用时，直角扣件和旋转扣件不允许沿轴心方向承受拉力

续表 1.4.4

序号	使用方法
3	对接扣件不允许沿十字轴方向承受扭力
4	对接扣件不宜承受拉力，当用于竖向节点时只允许承受压力
5	扣件螺栓的紧固力矩应控制在 40～65N·m 之间
6	使用直角或旋转扣件紧固时，钢管端部应伸出扣件盖板边缘不小于 100mm
7	在设计计算时，扣件抗滑力设计值按每个对接扣 3.2kN、每个直角或旋转扣件 8.0kN 取值

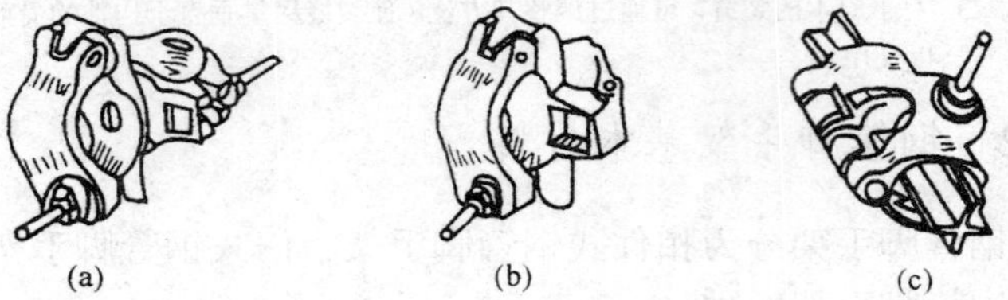

图 1.4.1 扣件形式

（a）旋转扣件 （b）直角扣件 （c）对接扣件

扣件应符合以下质量要求：扣件应采用可锻铸铁或铸钢制作，其质量和性能应符合现行国家标准《钢管脚手架扣件》（GB 15831—2006）的规定，采用其他材料制作的扣件，应经试验证明其质量符合该标准的规定后方可使用，并且扣件在螺栓拧紧扭力矩达到 65N·m 时，不得发生破坏。

扣件进入施工现场后，应检查产品的合格证，并应进行抽样复检。扣件在使用前应逐个挑选，有裂缝、变形、螺栓出现滑丝的扣件，严禁使用。

2. 钢管的质量标准

一般脚手架钢管宜采用ϕ48.3×3.6 钢管，每根钢管的最大质量应不大于 25kg，用于立柱、纵向水平杆和各杆支撑杆（斜撑、剪刀撑、抛撑等）的钢管长宜为 4～6.5m，用于横向水平杆的钢管长以 2.5m 为宜。脚手架钢管应无裂纹，两端面应平整，严禁打孔，不得使用有明显变形、裂纹、严重锈蚀的钢管。同一脚手架中不得混用两种材质的钢管，也不得将两种规格钢管用于同一脚手架中。

钢管质量检验要求见表 1.4.5，钢管的允许偏差见表 1.4.6。

表 1.4.5　钢管质量检验要求

项次		检查项目	检验要求
新管	1	产品质量合格证	必须具备
	2	钢管材质检验报告	
	3	表面质量	表面应平直光滑，不应有裂缝、结疤、分层、错位、压痕、毛刺、深的划痕和硬弯
	4	外径、壁厚	允许偏差不超过表 1.4.6 的要求
	5	端面	应平整、偏差不超过表 1.4.6 的规定
	6	防锈处理	必须做防锈处理，镀锌或涂防锈漆
旧管	7	钢管锈蚀程度应每年检查一次	锈蚀深度应符合表 1.4.6 的规定，锈蚀严重部位应将钢管截断进行检查
	8	钢管弯曲变形	应符合表 1.4.6 的规定

表 1.4.6　钢管及配件的允许偏差

序号	项　目	允许偏差 Δ（mm）	示　意　图	检查工具
1	焊接钢管尺寸（mm） 外径 48.3 壁厚 3.6	 ±0.5 ±0.36		游标卡尺
2	钢管两端面偏差	1.7	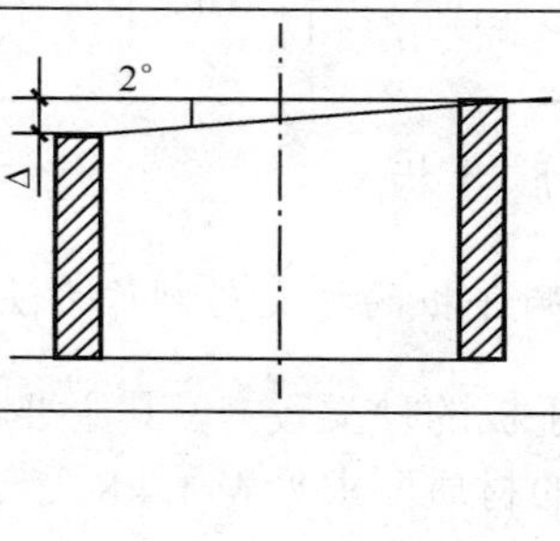	塞尺、拐角尺

续表 1.4.6

序号	项目		允许偏差Δ（mm）	示意图	检查工具
3	钢管外表面锈蚀深度		≤0.18	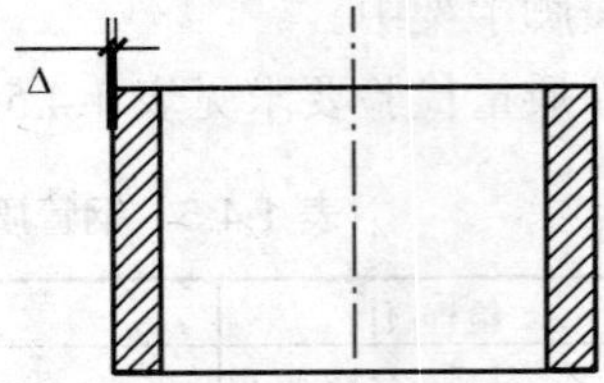	游标卡尺
4	钢管弯曲	（1）各种杆件钢管的端部弯曲 l≤1.5m	≤5	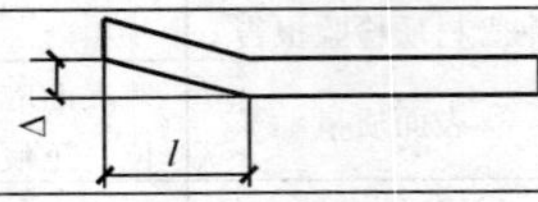	钢板尺
4	钢管弯曲	（2）立杆钢管弯曲 3m＜l≤4m 4m＜l≤6.5m	≤12 ≤20	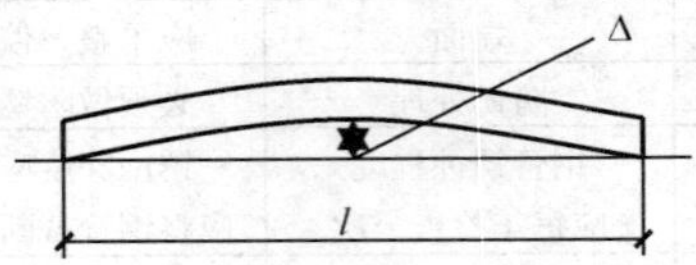	钢板尺
4	钢管弯曲	（3）水平杆、斜杆的钢管弯曲 l≤6.5m	≤30		钢板尺
5	冲压钢脚手板	（1）板面挠曲 l≤4m l＞4m	≤12 ≤16		钢板尺
5	冲压钢脚手板	（2）板面扭曲（任一角翘起）	≤5		钢板尺
6	可调托撑支托变形		1.0	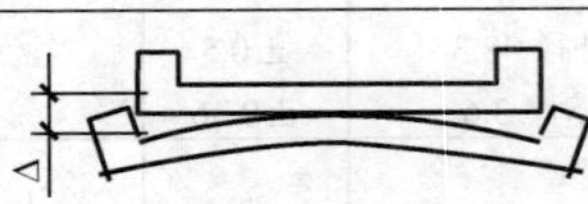	钢板尺 塞尺

1.4.3 脚手板

1. 脚手板的种类与制作方法

脚手板的种类较多，其主要类型与制作方法见表 1.4.7。木脚手板的材质要求见表 1.4.8。

表 1.4.7 脚手板的类型与制作方法

<table>
<tr><th>项目</th><th>制作方法</th></tr>
<tr><td>冲压钢板脚手板</td><td>冲压钢板脚手板是用 1.5～2.0mm 厚的钢板冲压而成，宽度 250mm，长度有 3000mm、2500mm、2000mm、1500mm 4 种，如图 1.4.2 所示，表面冲有防滑圆孔，连接方式有挂钩式、插孔式、U 形卡式，如图 1.4.3 所示。
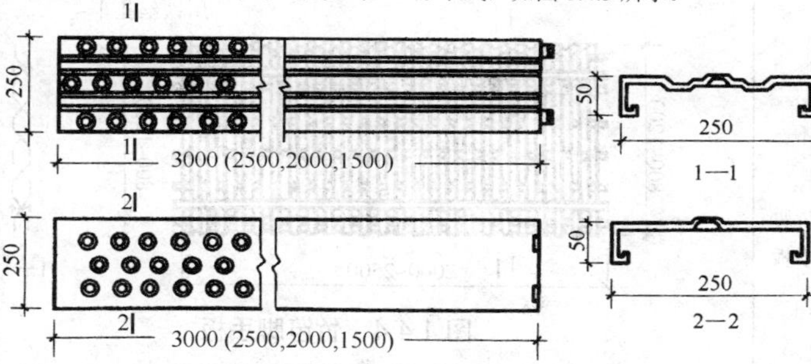

图 1.4.2 冲压钢板脚手板的形式与构造
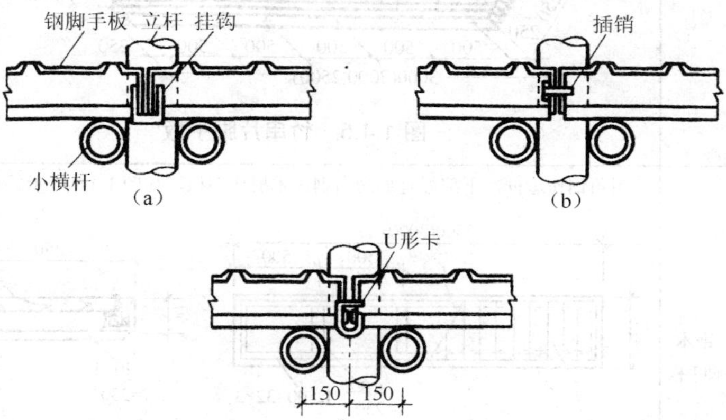

图 1.4.3 冲压钢板脚手板的连接方式
(a) 挂钩式 (b) 插孔式 (c) U 形卡式</td></tr>
<tr><td>竹脚手板</td><td>竹脚手板可分为竹笆脚手板（图 1.4.4）和竹串片脚手板（图 1.4.5）。竹笆脚手板是用平放带竹青的竹片纵横编织而成，每根竹片宽度不小于 30mm，厚度不小于 8mm，横筋一正一反，边缘处纵横筋相交点用钢丝扎紧，板长一般为 2～</td></tr>
</table>

续表 1.4.7

项目	制作方法
竹脚手板	2.5m，宽为 0.8～1.2m；竹串片脚手板是用螺栓将侧立的竹片并列连接而成，螺栓直径 8～10mm，间距 500～600mm，首只螺栓离板端 200～250mm。板长一般为 2～2.5mm，宽为 250mm，板厚一般不小于 50mm。凡虫蛀、枯脆、松散的竹脚手板不得使用。 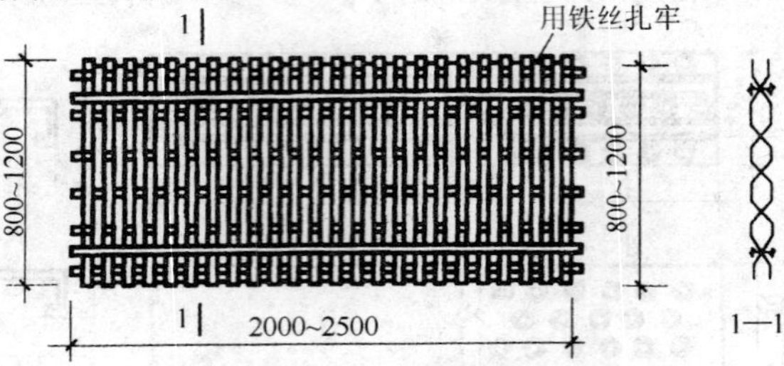 图 1.4.4　竹笆脚手板 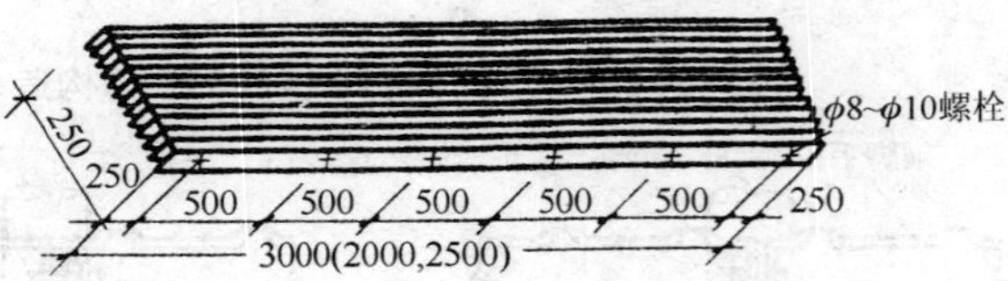 图 1.4.5　竹串片脚手板
钢木脚手板	用角钢作边框，下部焊有加劲扁钢，木板作面板，如图 1.4.6 所示。 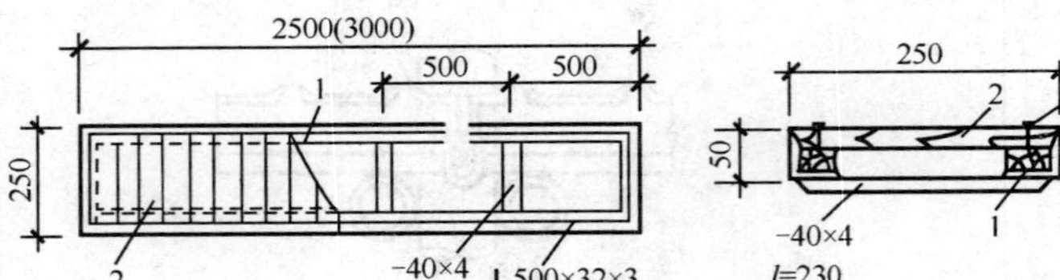 图 1.4.6　钢木脚手板 1. 木条，25mm×40mm　2. 木板，20mm 厚　3. 钉子

表 1.4.8 木脚手板的材质要求

项次	缺陷名称	容许程度
1	腐朽	不容许
2	木节	在构件任何一面任何 150mm 长度上所有木节尺寸总和，不得大于所在面宽的 1/3
3	斜纹	任何 1m 长度上平均倾斜高度，不得大于 80mm
4	髓心	不容许
5	裂缝	在连接部位的受剪面及其附近不容许有裂缝
6	虫蛀	容许有表面虫沟，但不得有虫眼

注：1. 对于死节（包括松软节和腐朽节），除按一般木节测量外，必要时还应按缺孔验算，若死节有腐朽迹象，则应经局部防腐处理后使用。

2. 木节尺寸按垂直于构件长度方向测量，木条表现为条状时，在条状的一面不测量，直径小于 100mm 的活节不测量。

2. 脚手板的使用方法

脚手板的使用方法见表 1.4.9。

表 1.4.9 脚手板的使用方法

序号	使用方法
1	脚手板铺在脚手架上，作为施工人员的工作面，也可作为通道或材料的临时堆放平台
2	常用的脚手板有冲压钢板脚手板、木脚手板、钢木脚手板、竹串片脚手板等
3	每块脚手板质量不大小 30kg

1.4.4 “三宝”防护用品

“三宝”是安全网、安全带和安全帽的统称，是建筑施工中对施工人员进行人身防护的重要防护用品。实践证明，只要认真执行“三宝”安全使用的有关要求，就可以避免大部分的人身伤害事故。

1. 安全网的构造与技术要求

安全网是用来防止人、物坠落，或用来避免、减轻坠落及物体打击伤害的网具。

（1）安全网的构造。安全网一般由网体、边绳、系绳、筋绳、试验绳等组成（图 1.4.7）。网体是由纤维绳或线编结而成，具有菱形或方形网目的网状体。边绳是围绕网体的边缘，决定安全网公称尺寸的绳。系绳是把安全网固定在支撑物上的绳。筋绳是增加安全网强度的绳。试验绳是供试验安全网材料老化变质情况用的绳。

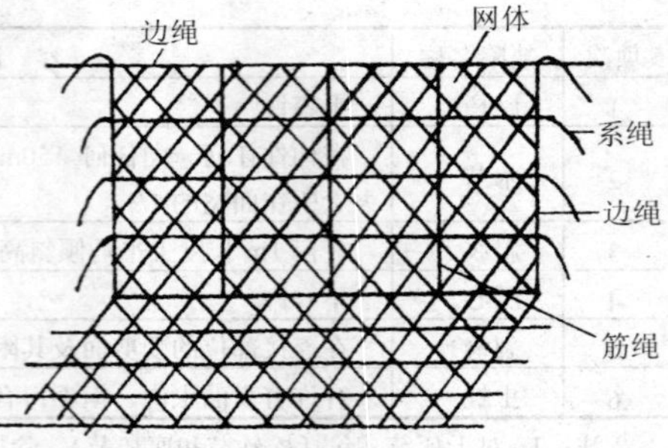

图 1.4.7 安全网结构

根据安装形式和使用目的不同，安全网可分为平网和立网两类。安装平面基本平行水平面，主要用来接住坠落的人或物的安全网称为平网。安装平面垂直水平面，主要用来防止人或物坠落的安全网称为立网。一般用 P、L 分别表示平网和立网，如 P—3×6，表示宽 3m、长 6m 的平网；L—4×6，表示高 4m、长 6m 的立网。

（2）技术要求。

1）安全网绳一般由锦纶、涤纶、维纶、尼龙绳构成。氯纶、丙纶绳由于强度低，只能作立网使用，绝不能作平网用。所有绳的湿干强力比不得低于 75%。

2）平网的宽度不得小于 3m，立网的高度不得小于 1.2m，每张网的重量一般不宜超过 15kg。

3）菱形网目的对角线与对应网边平行，方形网目的对角线或边应与对应的网边平行，网目边长不得大于 100mm。

4）边绳与网体的连接必须牢固，边绳直径至少为网绳直径的三倍，且不得小于 7mm。平网边绳断裂强度不得低于 7355N，立网边绳断裂强度不得低于 2943N。系绳的直径和断裂强度与边绳相同。立网绝不能代替平网作水平安全网。

5）网绳的直径和断裂强度应根据安全网的材料、结构形式、网口大小等因素合理选用，断裂强度一般宜为1471～1962N。

6）筋绳分布必须合理，相邻两根筋绳的最小距离不得小于30cm。每根筋绳的断裂强度不得低于2943N。安全网上的所有绳结或节点必须固定。

7）试验绳必须使用网绳制作，每张网上的试验绳不得少于8根，每根不得短于1.5m。在绳端系上永久性的、对比度明显的颜色作为标志，绿颜色的长度不得小于20cm。试验绳应松弛地穿过网，并将其端部连接在边绳上。

8）安全网承受981N、底面积为2800cm^{2}的模拟人形砂包冲击后，网绳、边绳、系绳都不允许断裂（允许筋绳断裂）。各类安全网的冲击试验高度：平网为10m，立网为2m。

9）平网必须具有缓冲性能，当吸收5883.6J能量时，网上的最大荷载不得超过8826N，最大的延伸量不超过1.5m。

10）每个安全网出厂前，必须有国家指定监督检验部门批量验证和工厂检验合格证。

11）网的有效荷载高度一般为6m，最大不超过10m。

12）安全网在储运中，必须通风、遮光、隔热，同时要避免化学物品的腐蚀。搬运时，禁止使用钩子。

2. 安全网的使用规则和支搭方法

（1）使用规则。

1）新网必须有产品质量检验合格证，旧网必须有允许使用的证明书或合格的检验记录。

2）安装时，在每个系结点上，边绳应与支撑物（架）靠紧，并用一根独立的系绳连接，系结点沿网边均匀分布，其距离不得大于75cm。安全网的支撑物必须有足够的强度、刚度，多张网连接使用时，相邻部分应靠紧或重叠，连接绳材料与网相同，强度不得低于其网绳强度。

3）安装平网时，除按上述要求外，还要遵守支搭安全网的“三要素”，即负载高度、网的宽度、缓冲距离的有关规定。

① 负载高度。网的负载高度一般不超过 6m；因施工需要，允许超过 6m，但最大不超过 10m，且必须附加钢丝绳缓冲安全措施。

② 网的宽度。作业区各作业位置至坠落基准面之间的垂直距离中的最大值设为 H，相应网宽设为 C，网底至地面的垂直距离设为 S，当 $H \leqslant 5\text{m}$ 时，$C_{\min}=2.5\text{m}$，$S=3\text{m}$；$5<H \leqslant 25\text{m}$ 时，$C_{\min}=3\text{m}$，$S=3\text{m}$；$H>25\text{m}$ 时，$C_{\min}=6\text{m}$，$S=5\text{m}$，如图 1.4.8 所示。

③ 缓冲距离。指网底距下方物体表面的垂直距离，3m 宽的水平安全网，网底距下方物体的表面不得小于 3m；6m 宽的水平安全网，网底距下方物体的表面不得小于 5m。安全网下边不得堆物。

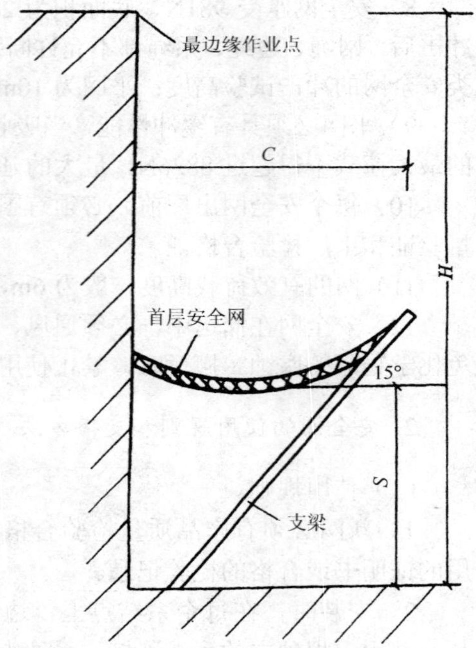

图 1.4.8　平网安装示意图

安全网支搭标准还规定：在建工程的电梯井、采光井、螺旋式楼梯口，除必须设防护门（栏）外，还应在井口内首层，每隔四层固定一道安全网；烟囱、水塔等独立建筑物施工时，要在里、外脚手架的外围固定一道 6m 宽的双层安全网，井内设一道安全网。

4）安装立网时，除必须满足上述的要求外，安装平面应与水平面垂直，立网底部必须与脚手架全部封严。

5）保证安全网受力均匀，必须经常清理网上落物，网内不得有积物。

6）安全网安装后，必须设专人检查验收，合格签字后方能使用。

7）拆除安全网必须在有经验人员的严密监督下进行，拆网应自上而下，同时要采取防坠落措施。

（2）水平网的支搭方法。

1）首层网的支搭。首层水平网是在房屋外围地面以上的第一层安全网，其主要作用是防止人、物坠落，支搭必须坚固、可靠。

凡高度在 4m 以上的建筑物，首层四周必须支搭固定 3 米宽的水平安全网，支搭方法如图 1.4.9 所示。此网可以与外脚手架连在一起，固定平网的挑架应与外脚手架连接牢固，斜杆应埋入土中 50cm，平网应外高里低，一般以 15° 为宜，网不宜绷挂，应用钢丝绳与挑架绷挂牢固。高度超过 20m 的高层建筑应支搭宽度为 6m 的水平网，高层建筑外无脚手架时，水平网可以直接在结构外墙搭网架，网架的立杆和斜杆必须埋入土中 50cm 或下垫 5cm 厚的木垫板（图 1.4.9），立杆、斜杆的纵向间距不大于 2m。挑网架端用钢丝绳（直径不少于 12.5mm）将网绷挂。首层网无论采用何种形式都必须做到以下几点：

① 坚固可靠，受力后不变形。

② 网底和网周围空间不准有脚手架，以免人坠落时碰上脚手脚的钢管。

③ 水平网下面不准堆放建筑材料，保持足够的空间。

④ 网的接口处必须连接严密，与建筑物之间的缝隙不大于 10cm。

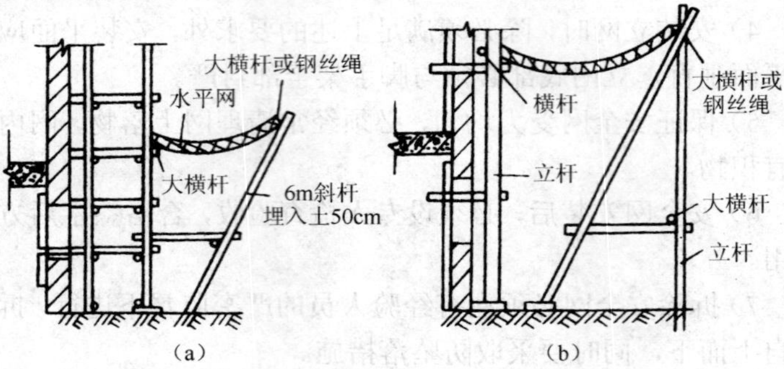

图 1.4.9　首层水平网支搭示意图

（a）3m 宽水平网　（b）6m 宽水平网

2）层面网的支搭。按规定，高层建筑除支搭首层安全网外，每隔四层还应固定一道 3m 宽的层面水平网。层面网的支搭可在结构墙上预留孔洞，固定大横杆，也可以利用窗洞来支撑斜杆和固定大横杆（图 1.4.10），网的外缘一般用通常的钢丝绳与网架绷挂。在建筑物的转角处，如有固定斜杆的地方，就用两根斜杆连接支撑水平安全网，没有固定斜杆的地方时，可以用抱角架子支撑（图 1.4.10）。这种抱角架子，通常在地面组装好，然后用塔吊吊至需要的地方安装固定。采用工具式钢吊杆架设的安全网外形和构造如图 1.4.11 所示。

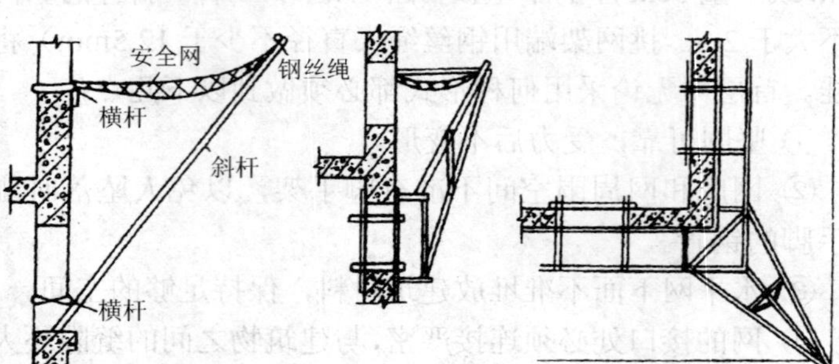

图 1.4.10　层面网的支搭

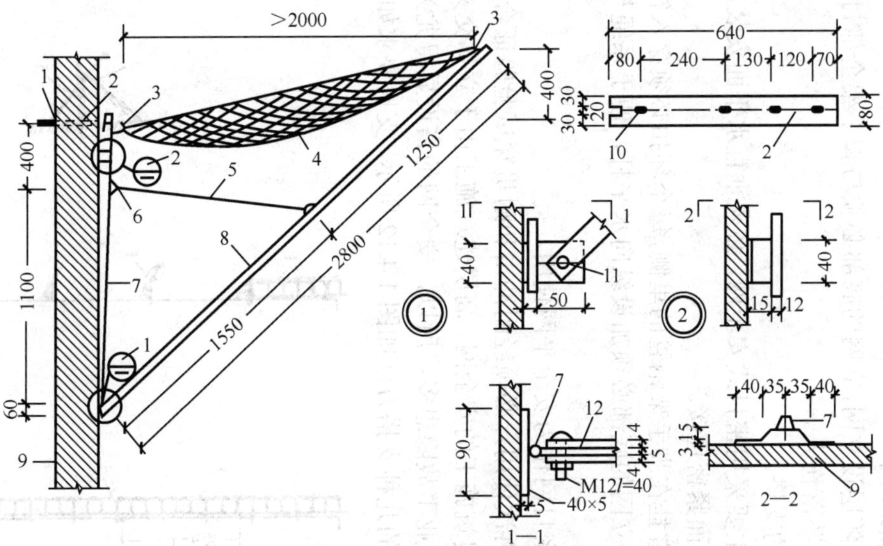

图 1.4.11　钢吊杆架设的安全网

1. 销子　2. 销片　3. ϕ12 钢筋钩　4. 安全网　5. 尼龙绳　6. 卡子
7. ϕ12 吊杆　8. 2∟25×4 焊成方形钢管　9. 砖墙　10. 销孔 14×30R7
11. d=13 的孔、M12　12. 方形钢管斜杆端部压扁

3）随层网支搭。随层网是在作业层下一步架搭设的水平安全网，它随作业层的上升而上升，作用是防止人员的坠落。支搭方法与层面网相同。

作业面应随层设立网，立网的底部必须与脚手架全部封严，以防施工杂物坠落伤人。

4）立网的支搭。

① 立网主要采用密目式安全网，必须垂直水平面安装，网的边缘与作业面紧密连接。

② 立网宜挂在脚手架钢管的里侧，每个环扣必须穿入符合规定的系绳，立网的底部必须加设纵向水平杆，便于系绳与密目网的连接。

③ 严禁密目网作为安全平网使用。

④ 旧网再次使用，必须经耐冲击和耐贯穿试验验证合格。

5）高层建筑施工的安全网。高层建筑施工由于立体交叉作业多，高空作业事故隐患多，所以，安全网的搭设显得尤为重要，其安全网的几种支搭方法如图 1.4.12 所示，支搭要求如下：

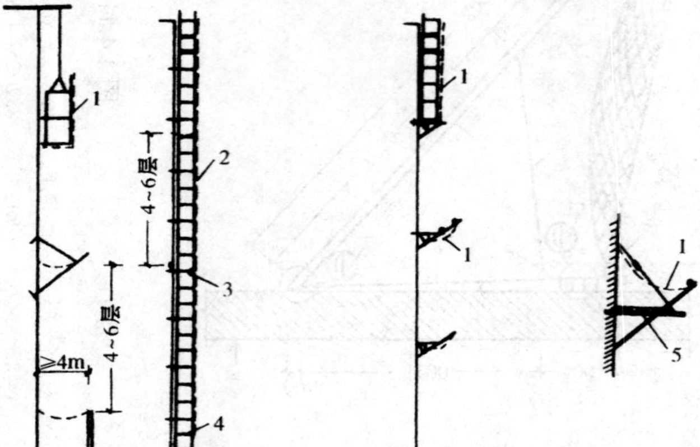

图 1.4.12 高层建筑施工中的安全网设置

（a）脚手架外表面满挂安全网 （b）分段设置安全网 （c）分段设置挑台

1. 安全网 2. 满挂安全网 3. 水平安全网（或脚手架） 4. 脚手板 5. 挑台

① 在外墙满搭脚手架的情况下，除要在脚手架的外表面满挂安全网或塑料编织布之外，还应在作业层脚手板下水平支设安全网或篷布，并在第一步架内及以上每隔 4～6 个楼层高，支搭一层固定的水平安全网。

② 在不设外脚手架的情况下，作外装修使用的吊篮或挂脚手架，除顶面和靠墙一面外，其他四面均应满挂安全网和塑料编织篷布，同时每隔 4～6 楼层高还要支搭一道中间固定安全网，并设置首层安全网。

③ 采用挑脚手架时，支设中间固定安全网的方法可采用如下两种：

a. 保留挑脚手架的悬挑支架，并加绑斜杆、横杆后再挂安全网。

b. 若有挑平台时，可在平台上加设一道安全网。

3. 安全带的构造

安全带是高处作业工人预防坠落的防护用品，通过绳带将高处作业人的身体系接于固定物体上。安全带必须能经受住人体坠落时的体重和冲击强度，国家规范规定 2m 以上的悬空作业必须使用安全带。

安全带由腰带、背带、挂绳和金属配件等组成（图 1.4.13）。腰带不得接长，应由一整根制成，宽度 40～51mm。挂绳直径应不小于 13mm，绳长一般在 3m 以内，但考虑架子工安全带有时限于作业条件要在自己足下悬挂，所以绳长限定在 1.5～2m。

按照国家规范规定，架子工安全带有两种：一种是 J，XY-架子工 I 型悬挂单腰带式（大挂钩）；另一种是 J，XY-架子工 II 型悬挂单腰带式（小挂钩）。安全带型号的含义为：J 为架子工；X 为悬挂作业；Y 为单腰带式。架子工 I 型悬挂单腰带式的构造如图 1.4.13 所示，架子工 II 型悬挂单腰带式的构造如图 1.4.14 所示。

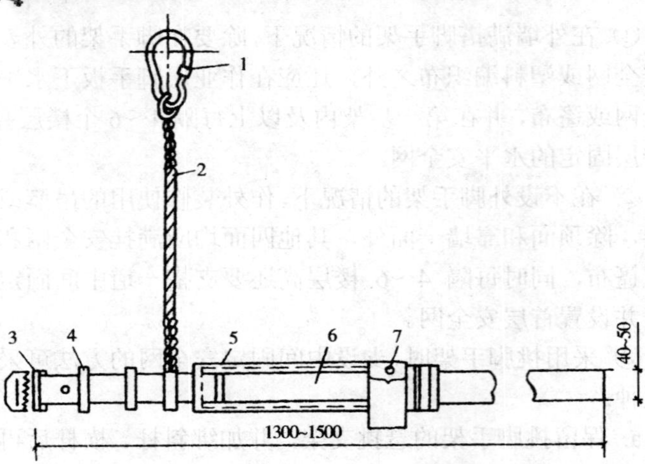

图 1.4.13 Ⅰ型悬挂单腰带式安全带的构造示意图

1. 大挂钩 2. 安全绳 3. 腰带卡子 4. 箍 5. 护腰带 6. 腰带 7. 袋

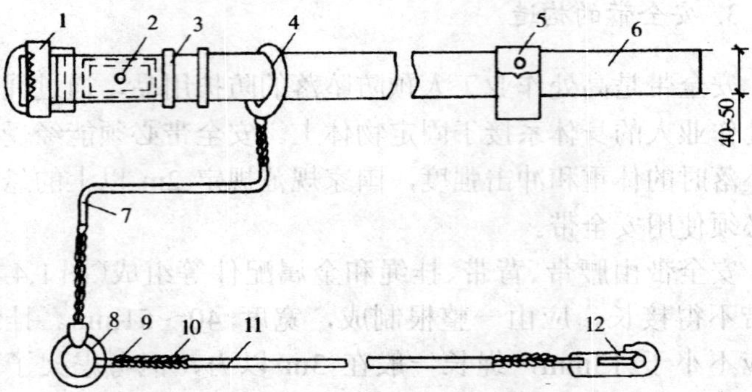

图 1.4.14 Ⅱ型悬挂单腰带式安全带的构造示意图

1. 腰带卡子 2. 铆钉 3. 箍 4. 绳套 5. 袋 6. 腰带
7. 绳 8. 圆环 9～11. 绳 12. 小挂钩

4. 安全带的使用要求

（1）在两米以上的高处作业时，都应系好安全带。

（2）安全带必须有产品检验合格证，无合格证的安全带不得使用。

（3）安全带的使用寿命一般为5年，使用两年后应抽验一次，以80kg重量做自由坠落实验，若不破断，该批安全带可以继续使用。

（4）安全带使用时，应垂直悬挂，高挂低用，注意防止摆动和碰撞，若安全带低挂高用，一旦发生坠落，将增加其冲击力，加大坠落危险。安全绳的长度应控制在1.2～2m，使用3m以上的长绳应加缓冲器，不准将绳打结使用，也不准将挂钩直接挂在安全绳上使用，挂钩应挂在连接环上使用。安全带上的各种部件不得任意拆掉。

（5）安全带的带体上应缝有永久字样的商标、合格证和检验证。

5. 安全帽的构造

安全帽是防冲击的主要防护用品，主要用来保护使用者的头部，减缓撞击伤害。安全帽由帽壳、帽衬和下颏带三部分组成。

（1）帽壳。帽壳是安全帽的外壳，采用椭圆半球形，表面光滑，可使物体落到帽壳时易于滑走，分散受力和产生一定变形吸收冲击力。

帽壳包括帽舌、帽檐。帽舌是位于眼睛上部的帽壳伸出部分，长约10～55mm；帽檐是帽壳周围的伸出部分（10～35mm）。帽舌、帽檐可起到分散落物和防水、遮阳的作用，帽顶中部一般设有增强顶筋，有增强防冲击作用。

帽壳可用玻璃钢、塑料、橡胶加布藤条等制作，安全帽所用的塑料，以高密度低压聚乙烯较好。

（2）帽衬。帽衬是帽壳内部部件的总称，有帽箍、顶衬、后箍等，起吸收冲击力作用。帽箍是围绕头围部分的固定衬带；顶衬是与头顶部接触的衬带；后箍是箍于佩戴者后枕骨部分的衬带。帽衬与帽壳必须牢固连接，帽衬不得紧贴帽壳，必须留出一定的安全缓冲距离，以避免头部与帽壳直接碰撞而产生伤害，一般规定顶部垂直距离为 20～25mm；周边水平距离为 5～20mm。帽衬可用塑料带和棉织带制作。

（3）下颏带。下颏带是为戴稳帽子而系在下颏上的带子，可用塑料带或棉织带制作。

6. 安全帽的主要规格要求

（1）垂直间距。即在戴帽情况下，帽衬顶端与帽壳内顶面的垂直距离以 20～25mm 为宜，以缓冲外来冲击的强度。

（2）水平距离。即在戴帽的情况下，帽箍与帽壳内每一侧面的水平距离以 5～20mm 为宜，以避免外来冲击时，头部两侧与帽壳直接接触。

（3）佩戴高度。即在戴帽情况下，帽箍底边至头模（试验安全帽时，使用的木质人头模型）顶端的垂直距离，规定值应为 80～90mm。

（4）安全帽的颜色。一般以淡色或醒目的颜色为宜。

7. 安全帽的技术要求和使用方法

安全帽防护性能的好坏，主要看它对外来冲击力的缓冲效果和耐穿透性能。

（1）冲击吸收性能。冲击吸收性能是检查安全帽吸收冲击能量的能力，指戴安全帽后，头部所受的最大冲击力不超过规定的数值。

（2）耐穿透性能。耐穿透性能是要求帽壳具有一定的强度，能在外力作用时不发生过大的变形，与帽衬共同起缓冲分散冲击力的作用。

除了上述两个基本的技术要求外，根据实际需要，还可增加如耐低温性能、耐燃烧性能、电绝缘性能等要求，并在帽子上做出标记。

安全帽的正确使用应符合以下要求：

1）帽衬顶端与帽壳内顶必须保持 20～25mm 的空间，有了这个空间，才能有效地吸收冲击能量，使冲击力分布在头盖骨的整个面积上，减轻对头部的伤害。

2）必须系好下颏带，戴紧安全帽。如果不系紧下颏带，一旦发生物体坠落打击事故，安全帽将离开头部，导致严重后果。

3）安全帽必须戴正。如果戴歪了，一旦头部受到打击，就不能减轻对头部的冲击。

4）安全帽要定期检查。由于帽子在使用过程中，会逐渐损坏，所以要定期进行检查，发现帽体开裂、下凹、裂痕和磨损等情况，应及时更换。

2 架子工识图基础

2.1 建筑识图基本知识

在现代化生产中，一切工程建设都离不开图纸，一般建筑工程的施工图分为建筑施工图与结构施工图两大类。建筑施工图说明房屋各层平面布置、立面和剖面形式、建筑各部分结构和结构详图，结构施工图说明房屋的结构构造类型、构造平面布置、构件尺寸、材料和施工要求等。

建筑工程的施工图是施工的依据，施工人员要熟悉工程图纸，了解设计意图，掌握工程的重点和难点，合理安排施工顺序，才能保证按时按质、高效有序地完成施工任务。

2.1.1 施工图的形式

1. 图幅与图框

（1）图幅。为了使图纸管理规范，所有设计图纸的幅面均应符合国际标准，见表 2.1.1。

表 2.1.1 幅面及图框尺寸

（单位：mm）

尺寸代号	幅面代号				
	A0	A1	A2	A3	A4
$b \times l$	841×1189	594×841	420×594	297×420	210×297
c	10			5	
a	25				

（2）图框。图框即图纸的边框，用粗实线绘制。图纸幅面可以横式使用，也可以立式使用，一般 A0～A3 幅面的图纸宜

横式使用，如图 2.1.1 所示，必要时也可采用图 2.1.2 所示的立式，A4 图纸一般宜立式使用，如图 2.1.3 所示。

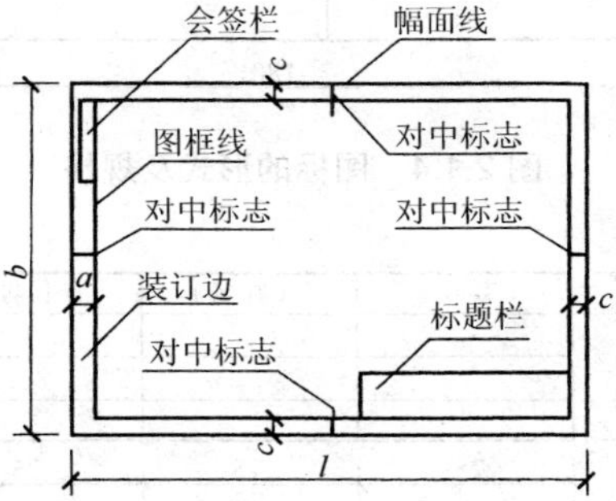

图 2.1.1　A0～A3 横式幅面

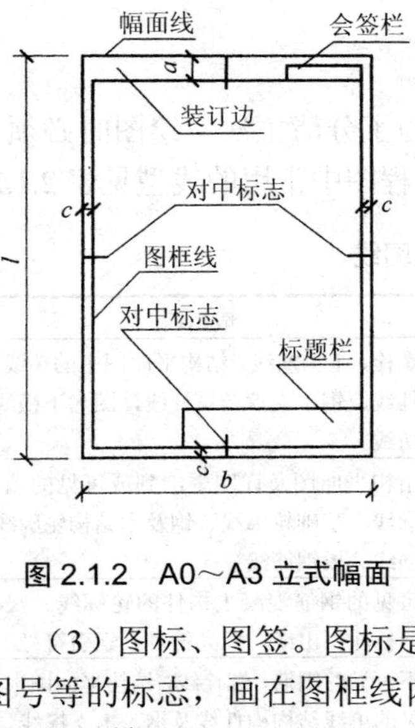

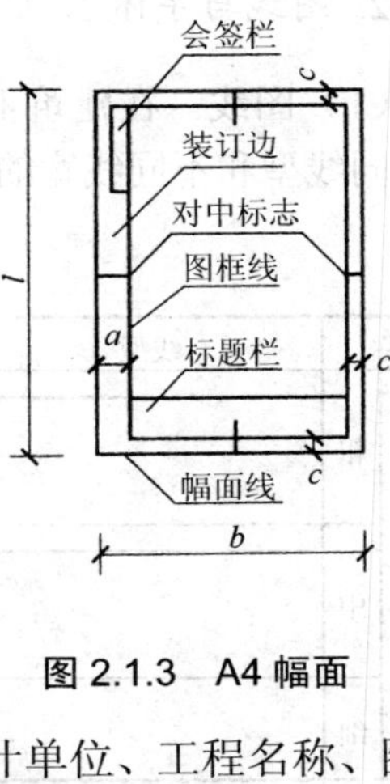

图 2.1.2　A0～A3 立式幅面　　　　图 2.1.3　A4 幅面

（3）图标、图签。图标是说明设计单位、工程名称、图名、图号等的标志，画在图框线内图幅的右下角，其形式及规格如图 2.1.4 所示。

图签是供需要会签的图纸使用，尺寸为 75mm×20mm，栏内应填写会签人员所代表的专业、姓名、日期，其形式如图 2.1.5 所示。

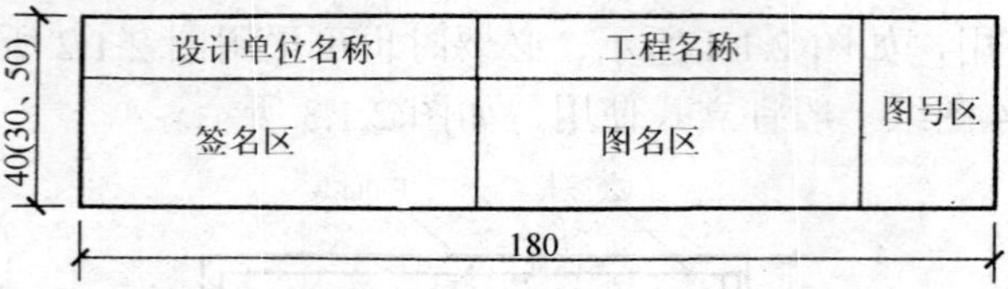

图 2.1.4　图标的形式及规格

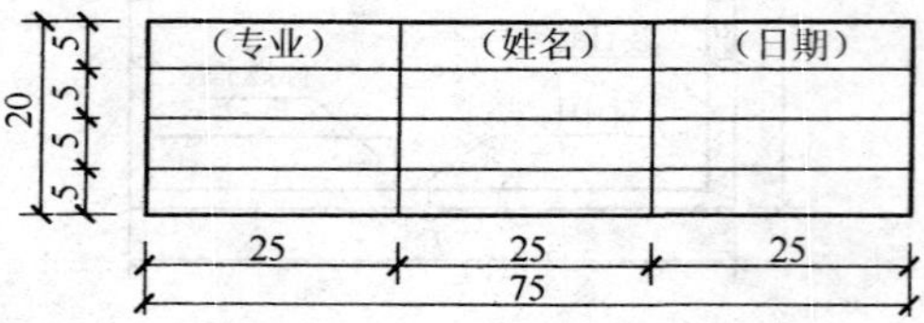

图 2.1.5　图签

2. 图线与字体

（1）图线。在建筑工程图中为了分清主次，绘图时必须采用不同线型和不同线宽的图线。工程图中常用的线型见表 2.1.2。

表 2.1.2　图线

名称		线型	线宽	一般用途
实线	粗		b	螺栓、主钢筋线，结构平面图中的单线结构件线、钢木支撑及系杆线，图名下横线、剖切线
	中		$0.5b$	结构平面图及详图中剖到或可见的墙身轮廓线、基础轮廓线、钢及木结构轮廓线、箍筋线、板钢筋线
	细		$0.25b$	可见的钢筋混凝土构件的轮廓线、尺寸线、标注引出线，标高符号，索引符号
虚线	粗		b	不可见的钢筋、螺栓线，结构平面图中不可见的单线结构构件线及钢、木支撑线
	中		$0.5b$	结构平面图中的不可见构件、墙身轮廓线及钢、木构件轮廓线
	细		$0.25b$	基础平面图中的管沟轮廓线、不可见的钢筋混凝土构件轮廓线

续表 2.1.2

名称		线型	线宽	一般用途
单点长画线	粗		b	柱间支撑、垂直支撑、设备基础轴线图中的中心线
	细		0.25b	定位轴线、对称线、中心线
双点长画线	粗		b	预应力钢筋线
	细		0.25b	原有结构轮廓线
折断线			0.25b	断开界线
波浪线			0.25b	断开界线

（2）字体。工程图中的汉字应采用长仿宋字，字母和数字的书写应符合表 2.1.3 的规定。

表 2.1.3 拉丁字母、阿拉伯数字、罗马数字书写规则

书写格式		一般字体	窄体字
字母高	大写字母	h	h
	小写字母（上下均无延伸）	（7/10）h	（10/14）h
小写字母向上或向下延伸部分		（3/10）h	（4/10）h
笔画宽度		（1/10）h	（1/14）h
间隔	字母间	（2/10）h	（2/16）h
	上下行底线间最小间隔	（14/10）h	（20/14）h
	文字间最小间隔	（4/10）h	（6/14）h

注：表中 h 为字高。

3. 比例、符号、尺寸标注、标高

（1）比例。我们看到的施工图都是经过缩小（或放大）后绘成的建筑物或零部件图，所绘制图样的大小与实物的大小之比称为比例。比例应用阿拉伯数字表示，如 1∶5、1∶20 等分别表示图上 1mm 代表实物的 5mm 和 20mm。一张工程图可以只用一个比例时，应将比例注写在图标内；一张图内有多个比例时，则每个图样下均应注写比例。

（2）符号。图样内的符号包括索引符号和详图符号。

1）索引符号。施工图某一局部或构件如需另画详图，应以索引符号索引，如图 2.1.6、图 2.1.7 所示。

2）详图符号。详图符号如图 2.1.8 所示，图中右图表示该详图与被索引图样在同一张图纸，左图表示详图与被索引图样不在同一张图纸。

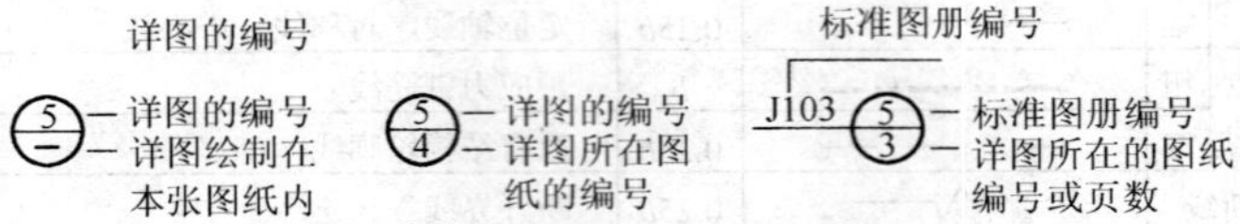

图 2.1.6　索引符号

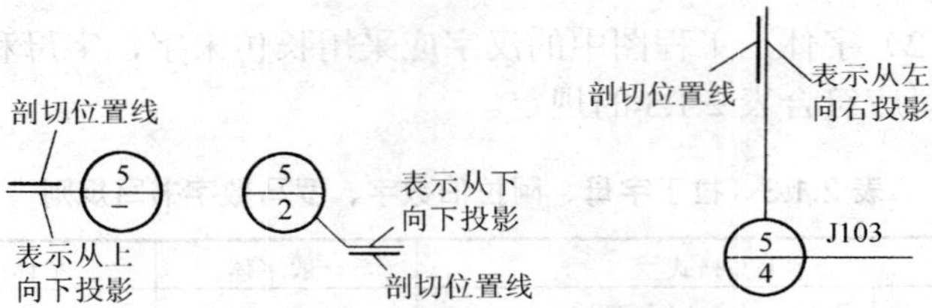

图 2.1.7　索引剖面详图的索引符号

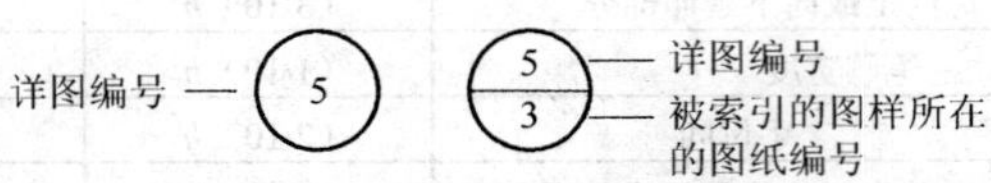

图 2.1.8　详图符号

3）引出线、剖切符号、对称符号。引出线如图 2.1.9 所示，用于建筑物的某些部位需要用文字或详图加以说明时，引出线从该部位引出并加说明。为了解物体内部的组成情况，可以用一个假想的平面将物体切开，在切开处用剖切符号表示，如图 2.1.10 所示。对称符号表示构配件是对称图形，绘图时可仅画出对称图形的一半，如图 2.1.11 所示。

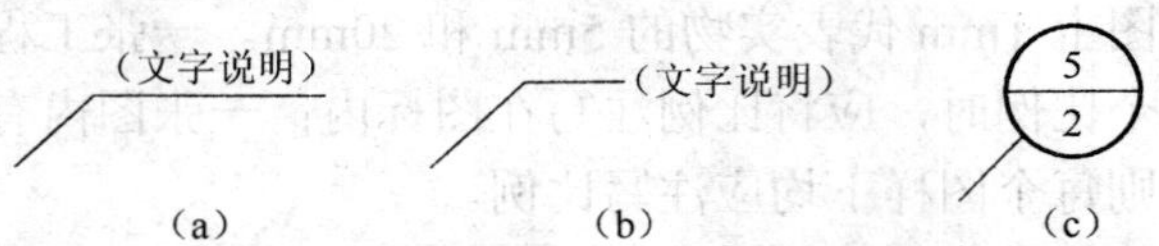

图 2.1.9　引出线

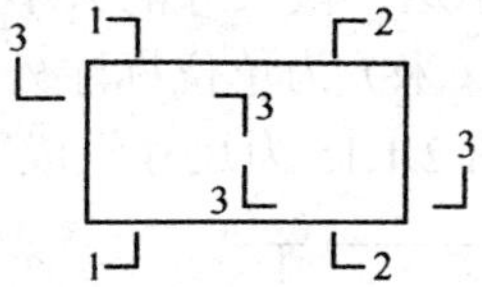

图 2.1.10　剖切符号

图 2.1.11　对称符号

4）连接符号、指北针、风向频率玫瑰图。一个构配件当绘制位置不够时，可以分为几个部分绘制，并用连接符号连接，如图 2.1.12 所示。指北针用于表示建筑物的朝向，一般绘制在总平面图及首层平面图上，如图 2.1.13 所示。风向频率玫瑰图（简称风玫瑰图）是总平面图上表示该地区常年风向频率的标志，风向是从外面吹向该地区中心的。图 2.1.14 是北京地区和上海地区的风玫瑰图。

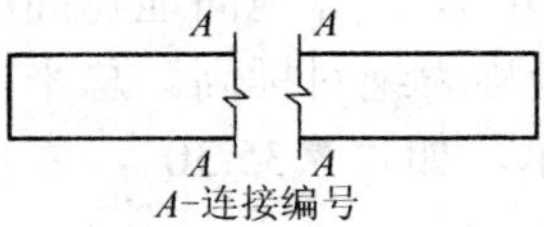

图 2.1.12　连接符号

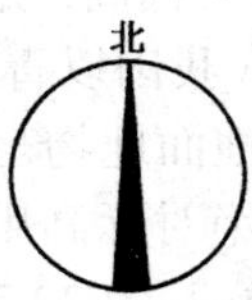

图 2.1.13　指北针

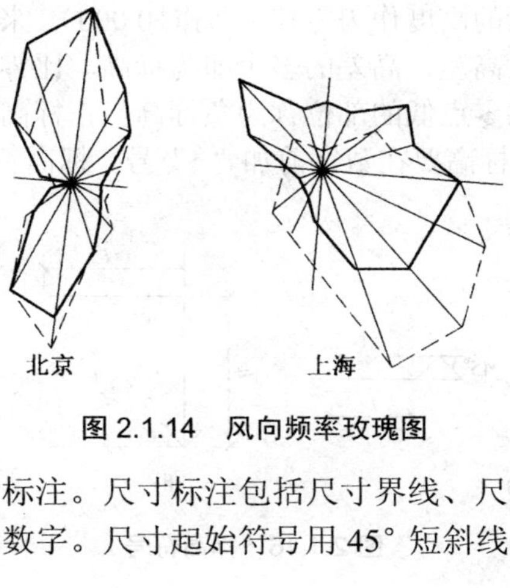

图 2.1.14　风向频率玫瑰图

（3）尺寸标注。尺寸标注包括尺寸界线、尺寸线、尺寸起始符号和尺寸数字。尺寸起始符号用 45° 短斜线表示，尺寸数字写在尺寸起始符号之间，用来表示这一段尺寸的大小。施工图上的尺寸数字，除了标高以“m”（米）为单位标注外，其余一律以 mm（毫米）为单位标注。图 2.1.15 为尺寸组成图。

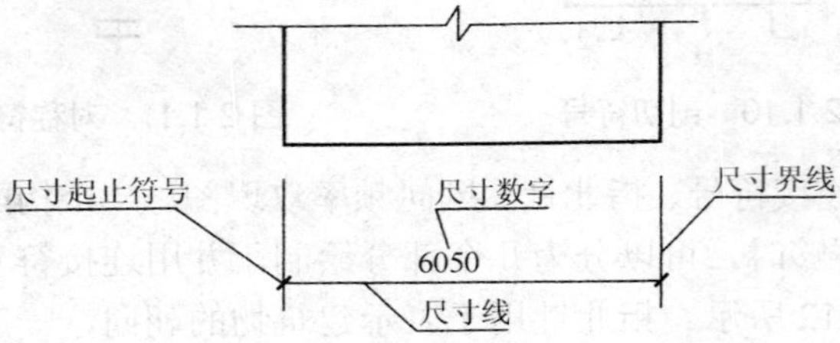

图 2.1.15 尺寸组成

（4）标高。在施工图上还要标明某一部分的高度，称为标高。标高分为绝对标高和相对标高。

1）绝对标高。是以平均海平面作为大地水准面，将其高程作为零点（我国以青岛黄海平面为基准），计算地面地物高度的基准点，地面地物与基准点的高度差称为绝对标高。总平面图上的室外绝对标高用黑色三角形表示，如“▼35.30”，表示该处的绝对标高为 32.30m。

2）相对标高。相对标高亦称建筑标高，是以所建建筑物的首层室内地面的高度作为零点（写作±0.000），来计算该建筑物与零点的相对高差，高差的多少即为标高。比零点高的部位称为正标高，比零点低的部位称为负标高。正标高不必在数字前加“+”号；负标高要在数字前加“-”号。标高符号如图 2.1.16 所示。

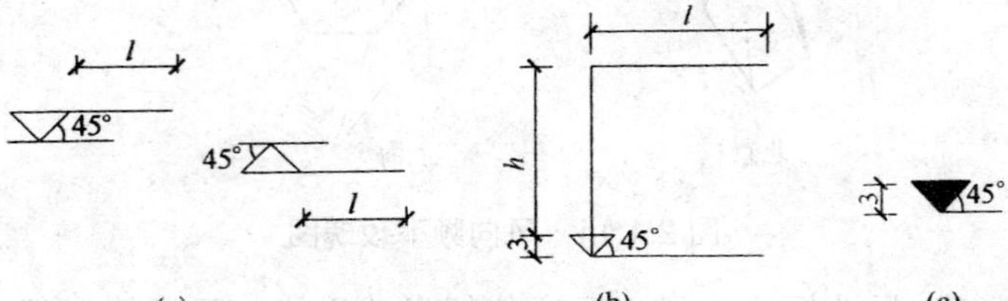

图 2.1.16 标高符号

4. 定位轴线

定位轴线是用来确定建筑物主要结构或构件的位置及其尺寸。平面图上横向定位轴线编号应用阿拉伯数字，从左至右顺序编写，纵向定位轴线编号应用大写字母，从下而上顺序编写，如图 2.1.17 所示。

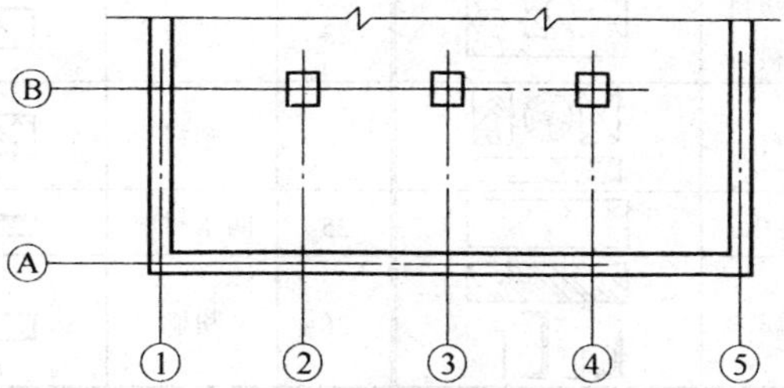

图 2.1.17 定位轴线的编写顺序

5. 图例

图例是建筑施工图纸上用图形来表示一定含意的符号，常用建筑材料图例见表 2.1.4，部分构造及配件图例见表 2.1.5，常用构件代号见表 2.1.6。

表 2.1.4 常用建筑材料图例

序号	名称	图例	序号	名称	图例
1	自然土壤		7	普通砖	
2	夯实土壤		8	耐火砖	
3	砂、灰土	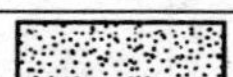	9	空心砖	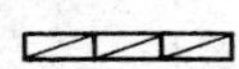
4	砂砾石、碎砖三合土	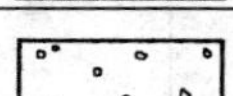	10	饰面砖	
5	石材	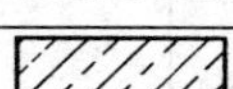	11	焦渣、矿渣	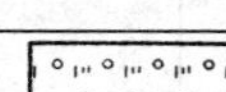
6	毛石		12	混凝土	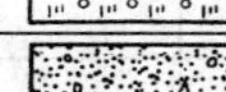

续表 2.1.4

序号	名称	图例	序号	名称	图例
13	钢筋混凝土		20	网状材料	
14	多孔材料		21	液体	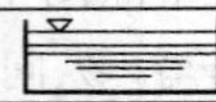
15	纤维材料		22	玻璃	
16	泡沫塑料材料	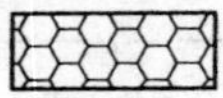	23	橡胶	
17	木材		24	塑料	
18	石膏板	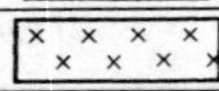	25	防水材料	
19	金属		26	粉刷	

表 2.1.5 部分构造及配件图例

序号	名称	图例	序号	名称	图例
1	墙体		4	楼梯	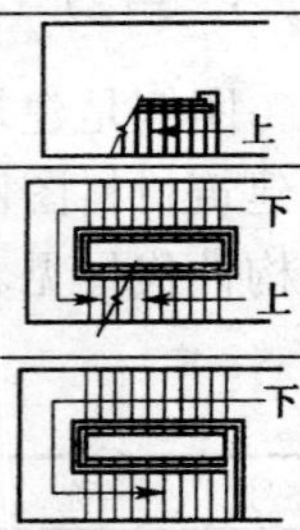
2	隔断		5	坡道	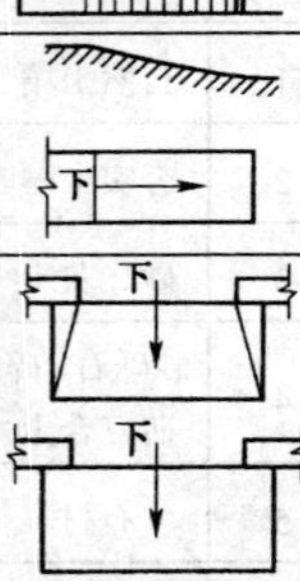
3	栏杆		6	平面高差	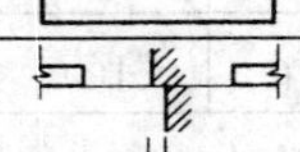

续表 2.1.5

序号	名称	图例	序号	名称	图例
7	检查孔		15	单扇门（包括平开或单面弹簧）	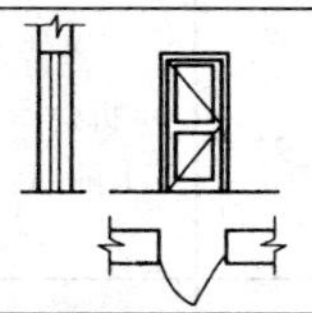
8	孔洞	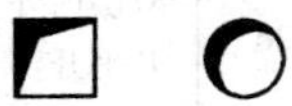	16	双扇门（包括平开或单面弹簧）	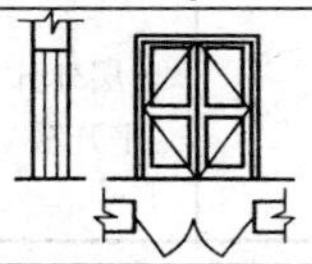
9	墙预留洞	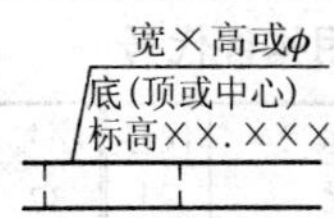	17	对开折叠门	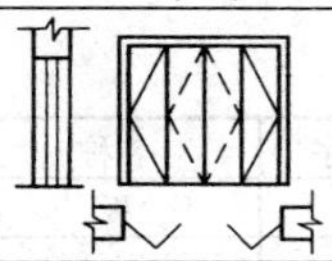
10	墙预留槽	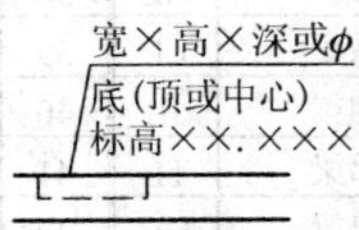	18	推拉门	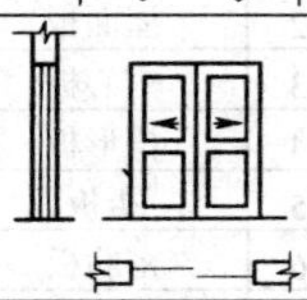
11	烟道	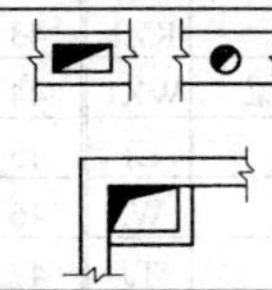	19	单扇双面弹簧门	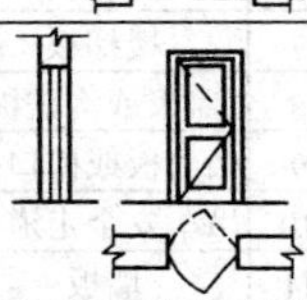
12	通风道	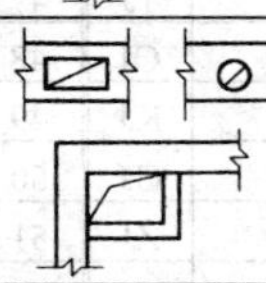	20	双扇双面弹簧门	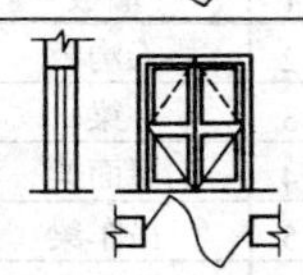
13	新建的墙和窗	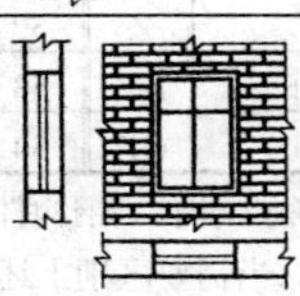	21	转门	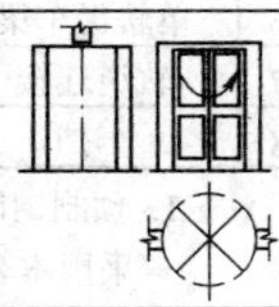
14	改建时保留的原有墙和窗	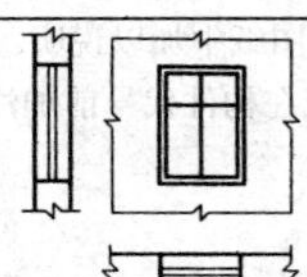	22	自动门	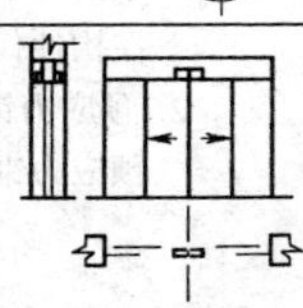

续表 2.1.5

序号	名称	图例	序号	名称	图例
23	折叠 上翻门	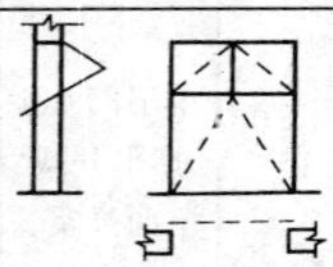	25	单层内开 平开窗	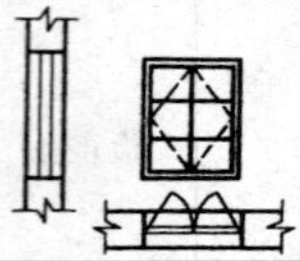
24	单层外开 平开窗	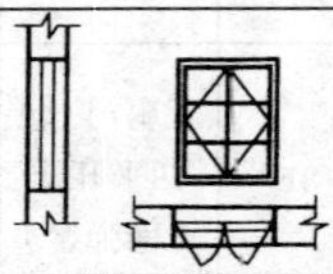	26	双层内外 开平开窗	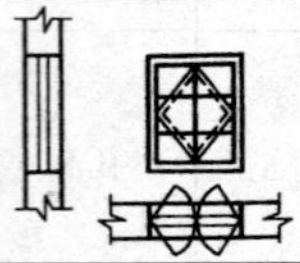

表 2.1.6　常用构件代号

序号	名称	代号	序号	名称	代号	序号	名称	代号
1	板	B	19	圈梁	QL	37	承台	CT
2	屋面板	WB	20	过梁	GL	38	设备基础	SJ
3	空心板	KB	21	连系梁	LL	39	桩	ZH
4	槽形板	CB	22	基础梁	JL	40	挡土墙	DQ
5	折板	ZB	23	楼梯梁	TL	41	地沟	DG
6	密肋板	MB	24	框架梁	KL	42	柱间支撑	ZC
7	楼梯板	TB	25	框支梁	KZL	43	垂直支撑	CC
8	盖板或沟盖板	GB	26	屋面框架梁	WKL	44	水平支撑	SC
9	挡雨板或檐口板	YB	27	檩条	LT	45	梯	T
10	吊车安全走道板	DB	28	屋架	WJ	46	雨篷	YP
11	墙板	QB	29	托架	TJ	47	阳台	YT
12	天沟板	TGB	30	天窗架	CJ	48	梁垫	LD
13	梁	L	31	框架	KJ	49	预埋件	M
14	屋面梁	WL	32	刚架	GJ	50	天窗端壁	TD
15	吊车梁	DL	33	支架	ZJ	51	钢筋网	W
16	单轨吊车梁	DDL	34	柱	Z	52	钢筋骨架	G
17	轨道连接	DGL	35	框架柱	KZ	53	基础	J
18	车挡	CD	36	构造柱	GZ	54	暗柱	AZ

注：1. 预制钢筋混凝土构件、现浇钢筋混凝土构件、钢构件和木构件，一般可直接采用本表中的构件代号。在绘图中，当需要区别上述构件的材料种类时，可在构件代号前加注材料代号，并在图纸中加以说明。

2. 预应力钢筋混凝土构件的代号，应在构件代号前加注“Y-”，如 Y-DL 表示预应力钢筋混凝土吊车梁。

2.1.2 投影和视图

1. 投影

众所周知，物体在光线的照射下，会在地面或墙面上产生影子，如图 2.1.18a、图 2.1.18b 所示。若假设光线能透过物体，这样形成的影子就称为投影，如图 2.1.18c 所示。

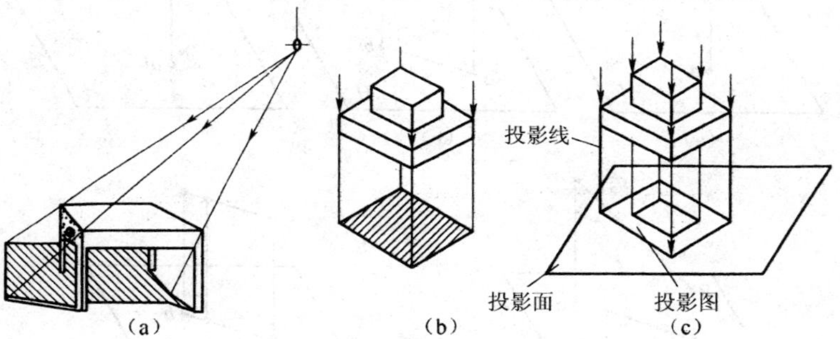

图 2.1.18 影与投影

在图 2.1.18c 中，我们将投影所在的平面称为投影面，光线称为投影线，在投影面上所得到的投影称为投影图。

投影分为中心投影和平行投影两类。平行投影又分为斜投影和正投影两种，工程图中，最常用的是正投影图。

（1）点的正投影特性。点的正投影仍然为点，如图 2.1.19a 所示。

（2）线的正投影特性。当直线平行于投影面时，其投影仍为直线，且投影长度等于实长，如图 2.1.19b 所示；当直线垂直于投影面时，其投影为一个点，如图 2.1.19c 所示；当直线倾斜投影面时，其投影仍为直线，但投影长度小于实长，如图 2.1.19d 所示；在直线上的点，其投影仍在直线的投影上，如图 2.1.19e 所示。

（3）面的正投影特性。当平面平行投影面时，其投影仍为一平面且反映实形，如图 2.1.19f 所示；当平面垂直投影面时，其投影为一直线，如图 2.1.19g 所示；当平面倾斜投影面时，其投影仍为平面，不反映实形，但反映其基本的几何形状，如图 2.1.19h 所示。

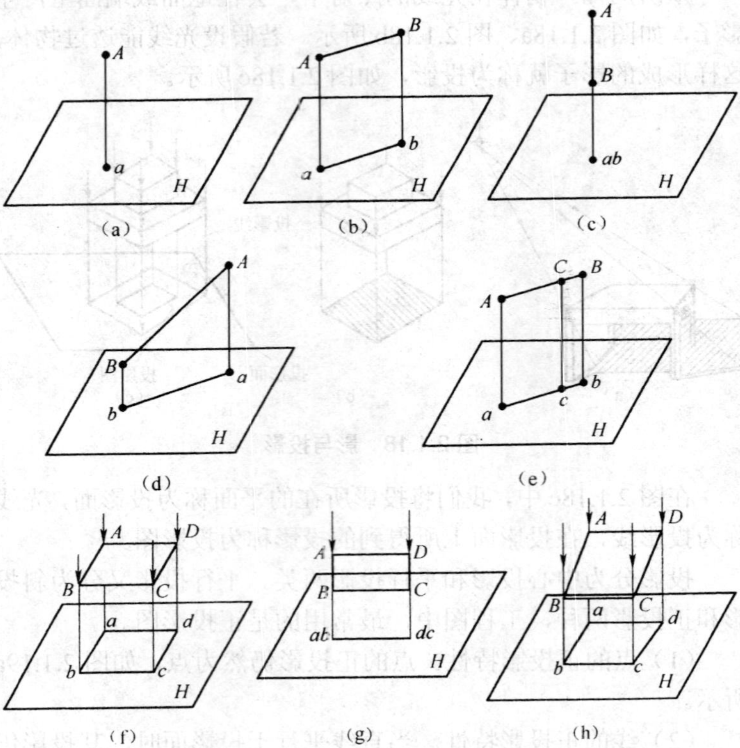

图 2.1.19　投影特性

2. 三面投影图

将一个物体在互相垂直的三个投影面上，用正投影的方法即可得到三个正投影图，即 V 面投影、H 面投影及 W 面投影，如图 2.1.20 所示。将三个投影面展开在一个平面上，即得到

图 2.1.21 所示的三面投影。三面投影存在 *V*、*H* 两投影“长对正”，*V*、*W* 两投影“高平齐”，*H*、*W* 两投影“宽相等”的关系，如图 2.1.22 所示。

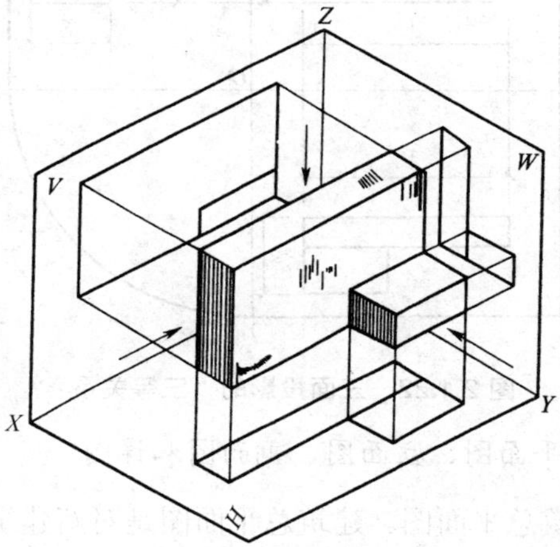

图 2.1.20　形体的三面投影

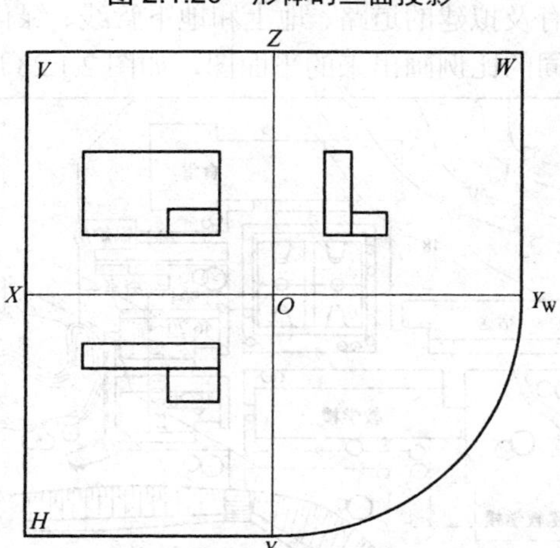

图 2.1.21　三面投影

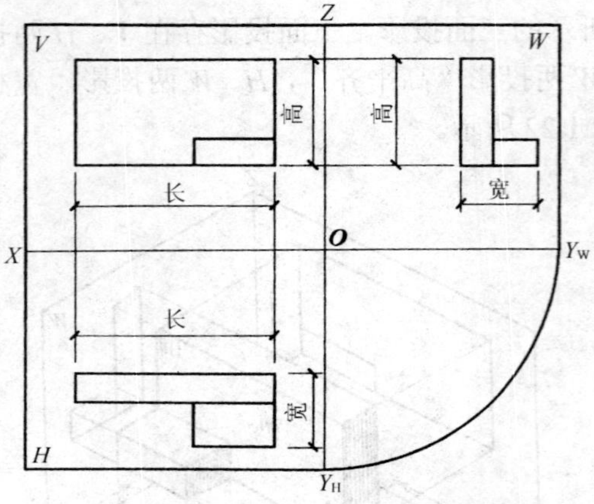

图 2.1.22 三面投影的“三等关系”

3. 建筑平面图、立面图、剖面图和详图

（1）建筑总平面图。建筑总平面图是对新建筑物所在地区作水平正投影所致，即在地形图上把原有的建筑物、新建的建筑物以及原有及拟建的道路、地上和地下管线、绿化等内容，按与地形图相同的比例画出来的平面图，如图 2.1.23 所示。

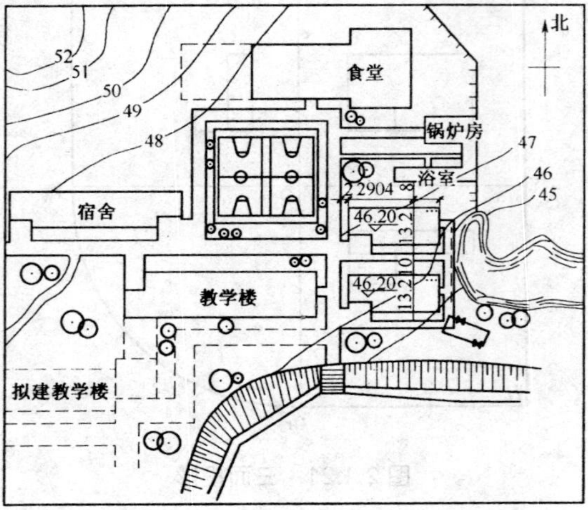

图 2.1.23 总平面图示意

（2）建筑平面图、立面图。建筑平面图是假想用一个水平面，沿略高于窗台的位置剖切建筑物后将上面的部分移去，由上向下俯视所见到的剖切位置在水平面的投影图，如图 2.1.24a 中用水平面 *H* 割切后，得到的平面为图 2.1.24b。多层房屋如各层的构造不同，则各层的平面图也不同。图 2.1.25 是某住宅楼一层平面图。

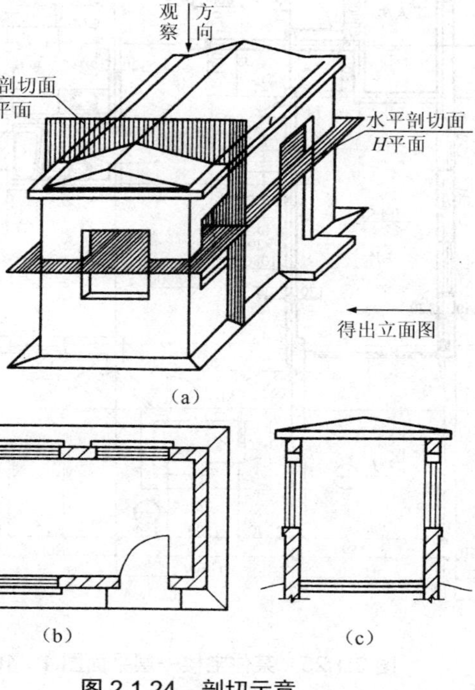

图 2.1.24 剖切示意

（a）剖切位置示意图

（b）*H* 平面切出平面图　　（c）*V* 平面切出剖面图

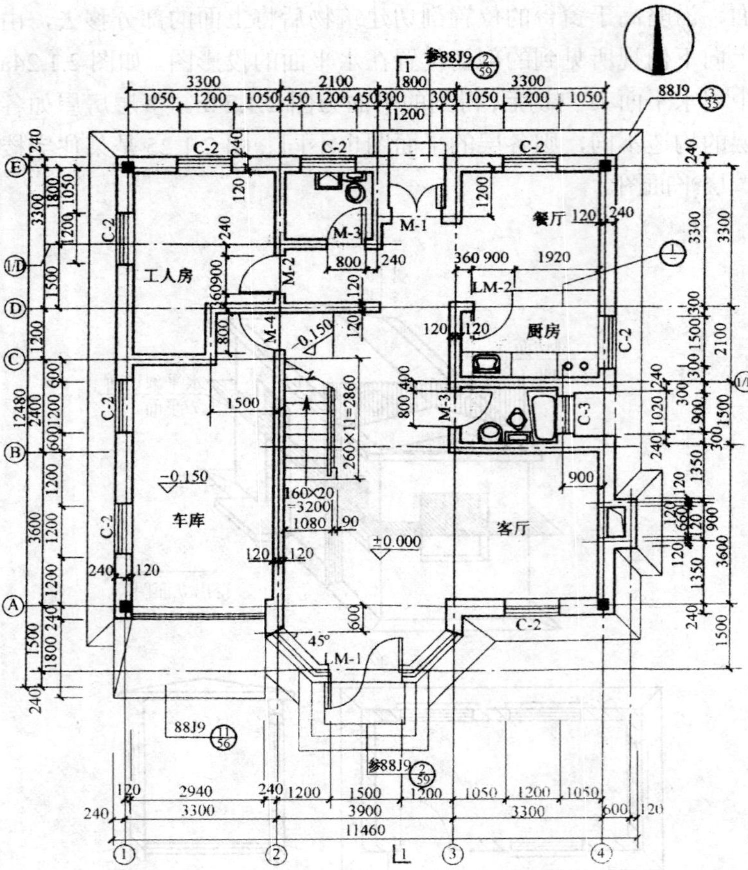

图 2.1.25 某住宅楼一层平面图 1：100

立面图是建筑物的侧视图，反映建筑物相对应的立面外貌。图 2.1.26～图 2.1.29 是图 2.1.25 住宅楼相对应的不同方位的立面图。

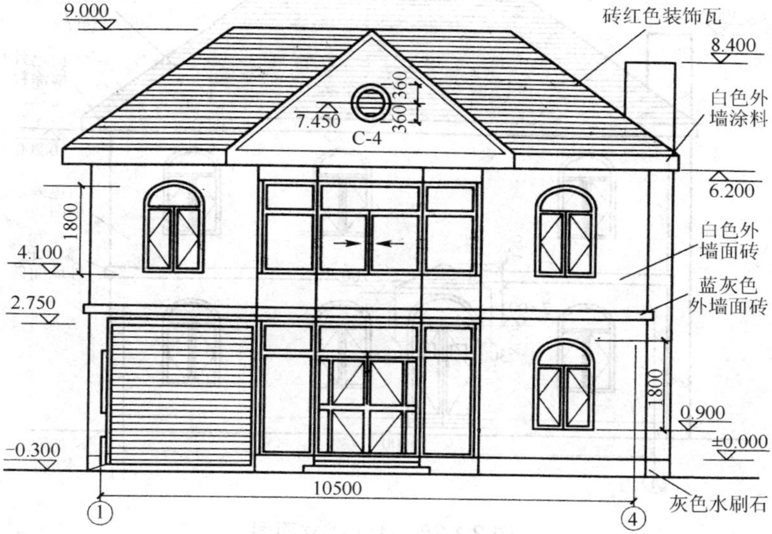

图 2.1.26 ①～④立面图

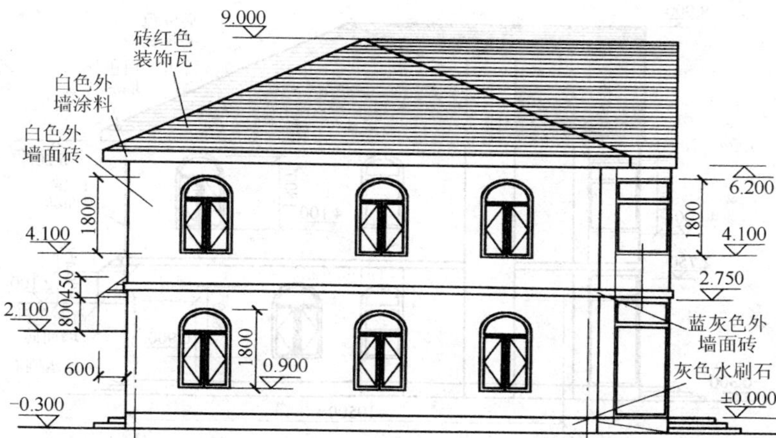

图 2.1.27 Ⓔ～Ⓐ立面图

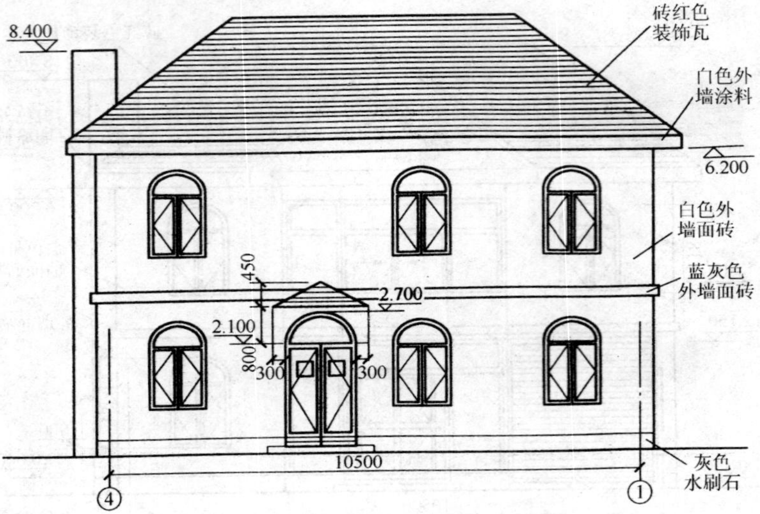

图 2.1.28 ④～①立面图

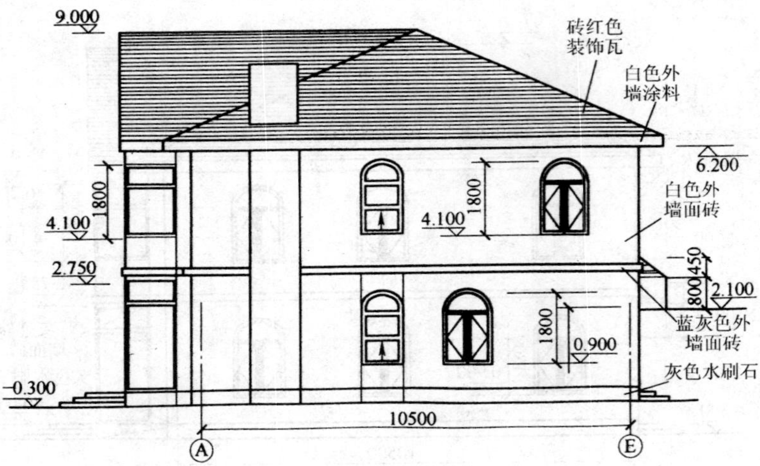

图 2.1.29 Ⓐ～Ⓔ立面图

（3）剖面图和详图。剖面图是假想用一个垂直的平面将建筑物切进，移去前面一部分，对后面一部分作正投影而得到的视图。如图 2.1.24 中，用 *V* 平面切割后所得到的剖面图为图 2.1.24c，图 2.1.30 是图 2.1.25 中 1—1 剖面图。

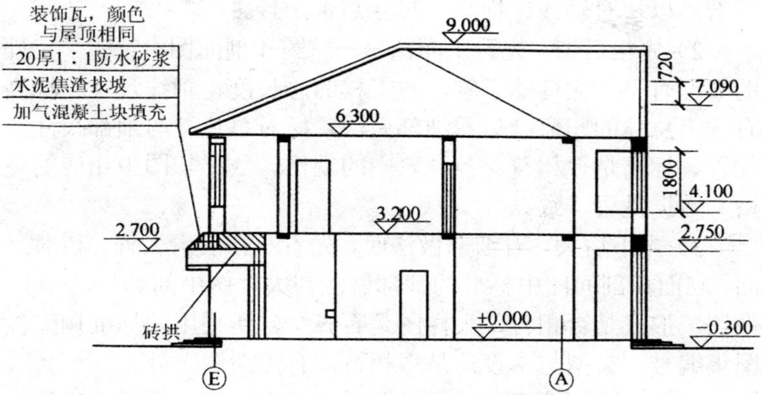

图 2.1.30　1—1 剖面图

2.1.3　读图的顺序和要领

1. 读图的顺序

读图要按顺序，其方法一般是：由外向里看，由大到小看，由粗到细看，图样与说明对照看，建筑施工图与结构施工图对照看。

拿到图纸后，应先将目录看一遍，了解工程性质、建筑面积、设计单位、图纸的总张数等基本情况，然后按照目录检查各类图纸是否齐全。

读图时，首先看总说明，了解建筑概况、技术要求等，以及图面表达不清必须用文字补充说明的一些问题，然后阅图。阅图一般按目录顺序，由总平面图→建筑平面图→建筑立面图及剖面图→结构施工图，依次看下去。

2. 读图的要领

要尽快地熟悉图纸，必须掌握关键，抓住要领，具体做法如下。

（1）阅图时注意“四先四后”。

1）先建筑后结构。先看建筑图，然后将建筑图与结构图对照看，以核对轴线、标高、尺寸是否一致。

2）先粗后细。先看平面图、立面图和剖面图，对整个工程的概况有一个大体的了解，对工程的总长度、轴线尺寸、标高有一个总体的印象；后看细部做法，核对总尺寸与细部尺寸、位置、标高是否相符；各种表中的规格、数据与图中相应的规格、数据是否一致。

3）先小后大。看细部做法时，先看小样后看大样，核对平面、立面和剖面图中标准的细部做法与大样图中的编号、尺寸、做法、形式是否相符，大样图是否齐全，所采用的标准构配件图集编号、类型与本设计是否相符，有无遗漏之处。

4）先一般后特殊。先看一般的部位和要求，后看特殊的部位和要求。

（2）读图时要做到“三个结合”。

1）图纸与说明相结合。读图时，要把设计总说明与图中细部说明结合起来看，注意图纸和说明有无矛盾，内容是否齐全，规定是否明确，要求是否具体。

2）土建与安装相结合。在熟悉土建施工图以后，也要结合看设备安装图，了解各种预埋件、预留孔洞的位置、尺寸是否相符，施工中如何配合等。

3）图纸要求与实际情况相结合。在看图时，要注意图纸与现场的实际情况是否相符，例如，相对位置、场地标高、地质情况、地下水位及地下管线的情况。

3. 设计总说明及总平面图的识读

设计总说明是建筑施工图首页的主要内容，主要包括工程概况与设计标准、结构特征、结构做法等。总平面图是表示新建房屋及其周围总体情况的平面图，阅读时要注意以下几点。

（1）熟悉总平面图的比例、图例及文字说明，总平面图尺寸一律以“m”为计量单位。

（2）通过图示的指北针了解建筑物的方向。

（3）了解工程性质、用地范围、地形地物及周围环境情况，以便看出场地平整工作量与要求，需拆迁的房屋数量等。

（4）了解新建建筑物的位置关系及外围尺寸，注意底层室内地坪标高与等高线标高的关系，从而确定排水方向并可计算土方平衡。

（5）了解道路、绿化与建筑物的关系，注意保护古树，合理安排交通疏导及工地运输。

（6）查看水、暖、电等管线的布置与走向，注意它们对施工的影响。

图 2.1.23 为某学校新建学生宿舍工程的总平面图的示例。从图中可以看出，新建宿舍位于已建浴室以南、教学楼以东，西有篮球场，东有一池塘。由等高线可以看出该地势西北高，东南低。图中还反映出其他诸如拟拆迁房屋、围墙、水沟、护坡、挡土墙、道路、绿化区等情况。

4. 建筑平面图的识读

建筑平面图是基本的建筑施工图，反映建筑物的平面形状、大小和布置，墙、柱的位置、尺寸和材料，门窗的类型及位置等。

（1）建筑平面图识读方法。

1）按照由外向内、由大到小、由粗到细的识读原则，首先了解平面图的总长、总宽、房间的功能及布置方式。然后了解纵、横轴线间的尺寸，查看承重墙及非承重墙的位置、厚度与材料。

2）查看门窗洞口尺寸、编号，并与门窗表核对，注意楼梯出入口的位置及尺寸等。

3）了解室内外设备及设施的位置尺寸。

4）核对各种平面尺寸及标高有无错误。

5）核对从平面图中引出的详图或标准图有无错误。

（2）示例。以图 2.1.25 为例说明识读方法。

1）从图名可以得知该建筑为某小型住宅的一层平面图，比例为 1∶100。

2）从图中指北针可知房屋的主要出入口在南侧。

3）房屋的总长为 11.46m，总宽为 12.48m；横向有 4 道轴线，纵向有 5 道轴线。

4）建筑物的平面形状为矩形，在主要出入口处向南突出 1. 5m。

5）从主要出入口进入门厅，再进入各房间，为水平交通；垂直交通是设置在门厅西侧的楼梯，可由此上二楼，楼梯的走向用箭头指明，被剖切的楼梯段用 45° 折断线表示。

6）建筑物各个房间的布置，包括客厅、餐厅、厨房、卫生间（两处）工人房、车库。

7）门窗的位置、代号，其中门的代号有 M—1、M—2、M—3 等，窗的代号有 C—2、C—3；门窗洞口的尺寸，详见平面图外部尺寸中最里面一道尺寸及内部局部尺寸；门窗的数量、类型及开启方向，应当与门窗明细表对照阅读。

8）房间内有关设备的布置。厨房间有洗涤池、灶台及操作台，卫生间有洗脸盆、坐便器及浴盆（北侧卫生间无浴盆）。

9）房屋的外墙厚 360mm，内墙厚 240mm。

10）室内主要地面标高为±0.000，车库地面标高为-0.150。

11）平面图中有一个剖切符号，在②～③轴线之间，通过南侧大门入口穿过门厅、北侧小门，剖切后向右侧作投影，剖面图编号为 1—1。

12）在南侧主要出入口及北侧小门外台阶处，以及车库坡道、室外散水等处均有详图索引符号，表示这些地方另用详图表示。

5. 识读建筑立面图和建筑剖面图

（1）建筑立面图的识读。图 2.1.26～图 2.1.29 为图 2.1.25

二层小型住宅的立面图，通览全图可知，小型住宅四个立面的投影，分别用首尾轴线编号标注立面图的名称，亦可把它们分别称为住宅的正立面、左侧立面、背立面、右侧立面图，或南立面、西立面、北立面、东立面图。

现以图 2.1.26 为例，识读方法如下：

1）该立面朝南，为建筑物的主要立面，两端轴线编号为①、④，主要出入口位于该立面的中部；对照平面图可知，该立面不是处于一个平面上。

2）从该立面图可知，门窗的布置形式及其开启方向，并可与平面图对照得知其编号。

3）从标高可知，建筑物总高为 9.00m，室外地坪低于室内地面 0.30m，设三步台阶，还可知其余部位标高及有关高度尺寸。

4）从图中可知，屋顶为四坡形式，主要出入口门头上部为两坡屋面。

5）立面图中还注明了外墙面及屋顶的装修做法：墙面贴白色外墙面砖，腰线为蓝灰色，檐口刷白色外墙涂料，屋顶为砖红色黏土装饰瓦，勒角是灰色水刷石。

（2）建筑剖面图识读示例。图 2.1.30 为图 2.1.25 二层小型住宅的 1—1 剖面图，识读建筑剖面图的方法如下：

1）由剖面图的图名 1—1 和两端定位轴线Ⓔ～Ⓐ，去查找一层平面图（图 2.1.25）可知，该剖面图是从建筑物中部南侧主要出入口到北侧次要出入口做横向剖切后，向东侧投影所得。

2）住宅竖向分为二层，从图中可看到一层的客厅、餐厅、卫生间的门和南北两个出入口及室外台阶，还可看到二层主卧室及北侧卧室的门和壁柜。

3）一层地面标高为±0.000，二层楼面标高为 3.200，顶层结构顶面标高为 6.300，室外地坪标高为-0.300，并可知其余部位标高及有关高度尺寸。

4）从 1—1 剖面图中可知，该房屋为坡屋顶，并注有北侧出入口门头屋面做法。

6. 建筑结构图的识读

结构施工图是建筑工程施工的依据，也是编制预算和施工组织的依据，主要表达结构设计的内容，表示建筑物各承重构件的布置、形状、尺寸、材料、构造及其连接方法，同时反映出建筑、暖通、给排水、电气等对结构的要求。结构施工图包括结构设计说明、结构平面图、构件详图。

2.2 房屋建筑的主要构造

2.2.1 民用建筑的构件组成

一般建筑物都由许多部分组成，这些组成部分称为构件。一般民用建筑是由基础、墙和柱、楼层和地层、楼梯、屋顶、门窗等基本构件组成，如图 2.2.1 所示。

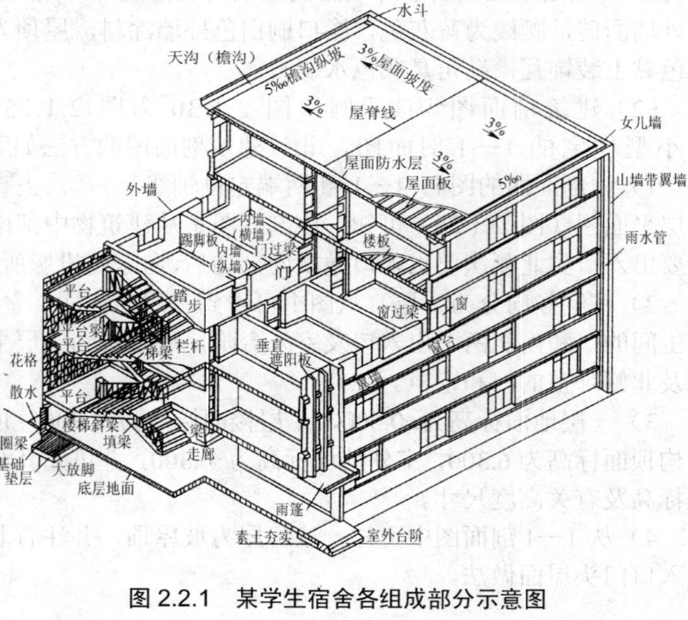

图 2.2.1　某学生宿舍各组成部分示意图

2.2.2 民用建筑的主要构造

1. 基础构造

基础是建筑物埋在地面以下的承重构件，是建筑物的重要组成部分，作用是承受上部建筑物传递下来的全部荷载，并将这些荷载连同自重传给下面的地基。基础应有足够的强度、刚度和耐久性，并做到技术合理，节约材料，以降低工程造价。

（1）基础的类型。基础的类型按不同的角度有不同的分类，按构造的形式分为独立基础（图 2.2.2）、筏式基础（图 2.2.3）、板式基础（图 2.2.4）、条形基础（图 2.2.5）、箱形基础（图 2.2.6）、桩基础（图 2.2.7）等。

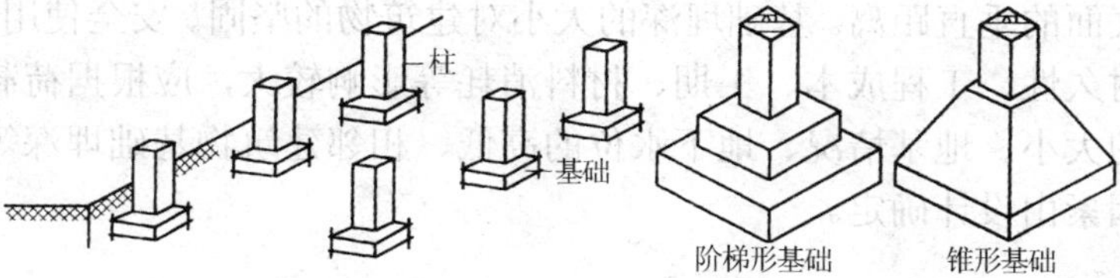

图 2.2.2 独立基础

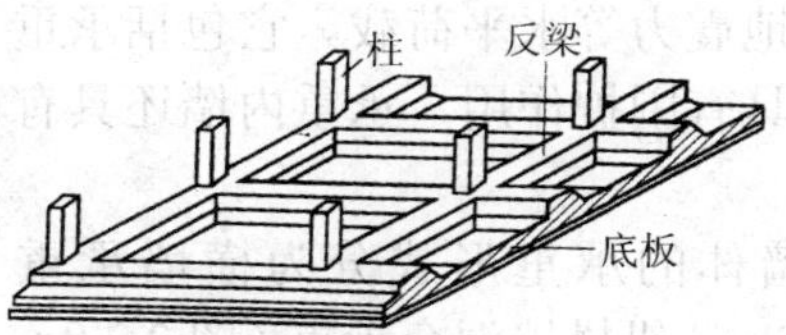

图 2.2.3 筏式基础

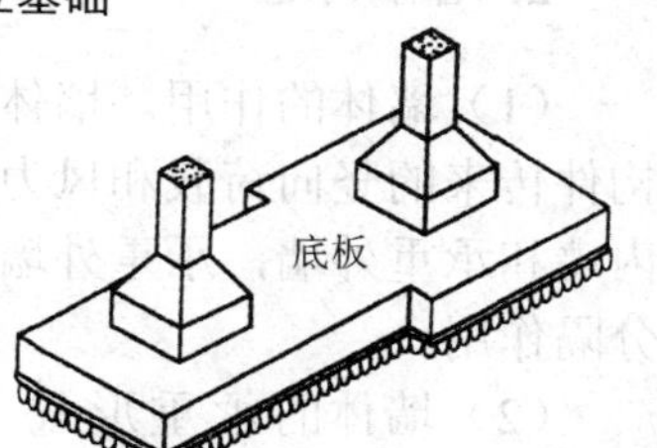

图 2.2.4 板式基础

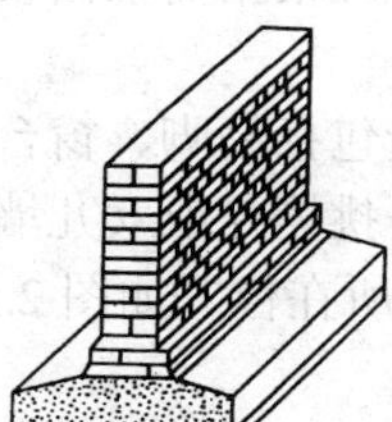

图 2.2.5 条形基础

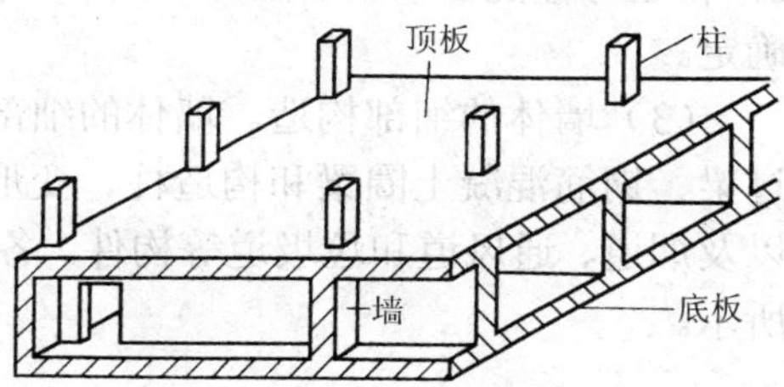

图 2.2.6 箱式基础

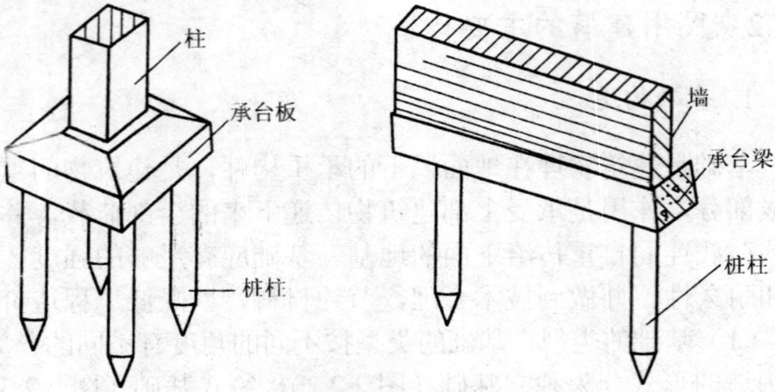

图 2.2.7　桩基础

（2）基础的埋深。基础的埋深是指从室外设计地坪至基础底面的垂直距离。基础埋深的大小对建筑物的坚固、安全使用、耐久性、工程成本、工期、材料消耗等影响较大，应根据荷载的大小、地基情况、地下水位的高低、相邻建筑物基础埋深等因素由设计确定。

2. 墙体构造

（1）墙体的作用。墙体是用来承受由屋顶、楼板、大梁等构件传来的竖向荷载和风力、地震力等水平荷载。它包括承重内墙和承重外墙，承重外墙还具有围护作用，承重内墙还具有分隔作用。

（2）墙体的承重形式。墙体的承重形式分为横墙承重（图 2.2.8a）、纵墙承重（图 2.2.8b）、纵横墙混合承重（图 2.2.8c、d）和墙与柱混合承重（图 2.2.8e）等形式，应根据需求由设计确定。

（3）墙体的细部构造。墙体的细部构造包括勒脚、窗台、过梁、钢筋混凝土圈梁和构造柱、变形缝、挑檐（或女儿墙）以及烟道、通风道和垃圾道等构件。各构件所在位置如图 2.2.9 所示。

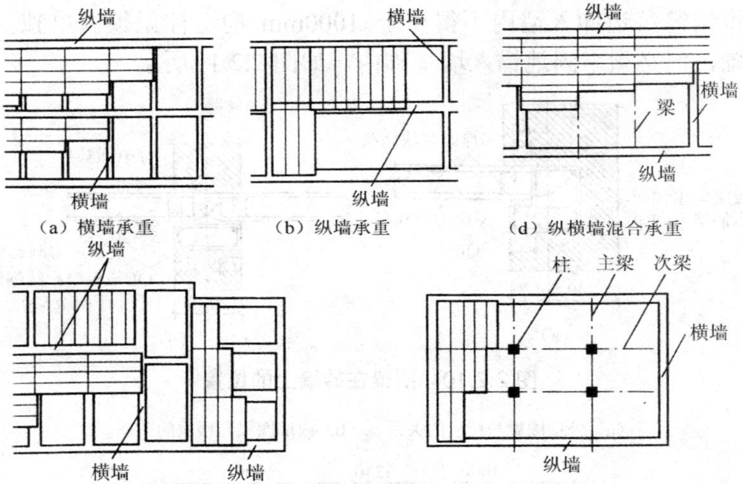

（a）横墙承重　（b）纵墙承重　（d）纵横墙混合承重

（c）纵横墙混合承重　（e）墙与柱混合承重

图 2.2.8　墙体的承重形式

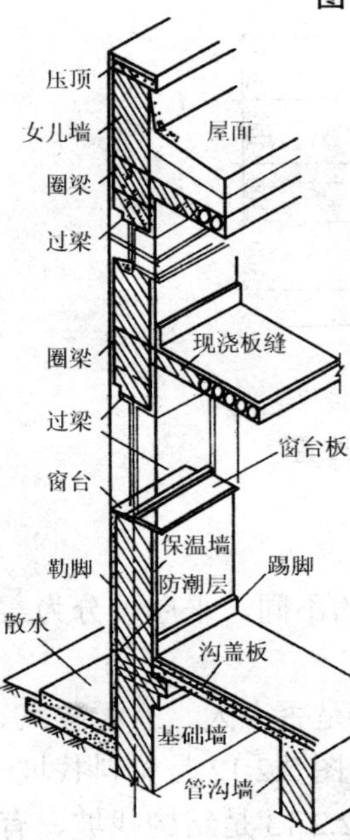

图 2.2.9　墙体的构造

（4）墙体的抗震措施。常见砖砌建筑物墙体的抗震措施主要有圈梁和构造柱。圈梁是在墙身上设置的水平连续封闭梁，其作用是加强整个建筑物的整体性和空间刚度，抵抗房屋的不均匀沉降，提高建筑物的抗震能力。圈梁在砖墙上的位置如图 2.2.10 所示。

构造柱是竖向构件，它们共同组成一个骨架，来提高房屋的刚性和刚度，增加建筑物的抗震能力，所以圈梁和构造柱是密不可分的一对构件。

为了使构造柱和墙身融为一体，砌墙时要砌成五进五退的马牙搓，退进 60mm，同时要沿墙高每隔 500mm(约八皮砖)设置 2 根直径 6mm 的拉结筋，该拉结筋每边伸入墙内不得少于 1000mm 构造柱无须做单独基础，但必须牢固地锚入墙基础内，如图 2.2.11 所示。

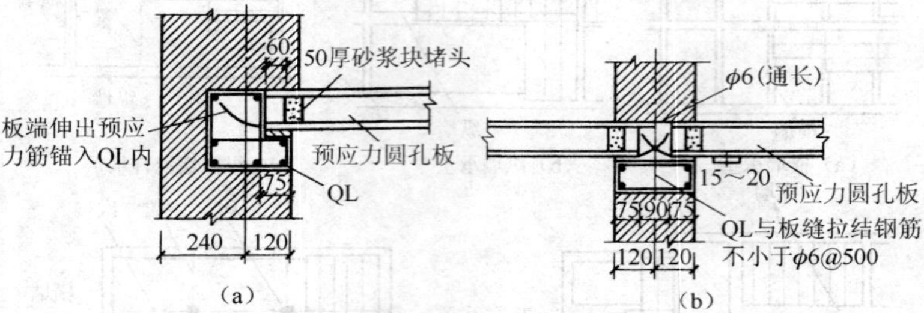

图 2.2.10　圈梁在砖墙上的位置

（a）外墙圈梁与楼板的关系　（b）内墙圈梁与楼板的关系

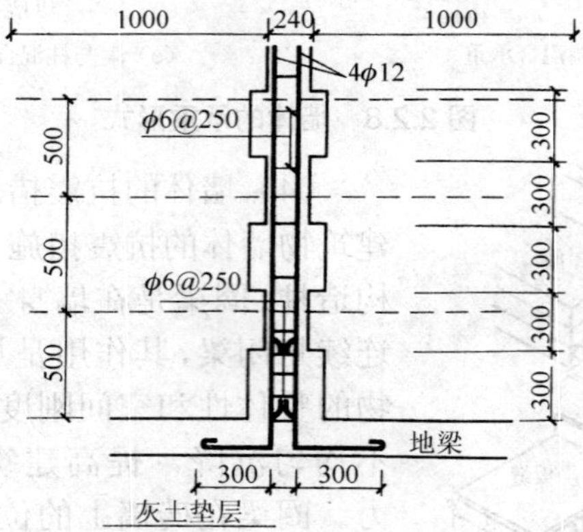

图 2.2.11　构造柱的生根位置

3. *砌体结构的屋顶构造*

（1）平屋顶的构造。根据防水构造的不同，平屋顶分为柔性防水屋顶和刚性防水屋顶。

1）柔性防水屋顶的构造。根据屋顶是否上人、有无隔汽、隔热保温要求等来确定屋顶的构造层次。图 2.2.12 是材料找坡、保温、不上人卷材防水屋面的构造，图 2.2.13 是结构找坡、有隔热层、隔汽层、卷材防水层、架空保护层屋面的构造。

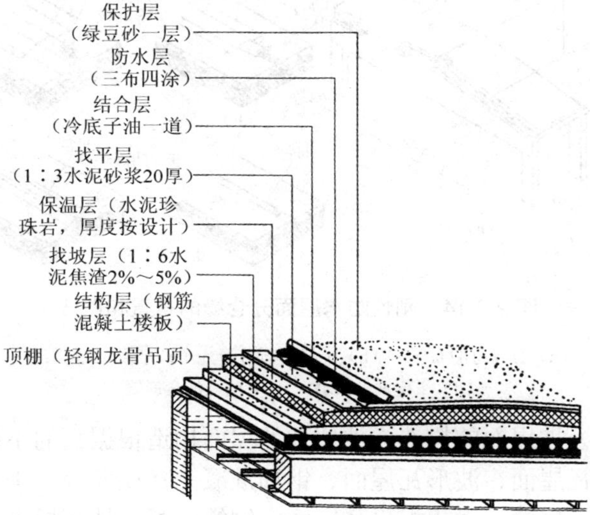

图 2.2.12　材料找坡、保温、不上人卷材防水屋面

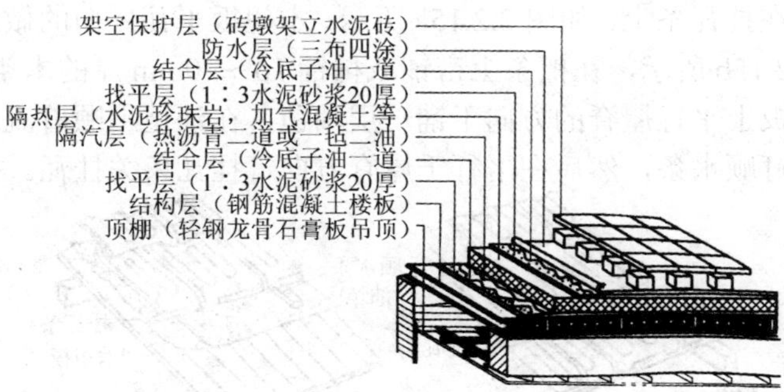

图 2.2.13　结构找坡、有隔热层、隔汽层、卷材防水层、架空保护层屋面

2）刚性防水屋面的构造。图 2.2.14 为刚性防水屋面分仓缝的布置和做法。

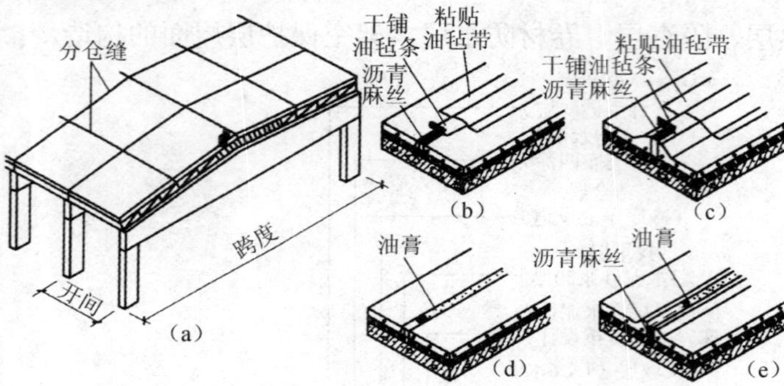

图 2.2.14　刚性防水屋面分仓缝的布置和做法

（a）分仓缝的布置　（b）平缝油毡盖缝　（c）凸缝油毡盖缝
（d）平缝油膏嵌缝　（e）凸缝油膏嵌缝

（2）坡屋面的构造。坡屋顶的屋面构造根据瓦的不同可以分为平瓦屋面、波形瓦屋面、钢筋混凝土瓦屋面等。平瓦屋面有冷摊瓦屋面、木望板平瓦屋面、钢筋混凝土挂瓦板平瓦屋面等三种做法。

1）平瓦屋面构造。冷摊瓦屋面是在木檩条上钉挂瓦条，将瓦挂在挂瓦条上，如图 2.2.15a 所示。木望板平瓦屋面的做法如图 2.2.15b 所示，在檩条上密铺或稀铺 15～20mm 厚的木望板，在望板上平行屋脊的方向干铺一层油毡，在油毡上顺着流水的方向钉顺水条，然后在平行于屋脊方向钉挂瓦条关挂瓦。

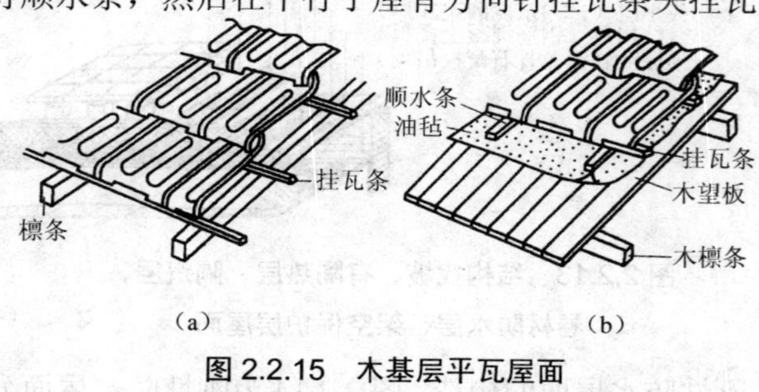

图 2.2.15　木基层平瓦屋面

（a）冷摊瓦屋面　（b）木望板瓦屋面

钢筋混凝土挂瓦板平瓦屋面是用预应力或非预应力钢筋混凝土挂瓦板直接搁置在横墙或屋架上，代替檩条、屋面板和挂瓦条，成为三合一的构件，如图 2.2.16 所示。

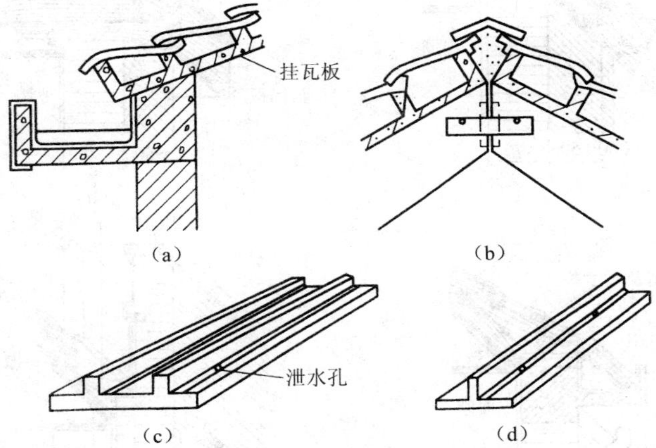

图 2.2.16 钢筋混凝土挂瓦板平瓦屋面

（a）剖面之一 （b）剖面之二 （c）双肋板 （d）单肋板

平瓦屋顶的檐口做法有图 2.2.17 所示的各种做法，要根据屋架的类型来选择。当烟囱穿过坡屋面时，首先要注意木构件的防火问题，按现行国家规范规定，木构件距烟囱外壁间距不小于 50mm；距烟囱内壁间距不小于 350mm。烟囱与屋面交接处的泛水做法见图 2.2.18 所示。

2）波形瓦屋面。波形瓦可用石棉水泥、塑料、玻璃钢或金属等材料制成，常用的是石棉水泥波形瓦和镀锌瓦楞铁。

3）钢筋混凝土瓦屋面。为了保温、防火或造型的需要，可采用钢筋混凝土瓦屋面，即将预制的钢筋混凝土空心板或现浇钢筋混凝土平板作为瓦屋面的基层，再在其上盖瓦。

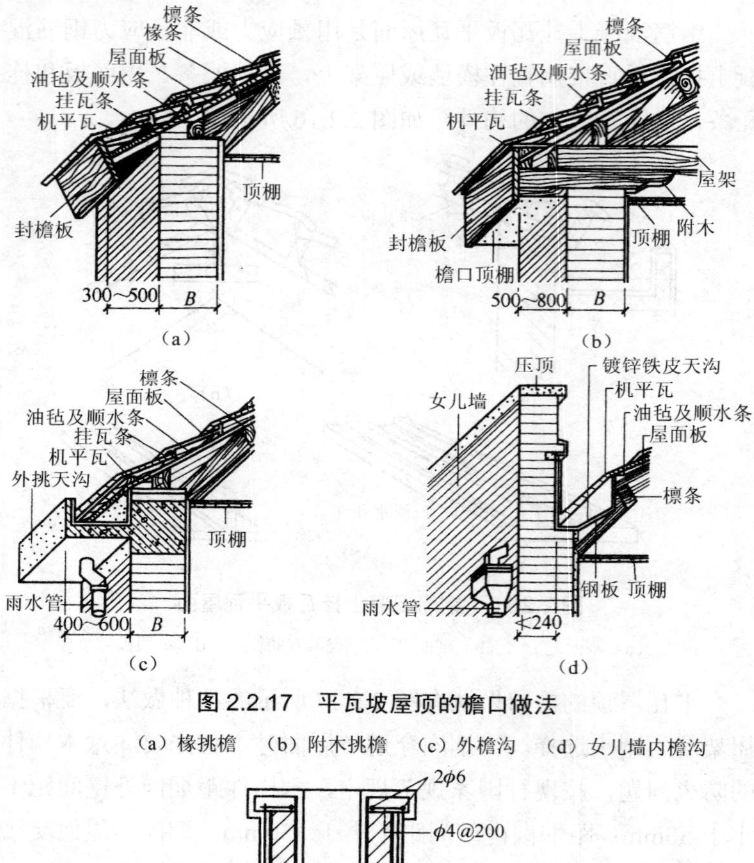

图 2.2.17　平瓦坡屋顶的檐口做法

（a）椽挑檐　（b）附木挑檐　（c）外檐沟　（d）女儿墙内檐沟

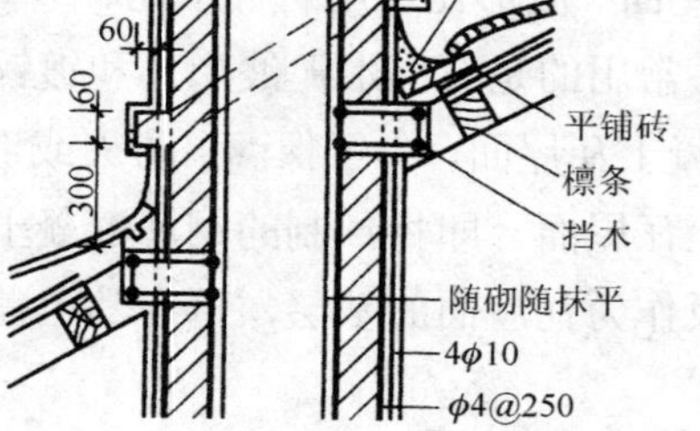

图 2.2.18　烟囱与屋面交接处的泛水做法

3 建筑力学基本知识

3.1 力的基本概念

在搭、拆脚手架作业中，经常需了解架子材料能承受多大的力，用多少杆件比较安全，绑扎点位置的选择等均涉及力学和材料的强度问题。作为架子工应掌握力学的基本知识，以保证施工安全。

3.1.1 力的三要素

力是物体对物体的作用。一个物体受到力的作用，必定存在另一个物体对它施加这种作用，所以力不能脱离物体而单独存在。

力对物体作用的结果，一是使物体产生变形。例如，力作用在绑扎铁丝上，能使铁丝变直、变弯、伸长或缩短等。二是使物体的运动状态发生改变。例如，人在工地推小车，可以使小车由静止到运动，并使小车速度加快、变慢或转弯等。

由实践可知，力对物体的作用效果取决于力的大小、方向和作用点，通称力的三要素。

例如，要想举起物体，必须用向上的力。用向下或水平力均不能举起物体，这说明力对物体的作用效果与力的方向有关。吊起小型预制过梁所用的力，要比吊起大型的外墙板的力要小得多；推小车时，所用的力要作用在车把上且与小车的前进方向一致，如果力作用在车身上且与小车的前进方向垂直，则会使小车翻倒。上述情况说明力对物体的作用效果取决于力的大小、方向和作用点，改变其中的任何一个因素，都会改变力对物体的作用效果。

为了形象地表示出力的三要素，一般用一带箭头的线段表示，如图 3.1.1 所示。线段的长度按比例表示力的大小，箭头表示力的方向，力与水平线的夹角 α 表示力的方位，线段的起点或终点表示力的作用点。图中表示物体受到与水平方向成 30° 角，大小为 20N 的拉力作用。

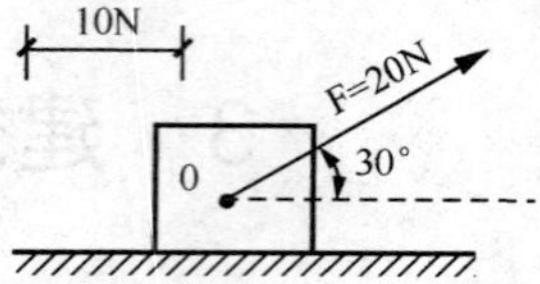

图 3.1.1 力的图示

力的单位用牛顿（牛或 N）或千牛顿（千牛或 kN）表示，lkgf=9.81N，粗略计算 1kgf≈10N。

3.1.2 力的合成与分解

1. 力的合成

当一个物体受到几个力的作用时，如果能找到一个力，其作用效果与原来的几个力对物体的共同作用的效果相同，则这个力称为那几个力的合力，求若干个力的合力称为力的合成。那几个力称为该合力的分力。

由于力的作用方向不同，所以求合力的方法也不同。

（1）在同一直线上作用力的合成。如果在同一直线上作用有几个方向相同的力，它们的合力的方向与分力的方向相同，则合力的大小等于各个分力大小之和，即

$$F = F_1 + F_2 + \cdots + F_n$$

例如，图 3.1.2 所示，由甲、乙、丙三个人同时用一根绳子拉一个重物，三个人同时用力向下拉。设甲用力 $F_1 = 150\text{N}$，乙用力 $F_2 = 200\text{N}$，丙用力 $F_3 = 180\text{N}$，则三个人的合力 $F = F_1 + F_2 + F_3 = 150 + 200 + 180 = 530\text{N}$，合力的方向与三个人用力的方向一致。

当作用在同一直线上的两个力方向相反时，它们的合力等于较大的力减去较小的力，即

$F = F_1 - F_2$（设$F_1 > F_2$）

合力F的方向与F_1的方向相同。

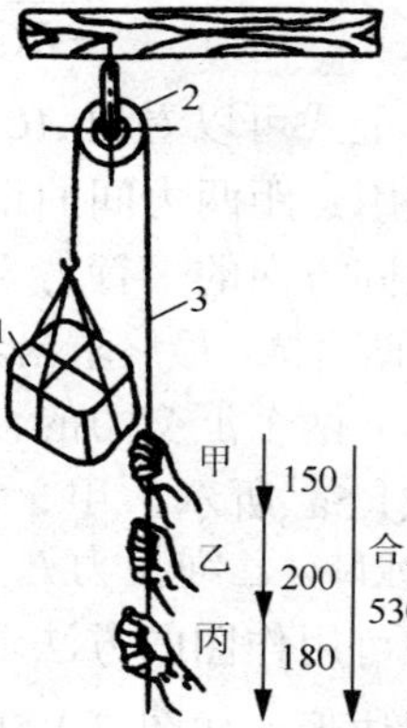

图 3.1.2 作用在同一直线上的力的合成

1．重物 2．滑车 3．绳子

（2）同方向平行力的合成。在吊装构件时，常使用图 3.1.3 所示的吊索铁扁担，在铁扁担两端下边挂的两条吊索所受的力F_1和F_2是两个平行力，方向都朝下，这两个平行力的合力大小为两个分力大小之和，方向与分力方向相同，合力作用点在两分力之间。当两力大小相等时，合力作用点位于两分力中间；当两力大小不相等时，合力作用点距两分力间的距离与分力的大小成反比。如图 3.1.4 所示，设甲重 10kg≈$W_1 = 100\text{N}$，乙重 20kg≈$W_2 = 200\text{N}$，则甲、乙两分力的合力$F_1 = W_1 + W_2 = 100\text{N} + 200\text{N} = 300\text{N}$，合力的方向与$W_1$与$W_2$的方向一致，合力作用点$C$的位置由下式求得：

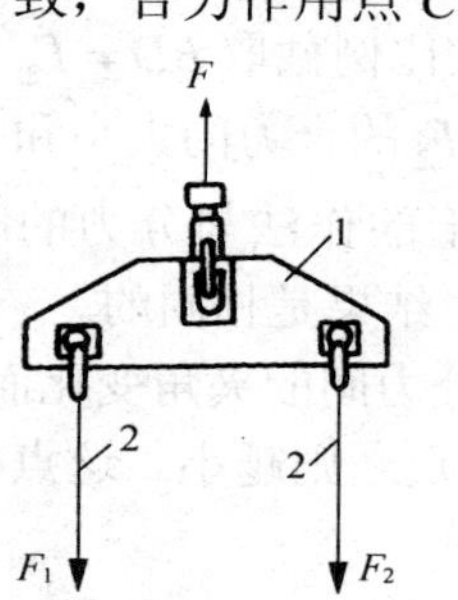

图 3.1.3 平行力的合成

1. 铁扁担 2. 吊索

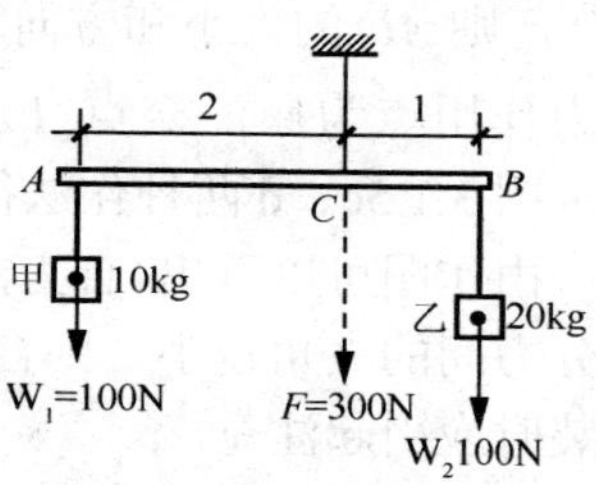

图 3.1.4 平行力的合成

$$\frac{AC}{BC}=\frac{W_2}{W_1}=\frac{200}{100}=\frac{2}{1}$$

由上式可以看出 AC 的距离为 BC 的距离的两倍，即说明合力作用点距两力间的距离与力的大小成反比。

当同方向的平行力为三个以上时，要求它们的合力，可以采取两两合成，最终求出合力的方法，用上述方法依次类推即可。

（3）两个汇交力的合成。有共同作用点的力称为汇交力。如图 3.1.5a 所示，甲、乙两绳拉力汇交于吊环，设甲绳拉力 $F_1=20\text{kN}$，乙绳拉力 $F_2=30\text{kN}$，两绳之间呈夹角 α，F_1 和 F_2 的合力可用作图的方法求得。即以两分力 F_1 和 F_2 为邻边作一个平行四边形，如图 3.1.5b 所示，对角线 AD 即为合力的大小和方向，合力的作用点通过两分力的汇交点。作图时应按比例和相互夹角先作出 F_1 和 F_2，然后过 F_1 的终点 B 作 F_2 的平行线 BC，再过 F_2 的终点 C 作 F_1 的平行线 CD，BD 和 CD 相交于 D 点，连接 AD，则 AD 的长度即为合力 F 的大小，用比例尺量得 $F=42\text{kN}$，作用点通过两分力的汇交点 A，指向右下方，其与两分力的关系可用量角器量出合力与分力的夹角表示。上述方法称为平行四边形法则。这种关系也可以用力三角形表示，即任取一点 A，过 A 作 AB 平行于 F_1，并按比例截取 $AB=F_1$，再从 F_1 的终点作 BD 平行于 F_2，并按比例截取 $BD=F_2$，连接 AD，则 AD 的大小和方向表示 F_1 和 F_2 的合力的大小和方向，合力作用点为原汇交点 A。力三角形的作法与分力的顺序无关，图 3.1.5c、d 两种作法得出的合力结果是相同的。

由作图可以看出，合力的大小随分力间的夹角变化而变化：两分力间的夹角越小，则合力越大；反之则越小。这点在起重吊装时应引起注意。

多个汇交力的合成可以用上述基本方法，两两合成，依此类推，连续应用，最后一个平行四边形的对角线即为多个汇交力合力的大小和方向，合力作用点通过分力的汇交点。

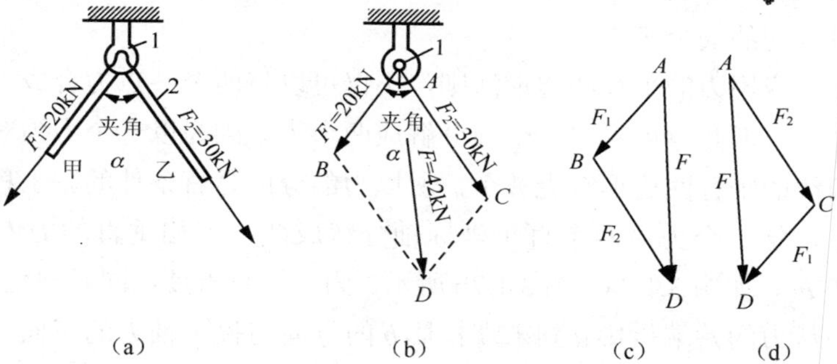

图 3.1.5　作用于一点互成角度的两力的合成

（a）作用在吊环上的力　（b）平行四边形法则求合力　（c）、（d）三角形法则求合力

1. 吊环　2. 绳索

2. 力的分解

将一个力分成几个力，而这几个力对物体的作用效果与那一个力的作用效果相同，这几个力称为那一个力的分力，这个过程称为力的分解。

利用力三角形可以由合力求出其分力。如图 3.1.6 所示，从汽车上卸一件重量为 12kg（产生 $W=120\text{N}$ 的重力）的重物，让重物沿滑板滑下，此时重力分解为平行于滑板斜面下滑的力 F 和垂直压向斜面的正压力 N，用作图的方法先按比例画出垂直向下的重力 W，然后分别过 W 的起点 A 和终点 B 作 AC 平行力 F，BC 平行力 N，两者相交于 C 点，则线段 AC 的长度即为力 F 的大小，线段 CB 的长度即为力 N 的大小，经实量得 $F=75\text{N}$，$N=100\text{N}$。

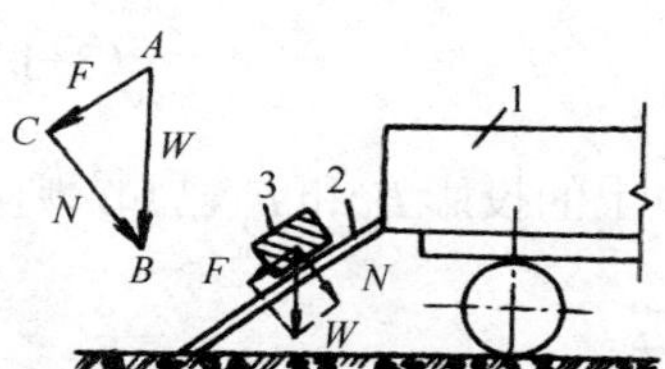

图 3.1.6　求斜面上物体重力的分力

1. 汽车　2. 滑板　3. 重物

力的分解知识在搭拆脚手架的过程中经常遇到，掌握并灵活应用这些知识有助于

脚手架的安全施工。

应用力的平行四边形法则，不仅可以将两个共点力合成一个力，而且也可以将一个力分解成两个力。因为以一个力为对角线的平行四边形有无数个，所以力的分解是有条件的。工程中常将一个力沿两个直角坐标轴分解成两个互相垂直的力 F_x 和 F_y，如图 3.1.7a、图 3.1.7b 所示。为了计算方便，同时规定：当从力的始端投影 a 到末端投影 b 的方向与投影轴力的正向一致时，力的投影取正值；反之，则取负值。同样力 F 在 y 轴上投影的正负号规定与力 F 在 x 轴上投影的正负号规定相同。因此，已知力 F，求其投影 F_x 和 F_y 可用下式计算：

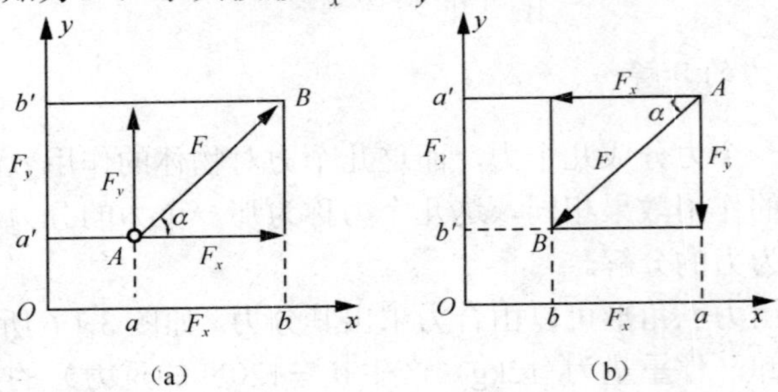

图 3.1.7 力的分解

（a）力的正投影 （b）力的负投影

$$\left.\begin{aligned} F_x &= \pm F\cos\alpha \\ F_y &= \pm F\sin\alpha \end{aligned}\right\} \quad (3\text{-}1)$$

反之，如力 F 在坐标轴 x 和 y 上的投影 F_x 和 F_y 已知，则可由下式确定力 F 的大小和方向：

$$F = \sqrt{F_x^2 + F_y^2} \quad (3\text{-}2)$$

$$\tan\alpha = \frac{|F_y|}{F_x}$$

由于合力在任一轴上的投影，等于各个分力在同一轴上投影的代数和，所以平面汇交力系合力 R 的大小和方向为：

$$\left.\begin{aligned} R &= \sqrt{R_x^2 + R_y^2} \\ \tan\alpha &= \frac{|R_y|}{R_x} \end{aligned}\right\} \tag{3-3}$$

【例 3-1】 在某设备起吊装置的螺栓环眼上，共作用有四个力 T_1、T_2、T_3 和 T_4，如图 3.1.8 所示。设 $T_1 = 1500\text{N}$，$T_2 = 800\text{N}$，$T_3 = 2000\text{N}$，$T_4 = 1000\text{N}$，各力的方向如图 3.1.8 所示，试求其合力。

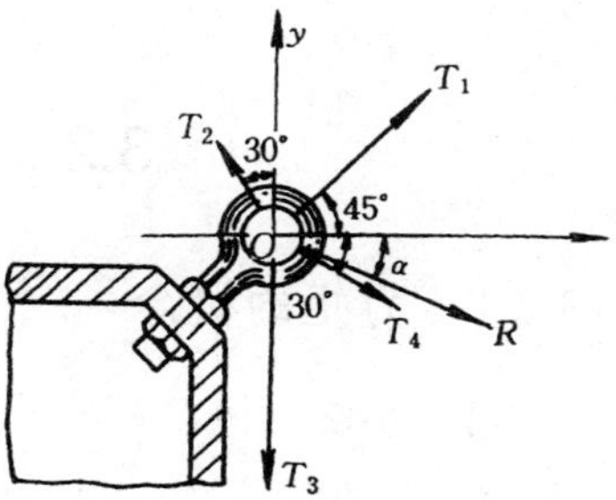

图 3.1.8 某设备起吊装置螺栓受力情况

解：设直角坐标系 O_{xy} 如图所示。由式（3-3）计算合力 R 在 x、y 轴上的投影为：

$$\begin{aligned} R_x &= \Sigma F_x \\ &= T_1\cos 45^\circ - T_2\cos 60^\circ + T_3\cos 90^\circ + T_4\cos 30^\circ \\ &= 1500\times 0.707 - 800\times 0.5 + 0 + 1000\times 0.866 \\ &= 1527\text{N}(\rightarrow) \end{aligned}$$

$$\begin{aligned} R_y &= \Sigma F_y \\ &= T_1\sin 45^\circ + T_2\sin 60^\circ - T_3\sin 90^\circ - T_4\sin 30^\circ \\ &= 1500\times 0.707 + 800\times 0.866 - 2000 - 1000\times 0.5 \\ &= -746\text{N}(\downarrow) \end{aligned}$$

故合力 R 的大小为：

$$R = \sqrt{R_x^2 + R_y^2} = \sqrt{(1527)^2 + (-746)^2} = 1696\text{N}$$

合力 R 的方向为：

$$\tan\alpha = \frac{|R_y|}{|R_x|} = \frac{746}{1527} = 0.490,\ \alpha = 26^\circ\,06'$$

因R_x为正、R_y为负，故α应在第四象限（图 3.1.8），合力R的作用线通过力系的汇交点O。

由上例可知：

① 如力垂直于坐标轴，则力在该轴上的投影值等于零。

② 如力平行于坐标轴，则力在该轴上的投影值等于力的大小。

3.2 力矩和力偶

3.2.1 力矩的概念

1. 力矩

从工程实践中知道，力除了能使物体移动之外，还能使物体转动。例如，用扳手拧紧螺母时，加力可使扳手绕螺母中心转动；钢筋工用扳手弯制钢筋时，可使钢筋绕扳柱中心转动。力使物体产生转动效应，用力矩表示。如图 3.2.1 所示，力F使扳手绕螺母中心O转动的效应不仅与力的大小有关，而且与螺母中心O到该力作用线的垂直距离d成正比。其计算公式为：

$$M_O(F) = \pm Fd \tag{3-4}$$

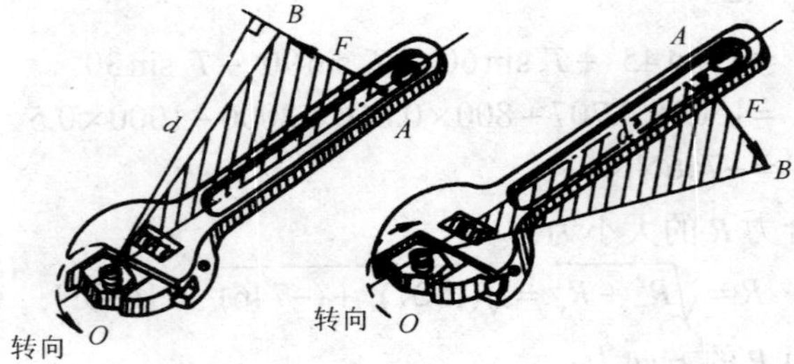

（a）　　（b）

图 3.2.1　力使物体产生转动

（a）正转　（b）负转

一般规定：

（1）使物体绕 O 点逆时针方向转动的力矩为正，反之为负。

（2）力矩的单位是 N • m 或 kN • m。

（3）力的作用线通过矩心 O 时，力矩为零。

（4）力对任一点之矩，不因该力沿作用线移动而改变。

2. 合力矩定理

平面汇交力系的合力对平面内任一点之矩，等于力系中各力对同一点力矩的代数和，即

$$m_O(R) = m_O(F_1) + m_O(F_2) + \cdots + m_O(F_n) = \Sigma m_O(F) \qquad (3-5)$$

利用上式在求某力力矩时，力臂不易求出，可将该力分解为两个分力，分别求出分力的力矩，然后求其代数和，即可求出合力的力矩。

【例 3-2】 如图 3.2.2 所示挡土墙上每 1m 长所受土压力的合力 R，其大小 $R = 150\text{kN}$，方向如图示。求土压力 R 使墙倾覆的力矩。

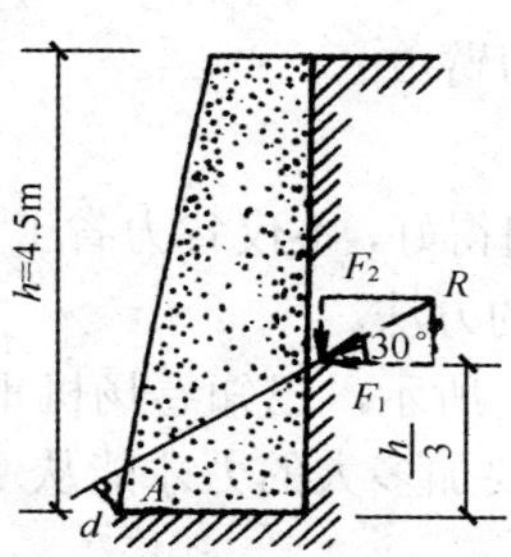

图 3.2.2 求挡土墙倾覆力矩

解：土压力 R 欲使墙绕 A 点倾覆，故求 R 使墙倾覆的力矩，即求 R 对 A 点的力矩。由已知尺寸求力臂 d 不方便，但如将 R 分解为 F_1（水平）和 F_2（垂直）两分力，则两分力的力臂是已知的，故由式（3-5）得：

$$m_A(R) = m_A(F_1) + m_A(F_2) = F_1 h/3 - F_2 b$$

$$= 150\cos 30° \times 1.5 - 150\sin 30° \times 1.5$$

$$= 82.4\text{kN} \cdot \text{m}$$

故土压力 R 使墙倾覆的力矩为 82.4kN • m。

3. 力矩平衡

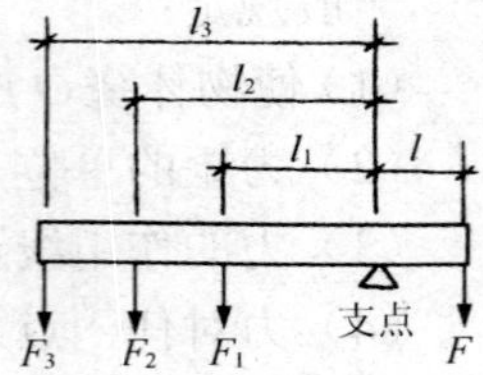

图 3.2.3　力矩平衡

如图 3.2.3 所示，一物体上作用有 F、F_1、F_2、F_3 四个力，到支点的力臂分别为 l、l_1、l_2、l_3。其中，力 F 使物体绕支点顺时针转动，而 F_1、F_2、F_3 使物体绕支点逆时针转动，要使物体在这四个力的作用下处于平衡状态，顺时针转动的力矩之和必须等于逆时针转动的力矩之和。因而，力矩平衡的条件是：

$$F \cdot l = F_1 \cdot l_1 + F_2 \cdot l_2 + F_3 \cdot l_3$$

4. 杠杆原理及其应用

能在外力的作用下绕固定点转动的物体称为杠杆(如撬棍、撬杠、拔钉子的鎯头、钳子、剪刀、扳子、钎子棍等)。由上述力矩的概念可知，当力矩不变时，力臂大，则作用力小。杠杆利用这个原理达到省力的目的，称为杠杆原理。如果将重物或待克服的阻力统称为阻力，阻力到支点的垂直距离称为重臂，当杠杆所受的作用力和克服的阻力在同一平面内时，阻力和重臂的乘积等于作用力和力臂的乘积，即

阻力×重臂=作用力×力臂

这就是杠杆原理的表达式。

杠杆原理在工程中应用很广泛，应用得好，不仅省力省工，而且安全可靠。下面介绍几种实际应用的方法。

（1）撬杠的计算和操作。如图 3.2.4 所示，已知卷扬机重 5t，$ac = 4\text{m}$，$cb = 15\text{cm}$，求在 a 点上要加多大的力才能从 b 点处将卷扬机的一头撬起来。

卷扬机重 5t，它所受的重力 $W = 50\text{kN}$，考虑到撬的是其一头，所以撬杠 b 点的阻力设为卷扬机重力的一半。

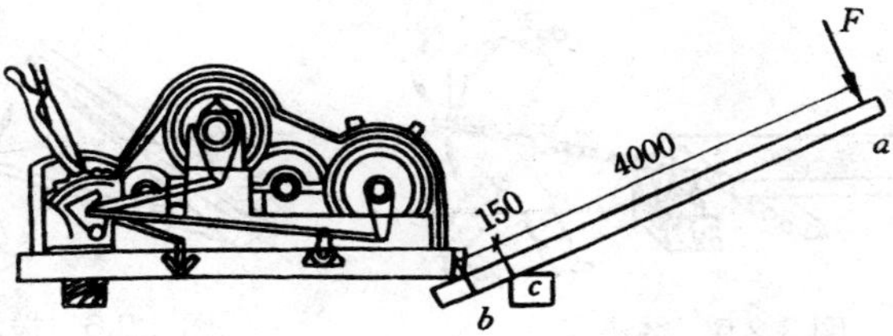

图 3.2.4 用撬棍撬卷扬机

根据杠杆原理：

$$\frac{W}{2}\times150=F\times4000$$

$$F=\frac{\frac{50}{2}\times150}{4000}\approx0.94\text{kN}$$

通过计算可知，只要用 0.94kN 的力就可以将重 5t 的卷扬机的一头撬起来，省力约 96%。在施工现场常用撬杠（撬棍）调整堆放在现场的预制构件的位置。

使用撬杠作业时，撬杠下面的垫块要尽量靠近被撬物体，撬杠插入不要太深，这样可以增大力臂，减小重臂，省力省工。

撬重物时要选用规格适宜的撬杠，作业时，严禁甩脚踩。撬杠使用完后，要平放在脚手架或构件上，不得竖靠在脚手架或构件上，以确保安全。

（2）磨和拨的基本操作。磨法是在用撬杠将物体撬起来的同时向左或向右推动撬杠的尾部使构件移动。如图 3.2.5 所示，将构件撬起来后，要想使构件向左移动，就用力将撬杠的尾部向右推；要想使构件向右移动时，就用力将撬杠的尾部向左推。磨到一定程度不能再磨时，可将构件放下，搬动撬杠垫块，再进行下一次操作。

拨法是在将物体撬起来的同时，使物体向前移动。如在铺设塔吊轨道时，使钢轨就位常采用这种方法，如图 3.2.6 所示。

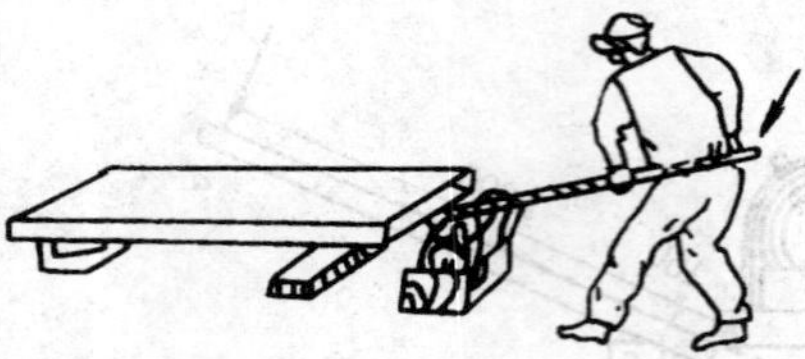

图 3.2.5 磨法

图 3.2.6 拨法

（3）顶和落的基本操作。顶和落是使用千斤顶把物体顶起和落下，如图 3.2.7 所示。

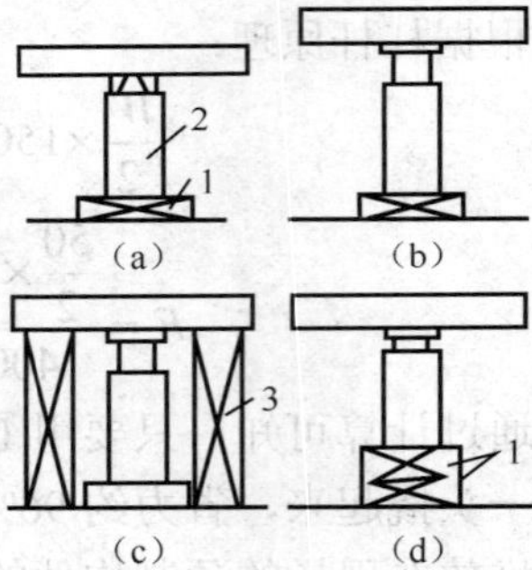

图 3.2.7 用千斤顶逐步顶升重物

（a）最初位置 （b）顶升重物

（c）在重物下垫枕木垛

（d）将千斤顶垫高准备再提升

1. 垫木 2. 千斤顶 3. 枕木

用千斤顶逐步顶起物体的步骤为：

1）将千斤顶放在被顶重物下的适当位置，如图 3.2.7a 所示。

2）操作千斤顶，将重物顶起，如图 3.2.7b 所示。

3）在重物下面垫木垛，并落下千斤顶，如图 3.2.7c 所示。

4）将千斤顶垫高到适当位置，再重复上述操作，如图 3.2.7d 所示。

如此循环往复将重物逐步顶升到所需的位置后，将重物垫平垫牢，落下并卸去千斤顶。

用千斤顶落重物的步骤与上述操作步骤相反，但须掌握好下落速度，下落太快易发生危险。落时应随落随抽去垫木，并及时加进不同厚度的垫木，保证重物与垫木之间的距离在 5cm 左右，以确保安全。

（4）绞磨的计算。在土法吊装中，用绞磨或滑车组可以将几十吨的重物吊起或移动。如图 3.2.8 所示，绞磨轴的中心视为支点，卷筒半径视为重臂，绞磨轴中心到绞杆端施力点的距离是力臂，由杠杆原理可知：

力×绞杠推力点半径（力臂）=重力×卷筒半径（重臂）

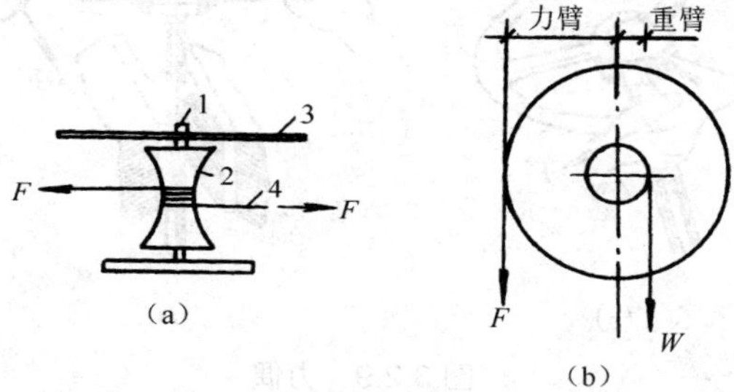

图 3.2.8 绞磨计算示意图

（a）绞磨 （b）计算简图

1．绞磨轴 2．卷筒 3．绞杠 4．缠绕钢丝绳

如设重物重 $W=2000\text{N}$，绞杠长 500mm，卷筒半径为 125mm，计算需要用多大的力 F，才能绞动重物。

根据杠杆原理：

$$F\times500=W\times125$$

$$F=\frac{2000\times125}{500}=500\text{N}$$

如果不考虑摩擦，那么用 500N 的力，就可以把 2000N 的重物绞动。

3.2.2 力偶的概念

1. 力偶

在生产和生活中，有时会遇到两个等值、反向、不共线的平行力作用在同一物体上，如图 3.2.9a 所示，司机加在方向盘上的力和图 3.2.9b 所示工人加在螺纹扳手上的力。这两个力称为力偶，用符号（F，F'）表示。力偶和力是组成力系的两个基本元素，相互不能互代对物体的作用效应。

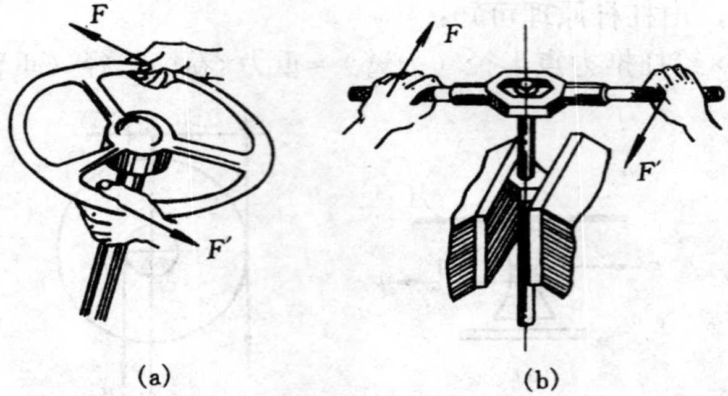

图 3.2.9 力偶

（a）负力偶 （b）正力偶

力偶能使物体发生转动，其转动效应的大小用力偶矩（ M ）来表示，即

$$M = \pm Fd \tag{3-6}$$

式中 d 称为力偶臂，是两平行力之间的垂直距离。力偶矩的单位为 N·m 或 kN·m。力偶对物体的转动方向规定：顺时针转动为正；逆时针转动为负。

力偶有以下基本特性：

（1）力偶对所作用于平面内任一点之矩都相等，与矩心的位置无关。

（2）力偶只能与力偶平衡，不能与力平衡。

（3）力偶在所作用的平面内可以任意移动，不改变其对物体的作用。

（4）在保持力偶矩的大小和力偶转向不变的情况下，可任意改变力偶中力的大小和力偶臂的长短，而不改变它对物体的转动效应。

2. 平面力偶系的合成和平衡

物体在同一平面内，可能同时作用有几个力偶，可合成为一个合力偶，用符号“ M ”表示，其合力偶矩为：

$$M = m_1 + m_2 + \cdots + m_n = \Sigma m \tag{3-7}$$

物体在平面力偶系作用下，不产生转动效应，而维持平衡状态的条件为：

$$M = \Sigma m = 0 \tag{3-8}$$

3.3 支座和支座反力、建筑结构荷载

3.3.1 支座和支座反力

在工程上常常通过支座将一个构件支承于基础或另一静止的构件上，由于支座的存在约束了构件的移动或转动。当构件在力的作用下沿着被约束方向有转动或移动趋势时，支座则对构件产生约束反力，称为支座反力。支座反力限制构件产生转动或移动，维持建筑物的静止不动状态。

实际工程中支座的形式是多种多样的，但按其受力情况来分析归纳，常用的有三种。

1. 可动铰支座（滚轴支座）

可动铰支座如图 3.3.1 所示，其特点如下：

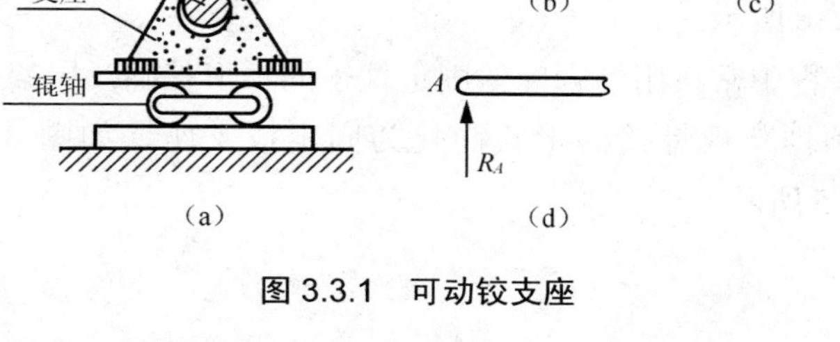

图 3.3.1 可动铰支座

（a）支座示意 （b）、（c）支座简图 （d）支座反力

（1）构件可绕 A 转动。

（2）构件可沿支承面的水平方向移动。

（3）构件不能沿支承面的垂直方向移动。

可动铰支座的支座反力通过销钉中心，垂直于支承面，指向未定，支座简图如图 3.3.1b、图 3.3.1c 所示，支座反力如图 3.3.1d 所示。

工程上常将一根横梁通过混凝土垫块支承在砧柱上的形式简化为可动铰支座，如图 3.3.2 所示。

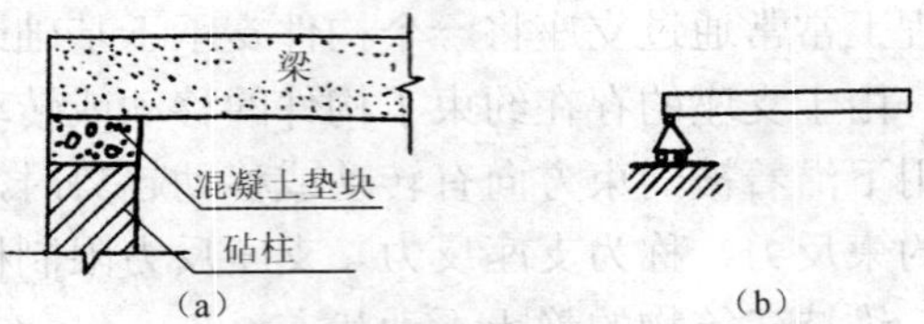

图 3.3.2　可移动铰支座

（a）梁支承示意　（b）支座简图

2. 固定铰支座（铰链支座）

固定铰支座的特点是构件只能绕 A 点转动，而不能沿任何方向移动，如图 3.3.3a 所示。这种支座反力必作用于销钉与支座的接触点，垂直于销钉轴线，并通过销钉中心，而方向未定。其简图如图 3.3.3b、图 3.3.3c 所示，支座反力如图 3.3.3d、图 3.3.3e 所示。

工程中常将用沥青麻丝固定柱子的杯形基础，屋架与柱子通过预埋垫板焊接的形式简化为固定铰支座，如图 3.3.4 和图 3.3.5 所示。

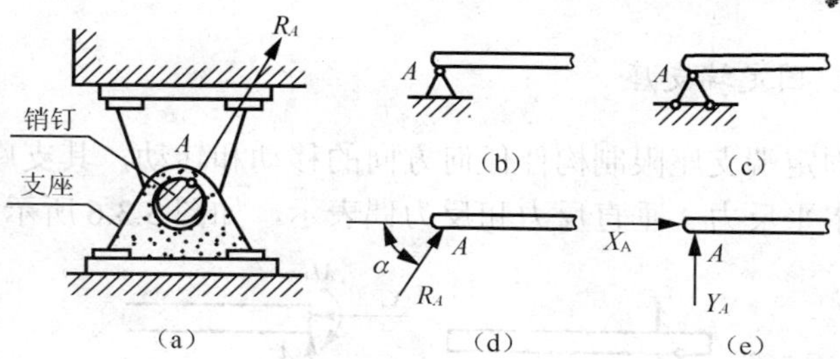

图 3.3.3 固定铰支座

（a）支座示意 （b）、（c）支座简图 （d）、（e）支座反力

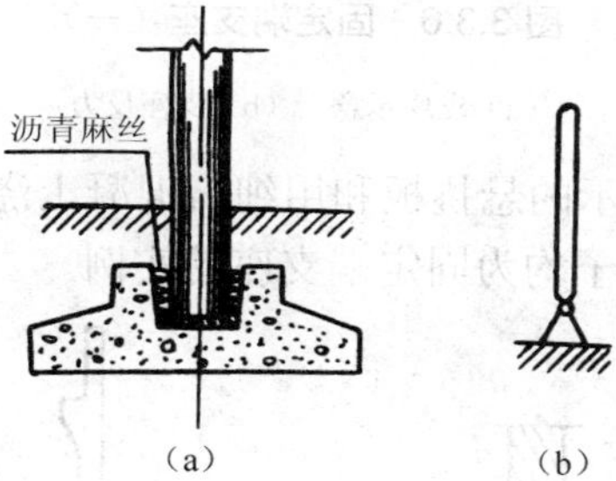

图 3.3.4 固定铰支座实例（一）

（a）支座示意 （b）支座简图

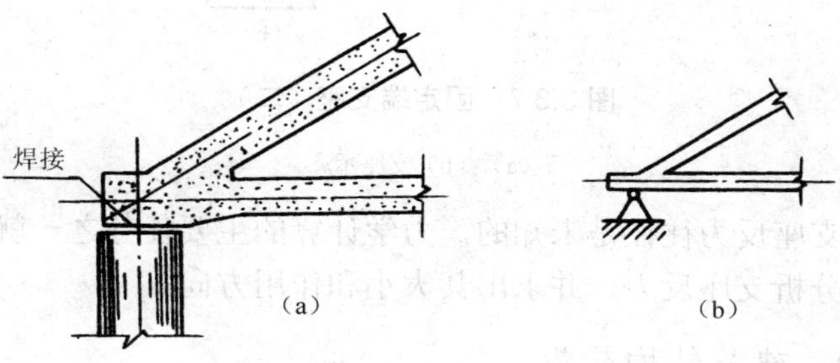

图 3.3.5 固定铰支座实例（二）

（a）支座示意 （b）支座简图

3. 固定端支座

固定端支座限制构件任何方向的移动和转动，其支座反力常用水平反力、垂直反力和反力偶表示，如图 3.3.6 所示。

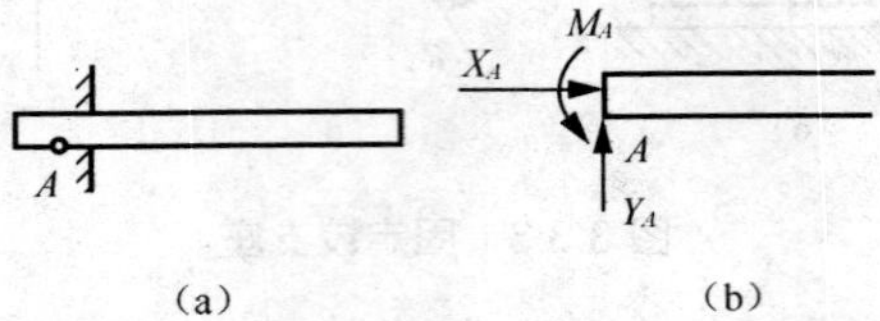

图 3.3.6 固定端支座（一）

（a）支座示意 （b）支座反力

图 3.3.7 所示的悬挑板和用细石混凝土浇注于杯形基础内的钢筋混凝土柱子均为固定端支座的实例。

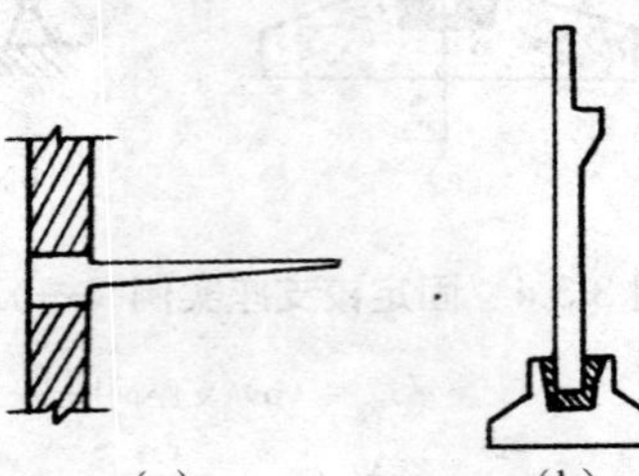

图 3.3.7 固定端支座（二）

（a）、（b）支座示意

支座反力往往是未知的，力学计算的主要任务之一就是正确地分析支座反力，并求出其大小和作用方向。

3.3.2 建筑结构荷载

作用在建筑结构上的力称为荷载。荷载是主动作用在结构上的外力，根据我国现行的《建筑结构荷载规范》（GB 5009—2012）的规定，结构设计时需采用标准荷载。标准荷载就是指建筑物在正常使用情况下，有可能出现的最大荷载。结构上的荷载分为恒荷载、活载、偶然荷载三类。

1. 恒荷载

恒荷载是指长期作用在结构上的不变荷载，在结构使用期间，其值不随时间而改变。如结构自重、土压力等，通常可经过计算或查有关表格求出。

2. 活载

在结构使用期，其值随时间变化，且其变化值与平均值相比不可忽略的荷载。如楼面活荷载，风荷载、雪荷载等。

3. 偶然荷载

在结构使用期不一定出现，一旦出现，其值很大，且持续时间较短的荷载。如爆炸力、撞击力、地震力等。

根据荷载的分布情况，还可以将荷载分为集中荷载和分布荷载。

当荷载的作用面积远远小于结构的受荷载面积时，可将其简化为集中作用在一点上，称为集中荷载，如屋架传给柱子的压力。集中荷载的单位是 N 或 kN。

连续分布在一块面积上的荷载，叫分布荷载，分布荷载的单位是 N/m^2 或 kN/m^2。连续分布在一定长度上的荷载，叫线荷载，线荷载的单位是 N/m 或 kN/m。设等截面梁或板的宽为 b，长为 L，每块板（或梁）所受的重力为 mg，则分布荷载 q 和线荷载 q_L 分别用下式计算：

$$\left.\begin{aligned} q &= \frac{mg}{L \cdot b} \\ q_L &= q \cdot b \end{aligned}\right\} \qquad (3\text{-}9)$$

由上式可知，欲将分布荷载转化为线荷载，只需将分布荷载乘以板的宽度即可。

【例 3-3】 某预应力钢筋混凝土多孔板，$L=2.68\text{m}$，$b=0.79\text{m}$，每块板的质量$m=314\text{kg}$，试计算其分布荷载和线荷载。

解：板的面积$=L\cdot b=2.68\times0.79=2.12\text{m}^2$

则分布荷载：

$$q=\frac{mg}{L\cdot b}$$

$$=\frac{314\times9.81}{2.12}=1450\text{N}/\text{m}^2$$

线荷载：

$$q_L=q\cdot b$$

$$=1450\times0.79=1150\text{N}/\text{m}$$

3.4 受力分析与受力图及计算简图

3.4.1 受力分析与受力图

1. 受力分析

工程结构中的各个构件之间是互相联系的，它们在荷载和支座反力的共同作用下保持平衡，当计算某个构件时，首先要分析其受到的已知力情况，然后根据平衡条件求出未知力，这种分析过程叫受力分析。

2. 受力图

当求某构件的未知力时，通常要将其从与它相联系的结构体系中分离出来，在构件上标出已知力和未知的支座反力（或约束反力)，这样得到的计算图形，称为受力图。画受力图是解决力学问题的关键，是进行力学计算的依据。

通过上述分析，我们可将画受力图分为以下三个步骤：

（1）明确研究对象，即将研究对象与周围其他物体之间的约束全部解除，单独画出该研究对象。

（2）将作用在研究对象上所有已知的主动力画上。

（3）分析约束性质，确定并画上所有约束反力（支座反力）。

【例 3-4】 试画出图 3.4.1 所示简支梁的受力图。

解：

1）以简支梁为研究对象，单独画出。

2）画上作用在梁上的已知荷载 $q = 2000\text{N}/\text{m}$ 。

3）简支梁的 A 端为固定铰支座，其支座反力用水平分力 x_A 和垂直分力 y_A 代替，方向可随意假定；B 端为活动铰支座，其支座反力为垂直向上的 y_B ，据此画出受力图如图 3.4.2 所示。

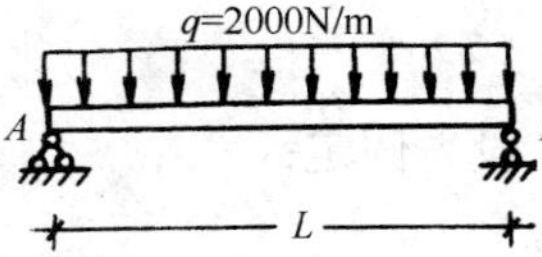

图 3.4.1 简支梁

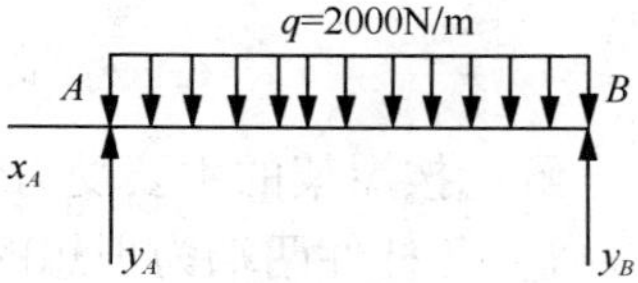

图 3.4.2 简支梁受力图

3.4.2 建筑结构计算简图

实际建筑结构的受力情况是很复杂的，为了便于对结构进行力学分析和计算，必须对实际结构进行简化，简化后得出的图形称为结构的计算简图。

合理的计算简图既反映了构件的基本特性又突出了主要的决定性因素。计算简图一般包括三个方面的简化。

（1）构件和节点的简化。

1）构件的简化。用构件的轴线代表实际构件，尺寸按轴线的长度标注。

2）节点的简化。按节点的实际构造，简化为铰节点或刚节点。

（2）支座的简化。按其支座的实际构造和约束情况，将其简化为可动铰支座、固定铰支座和固定端支座等形式。

【例 3-5】试对图 3.4.3a 所示的屋架进行简化，并画出其计算简图。

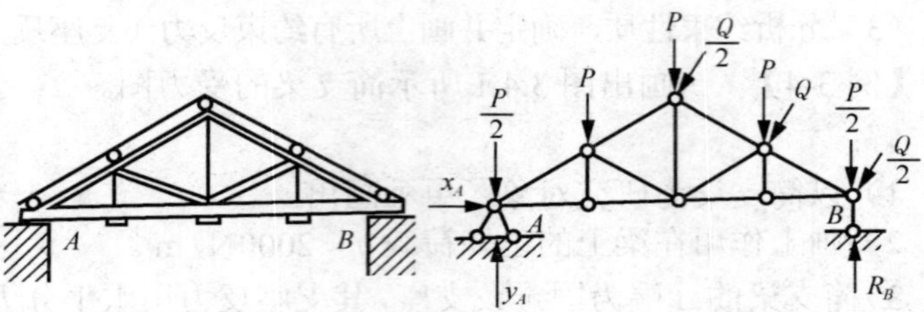

（a）　　　　　　　　　　　（b）

图 3.4.3　屋架的简化

（a）屋架示意　（b）屋架受力图

解：按屋架的主要受力情况，一般先假定：

1）各杆件两端为理想的铰连接。

2）各杆的轴线绝对平直且在同一平面内通过铰心。

3）荷载和支座反力都在屋架平面内，作用在节点上。

根据上述假定，对屋架进行以下简化。

① 构件简化。屋架由细长杆组成，以轴线代替各杆件。

② 节点简化。木屋架的节点是榫接的，只能限制移动，不能限制转动，可简化为铰接。

③ 支座简化。屋架两端直接放置在墙上，可以看成其一端为固定铰支座，另一端为可动铰支座。

④ 荷载的简化。屋面上的荷载一般都传递到屋 架的节点上，有屋面传来的竖向荷载 P 和风荷载 Q，两端的支座反力分别为 x_A、y_A 和 R_B，据此画出屋架的计算简图，如图 3.4.3b 所示。

3.5　简单结构平衡计算

3.5.1　二力平衡

作用在同一刚体（假设受力后不变形的物体）上的两个力，使刚体平衡的必要和充分条件是，这两个力大小相等、方向相反、作用在同一直线上。上述平衡条件不适用于变形体，例如，柔绳的两端受到一对大小相等、方向相反的拉力就可以平衡；但若是压力就不能平衡。

3.5.2　平面汇交力系的平衡

如果作用在构件上的所有荷载和支座反力均位于同一平面内，且作用线汇交于一点，则构成平面汇交力系。由式（3-3）可知，平面汇交力系可以合成一个合力。构件在平面汇交力系作用下平衡的必要和充分条件是合力为零，即平面汇交力系的各分力在两个坐标轴上投影的代数和都等于零。即

$$\left.\begin{aligned} R_x = \Sigma F_x = 0 \\ R_y = \Sigma F_y = 0 \end{aligned}\right\} \tag{3-10}$$

应用平衡条件可以求解两个未知量。

【例 3-6】　如图 3.5.1a 所示的起重装置，重物通过卷扬机由绕过滑轮 B 的钢索起吊。杆 AB 的一端铰接在井架上，另一端用钢索与井架连接。设重物重 $G = 2\text{kN}$，杆与滑轮的自重及滑轮的大小均不计，滑轮轴承的摩擦力不计，试求钢索 BC 的拉力和杆 AB 所受的力。

解：取滑轮 B 为研究对象，作用于滑轮上的力有：钢索 BE 的拉力 T，根据力平衡条件，显然 $T = G = 2\text{kN}$；钢索 BD 的拉力 T_{BD}，因不计摩擦，则 $T_{BD} = T = 2\text{kN}$；钢索 BC 的拉力 T_{BC}；

杆 AB 系力杆，其对滑轮的约束反力 S_{AB} 沿 AB 线，假设 S_{AB} 的指向如图，即假设杆受压力。因滑轮的大小不计，所以这四个力可视为平面汇交力系。滑轮的受力如图 3.5.1b 所示。

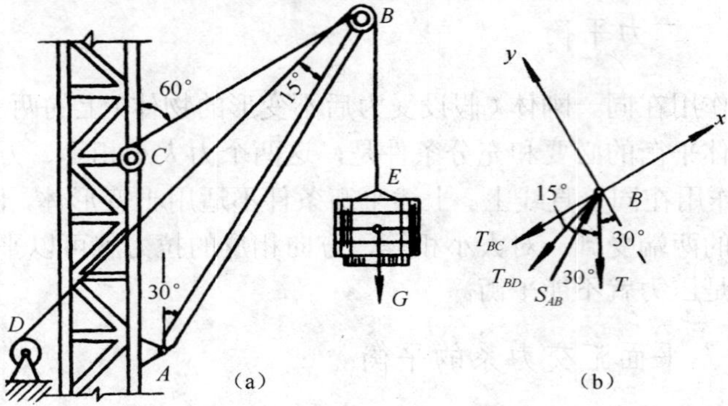

图 3.5.1　例 3-6 所示起重装置

（a）起重装置示意　（b）受力图

为了避免解联立方程，取直角坐标系如图，其中 y 轴垂直于未知力 T_{BC}，列出平衡方程：

$$\Sigma F_y = 0,\ -T_{BD}\sin 15° + S_{AB}\sin 30° - T\sin 60° = 0$$

将 T 与 T_{BD} 的已知值代入，得：

$$S_{AB} = \frac{T_{BD}\sin 15° + T\sin 30°}{\sin 30°}$$

$$= \frac{2\times 0.259 + 2\times 0.866}{0.5}$$

$$= 4.50\text{kN}$$

得正号表示假设指向正确，即杆 AB 受压。

再列平衡方程：

$$\Sigma F_x = 0$$

$$-T_{BC} - T_{BD}\cos 15° + S_{AB}\cos 30° - T\cos 60° = 0$$

将各已知值代入，得：

$$T_{BC}=-T_{BD}\cos15^\circ+S_{AB}\cos30^\circ-T\cos60^\circ$$
$$=-2\times0.966+4.50\times0.866-2\times0.5=0.965\text{kN}$$

3.5.3 平面一般力系的平衡

一般作用在建筑结构上的所有力的作用线，是既不相交于一点，又不相互平行，当这些力位于同一平面内时，称为平面一般力系。构件在平面一般力系作用下平衡的必要且充分条件为：

$$\left.\begin{aligned}\Sigma F_x&=0\\ \Sigma F_y&=0\\ \Sigma M&=0\end{aligned}\right\}\qquad(3\text{-}11)$$

上式表示力系中所有各力，在两个任选的坐标轴上投影的代数和分别等于零，即该两坐标轴方向无移动；力系中各力对于平面内任意一点的力矩代数和等于零，即构件在该力系作用下无转动。构件既无移动又无转动，即处理平衡状态。

平衡条件共有三个，它们彼此互相独立，根据这些平衡条件可以求出三个未知力。

【例 3-7】 梁 AB 两端支承在墙内，其上受到预制板传来的分布荷载 $q_1=10\text{kN/m}$，以及设备荷载 $P=15\text{kN}$，如图 3.5.2 所示。梁自重 $q_2=3\text{kN/m}$，试求墙壁对梁 A、B 端的支座反力。

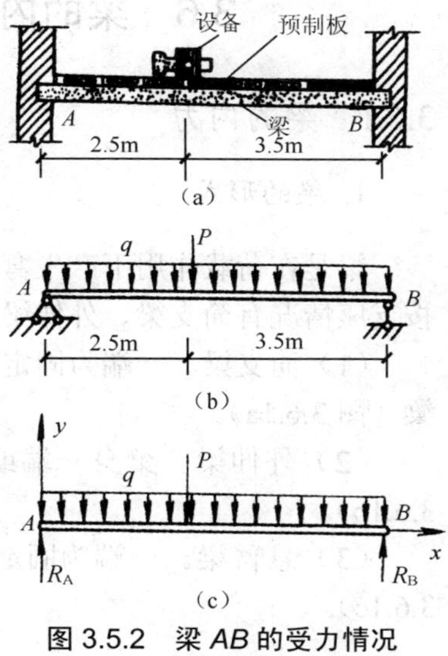

图 3.5.2 梁 AB 的受力情况

（a）梁受力示意 （b）梁的计算简图 （c）梁的受力图

解：取梁 AB 为研究对象，画出计算简图如图 3.5.2b 所示。其上作用有集中荷载 P、线荷载 q 及支座的约束反力

R_A、R_B。由于力 P、q、R_B 相互平行，故 R_A 必与各力平行，才能保持该力系为平衡力系。梁的受力如图 3.5.2c 所示，取坐标系如图，由平衡条件：

$$\Sigma m_A(F)=0\text{，}\ -P\times2.5-6q\times3+R_B\times6=0$$

$$\text{得}\ R_B=\frac{2.5P+18q}{6}=\frac{2.5\times15+18(10+3)}{6}=45.3\text{kN}(\uparrow)$$

$$\Sigma y=0\text{，}\ R_A+R_B-P-6q=0$$

$$\text{得：}\ R_A=P+6q-R_B=15+6(10+3)-45.3=47.7\text{kN}(\uparrow)$$

$$\text{校核：}\ \Sigma m_B(F)=P\times3.5+6q\times3-R_A\times6$$

$$=15\times3.5+18(10+3)-47.7\times6\approx0$$

说明计算无误。要说明的是校核式的矩心 B 与计算过程另一力矩式中的矩心 A 不能是同一点，否则校核失效。

3.6 梁的内力、强度计算

3.6.1 梁的内力

1. 梁的形式

梁是在荷载作用下产生弯曲变形的构件。工程中常见的梁，按支座情况有简支梁、外伸梁、悬臂梁三种典型形式。

（1）简支梁。一端为固定铰支座，另一端为可动铰支座的梁（图 3.6.1a）。

（2）外伸梁。梁身一端或两端外伸出支座的简支梁（图 3.6.1b）。

（3）悬臂梁。一端为固定端支座，另一端为自由的梁（图 3.6.1c）。

2. 梁的内力计算步骤

梁在外力作用下发生弯曲变形时，梁的内部会产生抵抗变

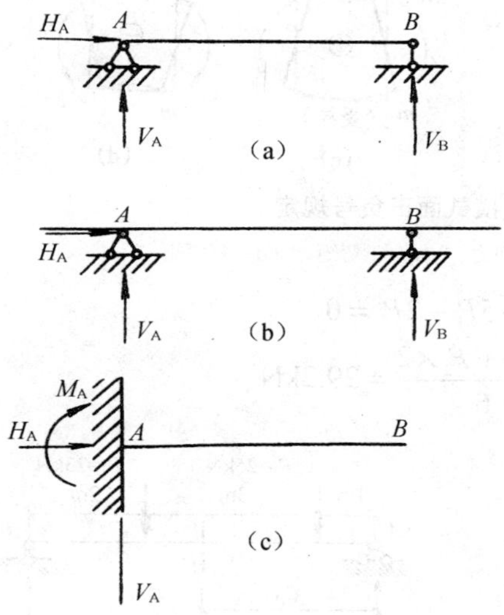

图 3.6.1 三种简单梁

(a) 简支梁 (b) 外伸梁 (c) 悬臂梁

形的内力。这样的内力有两种：一种叫弯矩 M，一种叫剪力 Q。梁横截面上的弯矩和剪力可以用截面法求出，其步骤为：

（1）求出外力作用下的支座反力。

（2）在求内力的截面处，假想地将梁截开为两部分。

（3）将截开的两部分中的任一部分留下作为研究对象，并将弃去部分对留下部分的作用代之以弯矩和剪力。

（4）应用平衡条件求出未知内力。

为了使截面左右部分求出的内力符号相同，对剪力和弯矩的正负号作如下规定：

1）在横截面 $m—m$ 处，从梁中取出一微段，若剪力 Q 使微段顺时针转动（图 3.6.2a），则截面上的剪力为正；反之为负（图 3.6.2b）。

2）若弯矩 M 使微段产生向下凸的变形（图 3.6.2c），则截面上的弯矩 M 为正；反之为负（图 3.6.2d）。

【例 3-8】 如图 3.6.3a 所示，梁受集中力 $P_1 = 25\text{kN}$，$P_2 = 25\text{kN}$ 的作用，试求 1—1 截面上的内力。

解：

1）计算支座反力。由平衡条件 $\Sigma m_B(F) = 0$ 求得：

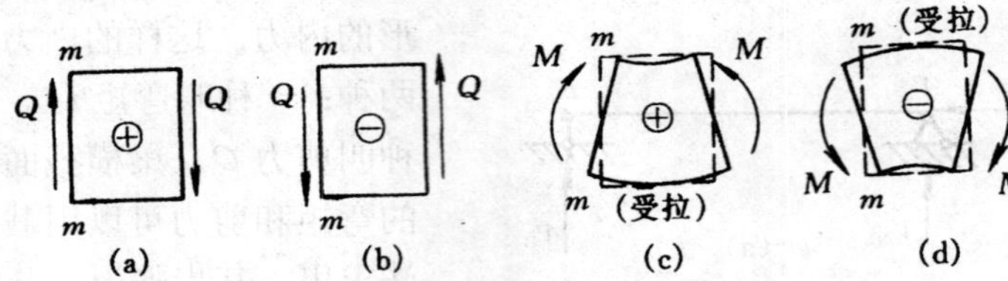

图 3.6.2 横截面正负号规定

(a) 正剪力 (b) 负剪力 (c) 正弯矩 (d) 负弯矩

$$6V_A - 5P_1 - 2P_2 = 0$$

$$V_A = \frac{P_1 \times 5 + P_2 \times 2}{6} = 29.2\text{kN}$$

由 $\Sigma F_y = 0$ 得：

$$V_A + V_B - P_1 - P_2 = 0$$

$$V_B = P_1 + P_2 - V_A$$

$$= 20.8\text{kN}$$

校核：

$$\Sigma m_A = 6V_B - P_1 \times 1 + P_2 \times 4$$

$$= 6 \times 20.8 - 25 \times 1 - 25 \times 4$$

$$\approx 0 \quad (\text{校核无误})$$

2）计算截面内力。用 1—1 截面截取左段为研究对象，并设 M、Q 均为正，如图 3.6.3b 所示。

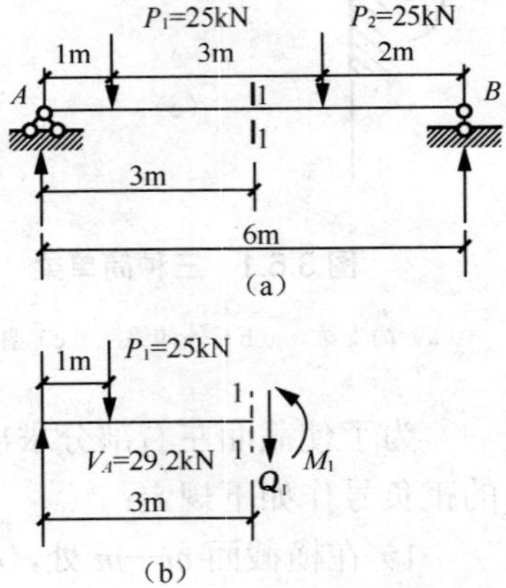

图 3.6.3 例 3-8 受力图

(a) 梁受力图 (b) 截面受力图

由平衡条件：

$\Sigma F_y = 0$，$V_A - P_1 - Q_1 = 0$

得：$Q_1 = V_A - P_1 = 29.2 - 25 = 4.2\text{kN}$

$\Sigma M_1 = 0$，$V_A \times 3 - P_1 \times 2 - M_1 = 0$

得：$M_1 = V_A \times 3 - P_2 \times 2 = 29.2 \times 3 - 25 \times 2 = 37.6\text{kN} \cdot \text{m}$

所得 Q_1、M_1 为正值，表示所设 Q_1、M_1 方向与实际方向相同，即均为正。

3.6.2 梁的剪力图和弯矩图

上述计算是一根简支梁，在实际工程中，荷载的形式是多种多样的，而且梁上各横截面上的内力也不一定相同，设计梁的截面大小时，需找出在荷载和反力作用下，沿梁长各截面弯矩和剪力的变化规律，从中找出其中的最大值作为设计的依据。为此，我们用横坐标 x 表示沿梁轴线的截面位置，用纵坐标 y 表示相应截面上的内力（Q或M）的大小，画出一个图形，这样的图形称为内力图。表示剪力的叫剪力图，表示弯矩的叫弯矩图。需注意的是土建工程中习惯上把正剪力画在 x 轴上方，负剪力画在 x 轴下方；而弯矩规定画在梁受拉的一侧，即正弯矩画在 x 轴下边，负弯矩画在 x 轴的上方。

下面通过例题来说明简单梁剪力图和弯矩图的绘制方法。

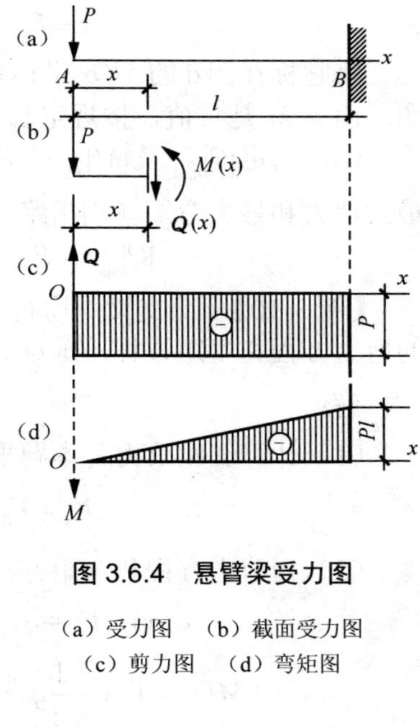

图 3.6.4 悬臂梁受力图

（a）受力图 （b）截面受力图 （c）剪力图 （d）弯矩图

【例 3-9】 悬臂梁受集中力作用如图 3.6.4 所示，求梁的剪力方程和弯矩方程，画出剪力图和弯矩图，并确定 $|Q|_{max}$ 与 $|M|_{max}$。

解：

（1）列剪力方程和弯矩方程。将 x 轴坐标原点取在梁左端，在距原点为 x 的截面处假想将梁截为两段，取左段为研究对象可写出该截面上的剪力 $Q(x)$ 和弯矩 $M(x)$ 为：

$$Q(x) = -P \tag{a}$$

$$M(x) = -Px \tag{b}$$

（2）绘剪力图和弯矩图。先取两个坐标系，Ox 轴与梁轴线平行，原点 O 与梁 A 点对应，横坐标表示横截面的位置，纵坐标分别表示剪力 Q 和弯矩 M，然后按方程作图。

由剪力方程式(a)可知，$Q(x)$ 为一常数，全梁各截面剪力相同，在纵坐标上向下截取一段为 P，Q 图为一平行于 x 轴的直线。

由弯矩方程式(b)可知，$M(x)$ 为 x 的一次函数，应是一直线图形，故只需确定两个截面上的弯矩值，便可确定直线位置。

$$x = 0,\ \ M = 0$$

$$x = l,\ \ M = Pl$$

将它标在图 d 的 MOx 坐标系中，相连两点可作出梁的弯矩图。由于 M 是负值，按规定画在横坐标的上方。

（3）确定 $|Q|_{\max}$ 及 $|M|_{\max}$。从剪力图和弯矩图上很容易看到最大剪力和最大弯矩（均指绝对值）在 B 端，其值为：

$$|Q|_{\max} = P,\ \ |M|_{\max} = Pl$$

【例 3-10】 简支梁受均布荷载作用如图 3.6.5a 所示，求梁的剪力方程和弯矩方程，画 Q、M 图，并确定 $|Q|_{\max}$ 及 $|M|_{\max}$。

解：

（1）计算支座反力。本题根据对称关系可看出：

$$V_A = V_B = \frac{1}{2}ql$$

（2）列剪力方程和弯矩方程。取任意截面 x，则：

$$Q(x) = V_A - qx = \frac{1}{2}ql - qx \qquad \text{(a)}$$

$$M(x) = V_A x - \frac{1}{2}qx^2 = \frac{1}{2}qlx - \frac{1}{2}qx^2 \qquad \text{(b)}$$

（3）绘剪力图和弯矩图。

（a）式为直线方程，应计算两个控制点值：

$$x = 0,\ Q = \frac{1}{2}ql$$

$$x = l,\ Q = -\frac{1}{2}ql$$

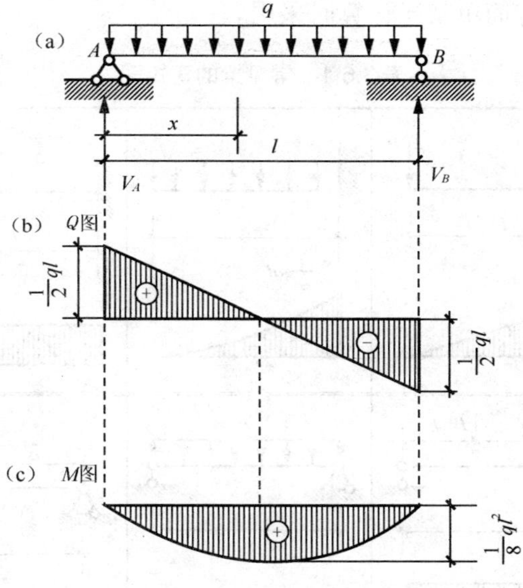

图 3.6.5b 简支梁受均布载荷图

（a）受力图 （b）剪力图 （c）弯矩图

根据所得值，分别在 x 轴上方和下方得两点位置，相连后得 Q 图如图 3.6.5b 所示。

（b）式为曲线（抛物线）方程，应至少计算三个控制点：

$$x=0，M=0；x=\frac{1}{2}，M=\frac{1}{8}ql^2；x=1，M=0$$

作出 M 图如图 3.6.5c 所示。

（4）确定 $|Q|_{\max}$ 及 $|M|_{\max}$。

在 A、B 两端截面 $|Q|_{\max}=\frac{1}{2}ql$

在跨中截面 $|M|_{\max}=\frac{1}{8}ql^2$

实际工作中，梁在各种荷载作用下的内力图可以查《建筑结构静力计算手册》，表 3.6.1 列出了常见梁的弯矩图，可供架子工在进行简单架子计算时采用。

表 3.6.1 常见梁的弯矩图

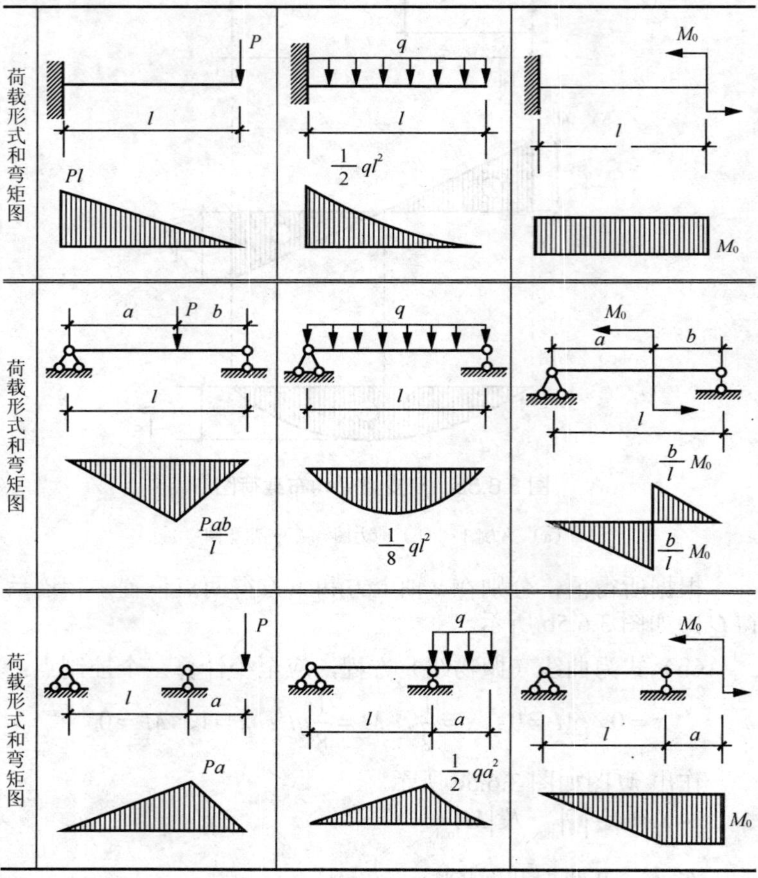

3.6.3 梁的应力和强度计算

1. 梁的应力及其计算

单位面积上的内力称为应力。

（1）正应力。对于受弯构件，应力在横截面上的分布是不均匀的。经实践证明，与弯矩对应的应力垂直于横截面，称为正应力σ，它沿横截面呈线性分布。中性轴上各点的正应力等于零；与中性轴等距离的各点正应力相等；离中性轴越远，正应力值越大。正应力受力情况如图 3.6.6 所示。

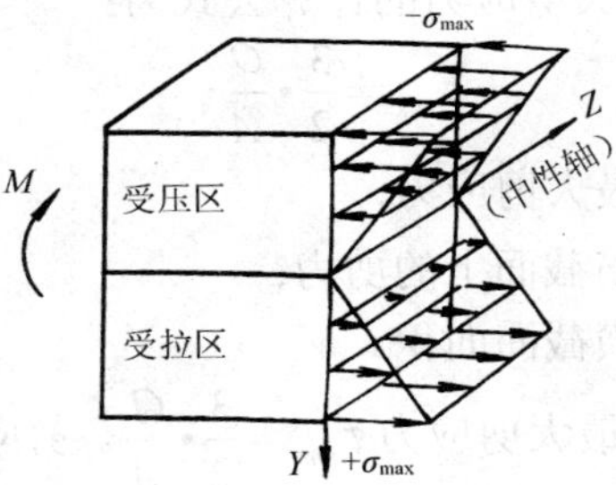

图 3.6.6　正应力受力情况

梁最大正应力的计算公式为：

$$\sigma_{max} = \frac{M_{max}}{W} \qquad (3\text{-}12)$$

式中　σ_{max}——最大弯矩截面上下边缘处的最大正应力；

W——抗弯截面模量。

W 值与截面的形状和尺寸有关：矩形截面$W=\frac{bh^2}{6}$（b 为截面宽，h 为截面高），圆形截面$W=\frac{\pi r^3}{4}$，对于异形截面可参考有关资料另行计算或查找。

应力的单位为“Pa”或“kPa”或“MPa”。

$$1Pa = 1N/m^2，1MPa = 10^3kPa = 10^6Pa$$

正应力是使梁破坏的主要原因，应重点掌握。

（2）剪应力。在一般情况下梁很少发生剪切破坏，大多是弯曲破坏。梁横截面上的剪应力有以下特征：

1）截面上任一点的剪应力τ都与剪力Q平行而且指向与Q相同。

2）离中性轴等距离各点上的剪应力相等。

3）剪应力的大小沿截面高度h呈二次抛物线的规律变化，上、下边缘剪应力为零，中性轴处剪应力最大。

矩形截面最大剪应力的计算公式为：

$$\tau_{\max}=\frac{3}{2}\cdot\frac{Q}{A} \tag{3-13}$$

式中 $\tau_{\max}$——最大剪应力；

Q——横截面上的剪力；

A——横截面面积。

圆截面上的最大剪应力$\tau_{\max}=\frac{3}{2}\cdot\frac{Q}{A}$。剪应力的单位与正应力相同。

2. 梁的弯曲强度计算

对一般梁来说，过大的正应力将是梁破坏的主要原因，因此，一般按正应力强度条件设计截面，然后按剪应力强度条件校核。

正应力强度条件要求梁在外力作用下，最大弯矩截面处上下边缘的最大正应力不超过材料的许用应力，所以强度条件为：

$$\sigma_{\max}=\frac{M_{\max}}{W}\leqslant W[\sigma] \tag{3-14}$$

式中 $[\sigma]$——材料的许用应力，可查有关工程手册。

利用上式可解决三方面的问题：

（1）强度校核。$\sigma_{\max}=\frac{M_{\max}}{W}\leqslant[\sigma]$

（2）设计截面。$W\geqslant\frac{M_{\max}}{[\sigma]}$

（3）求承载能力。$[M]_{\max}\leqslant W[\sigma]$

【例 3-11】 如图 3.6.7 所示矩形截面松木梁两端搁在墙上，承受由楼板传来的荷载（图 3.6.7a），试选择梁的截面尺寸。梁轴间距 $a=1.2\text{m}$，梁的跨度 $l=5\text{m}$，荷载（包括梁及楼板自重）$p=3\text{kN}/\text{m}^2$，材料的许用应力 $[\sigma]=10\text{MPa}$。

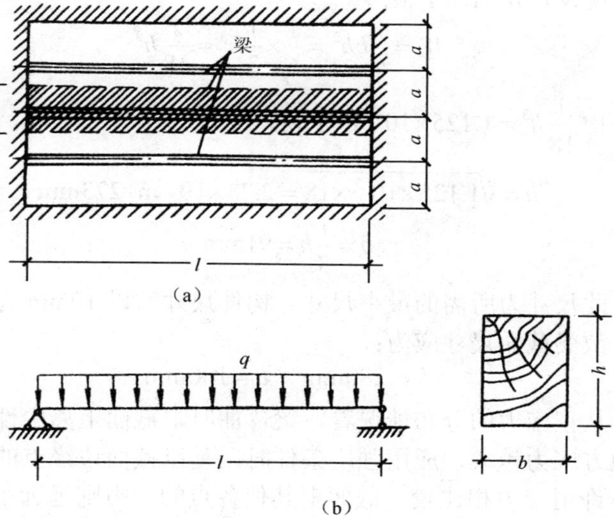

图 3.6.7 矩形截面梁受力情况

（a）梁受力示意 （b）计算简图

解：木梁两端搁在墙上，可简化为一简支梁（图 3.6.7b）。每根梁承受宽为 a，长为 l 的楼板面积上的荷载 pal。梁上荷载的分布为：

$$q=\frac{pal}{l}=pa=3\times1.2=3.6\text{kN}/\text{m}$$

梁的最大弯矩在跨中点截面上；即

$$M_{\max}=\frac{1}{8}ql^2=\frac{1}{8}\times3.6\times5^2=11.25\text{kN}\cdot\text{m}$$

所需截面系数（模具）：

$$W \geqslant \frac{M_{\max}}{[\sigma]} = \frac{11.25 \times 10^3}{10 \times 10^6} = 1.125 \times 10^{-3}\,\text{m}^3$$

因截面高度 h 和宽度 b 均为未知数，设计截面时，可参考经验数据 $b/h = 1/3 \sim 1/2$ 选用，所得结果比较经济。

现设 $b/h = 1/3$，则

$$W = \frac{1}{6}bh^2 = \frac{1}{6} \times \frac{1}{3}h^3 = \frac{1}{18}h^3$$

由 $\frac{1}{18}h^3 = 1.125 \times 10^{-3}$，求得：

$$h = \sqrt[3]{1.125 \times 10^{-3} \times 18} = 2.73 \times 10^{-1}\,\text{m} = 273\text{mm}$$

$$b = \frac{1}{3}h = 91\text{mm}$$

此尺寸为所需的最小尺寸。构件尺寸常以 10mm 为最小单位，故梁截面尺寸应为：

$$h = 280\text{mm}, \quad b = 100\text{mm}$$

从正应力的分布情况看，梁弯曲时，截面上离中性轴越远的地方应力越大，应用强度条件时，是以截面边缘点的最大应力与许用应力相比较，截面上其他各点的应力则远远小于许用应力值，这使材料不能充分发挥作用。所以，理想的情况是，尽可能把截面材料集中到离中性轴最远的地方，这就是截面高度相同的矩形截面优于圆形截面、工字形截面优于矩形截面的原因。在工程上，采用空心圆钢管搭设扣件式脚手架也是这个道理。

3.7 压杆稳定计算

根据上节的内容可以推知，轴向受压构件的承载能力是根据强度条件 $\sigma = \frac{N}{A} \leqslant [\sigma]$ 确定的。其中 N 是构件横截面上的内力，称为轴力，A 为横截面面积。但实际工程中，许多细长杆件受压破坏是在满足强度条件下发生的。

例如，图 3.7.1 所示的两根长度不同的矩形等截面松木条，若按强度条件考虑，经计算两杆的极限承载力 $P_b = 6\text{kN}$。实际试验过程中，当长杆缓慢加力至 $P \approx 30\text{N}$ 时，杆发生弯曲，压力再增加，弯曲急剧增大，很快折断（图 3.7.1a）；而短杆受力可达 6000N（图 3.7.1b），且破坏前轴线保持直线。显然，长杆的破坏不是由于强度不足而引起的。

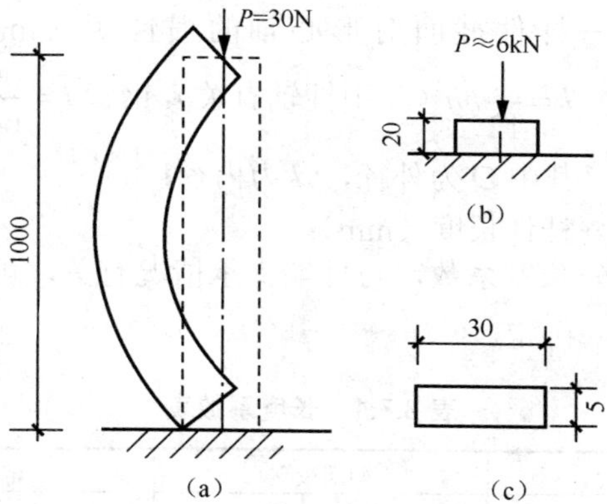

图 3.7.1 松木条受压破坏

（a）长松木条失稳破坏 （b）短松木条达承载力极限破坏 （c）截面尺寸

经研究发现，细长压杆在轴向压力的作用下突然破坏，是由于杆件丧失了保持直线形状的稳定性而造成的，这类破坏称丧失稳定或失稳。杆件失稳破坏比强度不足破坏时所能承受的压力要小得多。架子工程中的各式杆件有相当多的杆件其受力状态属于这种类型，因此有必要对细长压杆进行稳定计算。

3.7.1 细长压杆临界压力公式

细长压杆受缓慢渐增的压力 P 的作用，开始阶段压杆保持杆轴为直线的平衡状态。随着压力的增加，当增大到某一特定值 P_{cr} 时，杆件出现微弯。压力继续增大，杆轴弯曲迅速增大并很快破坏。特定的压力值 P_{cr} 是杆件由稳定状态到达失稳状态的

界限值，称为临界压力。临界压力由欧拉公式确定，即

$$P_{\mathrm{cr}}=\frac{\pi^2 EI}{(\mu L)^2} \tag{3-15}$$

式中 P_{cr}——临界压力（N）；

π——圆周率；

E——材料的弹性模量（$\mathrm{N/mm^2}$）；

I——杆件截面对形心轴的惯性矩（$\mathrm{mm^4}$），矩形 $I=\frac{1}{12}bh^3$（与中性轴有关），钢管 $I=\frac{\pi}{64}(D^4-d^4)$，其中 D 为外径，d 为内径；

L——杆件长度（mm）；

μ——长度系数，与杆端支承情况有关，可由表 3.7.1 确定。

表 3.7.1　长度系数表

支承情况	两端铰支	一端固定，一端自由
简图	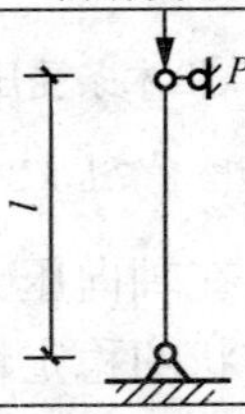	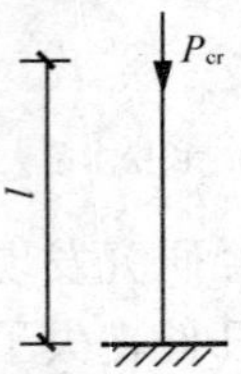
μ	1	2
支承情况	一端固定，一端铰支	两端固定
简图	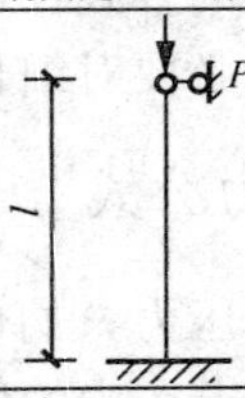	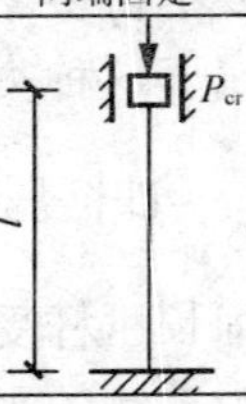
μ	0.7	0.5

【例 3-12】 一受压杆，两端支承情况、长度及截面情况如图 3.7.2 所示。已知 $E = 200\text{kPa}$，求此杆临界压力。

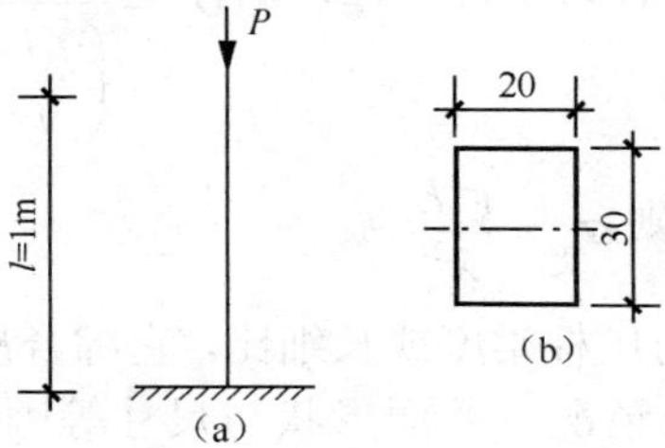

图 3.7.2 受压杆支承及截面特征、长度

(a) 杆支承情况 (b) 杆截面

解：根据图上的支承情况，查表 3.7.1 得 $\mu = 2$。

截面惯性矩 $I = \dfrac{1}{12}bh^3$

$$= \frac{1}{12} \times 20 \times 30^3$$

$$= 4.50 \times 10^4 \text{mm}^4$$

临界力 $P_{\text{cr}} = \dfrac{\pi^2 EI}{(\mu L)^2}$

$$= \frac{3.14^2 \times 200 \times 10^3 \times 4.50 \times 10^4}{(2 \times 1000)^2}$$

$$= 22180\text{N}$$

$$= 22.18\text{kN}$$

3.7.2 临界应力公式

在临界压力作用下，压杆横截面上的平均应力叫临界应力，用 σ_{cr} 表示。

$$\sigma_{\text{cr}} = \frac{P_{\text{cr}}}{A} = \frac{\pi^2 EI}{(\mu L)^2 A} \tag{3-16}$$

式中　A——横截面面积（mm^2）。

令 $\dfrac{I}{A}=i^2$，i 称为惯性半径，则 $\sigma_{cr}=\dfrac{\pi^2 E}{\left(\dfrac{\mu L}{i}\right)^2}$，

令 $\lambda=\dfrac{\mu L}{i}$，则 $\sigma_{cr}=\dfrac{\pi^2 E}{\lambda^2}$　　（3-17）

式中　λ——称为压杆柔度或长细比，它综合反映了压杆长度、支承情况、截面形状与尺寸等因素对临界应力的影响。

【例 3-13】　一中心受压木柱，长 $L=8\text{m}$，截面为矩形 $b\times h=200\text{mm}\times120\text{mm}$，柱两端固定，木材的弹性模量 $E=10\text{kPa}$，试求木柱在以与 b 平行的中性轴的平面内临界应力和临界压力。

解：计算惯性半径：

$$i=\sqrt{\frac{I}{A}}=\sqrt{\frac{\frac{1}{12}bh^3}{bh}}$$

$$\sqrt{\frac{h^2}{12}}=\frac{h}{\sqrt{12}}=\frac{120}{\sqrt{12}}=34.6\text{mm}$$

柱子两端固定，查表 3.7.1，得 $\mu=0.5$。

柔度 $\lambda=\dfrac{\mu L}{i}$

$$=\frac{0.5\times8\times10^3}{34.6}=115.6$$

临界应力 $\sigma_{cr}=\dfrac{\pi^2 E}{\lambda^2}$

$$=\frac{3.14^2\times10\times10^3}{115.6^2}=7.38\text{MPa}$$

临界压力 $P_{cr}=\sigma_{cr}\cdot A$

$$=7.38\times10^6\times200\times10^{-3}\times120\times10^{-3}$$

$$=177.1\times10^3\text{N}$$

$$=177.1\text{kN}$$

3.7.3 压杆稳定计算

1. 计算公式

压杆稳定计算公式：

$$\sigma=\frac{P}{A}\leqslant\varphi[\sigma] \qquad (3\text{-}18)$$

式中 P——作用在压杆上的实际压力；

A——压杆的横截面面积；

$[\sigma]$——强度许用应力（MPa），可查有关工程计算手册；

φ——与 λ 有关的折减系数，见表 3.7.2。

表 3.7.2 折减系数表

λ	φ 值				
	A2、A3 钢	16Mn 钢	铸铁	木材	混凝土
0	1.000	1.000	1.00	1.000	1.00
20	0.981	0.973	0.91	0.932	0.96
40	0.927	0.895	0.69	0.822	0.83
60	0.842	0.776	0.44	0.658	0.70
70	0.789	0.705	0.34	0.575	0.63
80	0.731	0.627	0.26	0.460	0.57
90	0.669	0.546	0.20	0.371	0.46
100	0.604	0.462	0.16	0.300	
110	0.536	0.384		0.248	
120	0.466	0.325		0.209	
130	0.401	0.279		0.178	
140	0.349	0.242		0.153	
150	0.306	0.213		0.134	
160	0.272	0.188		0.117	
170	0.243	0.168		0.102	
180	0.218	0.151		0.093	
190	0.197	0.136		0.083	
200	0.180	0.124		0.075	

公式（3-18）可以理解为，压杆在强度破坏前即失稳，故由降低强度许用应力来保证杆的安全。

2. 计算方法

利用公式（3-18）可以进行以下三方面的计算。

（1）稳定校核。已知杆长 L，支承情况，材料特性(E、$[\sigma]$)、截面尺寸、所受荷载，可用式（3-18）验算压杆是否稳定。

（2）确定许用荷载。已知杆长、支承情况、材料特性、截面尺寸，可利用下式确定杆件所能承受的最大压力，即许用压力[P]。

$$[P]=\varphi[\sigma]A \tag{3-19}$$

（3）选择压杆的截面尺寸。已知杆所受的压力、材料特性、可利用下式选择截面尺寸。

$$A \geqslant \frac{P}{[\sigma]\varphi} \tag{3-20}$$

因 φ 与 A 有关，无法利用上式直接确定截面尺寸，实际计算时可以采用试算法。先假设 φ_1，求出 A_1，再根据 A_1 查出 φ_1'，相差不大时，可以采用 A_1；若 φ_1 和 φ_1' 相差太大，可重设 $\varphi_2=\dfrac{\varphi_1+\varphi_1'}{2}$，重复以上计算，直至满意为止。

【例 3-14】 一长度 $L=2.2\text{m}$ 的钢管支柱，两端铰支，外径 $D=102\text{mm}$，内径 $d=86\text{mm}$，材料为 A3 钢，强度许用应力 $[\sigma]=160\text{MPa}$，已知柱承受轴向压力 $P=300\text{kN}$，试校核此柱的稳定性。

解：此柱两端铰支，查表 3.7.1 得 $\mu=1$。

钢管截面惯性矩 $I=\dfrac{\pi}{64}(D^4-d^4)=\dfrac{3.14}{64}(102^4-86^4)$

$$=262\times10^4\,\text{mm}^4$$

截面面积 $A=\dfrac{\pi}{4}(D^2-d^2)=\dfrac{3.14}{4}(102^2-86^2)$

$= 23.6\times10^2\,\text{mm}^2$

惯性半径 $i=\sqrt{\dfrac{I}{A}}=\sqrt{\dfrac{262\times10^4}{23.6\times10^2}}=33.3\text{mm}$

柔度 $\lambda=\dfrac{\mu L}{i}=\dfrac{1\times2200}{33.3}=66$

查表 3.7.2 得：

$$\lambda=60\text{ 时}\quad \varphi=0.842$$
$$\lambda=70\text{ 时}\quad \varphi=0.789$$

用直线插入法确定 $\lambda=66$ 时：

$$\varphi=0.842-\frac{66-60}{70-60}(0.842-0.789)$$
$$=0.81$$

校核该杆的稳定性：

$$\sigma=\frac{P}{A}=\frac{300\times10^3}{23.6\times10^2}=127.1\text{N}/\text{mm}^2=127.1\text{MPa}$$
$$\varphi[\sigma]=0.81\times160=128\text{MPa}>\sigma=127.1\text{MPa}$$

故满足稳定条件。

【例 3-15】 一轴心受压钢柱两端铰支，柱高 $L=5.72\text{m}$，材料为 A3 钢，许用应力 $[\sigma]=160\text{MPa}$，已知柱截面如图 3.7.3 所示，$I_x=3824\text{cm}^4$，$I_y=2307\text{cm}^4$，$A=65.6\text{cm}^2$，求钢柱所能承受的轴向压力 $[P]$。

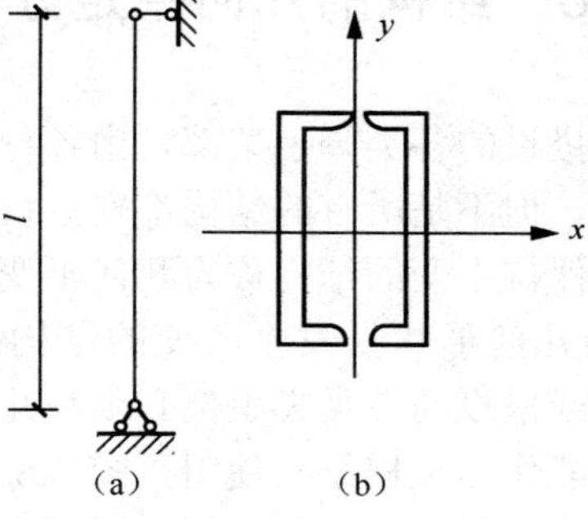

图 3.7.3 柱端支承和柱截面

解：钢柱截面惯性矩对两个方向而言：

$$I_y < I_x$$

钢柱失稳将在以 y 轴为中性轴的方向发生。

惯性半径 $i_y = \sqrt{\frac{I_y}{A}} = \sqrt{\frac{2307\times10^4}{65.6\times10^2}} = 59.3\text{mm}$

钢柱两端铰支，查表 3.7.1 得 $\mu=1$。

钢柱柔度 $\lambda = \frac{\mu L}{i_y} = \frac{1\times5.72\times10^3}{59.3} = 96.5$

查表 3.7.3 得：

$$\lambda=90\text{ 时，}\varphi=0.669$$

$$\lambda=100\text{ 时，}\varphi=0.604$$

用直线插入法求 $\lambda=96.5$ 时的 φ 值：

$$\varphi = 0.669 - \frac{96.5-90}{100-90}(0.669-0.604)$$

$$=0.627$$

所以许用压力：

$$\begin{aligned}[P] &= A[\sigma]\cdot\varphi \\ &= 65.6\times10^{-4}\times160\times10^6\times0.627 \\ &= 658\times10^3\,\text{N} = 658\text{kN}\end{aligned}$$

3.8 结构的几何稳定分析

建筑结构及搭设的各类脚手架都是由各种构件通过一定的连接方式组成的，但不是所有的结构都安全稳定。在荷载作用下其位置和形状保持不变的结构称为几何不变体系，而在荷载作用下其位置和几何形状易发生改变的结构称为几何可变体系。凡建筑结构或搭设的各类脚手架必须是几何不变体系，而几何可变体系不能作为工程结构使用。图 3.8.1a 所示的脚手架为几何不变体系，而图 3.8.1b 所示的架子则为几何可变体系，不能作为工程架子使用。

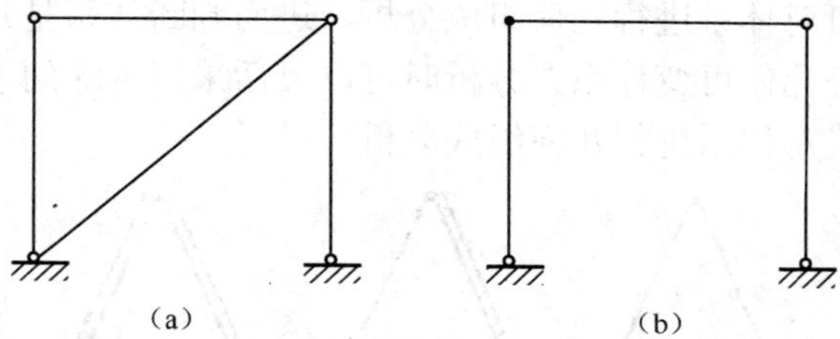

图 3.8.1 几何不变体系与几何可变体系

(a) 几何不变体系 (b) 几何可变体系

3.8.1 几何不变体系的基本判断规则

1. 规则一

二元体规则。一个点和一个刚片（在力作用下形状不变的构件或物体）用两根不共线的链杆相连，组成几何不变体系，这种几何不变体系称为二元体，如图 3.8.2a 所示，在体系上增加或减去二元体不影响该体系的几何性质。

2. 规则二

两刚片规则。两个刚片用一个铰链和一根链杆连接，且铰链和链杆不在同一直线上，组成几何不变体系，如图 3.8.2b 所示。

3. 规则三

三刚片规则。三个刚片用三个不共线的铰链两两相连，组成几何不变体系，如图 3.8.2c 所示。

刚片是指在外力作用下，内部各部分不发生相对位移的物体，单个构件或多个构件组成的几何不变体系均可视作刚片。施工现场的螺栓接头、焊接头、榫接头、绑扎接头均可视为铰接点，两端带铰接点的直杆（中间不受力）视为链杆。运用三个规则可对体系进行几何组成分析，进而判断体系是几何不变体系还是几何可变体系。分析时可以灵活采用拆除的方式或组合的方式对体系进行几何组成分析。

图 3.8.2　几何不变体系三个判定规则

（a）二元体规则　（b）两刚片规则　（c）三刚片规则

3.8.2　几何组成分析示例

【例 3-16】 试对图 3.8.3 所示的钢屋架进行几何组成分析。

解：结构由屋架用铰链 A、链杆 B 与地基相连，符合两刚片规则，故不考虑屋架与地基的联系，仅分析体系内部。

链杆 1、2 将点 A 和体系内其他部分相连，符合二元体规则，故可拆除 1、2 杆，再分析余下的其他部分。依此类推，可以依次拆除二元体 3、6，4、5，7、8，9、10，所剩的三角形中 11，12，13 杆符合规则 3，也是几何不变体系，所以整个结构体系可以判定为几何不变体系。

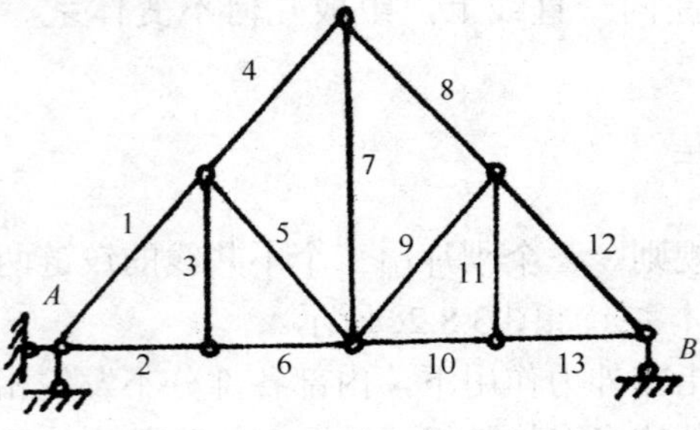

图 3.8.3　钢屋架组成

从以上分析可以看出三个规则都是运用了三角形的几何不变性，这对搭设牢固的架子有十分重要的指导意义。

【例 3-17】 试对图 3.8.4 所示的脚手架体系进行几何组成分析。

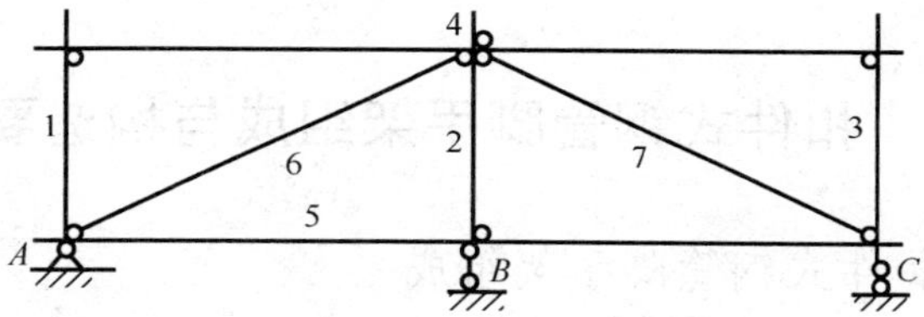

图 3.8.4 脚手架体系组成

解：首先分析一下脚手架体系的内部组成，整个体系有两根水平杆 4、5，三根垂直杆 1、2、3，两根斜杆 6、7。

杆 1、杆 4 和杆 6 利用三刚片规则组成几何不变体系，该系再与杆 7、杆 3 组成大的几何不变体系，而杆 2、杆 5 是多余约束，即体系内部有两个多余约束。

脚手架体系通过铰链 *A*、链杆 *B* 与地基组成几何不变体系，链杆 *C* 是多余约束。

在进行几何组成分析时，与判定规则完全相符的几何不变体系称为静定结构，这种结构的支座反力和杆件内力均可以用静力平衡方程求出。若几何不变体系中有多余约束，则不能仅用静力平衡方程求解支座反力和杆件内力，这种结构称为超静定结构。上述分析的脚手架体系内有多余约束，与地基的连接也有多余约束，所以整个结构是超静定结构。

4 扣件式钢管脚手架

4.1 扣件式钢管脚手架组成与构造要求

4.1.1 扣件式钢管脚手架组成

1. 扣件式钢管脚手架的特点与作用

（1）扣件式钢管脚手架的特点。扣件式钢管脚手架是我国目前土木工程建设中应用最为广泛的脚手架，属于多立杆式外脚手架中的一种，具有杆配件数量少、适用性强，装卸方便，操作简单，搭设灵活，坚固耐用，可多次周转，搭设高度大等特点。

扣件式钢管脚手架的设计与施工要符合《建筑施工扣件式钢管脚手架安全技术规范》（JGJ 130—2011）的规定，做到技术先进、经济合理、安全适用。

（2）扣件式钢管脚手架的作用。扣件式钢管脚手架除用来搭设各种形式的脚手架外，还可在各种土木工程建设中用于搭设模板支撑架、井架、上料平台架、斜道、栈桥等，是用途最广的脚手架之一。

2. 扣件式钢管脚手架的组成

扣件式钢管脚手架的组成如图 4.1.1 所示，是以标准钢管（ϕ48.3×3.6）作为杆件（立杆、大小横杆和斜杆等），以扣件作为连接件组成脚手骨架，再辅以脚手板、防护构配件、连墙件等搭设而成。

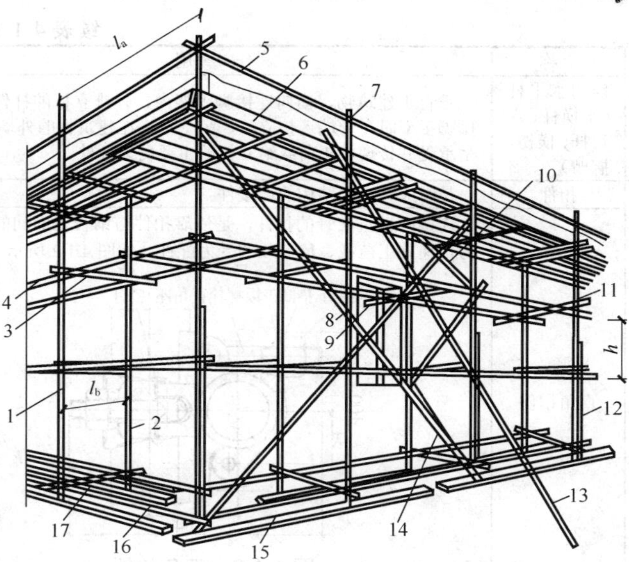

图 4.1.1 扣件式钢管脚手架的组成

1. 外立杆 2. 内立杆 3. 横向水平杆 4. 纵向水平杆 5. 栏杆
6. 挡脚板 7. 直角扣件 8. 旋转扣件 9. 连墙件 10. 横向斜撑
11. 主立杆 12. 副立杆 13. 抛撑 14. 剪刀撑
15. 垫板 16. 纵向扫地杆 17. 横向扫地杆

扣件式钢管脚手架的主要组成构件及作用见表 4.1.1。

表 4.1.1 扣件式钢管脚手架的主要组成构件及作用

项次	名称	作　用
1	立柱（立杆、站杆、冲天）	平行于建筑物并垂直于地面的杆件，是传递脚手架结构自重、施工荷载与风荷载的主要受力杆件
2	纵向水平杆（大横杆、大横担、牵杠、顺水杆）	平行于建筑物，纵向连接各立柱的通长水平杆件，是承受并传递施工荷载给立柱的主要受力杆件

续表 4.1.1

项次	名称	作　用
3	横向水平杆（小横杆、六尺杆、横楞、搁栅）	垂直于建筑物，横向连接脚手架内、外排立杆的杆件（单排脚手架时，一端连接立柱，另一端搭在建筑物的外墙上），是承受并传递施工荷载给立柱的主要受力杆件
4	扣件	是组成脚手架结构的连接件
	直角扣件	连接两根直交管的扣件，是依靠扣件与钢管表面间的摩擦力传递施工荷载、风荷载的受力配件，如图 4.1.2 所示。 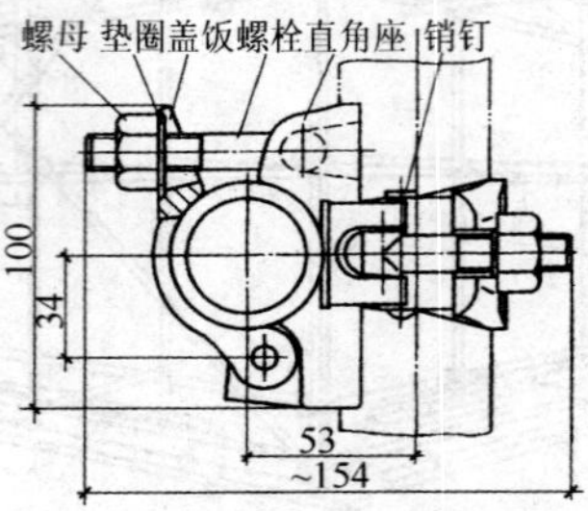 图 4.1.2　直角扣件
	对接扣件	钢管对接接长用的扣件，也是传递荷载的受力配件，如图 4.1.3 所示。 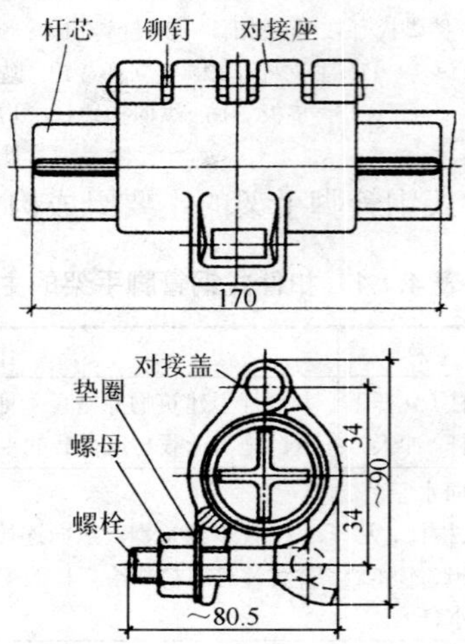 图 4.1.3　对接扣件

续表 4.1.1

项次	名称	作　用
4	旋转扣件	连接两根任意角度相交钢管的扣件，用于连接支撑斜杆与立柱或横向水平杆的连接，如图 4.1.4 所示。 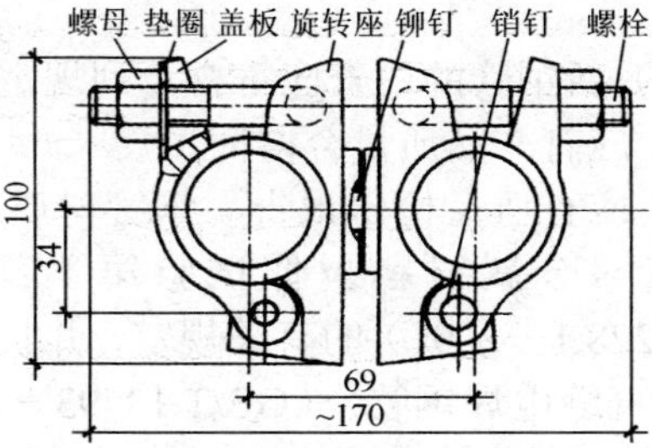 图 4.1.4　旋转扣件
5	脚手板	提供施工操作条件，并承受、传递施工荷载给纵、横向水平杆的板件，当设于非操作层时起安全防护作用
6	剪刀撑(十字撑、十字盖)	设在脚手架外侧面、与墙面平行的十字交叉斜杆，可增强脚手架的纵向刚度，保证脚手架具有必要的承载能力
7	横向支撑（横向斜拉杆、之字撑）	设在脚手架内、外排立柱平面，呈之字形的斜杆，可增强脚手架的横向刚度，提高脚手架的承载能力
8	连墙件(连墙点、连墙杆)	连接脚手架与建筑物的部件，是脚手架中既要承受、传递风荷载，又要防止脚手架在横向失稳或倾覆的重要受力部件
9	纵向扫地杆	连接立柱下端，距底座下皮 200mm 处的纵向水平杆，可约束立柱底端在纵向发生位移
10	横向扫地杆	连接立柱下端，位于纵向扫地杆上方的横向水平杆，可约束立柱底端在横向发生位移
11	底座	设在立柱下端，承受并传递立柱荷载给地基的配件，如图 4.1.5 所示。 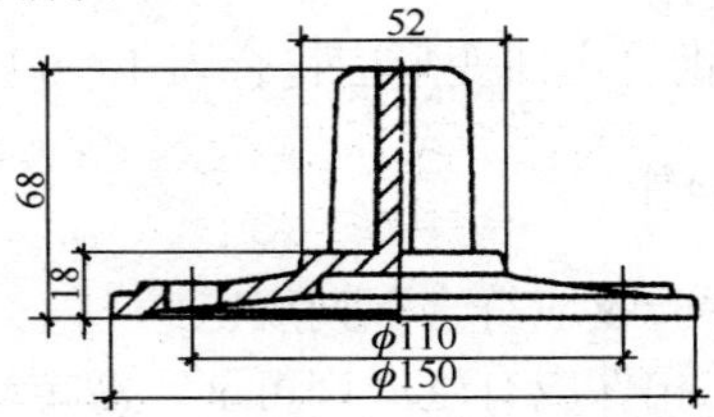 图 4.1.5　标准底座

4.1.2 构配件检查与验收

1. 钢管

（1）新钢管的检查应符合下列规定：

1）应有产品质量合格证。

2）应有质量检验报告，钢管材质检验方法应符合现行国家标准《金属材料拉伸试验第 1 部分：室温试验方法》（GB/T 228.1—2001）的有关规定，并且其质量应符合现行国家标准《直缝电焊钢管》（GB/T 13793—2008）或《低压流体输送用焊接钢管》（GB/T 3091—2008）中规定的 Q 235 普通钢管，钢管的钢材质量应符合现行国家标准《碳素结构钢》（GB/T 700—2006）中 Q 235 级钢的规定。

3）钢管表面应平直光滑，不应有裂缝、结疤、分层、错位、硬弯、毛刺、压痕和深的划道。

4）钢管外径、壁厚、端面等的偏差，应分别符合表 1.4.6 的规定。

5）钢管应涂有防锈漆。

（2）旧钢管的检查应符合下列规定：

1）表面锈蚀深度应符合表 1.4.6 序号 3 的规定，锈蚀检查应每年一次，检查时，应在锈蚀严重的钢管中抽取三根，在每根锈蚀严重的部位横向截断取样检查，当锈蚀深度超过规定值时不得使用。

2）钢管弯曲变形应符合表 1.4.6 序号 4 的规定。

2. 扣件

扣件验收应符合下列规定：

（1）扣件应有生产许可证、法定检测单位的测试报告和产品质量合格证，当对扣件质量有怀疑时，应按现行国家标准《钢管脚手架扣件》（GB 15831—2006）的规定抽样检测。

（2）新、旧扣件均应进行防锈处理。

（3）扣件的技术要求应符合现行国家标准《钢管脚手架扣件》（GB 15831—2006）的相关规定。

（4）扣件进入施工现场应检查产品合格证，并应进行抽样复试，技术性能应符合现行国家标准《钢管脚手架扣件》（GB 15831—2006）的规定，并且扣件在使用前应逐个挑选，有裂缝、变形、螺栓出现滑丝的严禁使用。

3. 脚手板

（1）冲压钢脚手板的检查应符合下列规定：

1）新脚手板应有产品质量合格证。

2）尺寸偏差应符合表 1.4.6 序号 5 的规定，且不得有裂纹、开焊与硬弯。

3）新、旧脚手板均应涂防锈漆。

4）应有防滑措施。

（2）木脚手板、竹脚手板的检查应符合下列规定：

1）木脚手板的质量应符合现行国家标准《木结构设计规范》（GB 50005—2003）中Ⅱa 级材质的规定；脚手板厚度应不小于 50mm，两端宜各设直径不小于 4mm 的镀锌钢丝箍两道，宽度、厚度允许偏差应符合现行国家标准《木结构工程施工质量验收规范》（GB 50206—2012）的规定，不得使用扭曲变形、劈裂、腐朽的脚手板。

2）竹笆脚手板、竹串片脚手板的材料宜采用由毛竹或楠竹制作的竹串片板、竹笆板，竹串片脚手板应符合现行行业标准《建筑施工扣件式钢管脚手架安全技术规范》（JGJ 130—2011）的相关规定。

4. 可调托撑

（1）可调托撑螺杆外径不得小于 36mm，走丝与螺距应符合现行国家标准《梯形螺纹第 3 部分：基本尺寸》（GB/T 5796.3—2005）的规定。

（2）可调托撑的螺杆与支架托板焊接应牢固，焊缝高度不得小于 6mm；可调托撑螺杆与螺母旋合长度不得少于 5 扣，螺母厚度不得小于 30mm。

（3）可调托撑受压承载力设计值应不小于 40kN，支托板厚应不小于 5mm。

5. 悬挑脚手架用型钢

（1）悬挑脚手架用型钢的材质应符合现行国家标准《碳素结构钢》（GB/T 700—2006）或《低合金高强度结构钢》（GB/T 1591—2008）的规定。

（2）用于固定型钢悬挑梁的 U 形钢筋拉环或锚固螺栓材质应符合现行国家标准《钢筋混凝土用钢第 1 部分：热轧光圆钢筋》（GB 1499.1—2008）中 HPB235 级钢筋的规定。

4.1.3 扣件式钢管脚手架的构造要求

1. 常用单、双排脚手架设计尺寸

常用密目式安全立网全封闭单、双排脚手架结构的设计尺寸，可按表 4.1.2、表 4.1.3 采用。

表 4.1.2 常用敞开式双排脚手架的设计尺寸

（单位：m）

连墙件设置	立杆横距 l_b	步距 h	下列荷载时的立杆纵距 l_a				脚手架允许搭设高度[H]
			2+0.35（kN/m²）	2+2+2×0.35（kN/m²）	3+0.35（kN/m²）	3+2+2×0.35（kN/m²）	
二步三跨	1.05	1.50	2.0	1.5	1.5	1.5	50
		1.80	1.8	1.5	1.5	1.5	32
	1.30	1.50	1.8	1.5	1.5	1.5	50
		1.80	1.8	1.2	1.5	1.2	30
	1.55	1.50	1.8	1.5	1.5	1.5	38
		1.80	1.8	1.2	1.5	1.2	22

续表 4.1.2

连墙件设置	立杆横距 l_b	步距 h	下列荷载时的立杆纵距 l_a				脚手架允许搭设高度[H]
			2+0.35（kN/m²）	2+2+2×0.35（kN/m²）	3+0.35（kN/m²）	3+2+2×0.35（kN/m²）	
三步三跨	1.05	1.50	2.0	1.5	1.5	1.5	43
		1.80	1.8	1.2	1.5	1.2	24
	1.30	1.50	1.8	1.5	1.5	1.2	30
		1.80	1.8	1.2	1.5	1.2	17

注：1. 表中所示 2+2+2×0.35（kN/m²），包括下列荷载：2+2（kN/m²）为二层装修作业层施工荷载标准值；2×0.35（kN/m²）为二层作业层脚手板自重荷载标准值。

2. 作业层横向水平杆间距，应按不大于 $l_a/2$ 设置。

3. 地面粗糙度为 B 类，基本风压 ω=0.4kN/m²。

表 4.1.3 常用密目式安全立网全封闭式单排脚手架的设计尺寸

（单位：m）

连墙件设置	立杆横距 l_b	步距 h	下列荷载时的立杆纵距 l_a		脚手架允许搭设高度[H]
			2+0.35（kN/m²）	3+0.35（kN/m²）	
二步三跨	1.20	1.50	2.0	1.8	24
		1.80	1.5	1.2	24
	1.40	1.50	1.8	1.5	24
		1.80	1.5	1.2	24
三步三跨	1.20	1.50	2.0	1.8	24
		1.80	1.2	1.2	24
	1.40	1.50	1.8	1.5	24
		1.80	1.2	1.2	24

注：同表 4.1.2。

单排脚手架搭设高度不应超过 24m，双排脚手架搭设高度不宜超过 50m，高度超过 50m 的双排脚手架，应采用分段搭设措施。

2. 纵向水平杆的构造要求

（1）纵向水平杆应设置在立杆内侧，单根杆长度应不小于 3 跨。

（2）纵向水平杆接长应采用对接扣件连接或搭接，并应符合下列规定：

1）两根相邻纵向水平杆的接头不应设置在同步或同跨内，不同步或不同跨两个相邻接头在水平方向错开的距离应不小于500mm，各接头中心至最近主节点的距离应不大于纵距的 1/3（图 4.1.6）。

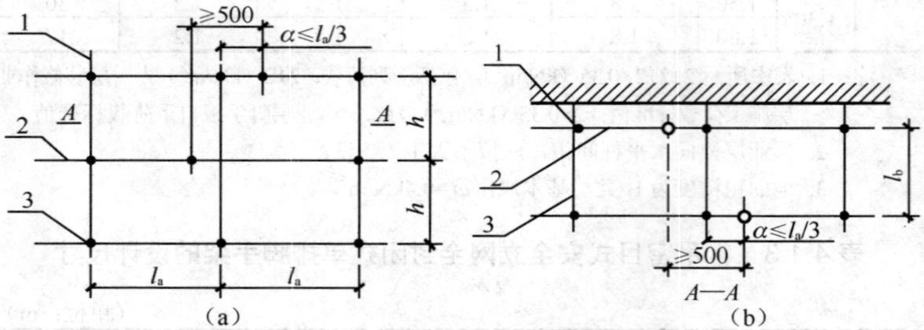

图 4.1.6　纵向水平杆对接接头布置

（a）接头不在同步内（立面）　（b）接头不在同跨内（平面）

1. 立杆　2. 纵向水平杆　3. 横向水平杆

2）搭接长度应不小于 1m，应等间距设置 3 个旋转扣件固定，端部扣件盖板边缘至搭接纵向水平杆杆端的距离应不小于100mm。

（3）当使用冲压钢脚手板、木脚手板、竹串片脚手板时，纵向水平杆应作为横向水平杆的支座，用直角扣件固定在立杆上；当使用竹笆脚手板时，纵向水平杆应采用直角扣件固定在横向水平杆上，并应等间距设置，间距应不大于 400mm（图 4.1.7）。

3. 横向水平杆的构造要求

（1）作业层上非主节点处的横向水平杆，宜根据支承脚手板的需要等间距设置，最大间距应不大于纵距的 1/2。

（2）当使用冲压钢脚手板、木脚手板、竹串片脚手板时，双排脚手架的横向水平杆两端，均应采用直角扣件固定在纵向水平杆上；单排脚手架的横向水平杆的一端，应用直角扣件固定在纵向水平杆上，另一端应插入墙内，插入长度应不小于 180mm。

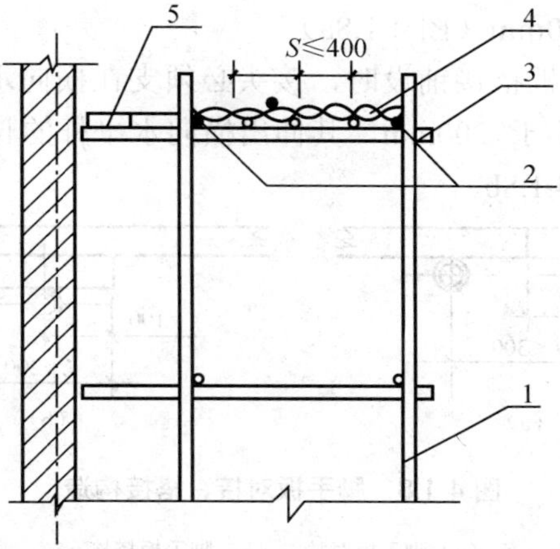

图 4.1.7　铺竹笆脚手板时纵向水平杆的构造

1. 立杆　2. 纵向水平杆　3. 横向水平杆　4. 竹笆脚手板　5. 其他脚手板

（3）当使用竹笆脚手板时，双排脚手架的横向水平杆两端，应用直角扣件固定在立杆上；单排脚手架的横向水平杆的一端，应用直角扣件固定在立杆上，另一端应插入墙内，插入长度亦应不小于 180mm。

（4）主节点处必须设置一根横向水平杆，用直角扣件扣接且严禁拆除。

4. 脚手板的构造要求

（1）作业层脚手板应铺满、铺稳，铺实。

（2）冲压钢脚手板、木脚手板、竹串片脚手板等，应设置在三根横向水平杆上，并应符合下列规定：

1）当脚手板长度小于 2m 时，可采用两根横向水平杆支承，但应将脚手板两端与其可靠固定，严防倾翻。

2）脚手板的铺设应采用对接平铺或搭接铺设。

3）脚手板对接平铺时，接头处必须设两根横向水平杆，脚手板外伸长应取 130～150mm，两块脚手板外伸长度的和应不大于 300mm（图 4.1.8a）。

4）脚手板搭接铺设时，接头必须支在横向水平杆上，搭接长度应不小于 200mm，其伸出横向水平杆的长度应不小于 100mm（图 4.1.8b）。

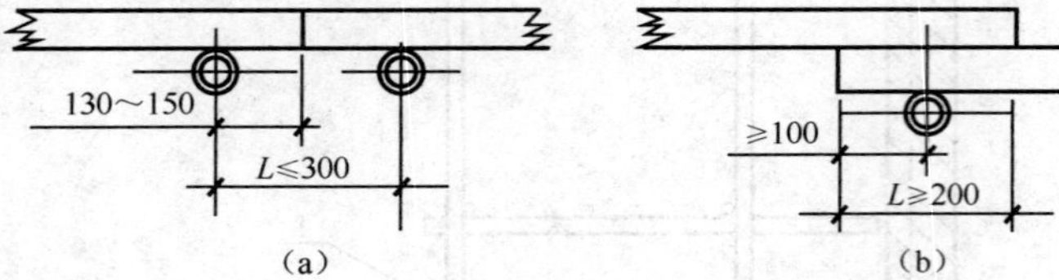

图 4.1.8　脚手板对接、搭接构造

（a）脚手板对接　（b）脚手板搭接

（3）竹笆脚手板应按其主竹筋垂直于纵向水平杆方向铺设，且采用对接平铺，四个角应用直径不小于 1.2mm 的镀锌钢丝固定在纵向水平杆上。

（4）作业层端部脚手板探头长度应取 150mm，其板的两端均应固定于支承杆件上。

5. 立杆的构造要求

（1）每根立杆底部应设置底座或垫板。

（2）脚手架必须设置纵、横向扫地杆。纵向扫地杆应采用直角扣件固定在距底座上皮不大于 200mm 处的立杆上；横向扫地杆应采用直角扣件固定在紧靠纵向扫地杆下方的立杆上。

（3）脚手架立杆基础不在同一高度上时，必须将高处的纵向扫地杆向低处延长两跨与立杆固定，高低差应不大于 1m，靠边坡上方的立杆轴线到边坡的距离应不小于 500mm（图 4.1.9）。

（4）单、双排脚手架底层步距均应不大于 2m。

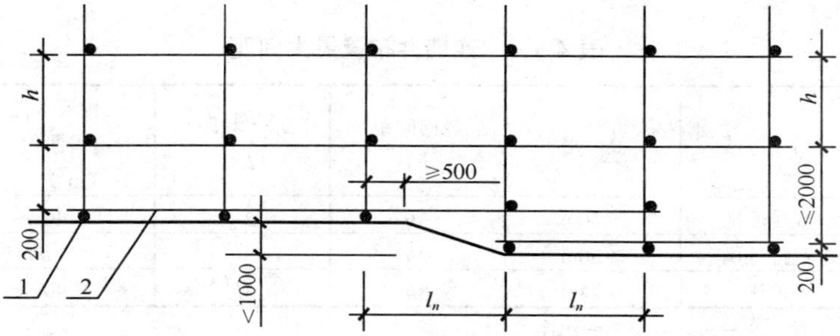

图 4.1.9 纵、横向扫地杆构造

1. 横向扫地杆 2. 纵向扫地杆

（5）单排、双排与满堂脚手架立杆接长除顶层顶步外，其余各层各步接头必须采用对接扣件连接。

（6）脚手架立杆对接、搭接应符合下列规定：

1）当立杆采用对接接长时，立杆的对接扣件应交错布置，两根相邻立杆的接头不应设置在同步内，同步内隔一根立杆的两个相隔接头在高度方向错开的距离不宜小于 500mm；各接头中心至主节点的距离不宜大于步距的 1/3。

2）立杆采用搭接接长时，搭接长度应不小于 1m，并应采用不少于 2 个旋转和扣件固定，端部扣件盖板的边缘至杆端距离应不小于 100mm。

（7）脚手架立杆顶端栏杆宜高出女儿墙上端 1m，宜高出檐口上端 1.5m。

6. 连墙件的构造要求

（1）连墙件设置的位置、数量应按专项施工方案确定。

（2）脚手架连墙件数量的设置除应满足规范的计算要求外，还应符合表表 4.1.4 的规定。

表 4.1.4 连墙件布置最大间距

搭设方法	高 度	竖向间距 (h)	水平间距 (l_a)	每根连墙件覆盖面积 (m^2)
双排落地	≤50m	$3h$	$3l_a$	≤40
双排悬挑	>50m	$2h$	$3l_a$	≤27
单排	≤24m	$3h$	$3l_a$	≤40

注：h——步距；l_a——纵距。

（3）连墙件的布置应符合下列规定：

1）连墙件应靠近主节点设置，偏离主节点的距离应不大于 300mm。

2）连墙件应从底层第一步纵向水平杆处开始设置，当该处设置有困难时，应采用其他可靠措施固定。

3）应优先采用菱形布置，或采用方形、矩形布置。

（4）开口型脚手架的两端必须设置连墙件，连墙件的垂直间距应不大于建筑物的层高，并应不大于 4m。

（5）连墙件中的连墙杆应呈水平设置，当不能水平设置时，应向脚手架一端下斜连接。

（6）连墙件必须采用可承受拉力和压力的构造，对高度 24m 以上的双排脚手架，应采用刚性连墙件与建筑物连接。

（7）当脚手架下部暂不能设连墙件时，应采取防倾覆措施。当搭设抛撑时，抛撑应采用通长杆件，并用旋转扣件固定在脚手架上，与地面的倾角应为 45°～60°，连接点中心至主节点的距离应不大于 300mm，抛撑应在连墙件搭设后方可拆除。

（8）架高超过 40m 且有风涡流作用时，应采取抗上升翻流作用的连墙措施。

7. 门洞的构造要求

（1）单、双排脚手架门洞宜采用上升斜杆、平行弦杆桁架结构，如图 4.1.10 所示，斜杆与地面的倾角α应为 45°～60°。

门洞桁架的型式宜按下列要求确定：

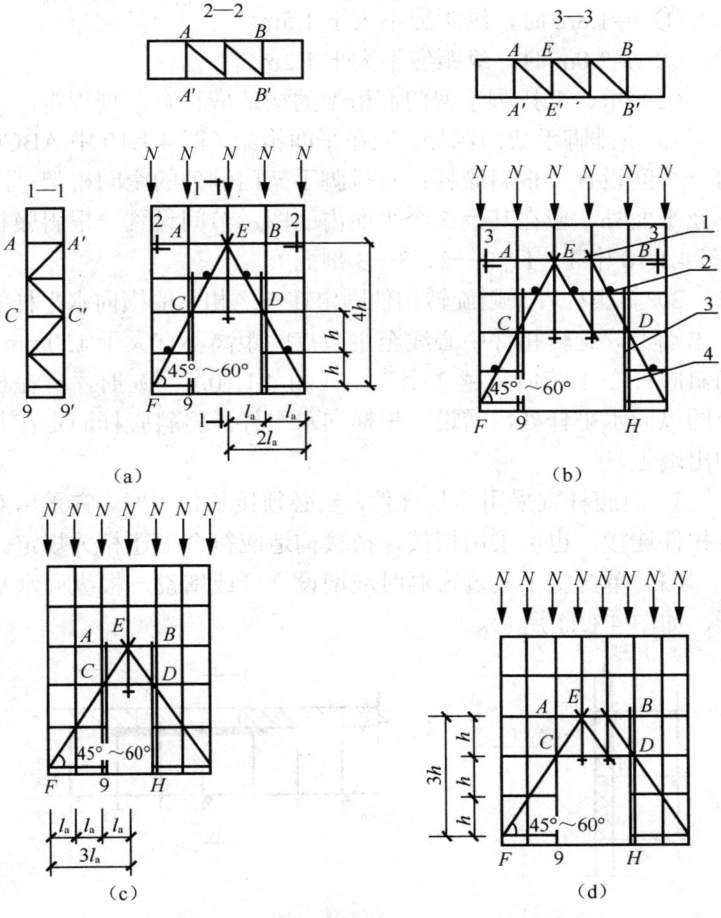

图 4.1.10 门洞处上升斜杆、平行弦杆桁架

（a）挑空一根立杆 A 型　（b）挑空二根立杆 A 型

（c）挑空一根立杆 B 型　（d）挑空二根立杆 B 型

1. 防滑扣件　2. 增设的横向水平杆　3. 副立杆　4. 主立杆

1）当步距（h）小于纵距（l_a）时，应采用 A 型。

2）当步距（h）大于纵距（l_a）时，应采用 B 型，并应符合下列规定：

① h=1.8m 时，纵距应不大于 1.5m。

② h=2.0m 时，纵距应不大于 1.2m。

（2）单、双排脚手架门洞桁架的构造应符合下列规定：

1）单排脚手架门洞处，应在平面桁架（图 4.1.10 中 ABCD 每一节间设置一根斜腹杆；双排脚手架门洞处的空间桁架，除下弦平面外，应在其余 5 个平面内的图示节间设置一根斜腹杆（图 4.1.10 中 1—1、2—2、3—3 剖面）。

2）斜腹杆宜采用旋转扣件固定在与之相交的横向水平杆的伸出端上，旋转扣件中心线至主节点的距离不宜大于 150mm。当斜腹杆在 1 跨内跨越 2 个步距（图 4.1.10A 型）时，宜在相交的纵向水平杆处，增设一根横向水平杆，将斜腹杆固定在其伸出端上。

3）斜腹杆宜采用通长杆件，当必须接长使用时，宜采用对接扣件连接，也可采用搭接，搭接构造应符合上述相关规定。

（3）单排脚手架过窗洞时应增设立杆或增设一根纵向水平杆，如图 4.1.11 所示。

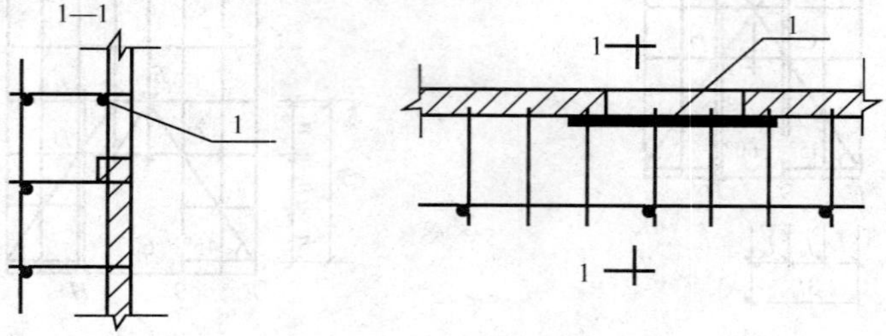

图 4.1.11　单排脚手架过窗洞构造

1. 增设的纵向水平杆

（4）门洞桁架下的两侧立杆应为双管立杆，副立杆高度应高于门洞口 1～2 步。

（5）门洞桁架中伸出上下弦杆的杆件端头，均应增设一个防滑扣件，该扣件宜紧靠主节点处。

8. 剪刀撑与横向斜撑的构造要求

（1）双排脚手架应设剪刀撑与横向斜撑，单排脚手架应设剪刀撑。

（2）单、双排脚手架剪刀撑的设置应符合下列规定：

1）每道剪刀撑跨越立杆的根数宜按表 4.1.5 的规定确定，其宽度应不小于 4 跨，且应不小于 6m，斜杆与地面的倾角宜为 45°～60°。

表 4.1.5 跨越立杆的最多根数

剪刀撑斜杆与地面的倾角 α	45°	50°	60°
剪刀撑跨越立杆的最多根数 n	7	6	5

2）剪刀撑斜杆的接长应采用搭接或对接，搭接应符合立杆对接、搭接的规定。

3）剪刀撑斜杆应用旋转扣件，固定在与之相交的横向水平杆的伸出端或立杆上，旋转扣件中心线至主节点的距离不宜大于 150mm。

（3）高度在 24m 及以上的双排脚手架，应在外侧立面连续设置剪刀撑；高度在 24m 以下的单、双排脚手架，均必须在外侧立面两端、转角及中间间隔不超过 15m 的立面上，各设置一道剪刀撑，并应由底至顶连续设置，如图 4.1.12 所示。

（4）双排脚手架横向斜撑的设置应符合下列规定：

1）横向斜撑应在同一节间，由底至顶层呈之字形连续布置，斜撑的固定应符合门洞构造要求第二条第 2 款的规定。

2）高度在 24m 以下的封闭型双排脚手架可不设横向斜撑，高度在 24m 以上的封闭型脚手架，除拐角应设置横向斜撑外，中间应每隔 6 跨设置一道横向斜撑。

（5）开口型双排脚手架的两端均必须设置横向斜撑。

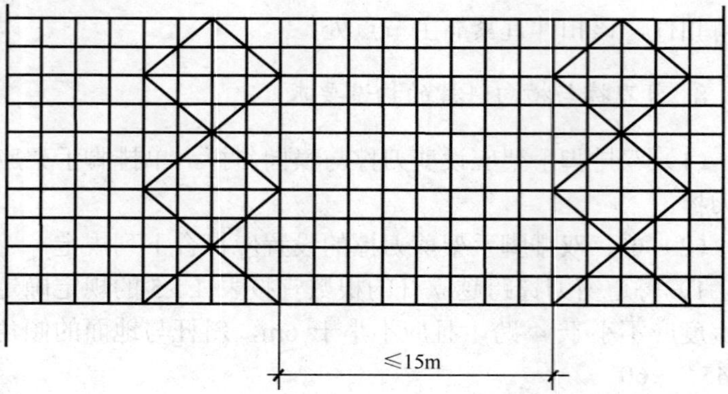

图 4.1.12 剪刀撑布置

9. 斜道的构造要求

（1）人行并兼作材料运输斜道的形式宜按下列要求确定：

1）高度不大于 6m 的脚手架，宜采用一字形斜道。

2）高度大于 6m 的脚手架，宜采用之字形斜道。

（2）斜道的构造应符合下列规定：

1）斜道应附着外脚手架或建筑物设置。

2）运料斜道宽度不宜小于 1.5m，坡度应不大于 1∶6；人行斜道宽度不宜小于 1m，坡度应不大于 1∶3。

3）拐弯处应设置平台，其宽度应不小于斜道宽度。

4）斜道两侧及平台外围均应设置栏杆及挡脚板，栏杆高度应为 1.2m，挡脚板高度应不小于 180mm。

5）运料斜道两端、平台外围和端部均应按规定设置连墙件，每两步应加设水平斜杆，应按剪刀撑和横向斜撑的规定设置剪刀撑和横向斜撑。

（3）斜道脚手板构造应符合下列规定：

1）脚手板横铺时，应在横向水平杆下增设纵向支托杆，纵向支托杆间距应不大于 500mm。

2）脚手板顺铺时，接头宜采用搭接，下面的板头应压住上面的板头，板头的凸棱外宜采用三角木填顺。

3）人行斜道和运料斜道的脚手板上应每隔 250～300mm 设置一根防滑木条，木条厚度应为 20～30mm。

10. 满堂脚手架的构造要求

（1）常用敞开式满堂脚手架结构的设计尺寸见表 4.1.6。

表 4.1.6　常用敞开式满堂脚手架结构的设计尺寸

序号	步　距（m）	立杆间距（m）	支架高宽比不大于	下列施工荷载时最大允许高度（m）	
				2（kN/m^2）	3（kN/m^2）
1	1.7～1.8	1.2×1.2	2	17	9
2		1.0×1.0	2	30	24
3		0.9×0.9	2	36	36
4	1.5	1.3×1.3	2	18	9
5		1.2×1.2	2	23	16
6		1.0×1.0	2	36	31
7		0.9×0.9	2	36	36
8	1.2	1.3×1.3	2	20	13
9		1.2×1.2	2	24	19
10		1.0×1.0	2	36	32
11		0.9×0.9	2	36	36
12	0.9	1.0×1.0	2	36	33
13		0.9×0.9	2	36	36

注：1. 最少跨数应符合《建筑施工扣件式钢管脚手架安全技术规范》（JGJ 130—2011）附录 C 表 C1 的规定。

2. 脚手板自重标准值取 0.35 kN/m^2。

3. 场面粗糙度为 B 类，基本风压 ω=0.35kN/m^2。

4. 立杆间距不小于 1.2m×1.2m，施工荷载标准值不小于 3kN/m^2。立杆上应增设防滑扣件，防滑扣件应安装牢固，且顶紧立杆与水平杆连接的扣件。

（2）满堂脚手架搭设高度不宜超过 36m，满堂脚手架施工层不超过 1 层。

（3）满堂脚手架立杆的构造应符合本节有关立杆构造的相关规定，立杆接长接头必须采用对接扣件连接。立杆对接扣件布置及水平杆的连接应符合本节的有关规定，水平杆长度不宜小于 3 跨。

（4）满堂脚手架应在架体外侧四周及内部纵、横向每 6～8m，由底至顶设置连续竖向剪刀撑。当架体搭设高度在 8m 以下时，应在架顶部设置连续水平剪刀撑；当架体搭设高度在 8m 及以上时，应在架体底部及竖向间隔不超过 8m 分别设置连续水平剪刀撑。水平剪刀撑宜在竖向剪刀撑斜相交平面设置，剪刀撑宽度应为 6～8m。

（5）剪刀撑应用旋转扣件固定在与之相交的水平杆或立杆上，旋转扣件中心线至主节点的距离不宜大于 150mm。

（6）满堂脚手架的高宽比不宜大于 3，当高宽比大于 2 时，应在架体的外侧四周和内部水平间隔 6～9m、竖向间隔 4～6m 设置连墙件与建筑结构拉结，当无法设置连墙件时，应采取设置钢丝绳张拉固定等措施。

（7）最少跨度为 2、3 跨的满堂脚手架，宜按本节的规定设置连墙件。

（8）当满堂脚手架局部承受集中荷载时，应按实际荷载计算并应局部加固。

（9）满堂脚手架应设爬梯，爬梯踏步间距不得大于 300mm。

（10）满堂脚手架操作层支撑脚手板的水平杆间距应不大于 1/2 跨距，脚手板的铺设应符合本节有关脚手板的有关规定。

11. 满堂支撑架

（1）满堂支撑架步距与立杆间距不宜超过《建筑施工扣件式钢管脚手架安全技术规范》（JGJ 130—2011）附录 C 表 C-2～表 C-5 规定的上限值，立杆伸出顶层水平杆中心线至支撑点的长度 a 不应超过 0.5m，满堂支撑架搭设高度不宜超过 30m。

（2）满堂支撑架立杆、水平杆的构造要求应符合本节相关规定。

（3）满堂支撑架应根据架体的类型设置剪刀撑，并应符合以下规定。

1）普通型。

① 在架体外侧周边及内部纵、横向每 5～8m，应由底至顶设置连续竖向剪刀撑，剪刀撑宽度应为 5～8m（图 4.1.13）。

② 在竖向剪刀撑顶部交点平面应设置连续水平剪刀撑。当支撑高度超过 8 m，或施工总荷载大于 15kN/m^2，或集中线荷载大于 20kN/m 时，支撑架扫地杆的设置层应设置水平剪刀撑，水平剪刀撑至架体底平面距离与水平剪刀撑间距不宜超过 8m（图 4.1.13）。

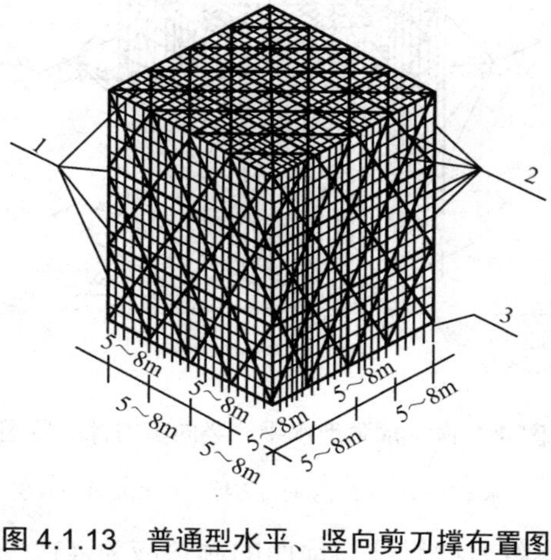

图 4.1.13 普通型水平、竖向剪刀撑布置图

1. 水平剪刀撑 2. 竖向剪刀撑 3. 扫地杆设置层

2）加强型。

① 当立杆纵、横间距为 0.9m×0.9m～1.2m×1.2m 时，在架体外侧周边及内部纵、横向每 4 跨（且不大于 5m），应由底至顶设置连续竖向剪刀撑，剪刀撑宽度应为 4 跨。

② 当立杆纵、横间距为 0.6m×0.6m～0.9m×0.9m（含 0.6m×0.6m，0.9m×0.9m）时，在架体外侧周边及内部纵、横向每 5 跨（且不小于 3m），应由底至顶设置连续竖向剪刀撑，剪刀撑宽度应为 5 跨。

③ 当立杆纵、横间距为 0.4m×0.4m～0.6m×0.6m（含 0.4m×0.4m）时，在架体外侧周边及内部纵、横向每 3～3.2m，应由底至顶设置连续竖向剪刀撑，剪刀撑宽度应为 3～3.2m。

④ 在竖向剪刀撑顶部交点平面应设置水平剪刀撑，扫地杆的设置层水平剪刀撑的设置，应符合本节的有关规定，水平剪刀撑至架体底平面距离与水平剪刀撑间距不宜超过 6m，剪刀撑宽度应为 3～5m（图 4.1.14）。

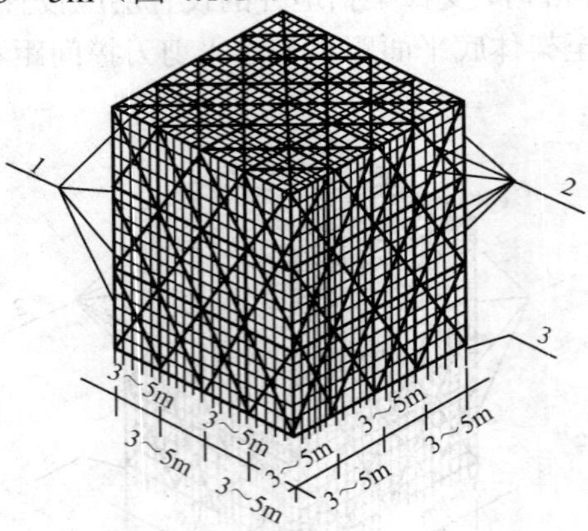

图 4.1.14 加强型水平、竖向剪刀撑布置图

1. 水平剪刀撑 2. 竖向剪刀撑 3. 扫地杆设置层

（4）竖向剪刀撑斜杆与地面的倾角应为 45°～60°，水平剪刀撑与支架纵（或横）向夹角应为 45°～60°，剪刀撑斜杆的接长应符合本节的有关规定。

（5）剪刀撑的固定应符合本节有关剪刀撑规定。

（6）满堂支撑架的可调底座、可调托撑螺杆伸出长度不宜超过 300mm，插入立杆内的长度不得小于 150mm。

（7）当满堂支撑架高宽比不满足《建筑施工扣件式钢管脚手架安全技术规范》（JGJ 130—2011）附录 C 表 C-2～表 C-5 的规定（高宽比大于 2 或 2.5）时，满堂支撑架应在支架四周和中部与结构柱进行刚性连接，连墙件水平间距应为 6～9m，竖向间距应为 2～3m。在无结构柱部位应采取预埋钢管等措施与建筑结构进行刚性连接，在有空间部位满堂支撑架，宜超出顶部加载区投影范围向外延伸布置 2～3 跨，支撑架高宽比应不大于 3。

12. 型钢悬挑脚手架

（1）型钢悬挑脚手架一次悬挑脚手架高度不宜超过 20m。

（2）型钢悬挑梁宜采用双轴对称截面的型钢。悬挑钢梁型号及锚固件应按设计确定，钢梁截面高度应不小于 160mm。悬挑梁尾端应在两处及以上固定于钢筋混凝土梁板结构上，锚固型钢悬挑梁的 U 形钢筋拉环或锚固螺栓直径不宜小于 16mm（图 4.1.15）。

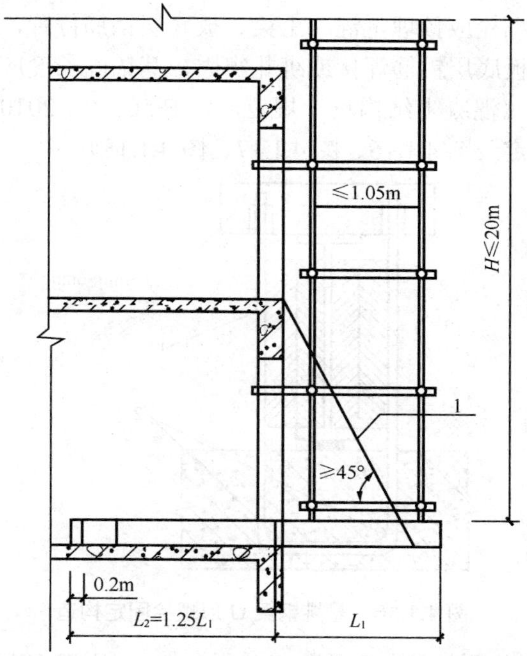

图 4.1.15 型钢悬挑脚手架构造

1. 钢丝绳或钢拉杆

（3）用于锚固的 U 形钢筋拉环或螺栓应采用冷弯成型，U 形钢筋拉环、锚固螺栓与型钢间隙应用钢楔或硬木楔楔紧。

（4）每个型钢悬挑梁外端宜设置钢丝绳或钢拉杆与上一层建筑结构斜拉结。钢丝绳、钢拉杆不参与悬挑钢梁受力计算；钢丝绳与建筑结构拉结的吊环应使用 HPB235 级钢筋，其直径不宜小于 20mm，吊环预埋锚固长度应符合现行国家标准《混凝土结构设计规范》（GB 50010—2010）中钢筋锚固的规定（图 4.1.15）。

（5）悬挑梁悬挑长度按设计确定，固定段长度应不小于悬挑段长度的 1.25 倍。型钢悬挑梁固定端应采用 2 个（对）及以上 U 形钢筋拉环或锚固螺栓与建筑结构梁板固定，U 形钢筋拉环或锚固螺栓应预埋至混凝土梁、板底层钢筋位置，并应与混凝土梁、板底层钢筋焊接或绑扎牢固，其锚固长度应符合现行国家标准《混凝土结构设计规范》（GB 50010—2010）中钢筋锚固的规定（图 4.1.16、图 4.1.17、图 4.1.18）。

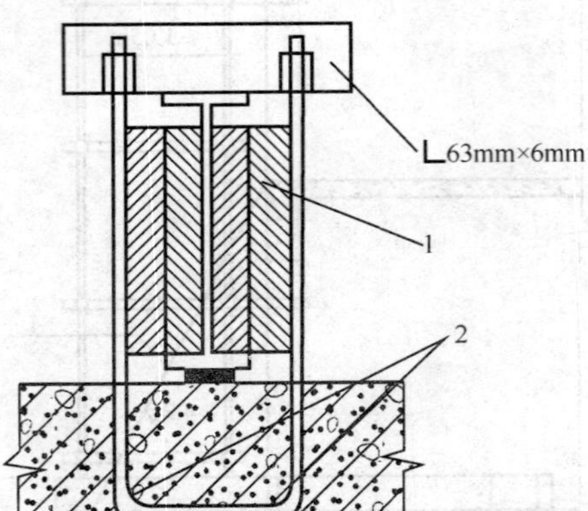

图 4.1.16　悬挑钢梁 U 形螺栓固定构造

1. 木楔侧向楔紧　2. 两根 1.5m 长直径 18mm 的 HRB235 钢筋

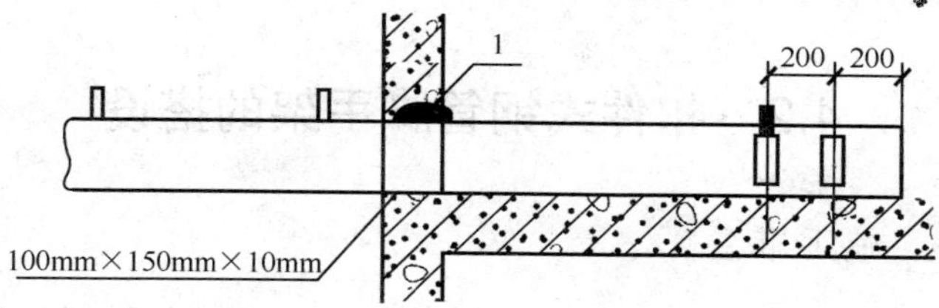

图 4.1.17　悬挑钢梁穿墙构造

1. 木楔楔紧

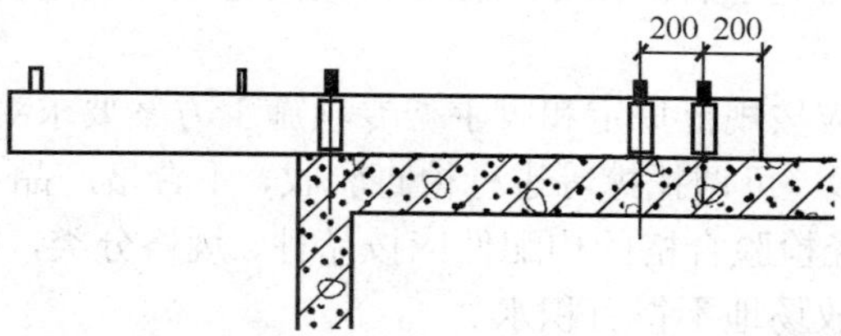

图 4.1.18　悬挑钢梁楼面构造

（6）当型钢悬挑梁与建筑结构采用螺栓钢压板连接固定时，钢压板尺寸应不小于 100mm×10mm（宽×厚）；当采用螺栓角钢压板连接时，角钢规格应不小于 63mm×63mm×6mm。

（7）型钢悬挑梁悬挑端应设置能使脚手架立杆与钢梁可靠固定的定位点，定位点离悬挑梁端部应不小于 100mm。

（8）锚固位置设置在楼板上时，楼板的厚度不宜小于 120mm，如果楼板的厚度小于 120mm 应采取加固措施。

（9）悬挑梁间距应按悬挑架架体立杆纵距设置，每一纵距设置一根。

（10）悬挑架的外立面剪刀撑应自下而上连续设置，设置应符合本节剪刀撑的规定，横向斜撑设置应符合本节有关横向斜撑设置的规定。

（11）连墙件设置应符合本节有关连墙件设置的相关规定。

（12）锚固型钢的主体结构混凝土强度等级不得低于 C20。

4.2 扣件式钢管脚手架的搭设

4.2.1 施工准备

（1）脚手架搭设前，应按相关规定编制施工方案，施工单位分管负责人审批签字，项目分管负责人组织有关部门验收，经验收合格签字后，按专项施工方案向施工人员进行交底后方可作业。

（2）应按规范规定和脚手架专项施工方案要求对钢管、扣件、脚手板、可调托撑等进行检查验收，不合格产品不得使用。

（3）经检验合格的构配件应按品种、规格分类，堆放整齐、平稳，堆放场地不得有积水。

（4）应清除搭设场地杂物，平整搭设场地，并使排水畅通。

4.2.2 脚手架搭设的一般要求

（1）单、双排脚手架必须配合施工进度搭设，一次搭设高度不应超过相邻连墙件以上两步；如果超过相邻连墙件以上两步，无法设置连墙件时，应采取撑拉固定措施与建筑结构拉结。

（2）脚手架的基础应坚实、平整，这是保证脚手架不倒塌的重要条件。

（3）按形成基本构架单元的要求逐排、逐跨和逐步地进行搭设，矩形周边脚手架宜从其中的一个角部向两个方向延伸搭设一个1～2根杆长和一根杆高的架子，并按规定要求设置剪刀撑或横向斜撑，以形成一个稳定的起步架子，如图4.2.1所示。然后由起步架子向一侧延伸，至全周边都搭好后，再分步满周边向上搭设。

（4）作业层脚手架的脚手板应铺设严密，下部应用安全平网兜底，脚手架外侧应采用密目式安全网做全封闭，不得留有空隙，密目式安全网应可靠固定在架体上。作业层脚手板与建筑物之间的空隙大于 15cm 时应作全封闭，防止人员和物料坠落。

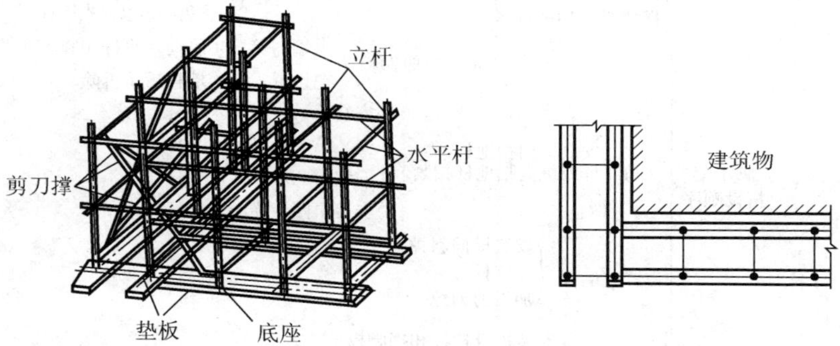

图 4.2.1　脚手架搭设的起步架子

（5）作业人员上下应有专用通道，不得攀爬架体。

（6）搭设脚手架时，要按规定的间隙设置连墙件。连墙件不仅可以防止因风荷载的作用而使架体产生向内或向外的倾翻事故，而且还可以减少立柱的计算高度，达到提高承载能力，保证架体的整体稳定性的目的。

4.2.3　脚手架搭设

1. 脚手架搭设顺序

落地式脚手架是由下至上逐步搭设的，各种杆件的搭设顺序如图 4.2.2 所示。

2. 基础构造

落地式脚手架的基础应坚实、平整，这是保证脚手架不倒塌的重要条件。木脚手架一般是将立杆直接埋于土体中，钢管脚手架则不直接埋于土中，而是在平整夯实的地表面，垫以厚度不小于 50mm 的垫木通板，其上再设底座，立杆立于底座上。不论哪种做法，都应该根据地基的允许承载力对脚手架基础进

- 脚手架搭设顺序
  - 摆放纵向扫地杆
    - 逐根树立杆（随即与纵向扫地杆扣紧）
      - 安装第一步纵向水平杆
      - 安装第二步纵向水平杆
      - 安装第三步纵向水平杆
      - 安装第四步纵向水平杆
    - 加设临时抛撑
      - 上端与第二步纵向水平杆扣紧
      - 在设置二道连墙杆后可拆除
  - 安放横向扫地杆（与立杆或纵向扫地杆扣紧）
    - 安装第一步横向水平杆
    - 安装第二步横向水平杆
    - 安装第三步横向水平杆
    - 安装第四步横向水平杆
  - 设置连墙件
    - 安装横向斜撑
    - 接立杆
    - 加设剪刀撑
  - 铺脚手板
    - 安装护身栏杆和挡脚板
    - 立挂安全网

图 4.2.2　脚手架搭设顺序

行具体设计。扣件式钢管脚手架基础，根据搭设的高度不同，有一般做法和特殊做法。

（1）一般做法。脚手架高度在 20m 以下时，原土夯实，铺通板垫木（宜采用长不少于 2 跨，宽大于 200mm，厚 50mm 的木板），平行于墙面放置，脚手架立杆底座立于长条木板上。这种做法不仅可以加大基础的受力面积，而且由于垫板的长度大于立杆的跨度，可以起到调节邻跨不均匀沉降作用。

（2）特殊做法。脚手架高度超过 20m 时，若地基为回填土，除应分层夯实达到所要求的密实度外，还应采用枕木支垫；或在地基上加铺 200mm 厚的道砟，而后在其上铺设混凝土预制板，再沿纵向仰铺 12～16 号槽钢，最后将脚手架立杆坐于槽钢上。立杆垫板或底座底面标高宜高于自然地坪 50～100mm。

脚手架基础经验收合格后，应按施工组织设计或专项施工方案的要求放线定位。

3. 扣件式钢管脚手架的搭设技术

落地式脚手架在搭设使用中，可分为单排和双排两种。双排脚手架有里、外两排立杆；而单排脚手架仅有外排立杆，其小横杆的一端与大横杆相连，另一端搁置在结构墙上。单排脚手架比双排脚手架节约材料，但由于其稳定性较差，而且还要在墙上留置脚手眼，故其搭设高度和使用范围受到一定限制。

（1）放线和铺垫板。脚手架应按施工方案规定的杆距、排距要求放线定位，作为铺设垫板或安放底座的依据。脚手架搭设范围内的地基要平整夯实，做好排水处理。如地基土质良好，立杆插入底座，在底座下垫厚度不小于50mm的长条木板；如土质不好，则须加固地基。

铺设垫板或安放底座时，位置必须正确，铺设平稳，不得有悬空、歪斜现象。

（2）摆放扫地杆、树立杆。

1）根据脚手架的宽度摆放纵向扫地杆，然后将各立杆底部按规定跨距与纵向扫地杆用直角扣件固定。立杆应设置底座或垫板，并随即安装好横向扫地杆。纵向扫地杆应采用直角扣件固定在距底座上皮不大于200mm处的立杆上，横向扫地杆应采用直角扣件固定在紧靠纵向扫地杆下方的立杆上，如图4.2.3所示。

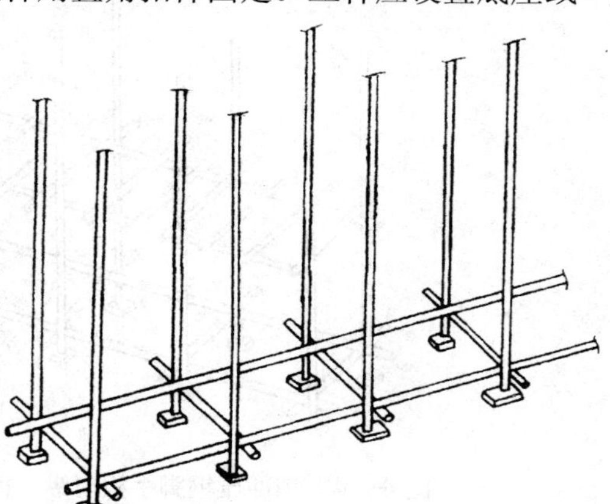

图 4.2.3 摆放扫地杆、树立杆

2）树立杆时，应先树里排立杆，后树

外排立杆；先树两端立杆，后树中间各立杆。

3）当脚手架立杆基础不在同一高度上时，必须将高处的纵向扫地杆向低处延长两跨与立杆固定，高低差应不大于 1m，靠边坡上方的立杆轴线到边坡的距离应不小于 500mm。

4）单、双排脚手架底层步距均应不大于 2m。

5）在竖立第一步架时，必须有一人负责校正立杆的垂直度和大横杆的水平度，符合要求后按规定的间距绑上临时抛撑。

（3）安装纵向水平杆和横向水平杆。在树立杆的同时，要及时搭设第一、第二步纵向水平杆和横向水平杆，以及临时抛撑或连墙杆，以防架子倾倒，具体有以下几方面的要求。

1）为减少立杆的偏心受压，纵向水平杆应设置在立杆的内侧，单根杆长度应不小于 3 跨，用直角扣件与立杆固定，再安装横向水平杆，作业层上非主节点处的横向水平杆，宜根据支承脚手板的需要等间距设置，最大间距应不大于纵距的 1/2，如图 4.2.4 所示。这样可以使里、外立杆的变形相互抵消，从而提高脚手架的刚度和整体稳定性。

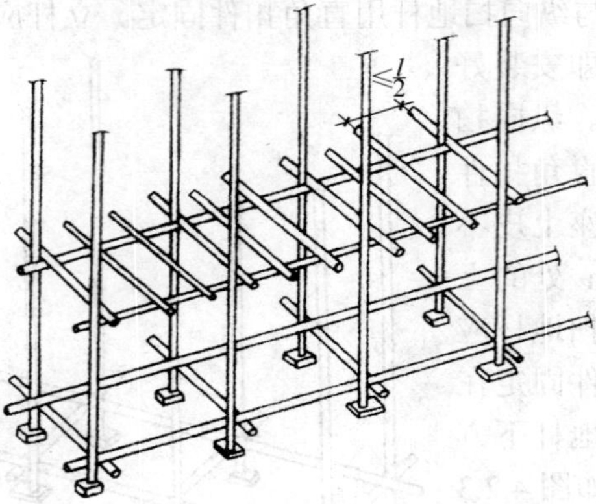

图 4.2.4　铺冲压钢脚手板时纵、横向水平杆安装

2）结构脚手架纵向水平杆上下间距不得大于 1.2m，横向水平杆间距不得大于 1m。装修脚手架的大横杆间距不得大于 1.8m，横向水平杆间距不得大于 1.5m。不铺板时，横向水平杆不得大于 3m。

3）纵向水平杆的接头应采用对接接头，相邻两根纵向水平杆的接头应错开，相临纵向水平杆对接接头不宜设置在同步或同跨内。不同步或不同跨两个相邻接头在水平方向错开的距离应不小于 500mm；各接头中心至最近主节点的距离应不大于纵距的 1/3，如图 4.2.5 所示，并避开跨中弯矩最大处。为了增加脚手架的整体稳定性，要求架体大横杆要交圈，如图 4.2.6 所示。

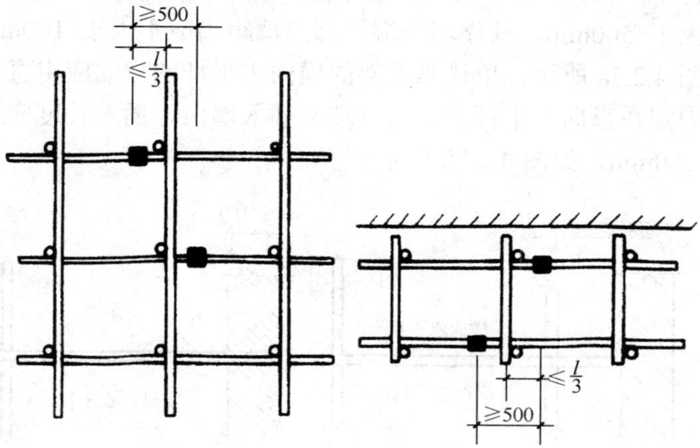

图 4.2.5 纵向水平杆接头布置

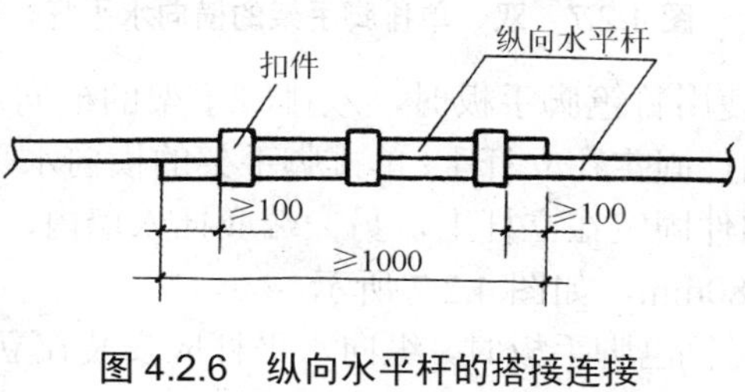

图 4.2.6 纵向水平杆的搭接连接

4）纵向水平杆的接头搭接长度应不小于 1m，应等间距设置 3 个旋转扣件固定，端部扣件盖板边缘至搭接纵向水平杆杆端的距离应不小于 100mm，如图 4.2.6 所示。

5）当使用冲压钢脚手板、木脚手板、竹串片脚手板时，纵向水平杆作为横向水平杆的支座，用直角扣件固定在立杆上；当使用竹笆脚手板时，纵向水平杆采用直角扣件固定在横向水平杆上，并等间距设置，间距不大于 400mm，如图 4.1.7 所示。

6）当使用冲压钢脚手板、木脚手板、竹串片脚手板时，双排脚手架的横向水平杆两端，均应采用直角扣件固定在纵向水平杆上，横向水平杆靠墙一端的外伸长度应不大于 $0.25l$，且不大于 500mm，其靠墙一端端部离墙距离应不大于 100mm，如图 4.2.7a 所示；单排脚手架的横向水平杆的一端应用直角扣件固定在纵向水平杆上，另一端应插入墙内，插入长度应不小于 180mm，如图 4.2.7b 所示。

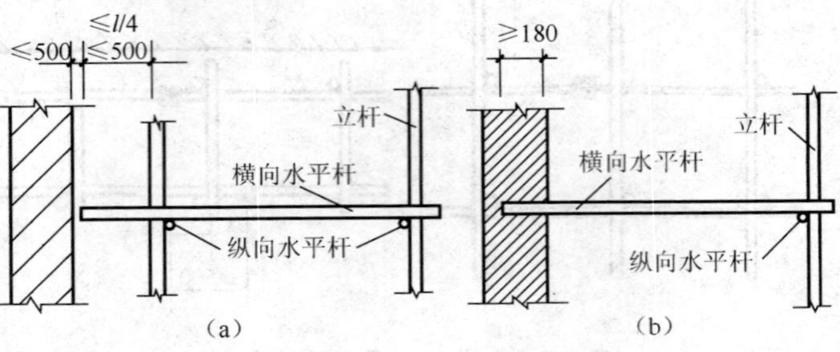

图 4.2.7　双、单排脚手架的横向水平杆

7）当使用竹笆脚手板时，双排脚手架的横向水平杆两端，应用直角扣件固定在立杆上；单排脚手架的横向水平杆的一端，应用直角扣件固定在立杆上，另一端应插入墙内，插入长度亦应不小于 180mm，如图 4.2.7 所示。

8）使用竹笆脚手板时，纵向水平杆应安装在立杆内侧，并用直角扣件固定在横向水平杆上，如图 4.2.8 所示。

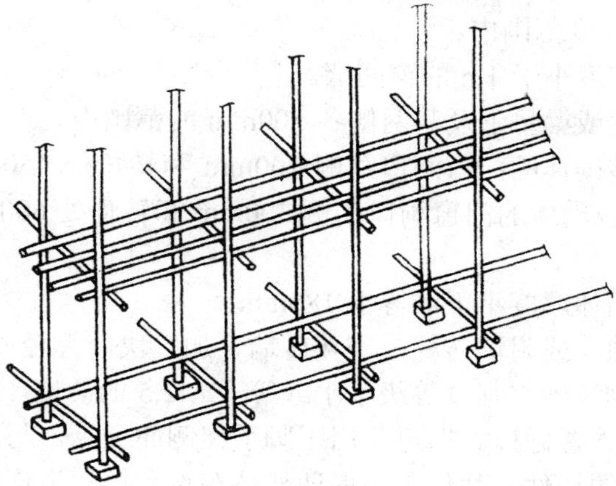

图 4.2.8 铺竹笆脚手板时纵、横向水平杆安装

9）作业层上非主节点处的纵向水平杆，应根据铺放脚手板的需要等间距设置，并用直角扣件固定在横向水平杆上，其间距应不大于400mm，如图4.2.9所示。

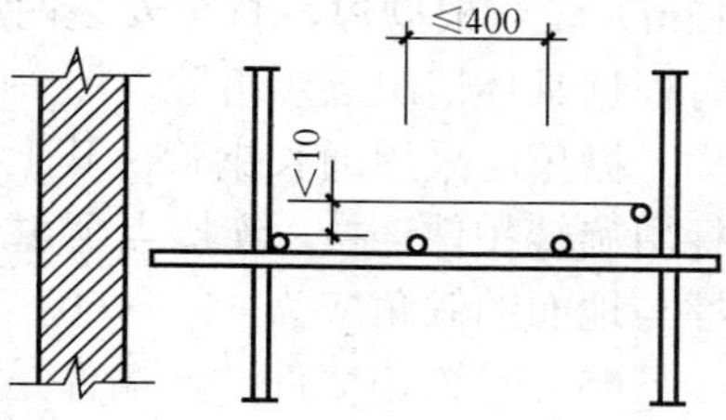

图 4.2.9 纵向水平杆的间距、允许高差

10）每根纵向水平杆的钢管长度至少跨越3跨（4.5～6m），安装后其两端的允许高差不得超过 20mm，同一跨内里、外两根纵向水平杆的允许高差应小于 10mm，如图 4.2.9 所示。

11）扣件式钢管脚手架的主节点处必须设置横向水平杆，在脚手架使用期间严禁拆除。横向水平杆不仅承受脚手板传来的荷载，同时还由于将里外立杆连接，提高了脚手架的整体性和稳定性的作用。横向水平杆必须设在立杆与纵向水平杆的交点处，紧靠主节点且严禁拆除。

12）单排脚手架的横向水平杆不应设置在下列部位：

① 设计上不允许留脚手眼的部位。

② 过梁上与过梁两端成 60°的三角形范围内及过梁净跨

度 1/2 的高度范围内。

③ 宽度小于 1m 的窗间墙。

④ 梁或梁垫下及其两侧各 500mm 的范围内。

⑤ 砖砌体的门窗洞口两侧 200mm 和转角处 450mm 的范围内，其他砌体的门窗洞口两侧 300mm 和转角处 600mm 的范围内。

⑥ 墙体厚度小于或等于 180mm。

⑦ 独立或附墙砖柱，空斗砖墙、加气块墙等轻质墙体。

⑧ 砌筑砂浆强度等级小于或等于 M2.5 的砖墙。

（4）设置抛撑。抛撑是用于脚手架侧面支撑，与脚手架外侧面斜交的杆件，其作用是保证架体在设置第一道连墙杆之前的稳定。在设置第一道连墙杆之前，除角部外，每隔 6 跨（10～12m）设一根抛撑，直至安装两道连墙杆之后，架体稳定后方可根据具体情况逐步拆除。

抛撑应采用通长钢管，其上端与脚手架中第二步纵向水平杆用旋转扣件连接，连接点至主节点的距离不大于 300mm。抛撑与地面的倾角应为 45°～60°。

（5）设置连墙件。连墙件是将脚手架架体与建筑物主体构件连接，能够传递拉力和压力的构件，是保证架体稳定安全工作的重要措施。当架体搭设至有连墙件的主节点时，在搭设完该处的立杆、纵向水平杆、横向水平杆后，应立即设置连墙件。

1）连墙件的分类、做法与要求。根据工程的需要连墙件有刚性连墙件和柔性连墙件两类。对高度 24m 以上的双排脚手架，应采用刚性连墙件与建筑物连接。对高度 24m 以下的脚手架，宜用刚性连墙件，亦可用拉筋加顶撑，严禁使用仅有拉筋的柔性连墙件，设置连墙件的做法与具体要求见表 4.2.1。

2）连墙件设置有关规定。连墙件的安装应随脚手架搭设同步进行，不得滞后安装。当单、双排脚手架施工操作层高出相邻连墙件以上两步时，应采取确保脚手架稳定的临时拉结措施，直到上一层连墙件安装完毕后再根据情况拆除。

表 4.2.1 设置连墙件的做法与具体要求

<table>
<tr><th>类别</th><th>具体做法与要求</th></tr>
<tr><td rowspan="3">刚性连墙件</td><td>刚性连墙件（杆）一般有三种做法：
（1）连墙杆与预埋件焊接而成。在现浇混凝土的框架梁、柱上留预埋件，然后用钢管或角钢的一端与预埋件焊接，如图 4.2.10 所示，另一端用螺栓与短钢管连接。
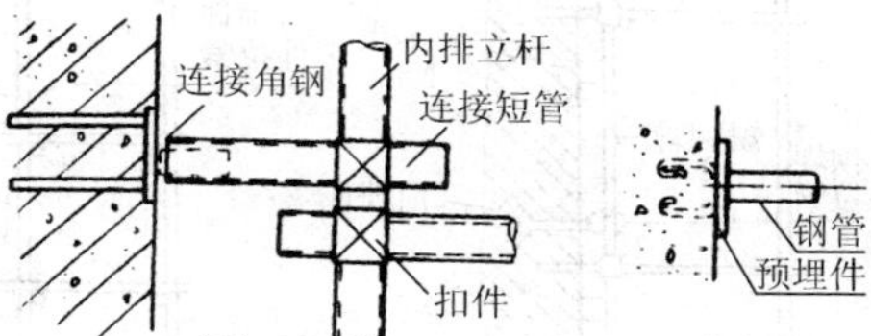

（a）　（b）
图 4.2.10 钢管焊接刚性连墙体</td></tr>
<tr><td>（2）用短钢管、扣件与钢筋混凝土柱连接，如图 4.2.11 所示。
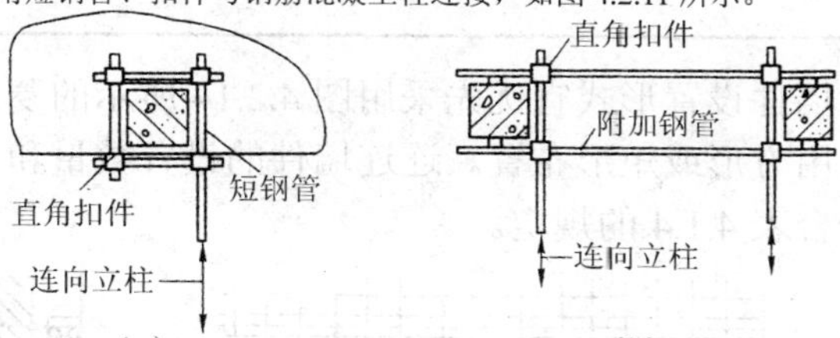

（a）　（b）
图 4.2.11 钢管扣件柱刚性连墙杆</td></tr>
<tr><td>（3）用短钢管、扣件与墙体连接，如图 4.2.12 所示。
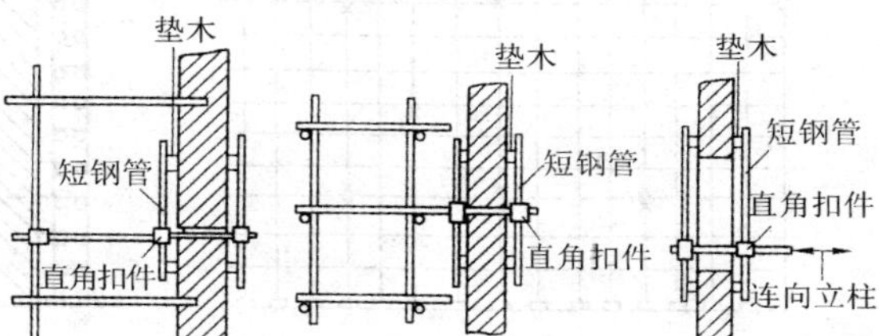

（a）　（b）　（c）
图 4.2.12 钢管扣件墙刚性连墙杆</td></tr>
</table>

续表 4.2.1

类别	具体做法与要求
柔性连墙体	单排脚手架的柔性连墙件做法如图 4.2.13a 所示，双排脚手架的柔性连墙件做法如图 4.2.13b 所示。拉筋和顶撑必须配合使用，其中拉筋用直径 6mm 的钢筋或直径 4mm 的铁丝来承受拉力；顶撑用钢管和木楔来承受压力。 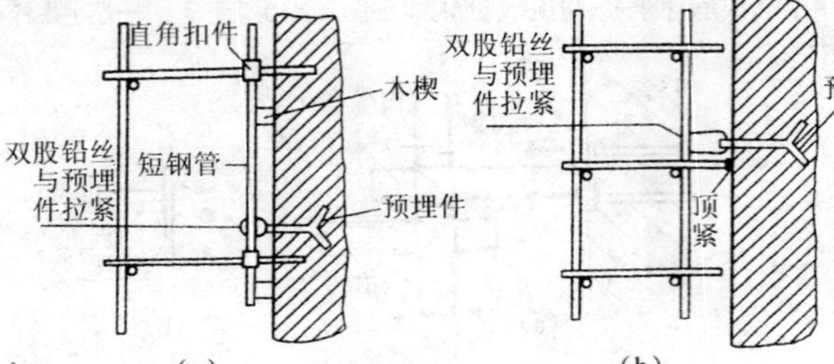 图 4.2.13　柔性加顶撑连墙杆

连墙件设置形式宜优先采用图 4.2.14 所示的菱形布置，也可以采用方形或矩形布置。连连墙件的设置数量和布置最大间距应符合表 4.1.4 的规定。

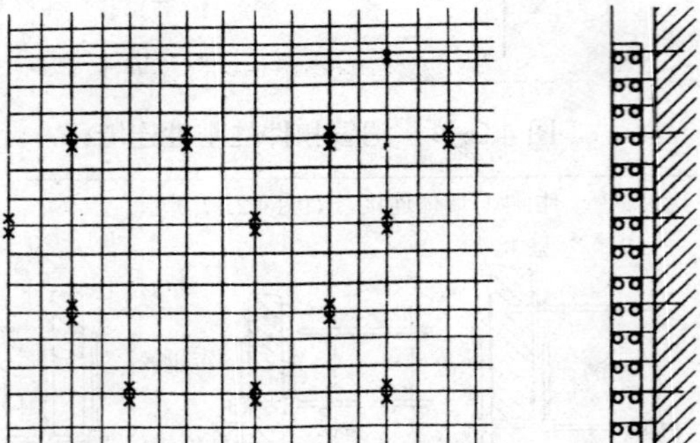

图 4.2.14　连墙件布置

在建筑物的每一层范围内均需设置一排连墙件，连墙件应从第一步纵向水平杆处开始设置，当该处因故不能设置连墙件时，应采取其他可靠的加固措施。连墙件设置位置宜靠近主节点，偏离主节点的距离应不大于 300mm。

连墙件中的连墙杆或拉筋与墙体宜水平设置，不能水平设置时，与立杆连接的一端应下斜连接，不得采用上斜连接，如图 4.2.15 所示。

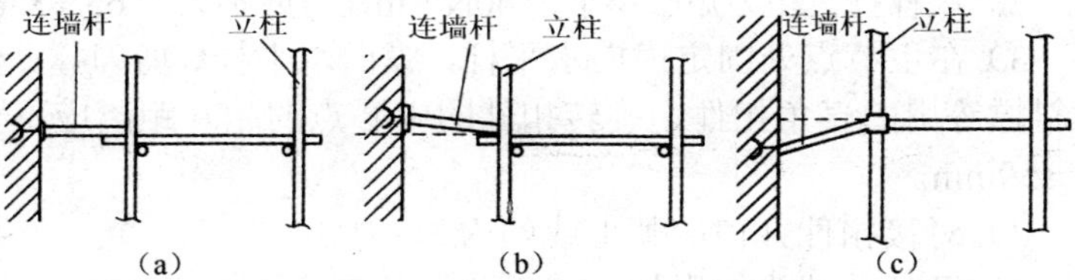

图 4.2.15 连墙杆的设置

(a) 连墙杆水平连接 (b) 连墙杆下斜连接 (c) 连墙杆上斜连接

连墙件的设置还应符合 4.1.3 扣件式钢管脚手架的构造要求中连墙件的其他规定。

(6) 设置横向斜撑。横向斜撑是与双排脚手架内、外立杆或水平杆斜交呈之字形的斜杆，是保证脚手架横向不变形，提高架体稳定性和承载力的重要构造措施。其具体做法与要求见表 4.2.2。

表 4.2.2 设置横向斜撑的做法与要求

序号	具体做法与要求
1	横向斜撑应随立杆、纵向水平杆、横向水平杆等同步搭设
2	横向斜撑应在同一节间内由底到顶呈之字形连续布置
3	一字形、开口形双排脚手架的两端均必须设置横向斜撑
4	高度在 24m 以上的封圈型双排脚手架，在拐角处应设置横向斜撑，在中间应每隔 6 跨设置一道
5	高度在 24m 以下的封圈型双排脚手架可以不设横向斜撑
6	斜撑杆宜采用旋转扣件固定在与之相交的横向水平杆的伸出端（扣件中心线与主节点的距离不宜大于 150mm），底层斜杆的下端必须支承在垫块或垫板上

（7）扣件安装。扣件是连接脚手架各杆件形成牢固架体的重要配件，扣件的安装应随脚手架搭设同步进行，不得滞后安装。扣件安装应根据连接部位的不同采用规定的扣件（直角扣件、旋转扣件与对接扣件），时应符合下列规定：

1）扣件规格必须与钢管外径相同。

2）螺栓拧紧扭力矩应不小于 40N·m，且应不大于 65N·m。

3）在主节点处固定横向水平杆、纵向水平杆、剪刀撑、横向斜撑等用的直角扣件、旋转扣件的中心点的相互距离应不大于 150mm。

4）对接扣件开口应朝上或朝内。

5）各杆件端头伸出扣件盖板边缘长度应不小于 100mm。

（8）接立杆。脚手架完成第一步架的上述全部工作，经初步检查确认符合相关要求后，将立杆向上接长，使架体向上继续搭设。接立杆时应符合下列规定：

1）单排、双排与满堂脚手架立杆接长除顶层顶步外，其余各层各步接头必须采用对接扣件连接。

2）当立杆采用对接接长时，立杆的对接扣件应交错布置，两根相邻立杆的接头不应设置在同步内，且接头的高差不小于 500mm，各接头中心至主节点的距离不宜大于步距的 1/3，如图 4.2.16a 所示，同步内隔一根立杆的两个相隔接头在高度方向错开的距离不宜小于 500mm，如图 4.2.16b 所示。

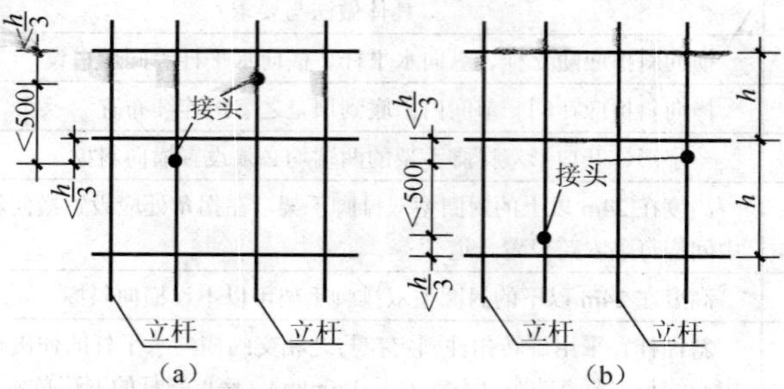

图 4.2.16　立杆对接接头

3）当立杆采用搭接接长时，搭接长度应不小于 1m，并应采用不少于 2 个旋转和扣件固定，端部扣件盖板的边缘至杆端距离应不小于 100mm。

4）为了控制架体的垂直度，必须对立杆的垂直度进行随机检测，可以用经纬仪或吊线与卷尺检测，立杆的垂直度用控制杆顶的水平偏差来保证，脚手架的搭设过程中，立杆允许水平偏差需符合表 4.2.3 的规定。

表 4.2.3　脚手架搭设中立杆的允许水平偏差 Δ

（单位：mm）

脚手架搭设中检查偏差的高度 H_1（m）	脚手架高度（H）			
	50m	40m	20m	
2	±7	±7	±7	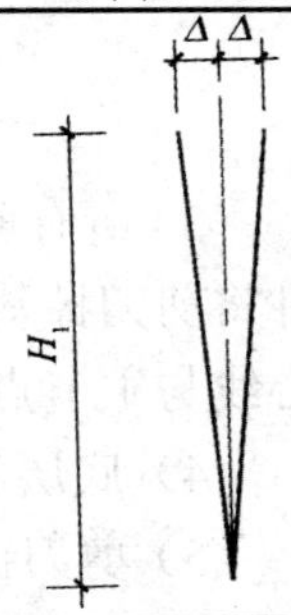
10	±20	±25	±50	
20	±40	±50	±100	
30	±60	±75		
40	±80	±100		
50	±100			

（9）设置剪刀撑。脚手架设置剪刀撑可以增强架体的整体刚度和稳定性，提高脚手架的承载力和安全度，无论双排脚手架还是单排脚手架，均应按规定设置剪刀撑。

1）剪刀撑应随立杆、纵向水平杆、横向水平杆的搭设同步搭设。架高 24m 以下的单、双排脚手架必须在外侧立面的两端、转角及中间的立面上各设置一道从底到顶连续的剪刀撑，两道剪刀撑之间的距离应不大于 15m，如图 4.2.17a 所示。

2）凡高度在 24m 以上的外脚手架，应沿脚手架连续设置剪刀撑，每道剪刀撑的跨越宽度不得少于 4 跨，且宽度不小于 6m，但不得超过 7 根立杆，如图 4.2.17b 所示。斜杆与地面的夹角应为 45°～60°，并符合表 4.1.5 的规定。

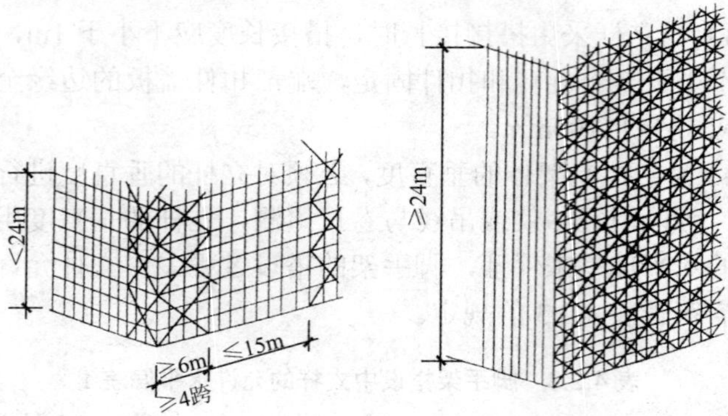

图 4.2.17 剪刀撑的设置

3）所有剪刀撑均应布置在脚手架外立杆的外侧，用旋转扣件将剪刀撑斜杆的两端固结在立杆或纵向水平杆上，且扣件中心线与主节点的距离不宜大于 150mm。

4）底层斜杆的下端必须支承在垫块或垫板上。

5）剪刀撑的接长宜用搭接，其搭接长度应不小于 1m，至少用两个旋转扣件固定，端部扣件盖板边缘至杆端的距离不小于 100mm。

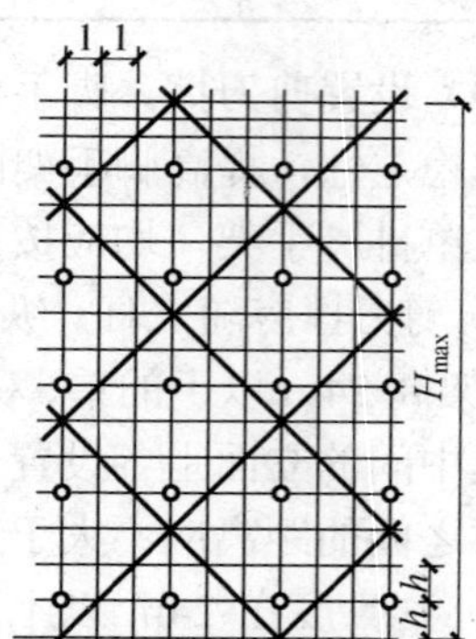

图 4.2.18 高层脚手架外侧满设剪刀撑

高层脚手架外侧满设剪刀撑如图 4.2.18 所示，也可采用如图 4.2.19 的布置形式，按中心距 12～15m（或 7～9 根立杆）增设一道剪刀撑，高度 35m 以上的高层双排脚手架，还要在两道剪刀撑之间，从 10～15m 高处开始每隔 10～15m 高就要加设一组纵向连续布置的长剪刀撑，以增加脚手架的整体刚度。

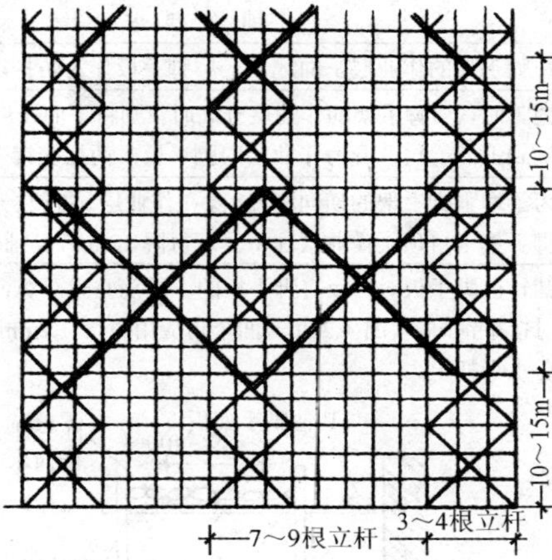

图 4.2.19 高层脚手架的剪刀撑布置

脚手架门洞搭设应符合第 4.2 节有关门洞的构造规定。

（10）铺脚手板。脚手板分为作业层上的脚手板和防护层上的脚手板，其都铺设在横向水平杆上，形成工作平台，为施工提供操作条件，保护施工人员的安全，并将施工荷载传递给纵、横水平杆。脚手板必须满足强度和刚度的要求，不同部位和不同材料的脚手板的铺设要求见表 4.2.4。

表 4.2.4 脚手板的铺设要求

类别	铺设要求
作业层上脚手板	作业层的脚手板应铺满、铺稳
	作业层上脚手板的铺设宽度，除考虑材料临时堆放的位置外，还需考虑手推车的行走，其铺设的宽度可参考表 4.2.5
	脚手板边缘与墙面的间隙一般为 120～150mm，与挡脚板的间隙一般不大于 100mm

续表 4.2.4

<table>
<tr><th>类别</th><th>铺 设 要 求</th></tr>
<tr><td rowspan="3">防护层上脚手板</td><td>在脚手架的作业层下面应留一层脚手板作为防护层</td></tr>
<tr><td>施工时，当脚手架的作业层升高时，则将下面一层防护层上的脚手板倒到上面一层，升为作业层的脚手板，两层交错上升</td></tr>
<tr><td>为了增强脚手架的横向刚度，除在作业层、防护层上铺设脚手板外，在脚手架中自顶层作业层往下算，每隔 12m 宜满铺一层脚手板</td></tr>
<tr><td>竹笆脚手板</td><td>铺竹笆脚手板时，应将脚手板的主竹筋垂直于纵向水平杆方向，采用对接平铺时，（图 4.2.20）四个角应用直径 1.2mm 镀锌钢丝固定在纵向水平杆上。
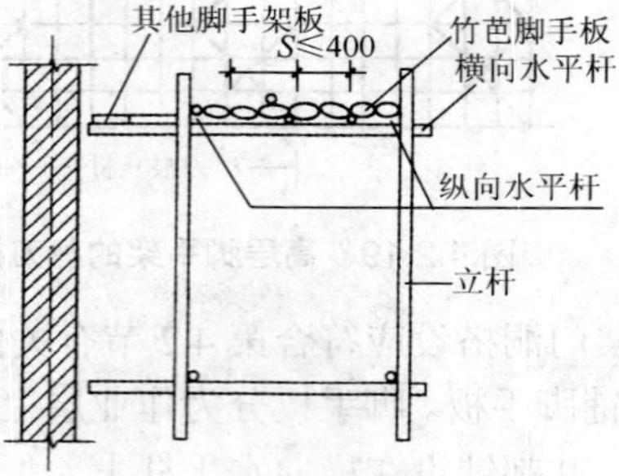

图 4.2.20　竹笆脚手板铺设</td></tr>
<tr><td>冲压钢板脚手板、木脚手板、竹串片板</td><td>脚手板应铺设在三根横向水平杆上（图 4.2.21），铺设时可采用对接平铺，亦可采用搭接铺设。
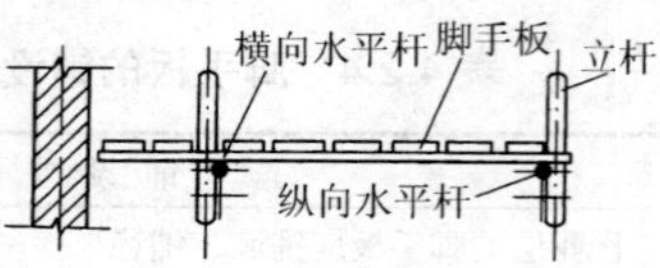

图 4.2.21　竹串片板的铺设
脚手板对接平铺时（图 4.2.22a），应注意以下几点：
（1）接头处必须设两根横向水平杆。
（2）外伸长度应取 130～150mm。
（3）两块脚手板外伸长度之和应不大于 300mm</td></tr>
</table>

续表 4.2.4

类别	铺设要求
冲压钢板脚手板、木脚手板、竹串片板	脚手板搭接铺设时（图 4.2.22b）应注意以下几点： （1）接头必须支在横向水平杆上。 （2）搭接长度应大于 200mm。 （3）伸出横向水平的长度应小于 100mm。 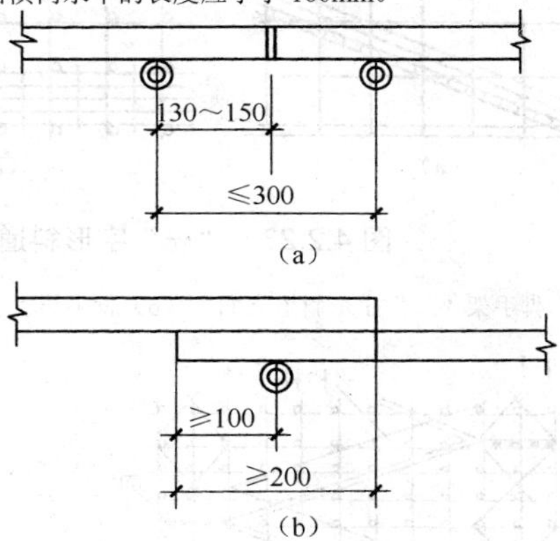 **图 4.2.22　脚手板的对接、搭接** （a）对接　（b）搭接 铺板时应注意以下几点： （1）作业层端部脚手板的一端探头长度应取 150mm，并且板两端应与支承杆固定牢靠。 （2）装修脚手架作业层上横向脚手板的铺设不得小于 3 块。 （3）长度小于 2m 的脚手板在铺设时，可采用两根横向水平杆支承，但必须将脚手板两端用直径 3.2mm 镀锌钢丝与支承杆可靠捆牢，严防倾翻

表 4.2.5　脚手板的铺设宽度

行车情况	结构脚手架	装修脚手架
没有小车	≥1.0m	≥0.9m
车宽≤600mm	≥1.3m	≥1.2m
车宽 900～1000m	≥1.6m	≥1.5m

（11）搭设斜道。斜道又称马道，附设于脚手架旁，主要是供操作人员上下脚手架或运输材料时用，斜道有“一”

字形（图 4.2.23）和“之”字形两种形式（图 4.2.24）。脚手架高度在三步以下时（6m 以下），可搭设“一”字形斜道，高度大于 6m 的脚手架多采用“之”字形斜道。

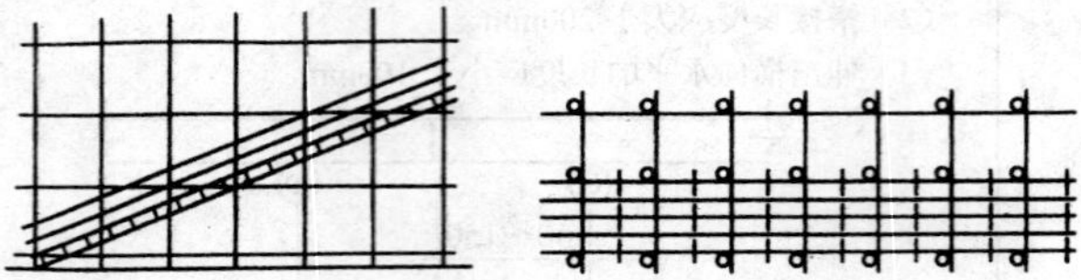

（a）　　　　（b）

图 4.2.23　“一”字形斜道

（a）脚手架“一”字形斜道立面　（b）脚手架“一”字形斜道平面

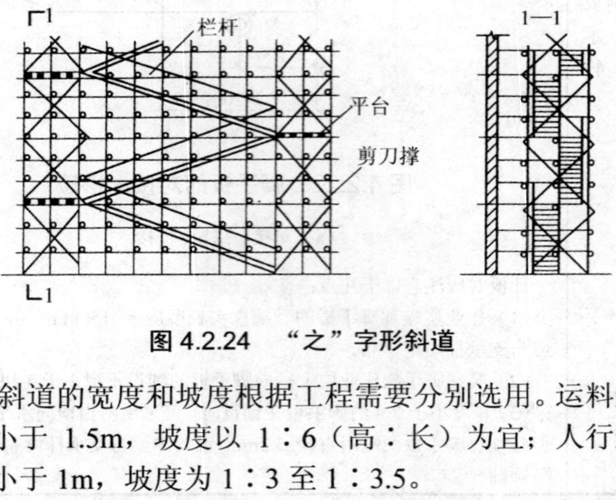

图 4.2.24　“之”字形斜道

1）斜道的宽度和坡度根据工程需要分别选用。运料斜道的宽度不小于 1.5m，坡度以 1∶6（高∶长）为宜；人行斜道的宽度不小于 1m，坡度为 1∶3 至 1∶3.5。

2）斜道的拐弯处要设平台，平台的宽度应不小于斜道的宽度。斜道的立杆、水平杆的间距应与结构脚手架相适应，其间距不得超过 1.5m，横向水平杆间距不得大于 1m。之字形斜道的转弯处应搭平台，平台面积根据施工需要确定，但宽度不得小于 1.5m。

3）斜道及平台临边必须设两道 1.2m 高的护身栏和 180mm 高的挡脚板。斜道及平台的脚手板应铺严、绑牢，板面相平。对头相接时，板端部分应用双横杆，交叉搭接时，其搭接长度不小于 400mm，接头下面要设双横杆，板端搭接处的凸棱要用三角木填顺。斜道的脚手板面上应钉防滑木条，其厚度为 20～30mm，间距不得大于 300mm。

4）平台外围和斜道的外侧应设置剪刀撑，以增强斜道的稳固性。

（12）栏杆和挡脚板的搭设。脚手架的作业面应作全封闭防护，重点是作业面的平面和外侧立面的安全防护，确保操作人员的人身安全和防止施工杂物坠落伤人。作业面外侧立面的防护设施可采用以下方法：

1）挡脚板加两道防护栏杆。

2）三道栏杆加外围塑料编织布（高度不低于 1.0m 或按步距设置）。

3）两道栏杆绑挂高度不小于 1m 的竹笆。

4）两道栏杆满挂立安全网。栏杆和挡脚板的搭设要求见表 4.2.6。

表 4.2.6 栏杆和挡脚板的搭设要求

序号	具体要求
1	在脚手架中离地（楼）面 2m 以上铺有脚手板的作业层，都必须在脚手架外立杆的内侧设置两道栏杆和挡脚板，其构造如图 4.2.25 所示。 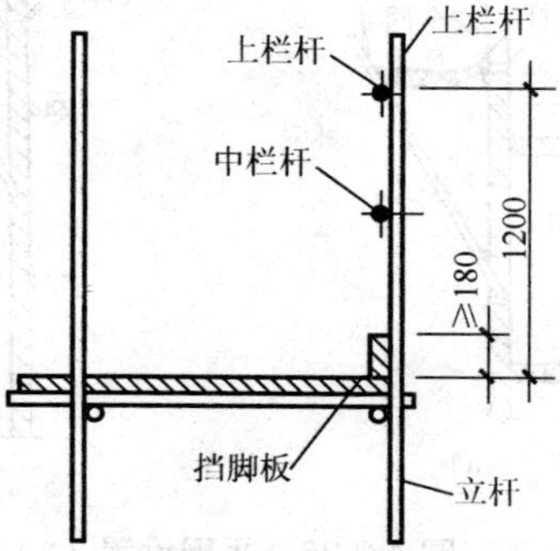 图 4.2.25 栏杆、挡脚板的设置
2	上栏杆的上皮高度为 1.2m，中栏杆高度应居中，挡脚板高度应不小于 180mm

（13）安全网搭设。根据安装形式和使用目的不同，安全网可分为平网和立网两类。安装平面基本平行水平面，主要用来接住坠落的人和物的安全网称为平网。安装平面垂直水平面，主要用来防止人和物坠落的安全网称为立网。

脚手架的外侧面应全部设置立网，立网应与脚手架的立杆、横杆绑扎牢固。在操作层上，立网的下口与建筑物挂搭应封严，形成兜网，或在操作层脚手板下另设一道固定安全网。

平网根据用途不同分为首层安全平网，层间网和随层网三种。首层水平网是在房屋外围地面以上的第一层安全网，其主要作用是防止人、物坠落，支搭必须坚固、可靠。

凡高度在 4m 以上的建筑物，首层四周必须支搭固定 3m 宽，距地 3～5m 的首层安全平网，此网以上 3～4 层设置一道层间水平网，作业层下一步架搭设随层网。随层网随作业层的上升而上升，防止人员的坠落。层间水平网或随层网的构造如图 4.2.26 所示，首层网的构造如图 4.2.27 所示。

安全网搭设技术和要求详见 1.4.4“三宝”防护用品中有关安全网搭设的内容。

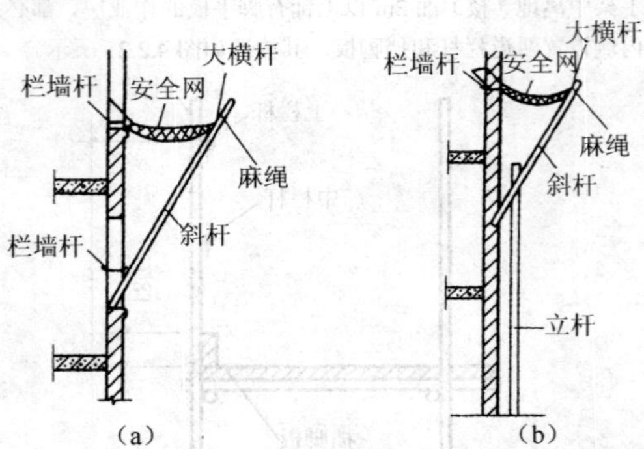

图 4.2.26　平网设置（1）

（a）墙面有窗口　（b）墙面无窗口

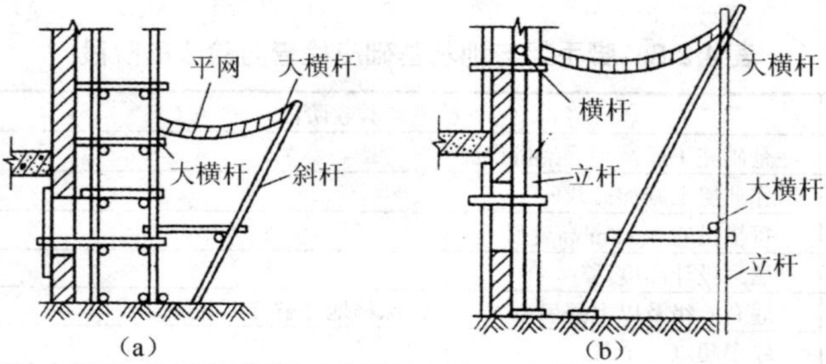

图 4.2.27 平网设置（2）

（a）3m 宽水平网 （b）6m 宽水平网

（14）脚手架封顶。脚手架封顶的技术与要求见表 4.2.7。

表 4.2.7 脚手架封顶的技术与要求

类别	技术与要求
坡屋顶脚手架	（1）外排立杆必须超过房屋檐口的高度，若房屋有女儿墙，必须超过 1.0m，若是坡屋顶，必须超过檐口顶 1.5m。 （2）内排立杆应低于檐口底 150～200mm。 （3）脚手架最上一排连墙体以上的建筑物高度应不大于 4m
房屋挑檐部位脚手架	在房屋的挑檐部位搭设脚手架时，可用斜杆将脚手架挑出，其构造要求如下： （1）挑出部分的高度不超过两步，宽度不超过 1.5m。 （2）斜杆应在每根立杆上挑出，与水平面的夹角不得小于 60°，斜杆的两端均交于脚手架的主节点处。 （3）斜杆间的距离不得大于 1.5m。 （4）脚手架挑出部分最外排立杆与原脚手架的两排立杆，至少设置三道平行的纵向水平杆

4.2.4 脚手架搭设的检查与验收

1. 脚手架与地基基础阶段的检查与验收

脚手架及其地基基础应在表 4.2.8 所示阶段进行检查与验收。

表 4.2.8 脚手架与地基基础应检查与验收的阶段

序号	检查与验收阶段
1	基础完工后及脚手架搭设前
2	作业层上施加荷载前
3	每搭设完 6～8m 高度后
4	达到设计高度后
5	遇有六级及以上强风或大雨后，冻结地区解冻后
6	停用超过一个月

2. 脚手架检查、验收的技术文件

脚手架的检查与验收应根据表 4.2.9 所列的技术文件进行。

表 4.2.9 脚手架的检查与验收的技术文件

序号	技术文件
1	表 4.2.10～表 4.2.13 中规定的内容
2	专项施工方案及变更文件
3	技术交底文件
4	构配件质量检查表（表 1.4.6）

3. 脚手架使用中应定期检查的项目

脚手架使用中应定期检查表 4.2.10 中要求的内容。

表 4.2.10 脚手架使用中应定期检查的项目

序号	项目
1	杆件的设置和连接，连墙件、支撑、门洞桁架等的构造应符合本节和专项施工方案要求
2	地基应无积水，底座应无松动，立杆应无悬空
3	扣件螺栓应无松动
4	高度在 24m 以上的双排脚手架、满堂脚手架，其立杆的沉降与垂直度的偏差应符合表 4.2.11 项次 1、2 的规定；高度在 20m 以上的满堂支撑架，其立杆的沉降与垂直度的偏差应符合表 4.2.11 项次 1、3 的规定
5	安全防护措施应符合本书有关安全管理要求
6	是否超载使用

4. 脚手架搭设的技术要求、允许偏差与检验方法

脚手架搭设的技术要求、允许偏差与检验方法应符合表 4.2.11 的规定。

表 4.2.11 脚手架搭设的技术要求、允许偏差与检验方法

<table>
<tr><th>项次</th><th colspan="2">项 目</th><th>技术要求</th><th>允许偏差Δ（mm）</th><th>示 意 图</th><th>检查方法与工具</th></tr>
<tr><td rowspan="5">1</td><td rowspan="5">地基基础</td><td>表面</td><td>坚实平整</td><td rowspan="4"></td><td rowspan="5"></td><td rowspan="5">观察</td></tr>
<tr><td>排水</td><td>不积水</td></tr>
<tr><td>垫板</td><td>不晃动</td></tr>
<tr><td rowspan="2">底座</td><td>不滑动</td></tr>
<tr><td>不沉降</td><td>-10</td></tr>
<tr><td rowspan="11">2</td><td rowspan="11">单、双排与满堂脚手架立杆垂直度</td><td>最后验收立杆垂直度（20～50）m</td><td>—</td><td>±100</td><td>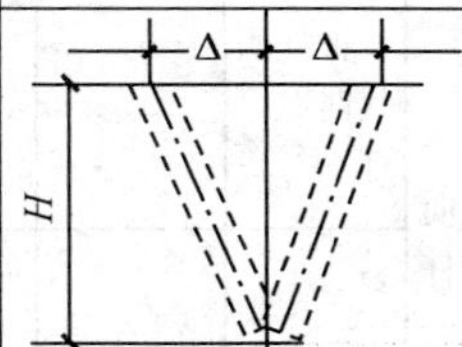</td><td rowspan="11">用经纬仪或吊线和卷尺</td></tr>
<tr><td colspan="4">下列脚手架允许水平偏差（mm）</td></tr>
<tr><td rowspan="2">搭设中检查偏差的高度（m）</td><td colspan="3">总高度</td></tr>
<tr><td>50m</td><td>40m</td><td>20m</td></tr>
<tr><td>H=2</td><td>±7</td><td>±7</td><td>±7</td></tr>
<tr><td>H=10</td><td>±20</td><td>±25</td><td>±50</td></tr>
<tr><td>H=20</td><td>±40</td><td>±50</td><td>±100</td></tr>
<tr><td>H=30</td><td>±60</td><td>±75</td><td></td></tr>
<tr><td>H=40</td><td>±80</td><td>±100</td><td></td></tr>
<tr><td>H=50</td><td>±100</td><td></td><td></td></tr>
<tr><td colspan="4">中间档次用插入法</td></tr>
<tr><td rowspan="10">3</td><td rowspan="10">满堂支撑架立杆垂直度</td><td>最后验收垂直度（30m）</td><td>—</td><td>±90</td><td></td><td rowspan="10">用经纬仪或吊线和卷尺</td></tr>
<tr><td colspan="4">下列满堂支撑架允许水平偏差（mm）</td></tr>
<tr><td colspan="2" rowspan="2">搭设中检查偏差的高度（m）</td><td colspan="2">总高度</td></tr>
<tr><td colspan="2">30m</td></tr>
<tr><td colspan="2">H=2</td><td colspan="2">±7</td></tr>
<tr><td colspan="2">H=10</td><td colspan="2">±30</td></tr>
<tr><td colspan="2">H=20</td><td colspan="2">±60</td></tr>
<tr><td colspan="2">H=30</td><td colspan="2">±90</td></tr>
<tr><td colspan="4">中间档次用插入法</td></tr>
</table>

续表 4.2.11

项次	项目		技术要求	允许偏差Δ（mm）	示意图	检查方法与工具
4	单双排、满堂脚手架间距	步距 纵距 横距	— — —	±20 ±50 ±20		钢板尺
5	满堂支撑架间距	步距 纵距 横距	— — —	±20 ±30		钢板尺
6	纵向水平杆高差	一根杆的两端		±20	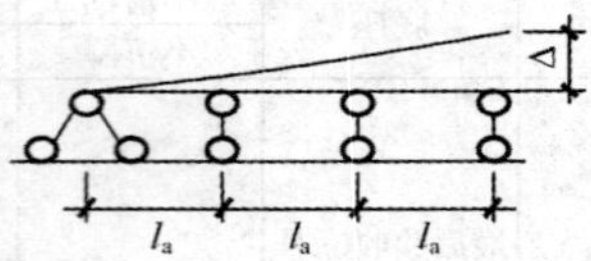	水平仪或水平尺
		同跨内两根纵向水平杆高差		±10	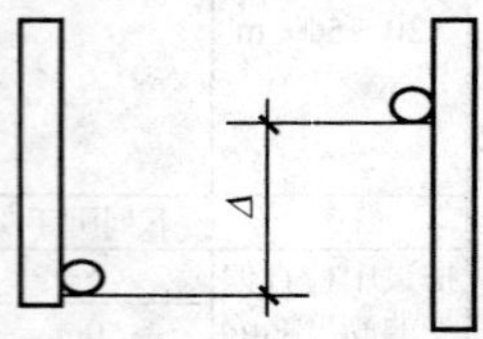	
7	剪刀撑斜杆与地面的倾角		45°～60°			角尺
8	脚手板外伸长度	对接	a=（130～150）mm l≤300mm		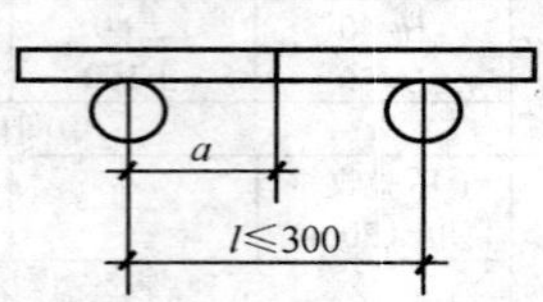	卷尺
		搭接	a≥100mm l≥200mm		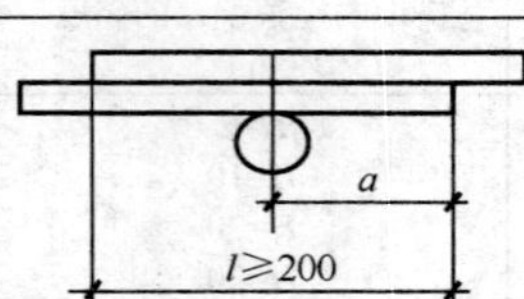	卷进尺

续表 4.2.11

项次	项目		技术要求	允许偏差Δ（mm）	示意图	检查方法与工具
9	扣件安装	主节点处各扣件中心点相互距离	$a \leqslant$ 500mm		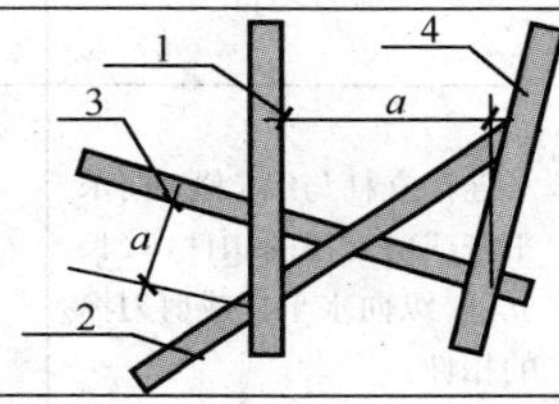	钢板尺
		同步立杆上两个相隔对接扣件的高差			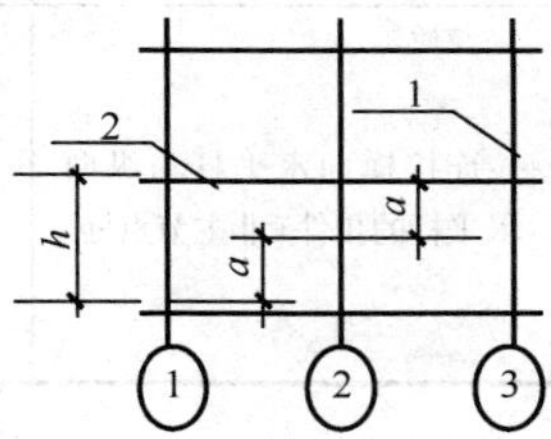	钢卷尺
		立杆上的对接扣件至主节点的距离	$a \leqslant h/3$			
		纵向水平杆上的对接扣件至主节点的距离	$a \leqslant l_a/3$		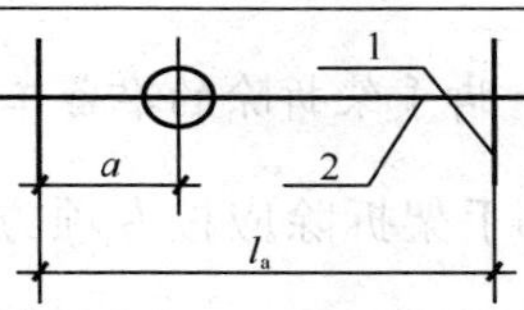	钢卷尺
		扣件螺栓拧紧扭力矩	（40～65）N·m			扭力扳手

注：图中 1. 立杆；2. 纵向水平杆；3. 横向水平杆；4. 剪刀撑。

5. 安装后的扣件螺栓拧紧扭力矩

安装后的扣件螺栓拧紧扭力矩应采用扭力扳手检查，抽样方法应按随机分布原则进行，抽样检查数目与质量判定标准，应按表 4.2.12 的规定确定，不合格的必须重新拧紧至合格。

表 4.2.12 扣件拧紧抽样检查数目及质量判定标准

项次	检查项目	安装扣件数量（个）	抽查数量（个）	允许的不合格数量（个）
1	连接立杆与纵（横）向水平杆或剪刀撑的扣件，接长立杆、纵向水平杆或剪刀撑的扣件	51～90	5	0
		11～150	8	1
		151～280	13	1
		2851～500	20	2
		501～1200	32	3
		1201～3200	50	5
2	连接横向水平杆与纵向水平杆的扣件（非主节点处）	51～90	5	1
		11～150	8	2
		151～280	13	3
		2851～500	20	5
		501～1200	32	7
		1201～3200	50	10

4.2.5 脚手架的拆除

1. 脚手架拆除的准备工作

脚手架拆除应按专项方案施工，拆除前应做好下列准备工作：

（1）应全面检查脚手架的扣件连接、连墙件、支撑体系等是否符合构造要求。

（2）应根据检查结果补充完善施工脚手架专项方案中的拆除顺序和措施，经审批后方可实施。

（3）拆除前应对施工人员进行交底。

（4）应清除脚手架上杂物及地面障碍物。

2. 拆除顺序

扣件式钢管脚手架的拆除原则是先搭设的后拆除，后搭接的先拆除，具体拆除顺序如下：

安全网→护身栏→挡脚板→小横杆→大横杆→立杆→连墙杆→剪刀撑→抛撑。

3. 拆除要求

（1）单、双排脚手架拆除作业必须由上而下逐层进行，严禁上下同时作业；连墙件必须随脚手架逐层拆除，严禁先将连墙件整层或数层拆除后再拆脚手架；分段拆除高差大于两步时，应增设连墙件加固。

（2）当脚手架拆至下部最后一根长立杆的高度（约 6.5m）时，应先在适当位置搭设临时抛撑加固后，再拆除连墙件。

（3）当单、双排脚手架采取分段、分立面拆除时，对不拆除的脚手架两端，应先按本节的有关规定设置连墙件和横向斜撑加固。

（4）架体拆除作业应设专人指挥，不准中途换人，迫不得已中途需换人时，应对调换人员进行详细交底后，方可进入现场进行拆除作业。

（5）当有多人同时操作时，应明确分工、统一行动，且应具有足够的操作面。

（6）参与拆除作业人员必须按安全要求，戴好安全帽、系好安全带、穿好防滑鞋，非专业人员不得上架从事拆除作业。

（7）参与拆除作业人员不准酒后操作，操作时要精神集中，不准说笑、打闹或擅自离开工作岗位。

4. 卸料规定

（1）卸料时各构配件严禁抛掷至地面。

（2）运至地面的构配件应按规定及时检查、整修与保养，并应按品种、规格分别存放。

4.3 扣件式钢管脚手架的几种特殊形式的搭设

4.3.1 挑脚手架和活动平台架

1. 挑脚手架

对于有较大的挑檐、阳台或凸出部分的构筑物，可搭设挑脚手架（也叫探海架子），如图 4.3.1 所示。挑脚手架的挑出部分最宽不得超过 1.5m，斜立杆间距不得超过 1.5m。挑出部分超过 1.5m 时，应按特殊脚手架进行专业设计，制定支搭方案。

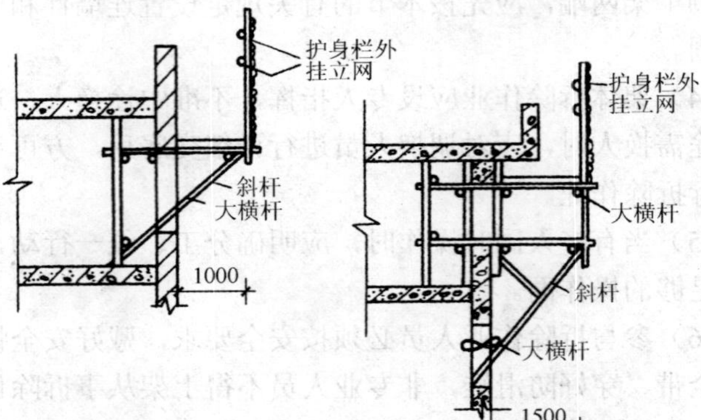

图 4.3.1 挑脚手架

挑脚手架的斜支撑可支在下层窗台上，并垫木板，斜杆上部与上层窗台的内侧应有横、竖别杆。别杆两端必须长于所别窗口 250mm 以上，且每窗口至少两根。大横杆至少绑 3 道，小横杆间距不得大于 1m。挑脚手架纵向必须设十字盖或正、反斜支撑。施工层设两道护身栏和一道挡脚板，护身栏应高出檐口 1.5m。

挑脚手架只能用于装修，并严格控制施工荷载不得超过 980N/m^2，操作面下方 5m 左右必须支搭水平安全网。

2. 活动平台架

很多工程在进行室内装修时，为了节约脚手架的用料，在轻型平台架底部安装硬胶轮，或将平台架装在三轮车的底盘上，使整个平台架可在地面上移动而构成活动平台架（图 4.3.2）。其顶部的操作平台板要铺严，平台四周应设 1.2m 高的两道护身栏，并设供操作人员上下的爬梯。

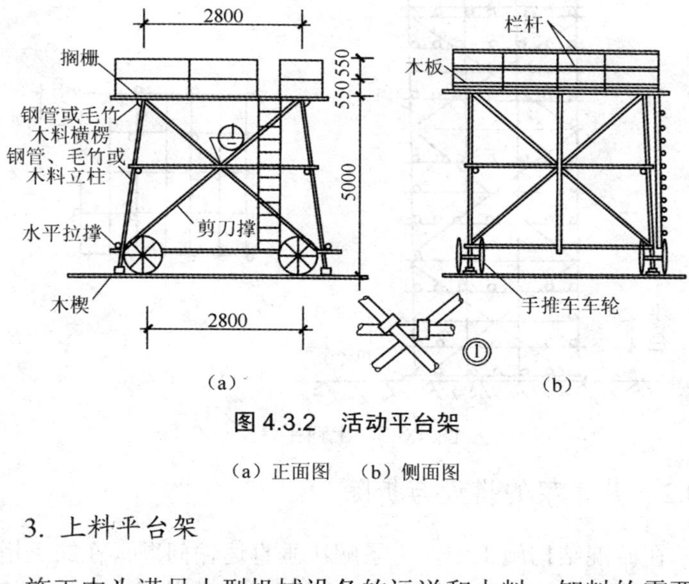

图 4.3.2 活动平台架

（a）正面图 （b）侧面图

3. 上料平台架

施工中为满足小型机械设备的运送和上料、卸料的需要，可搭设上料平台架（见图 4.3.3）。其构造尺寸应根据上料平台架的搭设高度和所需的承载力，经过计算后确定。地基要夯实找平并做好排水处理，上料平台架的立杆间距不超过 1.2m，步距不超过 1m，平台架四边从上到下应设剪刀撑，立杆应立于底座上，底座下铺设通板。平台顶层四周要搭设 1.2m 高的两道护身栏，并设挡脚板，同时还要用立网封闭，以防物料弹出。顶层脚手板要用厚度不小于 50mm 的木板铺严、铺满，支脚手板的横杆要加密，间距一般应不大于 0.75m。平台架高度超过 10m 时，四周要设缆风绳。

上料平台架的受力应自成体系，将力传给工程结构，任何情况下，均不能与脚手架杆件连接，否则会影响其稳定性。在上料平台架的明显处应设置标牌，规定存放物料的数量、荷载和使用要求。

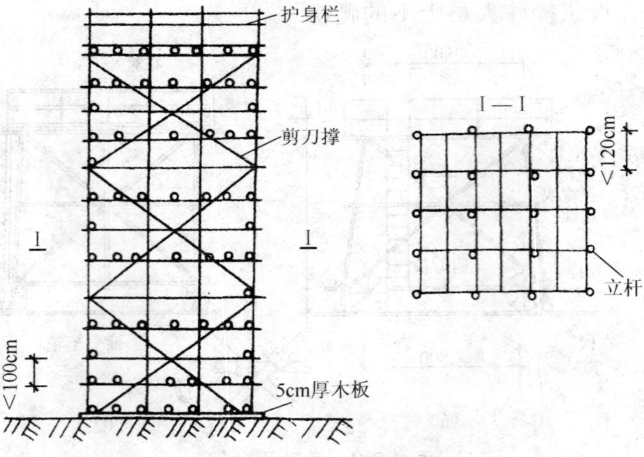

图 4.3.3 上料平台架

4.3.2 井字架的搭设与拆除

在砖混结构施工中，为了解决垂直运输问题，在缺乏塔式起重机的地方，一般采用井字架配备卷扬机来解决，结构施工完成后，在结构装修阶段，井字架仍能解决施工用料的垂直运输问题。因此，在现阶段井字架是不可缺少的垂直运输架。

（一）钢管井字架的构造

扣件式钢管井字架的主要杆件有底座、立杆、大横杆、小横杆、剪刀撑等，各种杆件和扣件的材料要求与前所述相同。

钢管井字架的搭设高度一般为 20～30m，基本构造如图 4.3.4 所示。

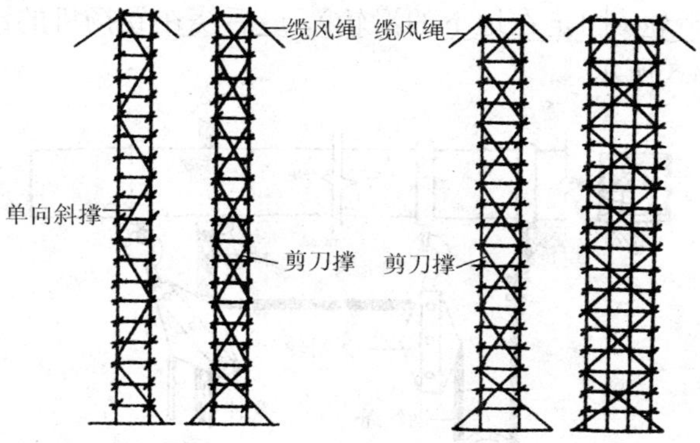

图 4.3.4　扣件式钢管井架

（a）小井架　（b）大井架

1. 井架的基本要求

井架的平面尺寸要根据吊运构件的最大尺寸而定，一般井架的平面尺寸为（1.9～2.4m）×（1.9～2.4m），起重量为 0.5～1.5t。井架的四个侧面都应设剪刀撑，每三步架高设一对。当井架的平面尺寸较小，且高度不大时，可在其两个窄面设单向斜撑，但在进料口及出料口应设剪刀撑。同时，井架应高出建筑物 3～6m，以利于吊盘升出供料。

井架高度在 10～15m，要在顶部拉一道缆风绳，超过此高度应随高而增设。缆风绳下端固定在专用地锚上，并用花篮螺丝调节松紧，严禁将缆风绳随意捆绑在树木、电杆等处。缆风绳可用直径 6～8mm 的钢筋或直径不小于 9.5mm 钢丝绳。

2. 井架的起重装置

（1）天梁。在井字架的顶部设有天梁，天梁上装有天滑轮，以提升吊盘。当起重量较小时，天梁可以用一根截面边长为14～16cm的方木搁在横杆上，在天梁下悬挂两只天滑轮，钢丝绳一头固定在天梁上，另一头绕过吊盘滑轮，再通过天滑轮和地滑轮（固定在地下的滑轮），最后绕在卷扬机的滚筒上，如图4.3.5所示。

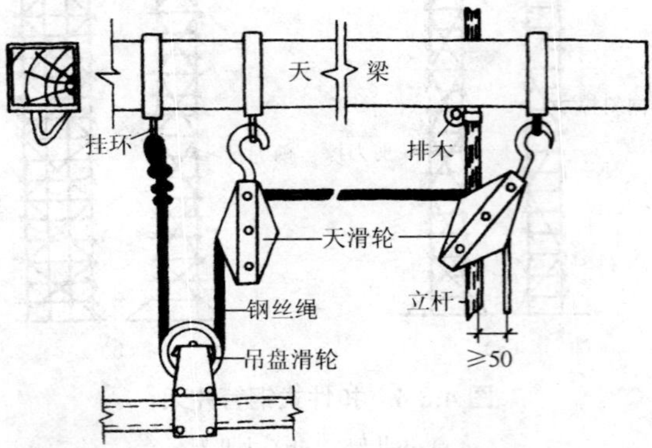

图 4.3.5 小井架天梁装置

当起重量较大时，天梁改用15cm×16cm的方木或两根14号槽钢。天滑轮可以夹装在其间，将其中一个天滑轮安装在天梁的中部，另一个天滑轮安装在天梁的端部附近，使钢丝绳在天梁的外侧通过。天梁与大横杆的间距不小于5cm，如图4.3.6所示。

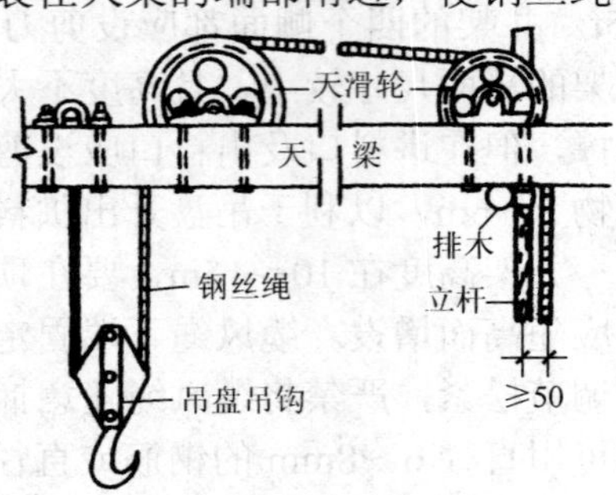

图 4.3.6 大井架天梁装置

（2）吊盘。井字架内供运料的吊盘可用木料、角钢或槽钢制成。

吊盘的侧面设有滑轮，使吊盘沿井字架的导轨运行，并在运行过程中不致晃动。

吊盘的下部设有吊盘定位装置，常用的有两种形式：一种是安全挂钩连杆；另一种是双管伸缩安全装置。它们的共同作用是防止吊盘在高空装卸物料时，卷扬机制动失灵而产生跌落事故。

吊盘和安全挂钩连杆如图 4.3.7 所示。

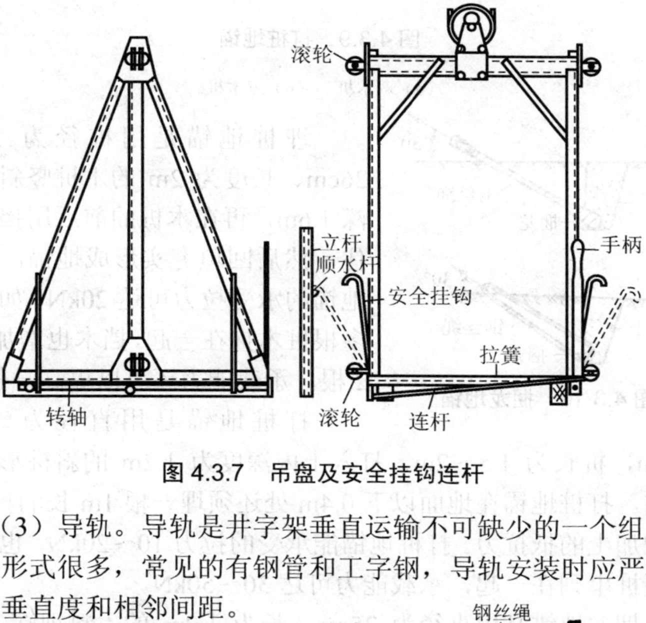

图 4.3.7 吊盘及安全挂钩连杆

（3）导轨。导轨是井字架垂直运输不可缺少的一个组成部分，形式很多，常见的有钢管和工字钢，导轨安装时应严格控制其垂直度和相邻间距。

（4）地锚。地锚用以固定卷扬机、缆风绳、地滑轮等，是架子工程和吊装工程中不可缺少的设备。

施工中常用的地锚有埋桩地锚（图 4.3.8）、打桩地锚（图 4.3.9）和捆龙地锚（图 4.3.10）。

图 4.3.8 埋桩地锚

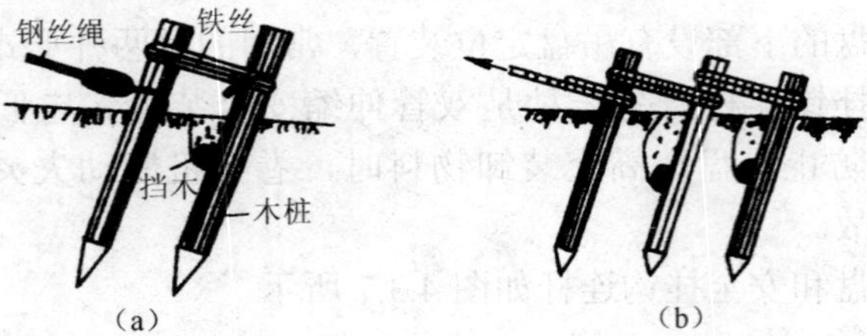

图 4.3.9 打桩地锚

（a）双木桩 （b）三木桩

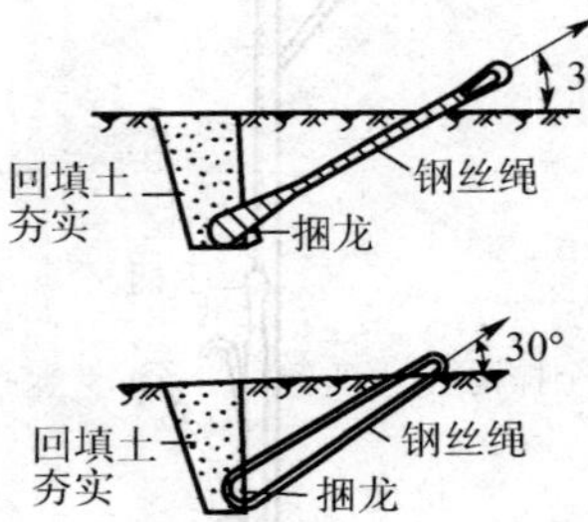

图 4.3.10 捆龙地锚

埋桩地锚是用桩径为 20～26cm、长度为 2m 的木桩竖斜向埋深 1.6m，再在木桩的前后用挡木卡住，然后回填夯实形成地锚。这种地锚的承受拉力可达 20kN，如果将多根桩木捆在一起，挡木也增加 1～2 根，承载能力还可以提高一倍。

打桩地锚是用直径为 18～22cm，桩长为 1.5～2m，打入土内深度为 1.2m 的斜桩形成的地锚。打桩地锚在地面以下 0.4m 处还须埋一根 1m 长的挡木，以增加土的抵抗力。打桩地锚能承受的拉力 10～20kN，也可以多根桩串列在一起，承载能力可达 30～50kN。

捆龙地锚是用直径为 25cm、长为 1.2m 的木料埋深 1.7m 而形成的。单根捆龙能承受的拉力大于 30kN，三根捆龙形成的地锚能承载的拉力可达 50kN。

地锚埋设时，在坑深约 2.5 倍的地锚埋设位置范围内，不得有地沟、电缆、地下管道等，埋设地面要平整、无积水，严格回填夯实地基，以确保地锚的承载能力。

地锚的拉绳与地面的水平夹角为 30° 左右，避免因角度过大而产生过大的竖向拉力，影响地锚的安全使用。地锚只准在规定方向承受拉力，更不能超载使用，重要位置的地锚，应经过试拉合格后方可使用，不得以树木、电杆等代替地锚。当使用建筑物或构筑物作地锚时，必须经过验算，证明安全可靠时方可使用。

（5）卷扬机。卷扬机是驱动卷筒卷绕绳索完成牵引工作的机械，用于垂直提升重物或沿倾斜（水平）面牵移重物。卷扬机的结构紧凑，操作和移动方便，是广泛用于建筑施工现场的起重设备。卷扬机的种类较多，在建筑工程中，常用以电动机为动力的单卷筒和双卷筒卷扬机。

卷扬机必须安装在平整坚实、视野良好的地点。卷扬机的底座应用垫木垫高，操作处应搭设防砸、防雨的专用工作棚。

安装后的卷扬筒导向滑轮应垂直对正，两者之间的垂直距离不得小于卷筒长度 20 倍，此段钢丝绳应加以遮掩保护，不得与其他物品接触摩擦。

卷扬机的导向滑轮严禁固定在脚手架上，主机应按规定设地锚固定，不得以木橛、铁橛代替地锚。卷扬机固定后，不得有滑动或倾斜现象。

卷扬机应有良好的制动装置，不得使用有接头的钢丝绳，钢丝绳在卷筒上的排列应整齐有序，不得咬绳或互相绞压，不得从卷筒上方卷入。

卷扬机严禁超荷载使用，操作人员必须持证上岗。

（二）钢管井字架的搭设要点

1. 搭设顺序

一般钢管井字架的搭设顺序如下：

平整夯实井字架场地→铺立杆垫板→按立杆位置安放立杆底座→竖立杆和安装大横杆→安装小横杆→四角绑剪刀撑→四角拉缆风绳→安装天梁和天滑轮→按料口层次铺设平台板→挖深吊盘底坑→安装吊盘的轨道→安装吊盘和穿钢丝绳→试吊、检查和修整→安装护身栏杆和挡脚板→检查验收。

2. 搭设要点

（1）平整场地、夯实、铺立杆垫板。井架必须安装在坚硬的地面上，地基应先平整夯实，上浇 C10～C15 混凝土 10～20cm，地基应高出地面，保证排水良好。放出立杆位置线以后，按线铺放立杆垫板。

（2）安放立杆底座。按照井架的平面尺寸套方尺，确定四角立杆位置，然后按确定位置安放立杆底座。

（3）竖立杆和绑大横杆、小横杆及剪刀撑。扣件式钢管井字架一般由 4 人配合操作，首先将四角的立杆竖立，紧接着在底部四周绑好扫地杆，然后按不大于 1.4m 的间距将中部的立杆竖起来，第一步大横杆距地面 1.7～1.8m，第二步以上的大横杆间距为 1.3m。

立杆的接长应采用对接接头，立杆接头应错开一步架，垂直偏差不大于架高的 1/1000。井字架四角的立杆及封顶大横杆应采用双杆，除出料口一面之外，其余三面均应绑剪刀撑，并且互相衔接绑到顶，斜杆与地面的夹角不得大于 60°，立杆应垂直方正，两对角线长度相等。

井架的各种杆件不得钢木混用，各种扣件螺栓应适度拧紧，不能过紧或过松。过紧易产生崩裂，过松则会使杆件滑落。

小横杆的间距不大于 1m，平台下面落空处应打八字戗。高度在 10～15m 处应设一组缆风绳，每增高 10m 再加设一组，每组 4～6 根。缆风绳应用直径为 12.5mm 的钢丝绳，用松紧螺栓与地锚连接调节松紧，钩口封死，不得用钢筋代替。

（4）安装天梁和天滑轮。天梁应安设双根，并加顶桩管或绑八字撑。天梁必须水平，吊钩垂下来必须在吊盘的中心线上，吊绳与天梁要垂直。安装外侧天滑轮时，要超出大横杆 5cm 以上，使大横杆与钢丝绳不发生摩擦。地轮（导向滑轮）必须单独设锚固定，不得捆绑在脚手架上。

（5）铺放平台板、安护身栏杆和挡脚板。平台板必须铺平、铺严、绑牢，每层平台及全部马道应加绑两道护身栏杆，并绑18cm 高的挡脚板，平台出料口必须加防护门。

（6）安装吊盘轨道。吊盘的轨道必须垂直，大小尺寸准确，表面平整。导轨的垂直度及间距尺寸偏差均不得大于±10mm，必须保证吊盘运行时任何一点不发生脱轨现象，严禁使用木料、钢筋等代替导轨。

（7）安装吊盘和穿钢丝绳。吊盘的安全装置必须齐全有效，定滑轮和导向滑轮必须安装牢固，否则，工作时钢丝绳易崩脱，造成安全事故。

（8）其他要求。

① 缆风绳与输电线的安全距离应符合以下规定：电压小于1kV 时，安全距离为大于 1.5m；电压为 1～35kV 时，安全距离大于 3m；电压为 35～110kV 时，安全距离大于 5m。

② 井架如高出四周的避雷设施，必须安装避雷设备。避雷针应高出井架最高点 3m，接地电阻不得大于 4Ω。

③ 地锚应按规定埋设，卷扬机、缆风绳不得捆绑在树木、电杆上，严禁用木橛或铁橛代替地锚。

④ 井架的高度应超出使用位置 6m，在距顶部 2m 处的导轨上必须安装超高限位装置，并保证使用灵活有效，以杜绝吊盘升空滑落事故。

⑤ 井架使用过程中，严禁工作人员乘坐吊盘上下。

（三）钢管井字架的拆除要点

扣件式钢管井字架的拆除顺序与搭设顺序相反，先搭的后拆，后搭的先拆。拆除方法及要求与杉篙脚手架基本相同，但在拆除过程中应注意以下几点：

（1）天滑轮和天梁拆除以后，不得随意往下扔，必须用绳子往下送，防止损坏滑轮。

（2）拆除缆风绳和斜撑时，必须选好适当的部位将井架临时加固后，方可拆除缆风绳。缆风绳应自上而下逐层选方向逐步拆除，否则，极易产生倒塌事故。

（3）井字架下面必须有专人负责指挥，上架人员必须是专业人员，上架前应详细交代拆除方法和安全事项，不准非拆除人员进入拆除现场。

（4）拆下来的各种杆件和扣件要用绳子顺下来，不准乱扔，以免杆件或扣件伤人。

（5）现场应随拆随清理，并将清理的物料运至堆放区，分类堆放整齐。

4.4 扣件式钢管脚手架安全管理

4.4.1 操作人员要求

（1）扣件钢管脚手架安装与拆除人员必须是经考核合格的专业架子工，并持证上岗。

（2）搭拆脚手架人员必须戴安全帽、系安全带、穿防滑鞋。

4.4.2 搭设阶段

（1）脚手架的构配件质量与搭设质量，应按本章的规定进行检查验收，并应确认合格后使用。

（2）钢管上严禁打孔。

（3）夜间不宜进行脚手架搭设与拆除作业。

（4）脚手板应铺设牢靠、严实，并应用安全网双层兜底，施工层以下每隔 10m 应用安全网封闭。

（5）单、双排脚手架、悬挑式脚手架，沿墙体外围应用密目式安全网全封闭，密目式安全网宜设置在脚手架外立杆的内侧，并应与架体结扎牢固。

（6）脚手架应按表 4.2.8 所列的阶段进行质量检查，发现问题应及时纠正。

（7）脚手架的搭设质量必须符合本章的相关规定。

（8）满堂脚手架与满堂支撑架在搭设过程中，应采取防倾覆的临时固定措施。

4.4.3 使用阶段

（1）作业层上的施工荷载，应符合设计要求不得超载。不得将模板支架、缆风绳、泵送混凝土和砂浆的输送管等固定在架体上；严禁悬挂起重设备，严禁拆除或移动架体上的安全防护设施。

（2）满堂支撑架在使用过程中，应设专人监护施工，当出现异常情况时，应停止施工，并应迅速撤离作业面上人员，在采取确保安全的措施后，查明原因、做出判断和处理。

（3）满堂支撑架顶部的实际荷载不得超过设计规定。

（4）当有六级及以上强风、浓雾、雨或雪天时，应停止脚手架搭设与拆除作业。雨、雪后上架作业应有防滑措施，并应扫除积雪。

（5）在脚手架使用期间，严禁拆除下列杆件：

1）主节点处的纵、横向水平杆，纵、横向扫地杆。

2）连墙件。

（6）在脚手架使用过程中，开挖脚手架基础下的设备或管沟时，必须对脚手架采取加固措施。

（7）临街搭设脚手架时，外侧应有防止坠物伤人的防护措施。

（8）在脚手架上进行电、气焊作业时，应有防火措施和专人看守。

（9）工地临时用电线路的架设及脚手架接地、避雷措施等，应按现行行业标准《施工现场临时用电安全技术规范》（JGJ 46—2005）的有关规定执行。

4.4.4 拆除阶段

拆除脚手架时，地面应设围栏和警戒标志，并派专人看守，严禁非操作人员入内。安全检查评分表见表4.4.1。

表 4.4.1 落地式外脚手架检查评分表

序号	检查项目		扣分标准	应得分数	扣减分数	实得分数
1	保证项目	施工方案	（1）脚手架无施工方案，扣 10 分。 （2）脚手架高度超过规范规定无设计计算书或未经审批，扣 10 分。 （3）施工方案，不能指导施工，扣 5～8 分	10		
2	保证项目	立杆基础	（1）每 10 延长米立杆基础不平、不实、不符合方案设计要求，扣 2 分。 （2）每 10 延长米立杆缺少底座、垫木，扣 5 分。 （3）每 10 延长米无扫地杆，扣 5 分。 （4）每 10 延长米木脚手架立杆不埋地或无扫地杆，扣 5 分。 （5）每 10 延长米无排水措施，扣 3 分	10		
3	保证项目	架体与建筑结构拉结	（1）脚手架高度在 7m 以上，架体与建筑结构拉结，按规定要求每少一处，扣 2 分。 （2）拉结不坚固每一处，扣 1 分	10		
4	保证项目	杆件间距与剪刀撑	（1）每 10 延长米立杆、大横杆、小横杆间距超过规定要求的每一处，扣 2 分。 （2）不按规定设置剪刀撑的每一处，扣 5 分。 （3）剪刀撑未沿脚手架高度连续设置或角度不符合要求，扣 5 分	10		
5	保证项目	脚手板与防护栏杆	（1）脚手板不满铺，扣 7～10 分。 （2）脚手板材质不符合要求，扣 7～10 分。 （3）每有一处探头板，扣 2 分。 （4）脚手架外侧未设置密目式安全网，或网间不严密，扣 7～10 分。 （5）施工层不设 1.2m 高防护栏杆和挡脚板，扣 5 分	10		
6	保证项目	交底与验收	（1）脚手架搭设前无交底，扣 5 分。 （2）脚手架搭设完毕未办理验收手续，扣 10 分。 （3）无量化的验收内容，扣 5 分	10		
小计				60		
7	一般项目	小横杆设置	（1）不按立杆与大横杆交点处设置小横杆的每有一处，扣 2 分。 （2）小横杆只固定一端的每有一处，扣 1 分。 （3）单排架子小横杆插入墙内小于 24cm 的每有一处，扣 2 分	10		

续表 4.4.1

序号	检查项目		扣分标准	应得分数	扣减分数	实得分数
8		杆件搭接	(1)木立杆、大横杆每一处搭接小于 1.5m,扣 1 分。 (2)钢管立杆采用搭接的每一处,扣 2 分	5		
9		架体内封闭	(1)施工层以下每隔 10m 未用平网或其他措施封闭的每一处,扣 5 分。 (2)施工层脚手架内立杆与建筑物之间未进行封闭的每一处,扣 5 分	5		
10		脚手架材质	(1)木杆直径、材质不合要求,扣 4~5 分。 (2)钢管弯曲、锈蚀严重,扣 4~5 分	5		
11		通道	(1)架体不设上下通道,扣 5 分。 (2)通道设置不符合要求,扣 1~3 分	5		
12		卸料平台	(1)卸料平台未经设计计算,扣 10 分。 (2)卸料台搭设不符合设计要求,扣 10 分。 (3)卸料平台支撑系统与脚手架连接,扣 8 分。 (4)卸料平台无限定荷载标牌,扣 3 分	10		
	小计			40		
检查项目合计				100		

5 门式钢管脚手架

5.1 门式钢管脚手架的各部件

5.1.1 门式钢管脚手架组成

门式钢管脚手架是以门架、交叉支撑、连接棒、挂扣式脚手板、锁臂、底座等组成基本结构，搭设时设置剪刀撑、水平加固杆、扫地杆、封口杆等增强架体的刚度与稳定性，并在脚手架的竖向和横向每隔一定距离用连墙件与主体结构相连的一种定型化钢管脚手架，如图 5.1.1 所示。门式钢管脚手架的组成从图中可归纳为以下几部分：

（1）主要构件（基本组合单元）。

（2）配件是指交叉支撑、挂扣式脚手板、水平架、连接棒、锁臂、可调底座、固定托座、钢梯、栏杆柱及栏杆扶手等。

（3）加固件是指水平加固杆、剪刀撑、扫地撑、封口杆、扣件等。

（4）连墙件是用于脚手架与建筑结构物连接的部件。

门式钢管脚手架的搭设高度见表 5.1.1。

表 5.1.1 门式钢管脚手架的搭设高度

施工荷载标准值（kN/m^2）	搭设高度（m）
3.0～5.0	≤45
≤3.0	≤60

注：施工荷载是指一个跨距内各施工层均布荷载的总和。

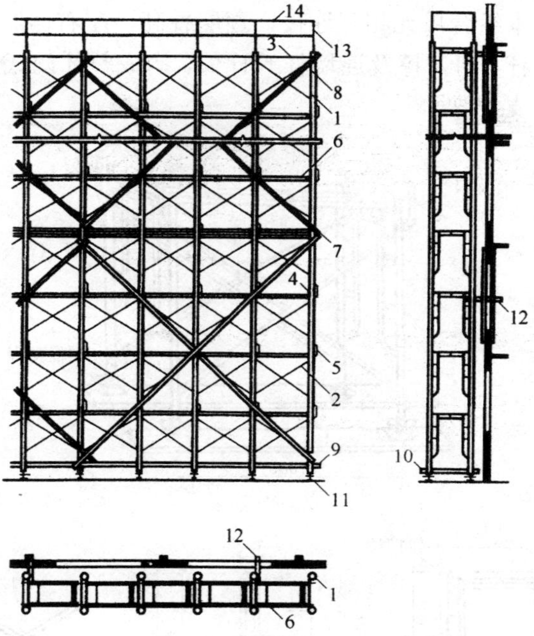

图 5.1.1 门式钢管脚手架的组成

1. 门架 2. 交叉支撑 3. 脚手板 4. 连接棒 5. 锁臂 6. 水平架 7. 水平加固杆 8. 剪刀撑 9. 扫地杆 10. 封口杆 11. 底座 12. 连墙件 13. 栏杆 14. 扶手

5.1.2 基本构造

门式钢管脚手架整片立体形状，如图 5.1.2 所示。门架之间的连接如图 5.1.3a 所示，门架的立杆垂直方向采用连接棒和锁臂接高，纵向以交叉支撑（剪刀撑）连接立杆，架顶水平面采用挂扣式脚手板或水平架相连，由此构成门式脚手架的基本组合单元。

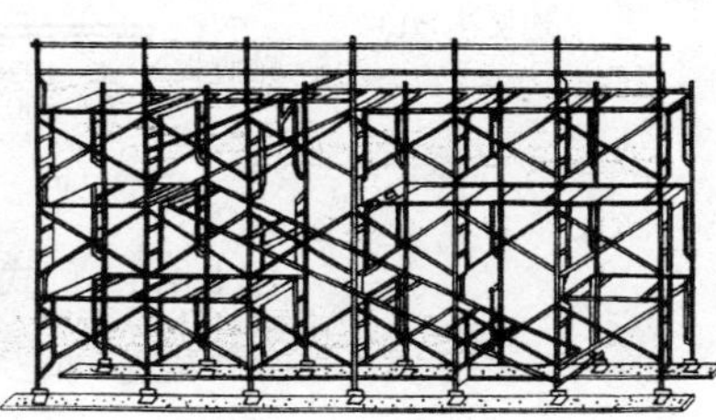

图 5.1.2 整片门式脚手架

然后由基本组合单元相互连接，逐层叠高，左右伸展，再增加水平加固杆、剪刀撑及连墙杆等杆件，构成整体门式钢管脚手架或模板支撑架。

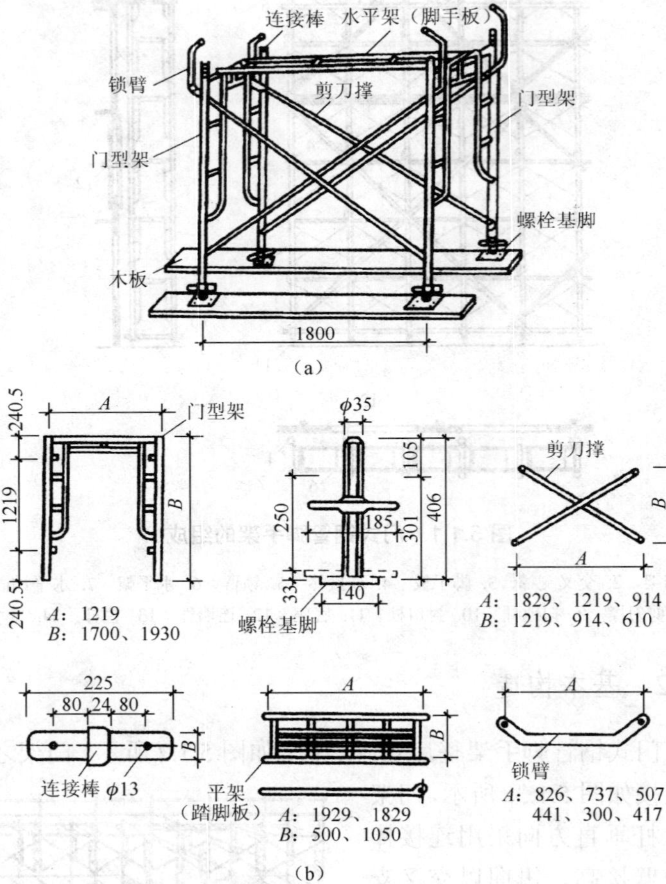

图 5.1.3　门式脚手架组合图

（a）门式脚手架基本组合单元　（b）基本单元部件

1. 门架

门架是门式钢管脚手架的主要构件，标准门架由立杆、横杆、加强杆、短杆和锁销焊接组成。

（1）门架的型式。门架的型式有标准门形架、梯形架、承托架和窄形架等。标准门形架用于常规架设，梯形架用于调节门架高度和组成活动操作平台，承托架是调整、改变门式钢管脚手架宽度的过渡门架，窄形架是一种宽度小于标准门形架的异形门架，主要用于装修、抹灰、吊顶等装饰工程中的作业。门架的组成与表示方法见表 5.1.2，门架型号、规格、代号见表 5.1.3。

表 5.1.2　门架的组成与表示方法

类型	具体说明
门架的组成	门架的主要构件有立杆、立杆加强杆、横杆、模杆加强杆及锁销组成，如图 5.1.4 所示。门式钢管脚手架门架之间的连接构造如图 5.1.3 所示。 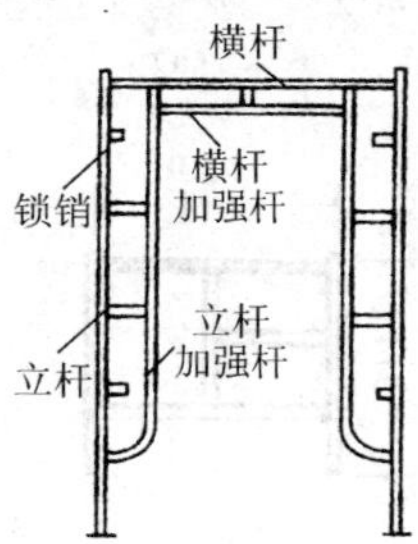 **图 5.1.4　门架的组成**
门架代号的表示方法	门架代号用代号 宽度/100 高度/100表示。 示例：MF1217，表示门架立杆中心线宽度为 1200mm，高度为 1700mm。《门式钢管脚手架》（JG 13—1999）规定门架的宽度为 1200mm，高度为 1900mm、1700mm、1500mm 三种。门架型号、规格、代号见表 5.1.3
脚手架的搭设高度	根据国内外经验及经济因素，门式钢管脚手架的最大搭设高度，应按表 5.1.1 确定。

表 5.1.3 门架型号、规格、代号

名 称	分 类	代 号	外形尺寸（mm）	
			宽度 b	高度 h_0
门架	门形架	MF××××	1200	1900 1700 1500
	梯形架	LF××××	1200	1200 900
	窄形架	NF××××	600	1700
	承托架	BF××××	900 1200	

标准门形架形式及单元部件如图 5.1.5 所示。

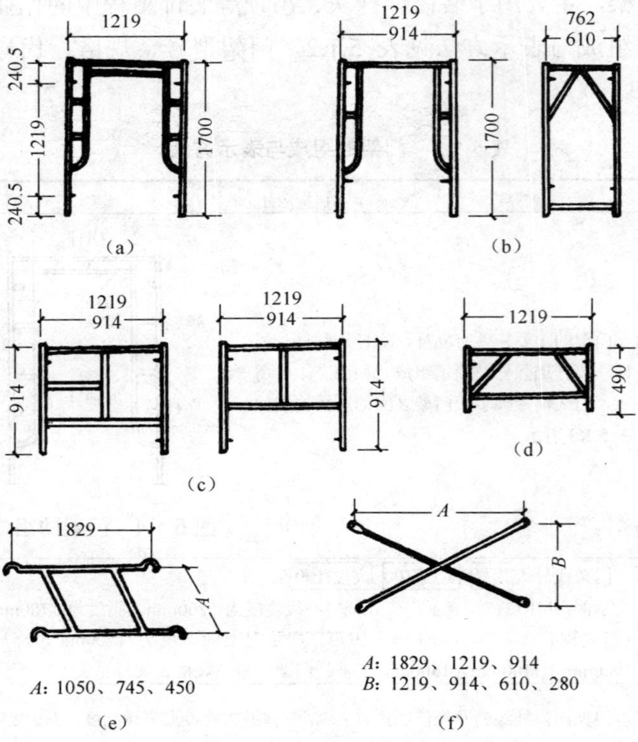

图 5.1.5 基本单元部件

（a）标准门架 （b）简易门架 （c）轻型梯形门架
（d）接高门架 （e）水平架 （f）交叉支撑

门形架一般用直径为38～45mm，壁厚为3mm的钢管焊成，由立管、横管、斜管、挂架管等部分组成，两侧立管上留有栓孔，并带螺栓，如图 5.1.6 所示。

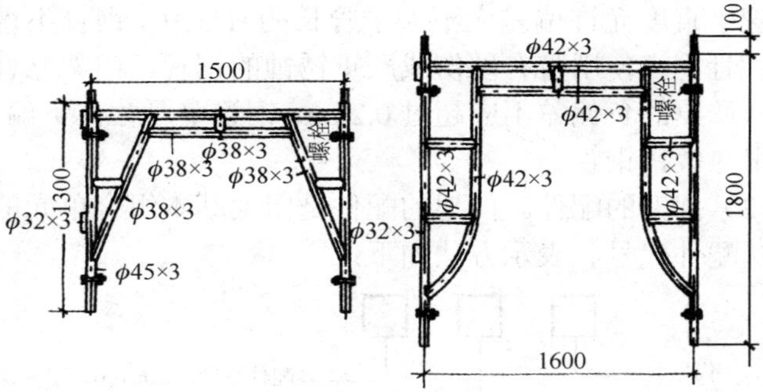

图 5.1.6 门形框架

梯形门架如图 5.1.7 所示，一般采用直径 27～45mm，壁厚 3mm 的钢管焊成。由立管、横管、挂架管等组成，框架两侧立管上留有栓孔，并带螺栓。其主要作用是调整门架高度并组成操作平台。

门架之间的连接，垂直方向上使用连接棒和锁臂接高，脚手架的纵向采用交叉支撑（剪刀撑），架顶水平面上采用水平架或脚手板。

门架加强杆的长度应不小于门架高度的 70%，门架宽度不得小于 800mm，且不宜大于 1200mm。

门架与配件的钢管应采用现行国家标准《直缝电焊钢管》（GB/T 13793—2008）

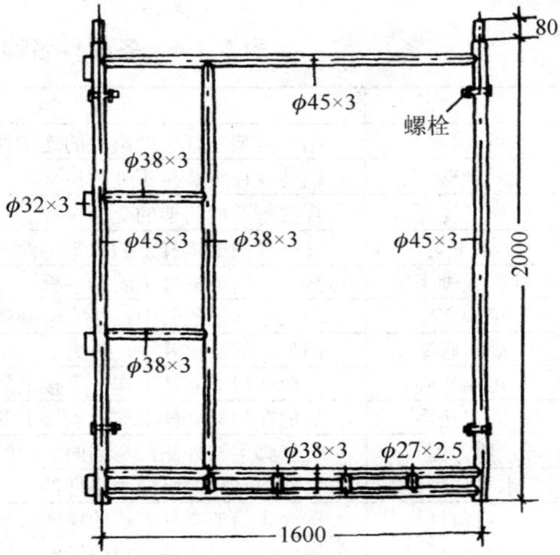

图 5.1.7 梯形框架

或《低压流体输送用焊接钢管》（GB/T 3091—2008）中规定的钢管。门架与配件的性能、质量及型号的表述方法应符合现行行业产品标准《门式钢管脚手架》（JG 13—1999）的规定。门架钢管平直度允许偏差应不大于管长的 1/500，钢管不得接长使用，且不应使用带有硬伤或严重锈蚀的钢管。门架立杆、横杆钢管壁厚的负偏差不应超过 0.2mm，钢管壁厚存在负偏差时，宜采用热镀锌钢管。

（2）门架的配件。门架的配件是门架基本组合单元的专门配件，配件代号、表示方法如下：

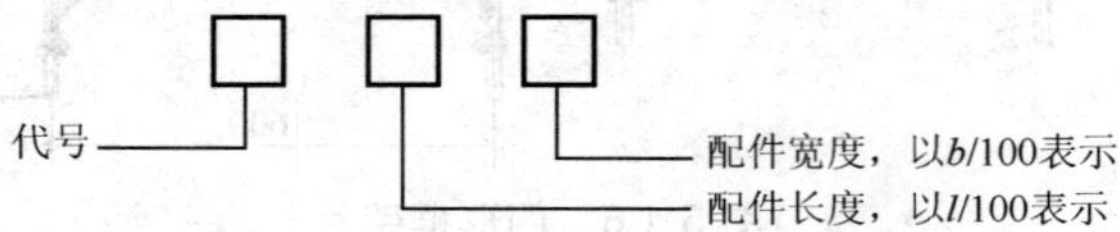

示例：H1805，H 是指水平架，18 代表搭钩中心长度为 1800mm，05 指水平架宽度为 500mm。对只有长度的配件，只写长度并以实际长度表示。如 L525，表示锁臂长度为 525mm。

各配件（含加固件和连墙件）名称说明见表 5.1.4，配件种类、代号、尺寸见表 5.1.5。

表 5.1.4　各配件名称说明

名　称	说　　明
连接棒	用于门架立杆竖向组装的连接件
锁臂	门架立杆组装接头处的拉接件
交叉支撑	连接每两榀门架的交叉拉杆
水平架	挂扣在门架横杆上的水平构件
挂扣式脚手板	挂扣在门架横杆上的脚手板
可调底座	门架下端插放其中，传力给基础，并可调整高度的构件
固定底座	门架下端插放其中，传力给基础，不能调整高度的构件
可调托座	插放在门架立杆上端，承接上部荷载，并可调整高度的构件
固定托座	插放在门架立杆上端，承接上部荷载，不能调整高度的构件
剪刀撑	位于脚手架外侧，与墙面平行的交叉杆件
水平加固件	与墙面平行的纵向水平杆件
封口杆	接底步门架立杆下端的横向水平杆件
扫地杆	接底步门架立杆下端的纵向水平杆件

续表 5.1.4

名 称	说 明
连墙件	脚手架连接于建筑物主体的结构件
步距	沿脚手架竖向的门架两横杆间的距离，其值为门架高度与连接棒套环高度之和
门架跨距	相邻两门架立杆的门架平面外的轴线距离
门架间距	相邻两门架立杆的门架平面内的轴线距离
脚手架高度	相邻两门架立杆到脚手架顶层门架立杆上端的距离
脚手架长度	脚手架纵向的两端门架立杆外皮之间的距离

表 5.1.5 配件种类、代号、尺寸

名称	分类		代号	外形尺寸（mm）		
				长 l	宽 b	高 h
配件	水平架		H××××	1800	1100	
					500	
	交叉支撑		C××××	2163	1800	1200
				2012		900
				1897		600
	脚手板		P××××	1800	500	
	钢梯		S××××	2617（2635）	500	1900（1925）
				2476（2493）		1700（1725）
				2343（2359）		1500（1525）
	锁臂		L×××	700（725）	40	
				500（525）		
				300（325）		
	连接棒		J×××	220	25（套环）	
	连墙杆		W×××	450～1300		
	底座	固定底座	FS×××	110		
		可调底座	AS×××	400～800		
	托座	固定托座	FU×××	110		
		可调托座	AU×××	400～800		

注：括号内的数字为当连接棒有套环时的尺寸。

1）底座和顶托。底座由底板、套管两部分焊成。底板一般用边长 150～200mm、厚 8～10mm 的钢板；套管一般用直径 32mm、壁厚 2.5mm、长为 100～150mm 的钢管，顶端封严（图 5.1.8），底座有可调底座、固定底座二种，可调底座的可调高度为 200～550mm，以适应地面不平时调整脚手架高度之用。

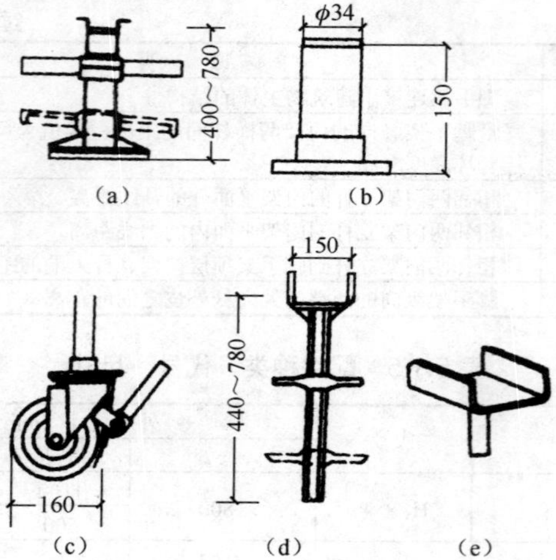

图 5.1.8 底座和顶托

（a）可调底座 （b）固定底座 （c）脚轮 （d）可调 U 形顶托 （e）固定 U 形托

顶托有平板和 U 形两类，又分为可调式和固定式两种，主要用于支撑架。可调底座、可调顶托和安全插销如图 5.1.9 所示。底座、托座及其可调螺母应采用可锻铸铁或铸钢制作，其材质应符合现行国家标准《可锻铸铁件》（GB/T 9440—2010）中 KTH—330—08 或《一般工业用铸造碳钢件》（GB/T 11352—2009）中 ZG230—450 的规定。

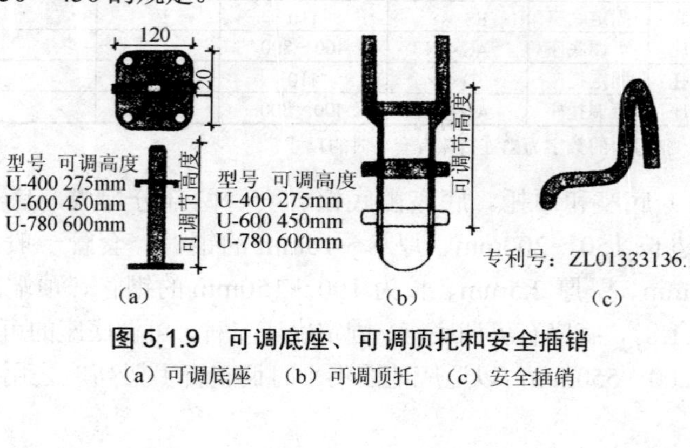

图 5.1.9 可调底座、可调顶托和安全插销

（a）可调底座 （b）可调顶托 （c）安全插销

2）三角挑架。三角挑架一般用直径 12～20mm 的钢筋或钢板焊成。端部焊有钢筋挡头，用以挡住脚手板。挑架底端的钢板做成圆弧形，用以箍住门架立杆。挑架顶部靠立杆一侧做成挂钩，用以与立杆的挂架管连接，如图 5.1.10 所示。

安装三角挑架时，要将挑架的挂钩插入门架立杆的挂架管中，底端的弧形钢板包夹在门形架的立管上，如图 5.1.11 所示。

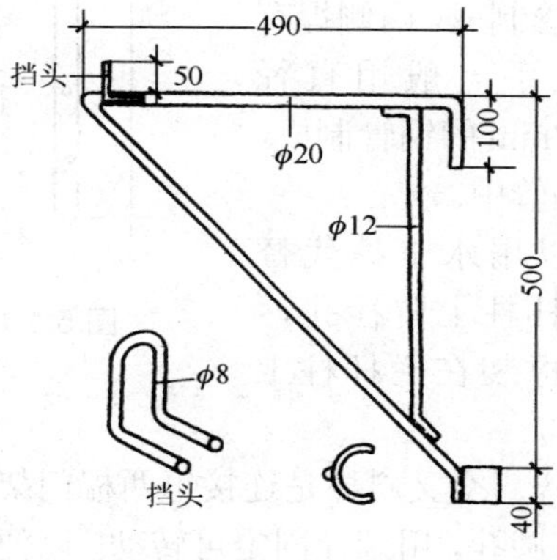

图 5.1.10　三角挑架

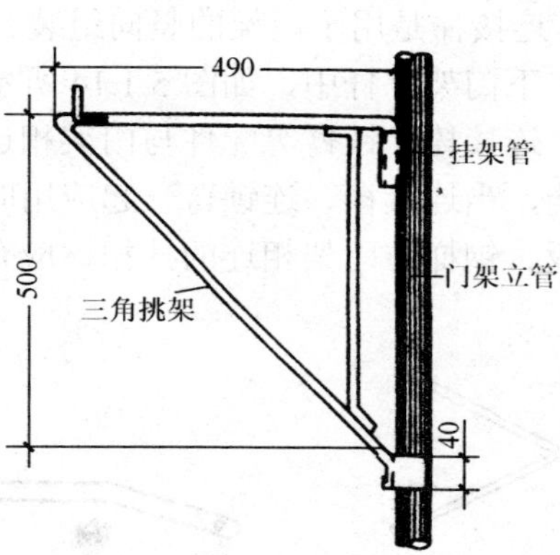

图 5.1.11　三角挑架安装

3）栏杆柱和扶手。栏杆柱和栏杆扶手是设置在门式脚手架或活动平台顶部的安全防护装置。栏杆柱插放在顶部门架立杆中，栏杆扶手端部压扁部分钻有锁孔，与栏杆柱上的锁销锁牢。

栏杆柱一般用直径 45mm、壁厚 3mm 的钢管制成，两侧焊有若干插管。扶手一般用直径 27mm、壁厚 2.7mm 的钢管制成，两端弯折插入插管中。

现场也可以用水平撑代替扶手，而在栏杆柱上留栓孔，用螺栓将水平撑装在栏杆柱上（图 5.1.12）。

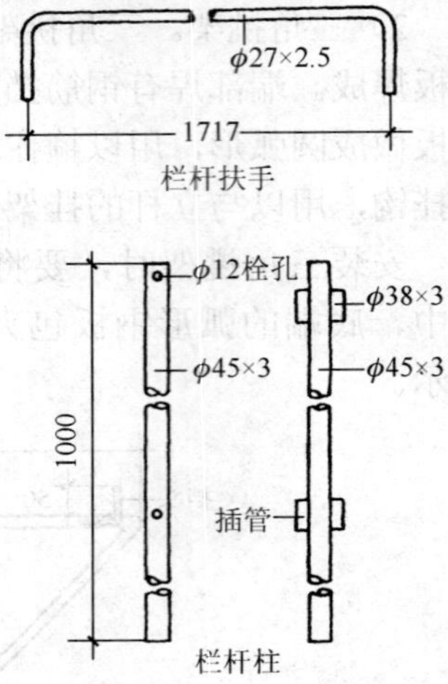

图 5.1.12　栏杆

4）交叉斜撑。交叉斜撑是连接每两榀门架的交叉型杆件。杆件的中部钻有圆孔，用螺栓固定可转动，以便于运输与安装，如图 5.1.13 所示。

5）连接棒。连接棒是用于门架的竖向组装、接高的连接件，安装时插入上、下门架立杆中，如图 5.1.14 所示。

交叉斜撑、连接棒、锁臂等配件与门架相连时，应有防止退出的止退机构，当连接棒、连锁臂一起应用时，连接棒可不受限制。脚手板、钢梯与门架相连的挂扣，应有防止脱落的扣紧机构。

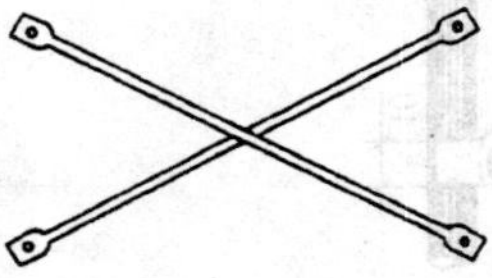

图 5.1.13　交叉支撑

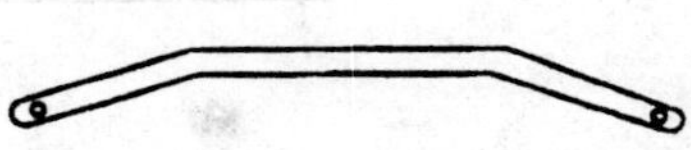

图 5.1.14　连接棒

6）其他配件。其他配件说明见表 5.1.4。

2. 加固件

加固件主要作用是加强架体的刚度和稳定性，加固杆件用扣件与门架立杆相连接，主要有剪刀撑、水平加固杆、扫地撑、封口杆及扣件等。

（1）剪刀撑。剪刀撑设在门式钢管脚手架的外侧，是与墙面平行的交叉杆件，以增强门架的稳定性，一般用直径 27mm，壁厚 2.5mm 的钢管制成，两头打扁制成栓孔，如图 5.1.15a 所示。

（2）水平加固撑。水平加固撑沿脚手架的外侧封闭设置，是与地面平行的杆件，对脚手架起环箍作用，以加强脚手架的整体性，一般用直径为 27mm，壁厚 2.5mm 的钢管制成，两头打扁，留有栓孔，如图 5.1.15b 所示。

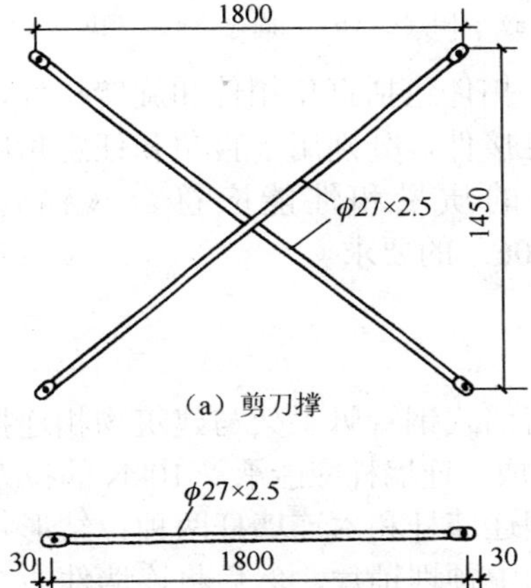

图 5.1.15 剪刀撑与水平加固撑

（3）扫地杆。扫地杆设在底部门架下端，是纵向设置的连续水平加固杆，用于调整和减少门架的不均匀沉降。

（4）封口杆。封口杆是底部门架下端两立杆间设置的横向水平杆件，使两立杆协同工作，形成临时四边门框式结构。

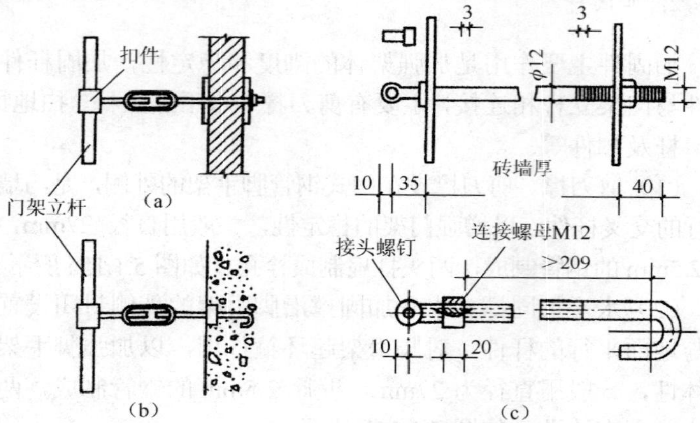

图 5.1.16　连墙件的一般做法

（a）夹固式　（b）锚固式　（c）预埋连墙件

（5）扣件。扣件包括直角扣件和旋转扣件，是加固杆与门架立杆之间的连接件，分别用于直角和任意角度相交杆件之间的连接。扣件的质量和性能应符合《钢管脚手架扣件》（GB 15831—2006）的要求。

3. 连墙件

连墙件是将门式钢管脚手架与建筑物相连接的部件，由连墙杆和锚固件组成。连墙杆应能承受 10kN 的拉力和压力。

连墙件分钢连墙杆和木连墙杆两种拉结形式。钢连墙杆拉结是预先在结构中预埋销片，然后将连墙件的一端插入销片的预留栓孔中，另一端插入门架的挂架管中，钢连墙件分为夹固式和锚固式，如图 5.1.16 所示。

木连墙杆拉结是将方木连墙杆顶住墙面，然后用 8 号铁丝绑扎在门架的横管上，并用 8 号铁丝穿过结构预埋的钢筋环孔与门架拉结，这种方法的拉结力较小，如图 5.1.17 所示。

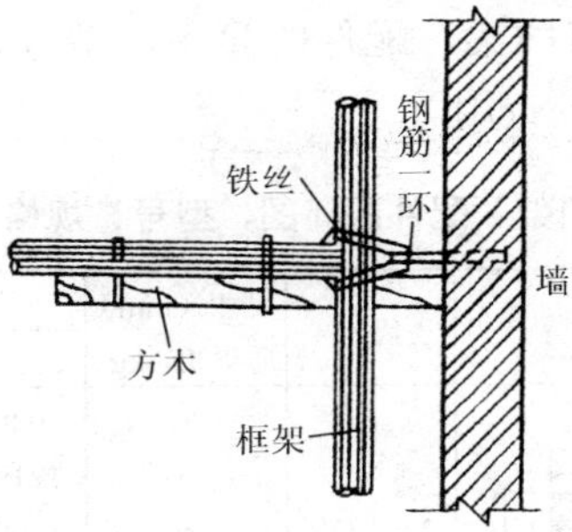

图 5.1.17 用木连墙杆拉结

连墙件的最大竖向和水平间距应符合表 5.1.6 的要求。

表 5.1.6 连墙件间距

落地脚手架搭设高度（m）	基本风压（kN/m^2）	连墙件间距（m）	
		竖 向	水平方向
≤45	≤0.35	≤6.0	≤8.0
	0.36～0.55	≤4.0	≤6.0
46～60			

在下列部位应增设连墙件：

（1）因设防护棚、水平安全网或承托架，对脚手架产生水平作用时，应在其层面内增设连墙件，连墙件的间距不宜大于 4m。

（2）脚手架拐角处及一字形或非封闭的脚手架两端，应增设连墙件，连墙件的竖向间距不宜大于 4m。

（3）连墙件宜靠近门架的横梁设置，距横梁的距离不宜大于 200mm。

（4）门式钢管脚手架一般宜采用钢连墙件拉结。

4. 脚手板

脚手板是指非挂扣式的钢脚手板、木脚手板、竹串片板等通用脚手板，一般施工中常用钢脚手板。钢脚手板应每 3～5 层设置一道，板的两端搁置在门架的横梁上，并用挂扣扣紧。

综上所述，将门架、配件的简图、型号、规格尺寸、质量列于表 5.1.7，以供查用。

表 5.1.7 门架、配件的简图、型号、规格尺寸、质量

名称	简图	代号	尺寸（mm） 质量 W_t(kg)	生产厂家 CKC	FF	LJ	SH
门形架	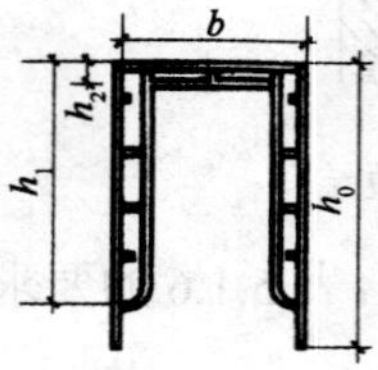	MF1219	h_0	1930	1900	1900	1874
			b	1219	1200	1200	1200
			h_1	1560	1200	1550	1550
			h_2	80	80	100	80
			W_t	22.4	20.2	26	18.6
		MF1217	h_0	1700	1700		1874
			b	1219	1200		900
			W_t	20.5	19.2		17.2
	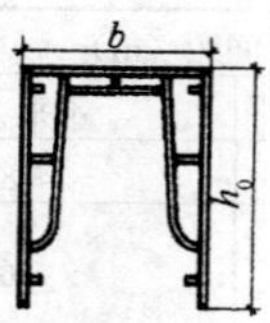	MF1217	h_0	1700			
			b	1219			
			W_t	16.5			
		MF1215	h_0	1524			
			b	1219			
			W_t	15.5			
梯形架	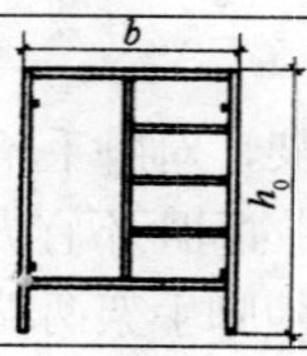	LF1519	h_0	1930			
			b	1524			
			W_t	24.1			
		LF1215	h_0	1524			
			b	1219			
			W_t	18.0			
	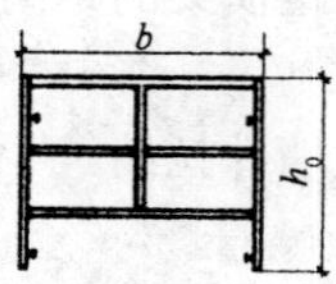	LF1212	h_0	1219	1219		
			b	1219	1200	—	—
			W_t	13.3	16.5		
		LF1215	h_0	1524			
			b	1219		—	—
			W_t	16.6			

续表 5.1.7

名称	简图	代号	尺寸（mm） 质量 W_t(kg)	生产厂家			
				CKC	FF	LJ	SH
梯形架	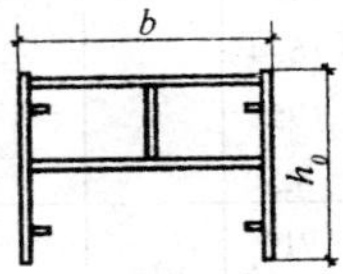	LF1209	h_0 b W_t	914 1219 11.5	914 1200 12.44	—	900 1200 13.5
		LF1204 LF904	h_0 b W_t	490 1219 9.5	490 900 8.7	—	600 1200 10.9
窄形架	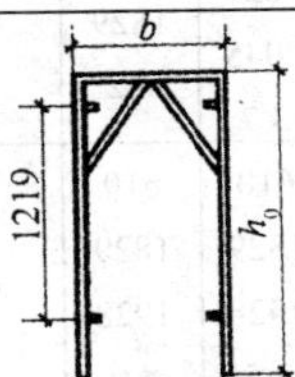	NF617	h_0 b W_t	1700 610 12.2	1700 610 14.3		
	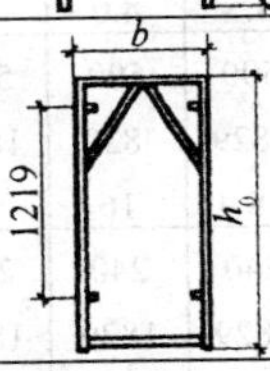	NF617	h_0 b W_t	1700 610 13.8	1700 610 14.3		
	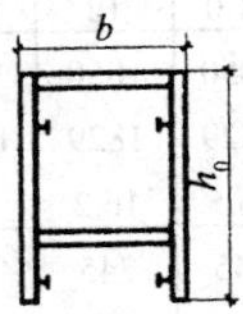	NF609	h_0 b W_t	914 610 7.6	914 610 9.0		
		NF609	h_0 b W_t	904 61.0 7.7			
承托架	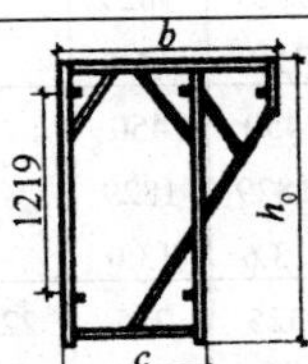	BF617	h_0 b c W_t	1700 1219 610 20.9			1874 1200 900 21.6
交叉拉杆	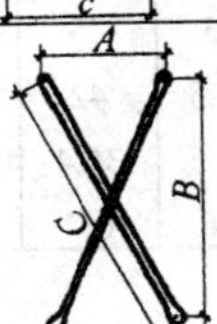	C1812	A B C W_t	1219 1829 2198 4.0	1219 1829 4.5	1200 1800	1180 1800 2152 4.4

续表 5.1.7

名称	简图	代号	尺寸（mm）质量 W_t(kg)	生产厂家 CKC	FF	LJ	SH
交叉拉杆	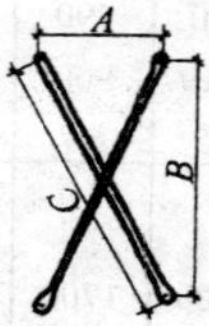	C1512	A	1219			
			B	1524			
			C	1952			
			W_t	3.5			
		C1809	A	914	914		
			B	1829	1829		
			C	2045			
			W_t	3.7	4.2		
		C1806	A	610	610		580
			B	1829	1829		1800
			C	1928	1928		1891
			W_t	3.5	4.0		3.7
挂扣式脚手板		P1805	A	500	500	500	500
			B	1829	1829	1800	1800
			W_t	18.4	16		21.6
		P1802	A	240	240	240	500
			B	1829	1829	1800	1800
			W_t	11.0	12		21.6
水平架		H1810	A	1050	1050	950	1050
			B	1829	1829	1800	1800
			W_t	16.5	16.2		9.0
		H1807	A	745	745		
			B	1829	1829		
			W_t	15.0	14.1		
		H1804	A	450	450		
			B	1829	1829		
			W_t	13.6	13.0		
连接棒	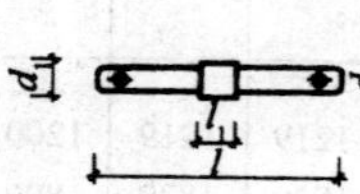	J220	i	325	225	225	225
			l_1	25	25	25	26
			d_1	39.5	42	48	42
			d_2	35.5	36.4	40	36
			W_t	0.6	0.7		0.4

续表 5.1.7

名称	简图	代号	尺寸（mm） 质量 W_t(kg)	生产厂家 CKC	FF	LJ	SH
锁臂	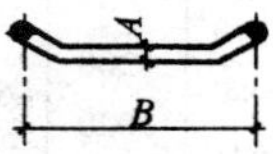	L700	A	40		40	40
			B	737		725	721
			W_t	0.75			0.7
		L500	A	40	40		40
			B	507	506		620
			W_t	0.54	0.6		0.6
		L300	A	40		40	40
			B	330		325	346
			W_t	0.32			0.4
可调底座	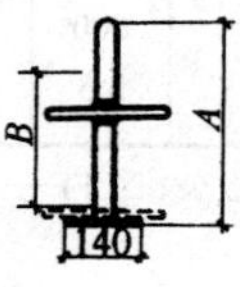	AS40	A	400	400	481	401
			B	250	250	300	260
			W_t	3.5	4.1		4.8
		AS78(60)	A	780	600		
			B	520	450		
			W_t	5.5	6.5		
固定底座	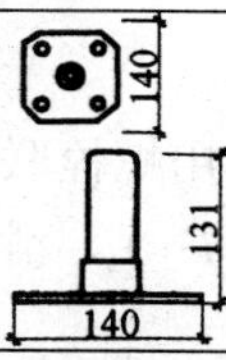	FS10	A	131	131		105
			B	140	140		140
			W_t	1.0	1.5		1.1
可调托座	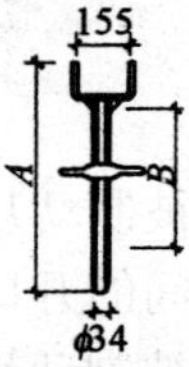	AU40	A	400	400	565	300
			B	250	250	400	1.5
			W_t	4.5	5.4		
		AU78	A	780	600	631	
			B	520	450	500	
			W_t	6.5	7.0		
固定托座	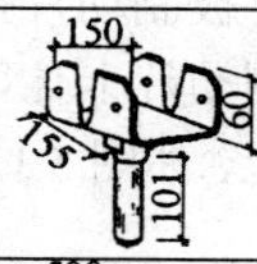	FU10	A	161	105		150
			W_t	2.5	2.1		1.5
钢梯	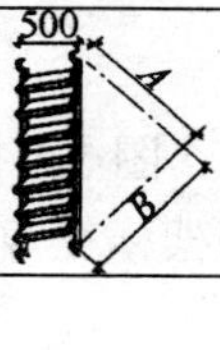	S1819	A	1955	1925		1900
			B	1829	1829		1800
			W_t	27.2	33.6		24.3

续表 5.1.7

名称	简图	代号	尺寸（mm） 质量 W_t(kg)	生产厂家			
				CKC	FF	LJ	SH
钢梯		S1817	A B W_t	1725 1829 26.0	1 725 1829 32.6		
栏杆扶手	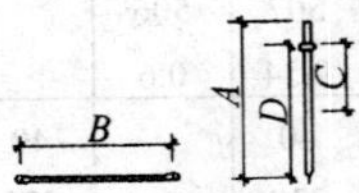	Z12	A C D W_t	1219 584 1041 2.8	1200 1020 3.0	550 1000	520 1100 3.2
		F18	B W_t	1829 1.6	1829 2.5		1800 1.8
连件体		W60	B W_t		600 3.5		

注：CKC——汕头国际脚手架公司；LJ——北京利建模板公司；FF——无锡远东建筑器材公司；SH——上海第四建筑工程公司。

5.1.3 自锚连接构造

门式脚手架各部件之间的连接基本上不用螺栓联接，而是采用方便可靠的自锚结构。主要形式有制动片式、滑片式、偏重片式、弹片式等。

1. 制动片式

在作为挂扣的固定片上，铆有制动片和被制动片，安装前使两外制动片脱开，因被制动片与固定片之间的开口尺寸大于门架横梁直径，挂扣扣在横梁上后，用手将被制动片推至紧靠横梁位置，则主制动片会自动落下，将被制动片卡住，从而将脚手板或水平梁架、梯子等自锚于门架横梁上，如图 5.1.18 所示。

2. 滑片式

在挂扣固定片挂钩的端部安设一个滑片（图 5.1.19），安装前滑片位于虚线位置，此时挂钩开口大于门架横梁直径，挂扣

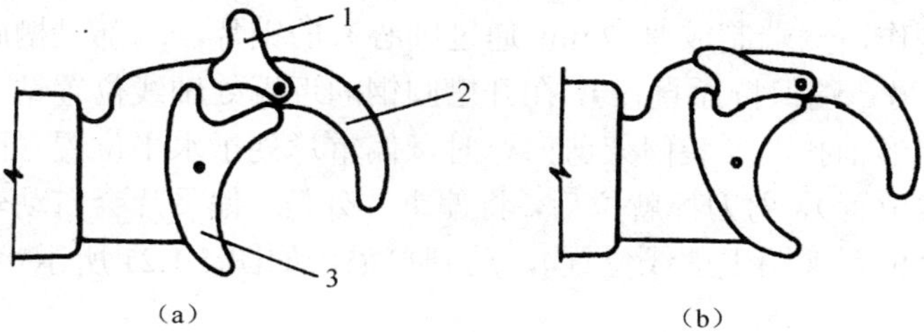

图 5.1.18 制动片式挂扣

（a）安装前 （b）就位后

1. 主制动片 2. 固定片（δ=6mm） 3. 被制动片

就位后，利用滑片的自重或用手将滑片推下，挂扣开口尺寸因小于横梁直径，而锚住横梁。

另一种滑片式挂扣是在挂钩的连接片上设置一个滑动的限位片（图 5.1.20），虚线位置时挂钩开口尺寸最大，就位后顺滑槽推至实线位置时即可锁住横梁。这种滑片式挂扣多用做梯子的挂扣。

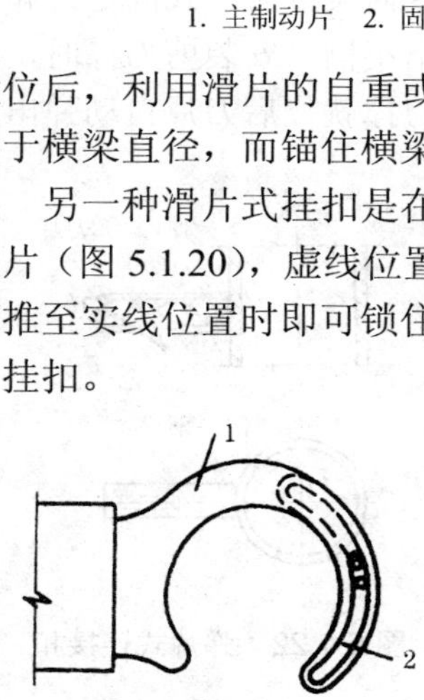

图 5.1.19 滑片式挂扣（一）

1. 固定片（δ=8mm） 2. 滑动片

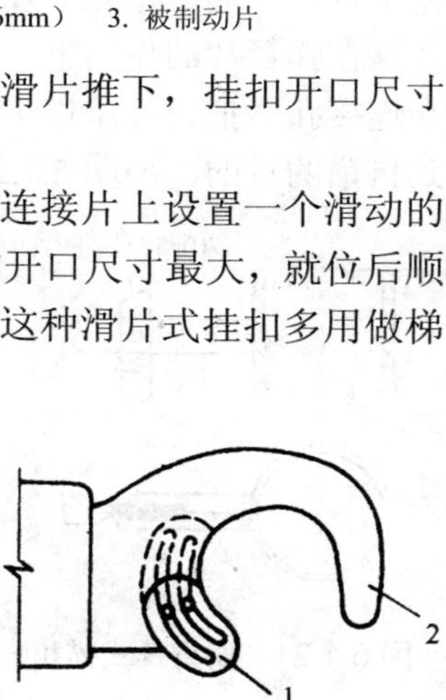

图 5.1.20 滑片式挂扣（二）

1. 限位片 2. 固定片

3. 偏重片式

在门架两根竖管的内侧，上下各水平焊接一段端头开槽的 ϕ12mm 的圆钢，槽底呈坡形，槽上口长 20mm，下口长 23mm，槽宽比 2mm 稍微大一点。槽内设置一个偏重片（用 ϕ10mm 圆钢制作，一端制成厚 2mm 通过圆心）的钢片，端部呈槽底坡状（另一端保持原直径），在开槽圆钢的近端处轴线位置钻一个椭圆形轴孔，安装门架剪刀撑时，偏重片处于水平位置（图中虚线位置），剪刀撑就位后，将偏重片外拉，偏重片会自动转至垂直位置（图中虚线位置），达到自锚，如图 5.1.21 所示。

4. 弹片式

在门架竖管与剪刀撑的连接部位焊接一根外径为 12mm 的薄壁钢管，一端下壁处开设小槽，管内设置刀片式固定片和弹簧片，在弹簧片的作用下，刀片突出小槽。安装剪刀撑时，其两端连接孔会把刀片压进小槽，剪刀撑就位后刀片自动弹出，达到自锚的目的，如图 5.1.22 所示。

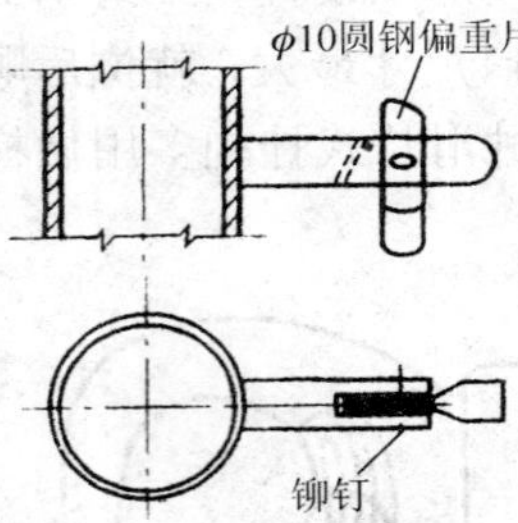

图 5.1.21 偏重片式锚扣

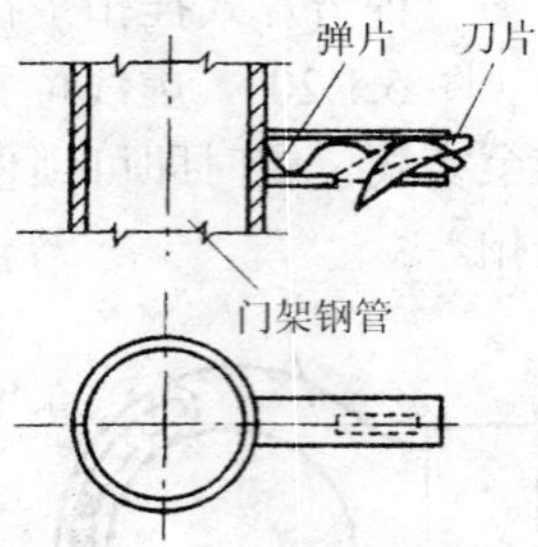

图 5.1.22 弹片式连接扣

5.2 门式钢管脚手架的技术要求与构造要求

5.2.1 门架及配件技术要求

1. 材料质量要求

门式钢管脚手架构配件的材料质量性能要求见表 5.2.1。

表 5.2.1 构配件材质性能要求

序号	具 体 要 求
1	门架及其配件的规格、性能及质量应符合现行行业标准《门式钢管脚手架》（JG 13—1999）的规定，并应有出厂合格证明书及产品标识
2	周转使用的门架及配件应按相关规定进行质量类别判定、维修及使用
3	水平加固杆、封口杆、扫地杆、剪刀撑及脚手架转角处连接杆等宜采用ϕ42×2.5（mm）焊接钢管，也可采用ϕ48×3.5（mm）焊接钢管，其材质在保证可焊性的条件下应符合现行国家标准《碳素结构钢》（GB/T 700—2006）中Q235A 钢的规定，相应的扣件规格也应分别为ϕ42、ϕ48
4	钢管应平直，平直度允许偏差为管长的 1/500；两端面应平整，不得有斜口、毛口；严禁使用有硬伤（硬弯、砸扁等）及严重锈蚀的钢管
5	连接外径 48mm 钢管的扣件，其性能、质量应符合现行国家标准《钢管脚手架扣件》（GB 15831—2006）的规定，连接外径 42mm 与 48nm 钢管的扣件应有明显标记并按照现行国家标准《钢管脚手架扣件》中的有关规定执行
6	连墙件采用钢管、角钢等型钢时，其材质应符合现行国家标准《碳素结构钢》（GB 700—2006）中 Q235A 钢的要求
7	典型的门架、配件及扣件的计算用表可按表 5.2.2、表 5.2.3、表 5.24 查取。 （1）典型的门架几何尺寸及杆件规格宜符合表 5.2.2 的规定。 （2）扣件规格及质量应符合表 5.2.3 的规定。 （3）典型的门架、配件质量宜符合表 5.2.4 的规定。 （4）门式脚手架用钢管的截面几何特性应符合表 5.2.5 的规定

表 5.2.2 典型的门架几何尺寸及杆件规格

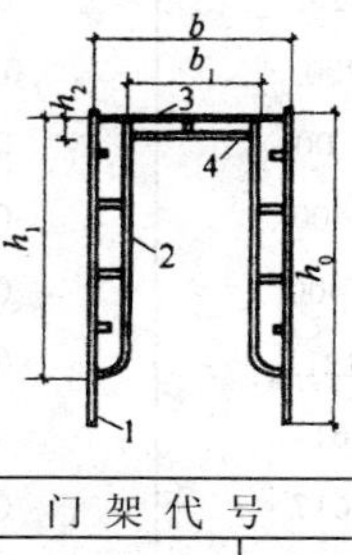

1. 立杆
2. 立杆加强杆
3. 横杆
4. 横杆加强杆

门 架 代 号		MF1219	
门架几何尺寸（mm）	h_2	80	100
	h_0	1930	1900
	b	1219	1200
	b_1	750	800
	h_1	1536	1550

续表 5.2.2

门架代号		MF1219	
杆件外径壁厚（mm）	1	ϕ42.0×2.5	ϕ48.0×3.5
	2	ϕ26.8×2.5	ϕ26.8×2.5
	3	ϕ42.0×2.5	ϕ48.0×3.5
	4	ϕ26.8×2.5	ϕ26.8×2.5

注：表中门架代号含义同现行行业标准《门式钢管脚手架》（JG 13—1999）。

表 5.2.3 扣件规格及质量

类型	规格	质量（kg/个）
直角扣件	JK4848，JK4843、JK4343	0.0135
旋转扣件	JK4848、JK4843，JK4343	0.0145

表 5.2.4 典型的门架、配件质量

名称	单位	代号	质量（kg）
门架	榀	MF1219	0.224
门架	榀	MF1217	0.205
交叉支撑	副	C1812	0.040
水平架	榀	H1810	0.165
脚手板	块	P1805	0.184
连接棒	个	J220	0.006
锁臂	副	L700	0.0085
固定底座	个	FS100	0.010
可调底座	个	AS400	0.035
可调托座	个	AU400	0.045
梯型架	榀	LF1212	0.133
窄型架	榀	NF617	0.122
承托架	榀	BF617	0.209
梯子	副	S1819	0.272

注：表中门架配件的代号同现行行业标准《门式钢管脚手架》（JG 13—1999）。

表 5.2.5 门式脚手架用钢管的截面几何特性

钢管外径（mm）	壁厚（mm）	截面积（cm^2）	截面惯性矩（cm^4）	截面抵抗矩（cm^3）	截面回转半径（cm）
48.0	3.5	4.89	12.19	5.08	1.58
42.7	2.4	3.04	6.19	2.90	1.43
42.0	2.5	3.10	6.08	2.83	1.40
34.0	2.2	2.20	2.79	1.64	1.13
27.2	1.9	1.51	1.22	0.89	0.90
26.8	2.5	1.91	1.42	1.06	0.86

2. 门架及配件的质量和性能要求

（1）一般要求。国产门架及其配件的规格、性能和质量应符合现行行业标准《门式钢管脚手架》（JG 13—1999）的规定。

（2）尺寸偏差要求。构配件基本尺寸的允许偏差见表 5.2.6。

表 5.2.6 门架、配件基本尺寸的允许偏差

项次	构配件	项 目	允许偏差（mm）	
			优良	合格
1	门 架	△高度 h	±1.0	±1.5
2		△宽度 b（封闭端）		
3		△立杆端面垂直度	0.3	0.3
4		△销锁垂直度	±1.0	±1.5
5		△销锁间距		
6		销锁直径	±0.3	±0.3
7		对角线差	2.0	3.5
8		平面度	4.0	6.0
9		两钢管相交轴线差	±1.0	±2.0
10	水平架、脚手板、钢梯	△搭钩中心距	±1.5	±2.0
11		△宽度	±2.0	±3.0
12		平面度	4.0	6.0
13	交叉支撑	△两孔中间距离 l	±1.5	±2.0
14		孔至销钉距离		
15		孔直径	±0.3	±0.5
16		△孔与钢管轴线	±1.0	±1.5

续表 5.2.6

项次	构配件	项　　目	允许偏差（mm）	
			优良	合格
17	连接棒	长度	±3.0	±5.0
18		△套环高度	±1.0	±1.5
19		△套环端面垂直度	0.3	0.3
20	锁　臂	△两孔中心距	±1.5	±2.0
21		宽度	±1.5	±2.0
22		孔径	±0.3	±0.5
23	底座、托座	长度	±3.0	±5.0
24		螺杆的直线度	±1.0	±1.0
25		手柄端面垂直度	—	—
26		插管、螺杆与底面的垂直度	$L/200$	$L/200$

注：带“△”者为主要项目。

（3）门架及配件的性能要求。门架及配件的性能要求见表 5.2.7。

表 5.2.7　门架及配件的性能要求

项次	名称	项　　目		规定值	
				平均值	最小值
1	门架	立杆抗压承载能力（kN）	高度 h=1900mm	70	65
2			高度 h=1700mm	75	70
3			高度 h=1500mm	80	75
4		横杆跨中挠度（mm）		10	
5		锁销承载能力（kN）		6.3	6
6	配件	水平架、脚手板	抗弯承载能力（kN）	5.4	4.9
7			跨中挠度（mm）	10	
8			搭钩（4 个）承载能力（kN）	20	18
9			挡板(4 个)抗脱承载能力(kN)	3.2	3
10		交叉支撑抗压承载能力（kN）		7.5	7
11		连接棒抗拉承载能力（kN）		10	9.5
12		锁　臂	抗拉承载能力（kN）	6.3	5.8
13			拉伸变形（mm）	2	
14		连墙杆抗拉和抗压承载能力（kN）		10	9
15		可调底座抗压承载能力（kN）	$l_1≤200$mm	45	40
16			200mm$<l_1≤250$mm	42	38
17			250mm$<l_1≤300$mm	40	36
18			$l_1>300$mm	38	34

注：表中的平均值和最小值必须同时满足。

（4）周转使用的门架及配件质量鉴定。施工中多次周转使用的门式钢管脚手架，其门架及配件难免出现不同程度的损坏，为了保证其正常的使用功能和安全可靠，应参照表 5.2.8～表 5.2.12 门架及配件质量分类表，进行质量判定，并分别做出维修保养（A 类）、更换修理（B 类）、经性能试验确定使用类别（C 类）和报废（D 类）的处理。

表 5.2.8 门架及配件质量分类表

部位及项目		A 类	B 类	C 类	D 类
立杆	弯曲（门架平面外）	≤4mm	＞4mm	—	—
	裂　纹	无	微小	—	有
	下　凹	无或轻微	有	—	≥4mm
	壁　厚	≥2.5mm	—	—	＜2.5mm
	端面不平度	无或轻微	较严重	—	—
	锁销损坏	无	损伤或脱落	—	—
	锁销间距	±1.5mm	≥±1.5mm	—	—
	锈　蚀	无或轻微	有	较严重（鱼鳞状）	严重（贯穿孔洞）
	立杆尺寸变形	±5mm	＞＋5mm ＜−5mm	—	—
	下部堵塞	无或轻微	较严重	—	—
	立杆下部长度	≤400mm	＞400mm	—	—
横杆	弯　曲	无或轻微	严重	—	—
	裂　纹	无	轻微	—	有
	下　凹	无或轻微	≤3mm	—	＞3mm
	锈　蚀	无或轻微	有	较严重	严重
	壁　厚	≥2mm		—	＜2mm
加强杆	弯　曲	无或轻微	有	—	—
	裂　纹	无	有	—	—
	下　凹	无或轻微	有	—	—
	锈　蚀	无或轻微	严重	—	—
其他	焊接脱落	无	一定程度	严重	—

表 5.2.9 交叉支撑质量分类表

部位及项目	A类	B类	C类	D类
弯　　曲	≤3mm	＞3mm	—	—
端部孔周裂纹	无	有	—	严重
下　凹	无或轻微	有	—	严重
中部铆钉脱落	无	有	—	—
锈　　蚀	无或轻微	有	—	严重

表 5.2.10 连接棒质量分类表

部位及项目	A类	B类	C类	D类
弯　　曲	无或轻微	—	—	严重
锈　　蚀	无或轻微	有	较严重	严重
套环脱落	无	有	—	—
套环倾斜	≤1.0mm	＞1.0mm	—	—

表 5.2.11 可调底座、可调托座质量分类表

部位及项目		A类	B类	类	D类
螺　杆	螺牙活损	无或轻微	有	—	严重
	弯　　曲	无	轻微	—	严重
	锈　　蚀	无或轻微	轻微	较重	严重
扳手、螺母	扳手断裂	无	有	—	—
	螺母转动困难	无	有	—	严重
	锈　　蚀	无或轻微	有	较重	严重
底　板	翘　　曲	无或轻微	有	—	—
	与螺杆不垂直	无或轻微	有	—	—
	锈　蚀	无或轻微	有	较重	严重

表 5.2.12 脚手板、水平架质量分类表

部位及项目		A类	B类	C类	D类
面　板	裂　　纹	无或轻微	有	较严重	严重
	下　　凹	无或轻微	有	较严重	—
	锈　　蚀	无或轻微	有	较严重	—
	板　　厚	≥1.0mm	—	—	<1.0mm

续表 5.2.12

部位及项目		A类	B类	C类	D类
水平梁、杆	弯　曲	无	有一定程度	—	严重
	下　凹	无或轻微	较严重	—	—
	锈　蚀	无或轻微	有	较严重	严重
	裂　纹	无	轻微	—	严重
	水平梁壁厚	≥2.0mm	—	—	<2.0mm
	短横梁型钢壁厚	≥1.0mm	—	—	<1.0mm
	水平杆、短横杆壁厚	≥2.0mm	—	—	<2.0mm
搭钩零件	裂　纹	无	—	—	有
	锈　蚀	无或轻微	有	较重	严重
	铆钉损坏	无	损伤、脱落	—	—
	弯　曲	无	轻微	—	严重
	下　凹	无或轻微	有	—	严重
	锁扣损坏	无	损伤、脱落	—	—
其　他	脱　焊	无	轻微	—	严重
	整体变形、翘曲	无或轻微	一定程度	—	严重

5.2.2 门式钢管脚手架搭设构造要求

1. 基础

搭设落地式门式钢管脚手架的场地应平整、坚实、排水良好。当脚手架架设在回填土地面上的时候，地面应分层回填，逐层夯实，以确保门式脚手架的地基基础有足够的承载能力，保证在荷载的作用下不发生塌陷和显著的不均匀沉降。

门架立杆下应铺设垫木，垫木的铺设方式有垂直于墙面方向横铺和平行于墙面方向顺铺两种。当垫木长度为 1.6～2.0m 时，垫木宜采用横向铺设；当垫木长度为 4.0m 左右时，垫木宜采用纵向铺设。

2. 分段搭设的门式脚手架支承结构

分段搭设及分段卸载的门式钢管脚手架，以及脚手架搭设在建筑结构的楼面、挑台上时，应对支承结构和建筑结构进行设计和验算，必要时应对建筑结构进行加固。

3. 搭设构造要求

（1）门架。门架的选型应根据建筑物的形状、尺寸、高度和施工荷载、作业情况等条件确定，并绘制搭设结构、节点详图，供搭设人员使用。

1）门架应能配套使用，在不同组合情况下，均应保证连接可靠、方便，且应具有良好的互换性。

2）不同型号的门架与配件严禁混合使用，同一脚手架工程，不配套的门架和配件也不得混合使用。

3）上、下门架立杆应在同一轴线位置上，以使门架传力均匀。当门架立杆与连接棒配合过松、间隙较大时，应使连接棒居中安装，使轴线偏离不大于 2mm。

4）门架内侧立杆距墙面净距离应不大于 150mm，如大于 150mm 时，应采取相应的安全防护措施。不用三角架时，门架内侧立杆边缘距墙面 50～60mm，如图 5.2.1a 所示；用三角架时，门架内侧立杆边缘距墙面 550～600mm，如图 5.2.1b 所示。

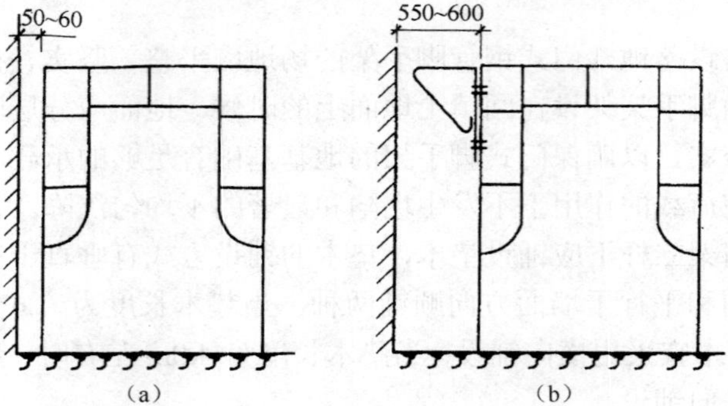

图 5.2.1　门架内侧立杆的离墙距离

5）承托架由于承受偏心荷载，应与建筑物作可靠拉结，并在设计时考虑偏心受力影响，对脚手架进行计算。

6）门式脚手架顶端栏杆宜高出女儿墙上端或檐口上端 1.5m。

（2）交叉支撑。门式脚手架内、外侧均应设置交叉支撑，其尺寸应与门架间距相匹配，并与门架立杆上的锁销锁牢。施工需要拆除内侧交叉支撑时，应在该门架单元上、下设置水平架或脚手板，施工操作完毕后，立即恢复安装交叉支撑，或采用其他加固方法。

（3）挂扣式脚手板、水平架。第一层门架顶面应铺设一定数量的脚手板，以便工作人员站在脚手板上搭设第二层步架。

1）施工操作作业层应连续满铺挂扣式脚手板，宽度不宜小于 1m。脚手扳搭钩应与门架横杆扣紧，用滑动挡板锁牢，防止脚手板脱落或松动。

2）当采用非挂扣式钢、木脚手板时，应将脚手板与脚手板、脚手扳与门架横杆用铁丝绑扎牢固，严禁出现探头板现象。

3）水平架设在脚手架的顶层门架上部、连墙件设置层、承托架、防护棚、悬挑水平安全网等承受偏心荷载的位置处，在层面上连续设置，以增加层面刚度和整体性。

4）当脚手架高度小于 45m 时，水平架应每两步门架设置一道；当脚手架高度大于 45m 时，水平架应每部门架设置一道。

5）无论脚手架的高度多少，在脚手架的转角处、端部及间断处的一个跨距范围内，水平架均应每步一设。

6）水平架可由挂扣式脚手板替代，或门架两侧的水平加固杆替代。

（4）连接棒、锁臂。上下榀门架的组装必须设置连接棒，连接棒与门架立杆配合间隙应不大于 2mm。连接棒采用表面油漆涂层时，搭设时应表面涂油，以防使用期间锈蚀，难以拔出。连接棒应居中安放，以使套环均匀传递荷载。

门式脚手架或模板支架上下榀门架间应设置锁臂，当采用自锁式、弹销式连接棒时可不设锁臂。

（5）可调底座、固定底座。可调底座或固定底座应在第一步门架立杆下端设置，门式脚手架使用期超过 3 个月时，应用铁钉与垫木钉牢。当地基承载力较低时，宜选用可调底座，以调整门式脚手架不均匀沉降。门式脚手架分段搭设时，可采用固定底座。

（6）剪刀撑。门式钢管脚手架搭设高度超过 20m 时，应在脚手架立杆外侧连续设置剪刀撑，剪刀撑与地面的倾角宜为 45°～60°，每道剪刀撑的宽度应不大于 6 个跨距，且应不大于 10m，也应不小于 4 个跨距，且应不小于 6m。设置连续剪刀撑的斜杆水平间距宜为 6～8m。

剪刀撑应采用旋转扣件与门架立杆扣牢。杆件宜采用搭接接长，搭接长度不小于 1000mm，搭接处应采用 3 个及以上旋转扣件扣紧。

（7）水平加固杆、扫地杆、封口杆。门式钢管脚手架应在门架两侧的立杆上设置纵向水平加固杆，并用扣件与门架立杆扣紧。水平加固杆应连续设置，形成水平封闭圈，以增强脚手架的整体性。水平加固杆设置应符合下列要求：

1）在顶层、连墙件设置层必须设置水平加固杆。

2）当脚手架每步铺设挂扣式脚手板时，至少每四步应设置一道水平加固杆，并宜在有连墙件的水平层设置。

3）当脚手架搭设高度小于或等于 40m 时，至少每两步门架应设置一道水平加固杆；当脚手架搭设高度大于 40m 时，每步门架应设置一道水平加固杆。

4）在脚手架的转角处、开口型脚手架端部的两个跨距内，每步门架应设置一道水平加固杆。

5）悬挑脚手架每步门架应设置一道水平加固杆。

门式脚手架的底层门架下端应设置纵、横向通长的扫地杆。纵向扫地杆应固定在距门架立杆底端不大于 200 mm 处的门架立杆上，横向扫地杆（封口杆）宜固定在紧靠纵向扫地杆下方的门架立杆上。

（8）转角处构造。在建筑物的转角处，门式脚手架内、外两侧立杆上应按步设置水平连接杆、斜撑杆，将转角处的两榀门架连成一体，转角处脚手架的连接如图 5.2.2 所示。

连接杆、斜撑杆应采用钢管，其规格应与水平加固杆相同，连接杆、斜撑杆应采用扣件与门架立杆及水平加固杆扣紧。

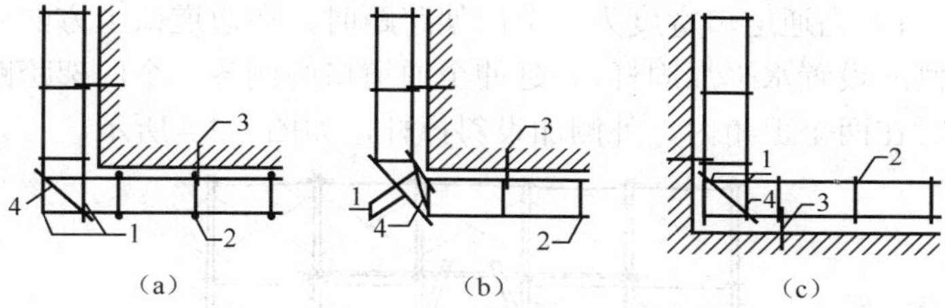

图 5.2.2 转角处脚手架连接

(a)、(b) 阳角转角处脚手架连接 (c) 阴角转角处脚手架连接
1. 连接杆 2. 门架 3. 连墙件 4. 斜撑杆

(9) 栈桥梁与门架的连接。栈桥梁的端部用架侧环与门架连接，栈桥梁用座架与支立在其上的门架连接，栈桥梁与门架竖杆之间用斜拉杆和卡扣拉接固定，如图 5.2.3 所示。

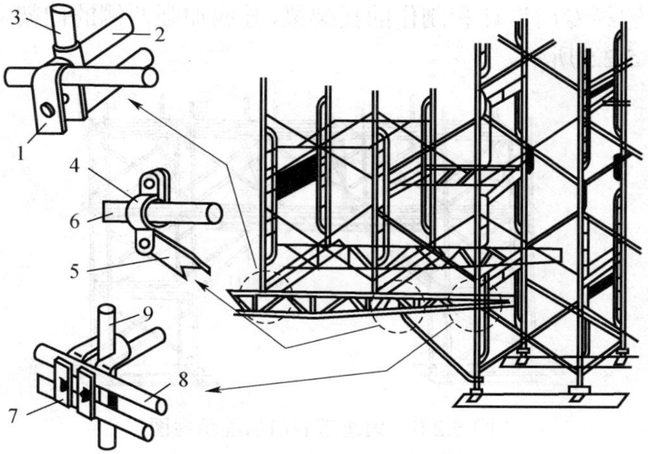

图 5.2.3 栈桥梁与门架的连接

1. 架座 2. 横梁 3. 连接棒 4. 卡扣 5. 拉杆 6. 栈桥梁下弦杆
7. 架侧环 8. 栈桥梁 9. 门架顶部竖杆

（10）通道口。门式钢管脚手架的通道洞口宽度不宜大于 2 个门架高度，宽度不宜大于 1 个门架跨距。门式钢管脚手架通道口应采取以下加固措施。

1）当通道口宽度为一个门架跨距时，在通道口上方的内、外侧应设置水平加固杆，并延伸至通道口两侧各一个门架跨距，同时在两个上角内、外侧加设斜撑杆，如图 5.2.4 所示。

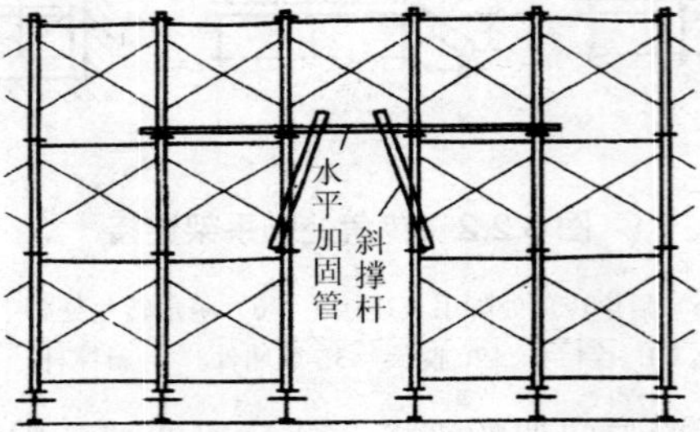

图 5.2.4　小通道洞口加固示意图

2）当通道口宽度为两个及以上门架跨距时，在通道口上方应设置经专门设计和制作的托架梁，并应加强两侧的门架立杆，如图 5.2.5 所示。

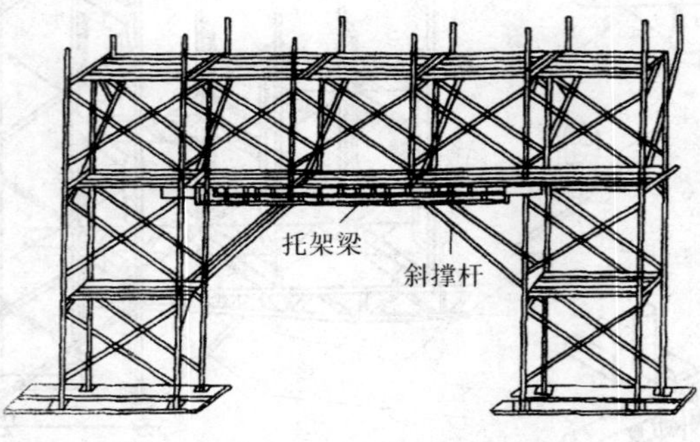

图 5.2.5　大通道洞口加固示意图

（11）连墙件。连墙件设置的位置、数量应按专项施工方案确定，并应按确定的位置设置预埋件。

连墙件位置的设置除应满足计算要求外，还应满足表 5.2.13 的要求。

表 5.2.13 连墙件最大间距或最大覆盖面积

序号	脚手架搭设方式	脚手架高度	连墙件间距（m）		每根连墙件覆盖面积（m^2）
			竖向	水平向	
1	落地、密目式安全网全封闭	≤40	3h	3l	≤40
2			2h	3l	≤27
3		＞40			
4	悬挑、密目式安全网全封闭	≤40	3h	3l	≤40
5		4060	2h	3l	≤27
6		＞60	2h	2l	≤20

注：1. 序号 4～6 为悬挑体位于地面上高度。

2. 按每根连墙件覆盖面积选择连墙件设置时，连墙件的竖向间距应不大于 6m。

3. 表中 h 为步距，l 为跨距。

1）在门式脚手架的转角处或开口型脚手架端部，必须增设连墙件。连墙件的垂直间距应不大于建筑物的高度，且应不大于 4.0m。

2）连墙件应靠近门架的横杆设置，距门架横杆不宜大于 200mm，连墙件应固定在门架的立杆上。

3）连墙件宜水平设置，当不能水平设置时，与脚手架连接的一端，应低于与建筑物结构连接的一端，连墙杆的坡度宜小于 1∶3。

（12）斜梯。作业人员上下脚手架的斜梯应采用挂扣式钢梯，并宜采用“之”字形设置，一个梯段宜跨越两步或三步门架再行转折。

钢梯规格应与门架规格配套，并应与门架挂扣牢固，同时，钢梯应设栏杆扶手、挡脚板。

（13）地基。门式脚手架与模板支架的地基承载力应经计算确定。在搭设时，根据不同地基土质和搭设高度条件，应符合表 5.2.14 的规定。

表 5.2.14 地基要求

搭设高度（m）	地基土质		
	中、低压缩性且压缩性均匀	回填土	高压缩性或压缩性不均匀
≤24	夯实原土，干密度要求 15.5kN/m^3，立杆底座应设置在面积不小于 0.075 m^2 的垫木上	土夹石或素土回填夯实，立杆底座置于面积不小于 0.10 m^2 的垫木上	夯实原土，铺设通长垫木
＞24 且≤40	立杆底座应设置在面积不小于 0.10 m^2 的垫木上，其余同上	砂夹石回填夯实，其余同上	夯实原土，在搭设地面满铺 C15 混凝土，厚度不小于 150mm
＞40 且≤55	立杆底座应设置在面积不小于 0.15m^2 的垫木上，或铺设通长垫木，其余同上	砂夹石回填夯实，垫木面积不小于 0.15 m^2 或铺设通长垫木	夯实原土，在搭设地面满铺 C15 混凝土，厚度不小于 200mm

注：垫木厚度不小于 50mm，宽度不小于 200mm，通长垫木的长度不小于 1500mm。

门式脚手架与模板支架的搭设场地必须平整坚实，并应符合下列规定：

1）回填土应分层回填，逐层夯实。

2）场地排水应顺畅，不应有积水。

3）搭设门式脚手架的地面标高，宜高于自然地坪标高 50～100 mm。当门式脚手架与模板支架搭设在楼面等建筑结构上时，门架立杆下宜铺设垫板。

5.3 门式钢管脚手架的搭设与拆除

5.3.1 门式钢管脚手架的搭设

1. 搭设准备工作

门式钢管外脚手架在搭设前应做好以下准备工作：

（1）编制专项施工方案，确定脚手架的搭设方案设计和搭设施工图，构配件的构造做法，架体搭设的程序和方法及安全技术措施等。

（2）在脚手架搭设前，工程技术负责人应按《建筑施工门式钢管脚手架安全技术规规范》（JGJ 128—2010）和专项施工方案的要求向搭设和使用人员做技术交底。

（3）对脚手架的构配件进行检查验收，不合格的构配件不得使用。经检查合格的构配件及材料应按品种、规格分类堆放整齐、平稳。

（4）平整夯实搭设场地，并做好排水工作。

（5）按规定做好基础处理工作。

（6）在脚手架基础上弹出门架立柱位置线，保证垫板、底座安放位置正确，标高一致。

2. 脚手架的搭设顺序和搭设形式

（1）脚手架的搭设顺序。脚手架的搭设应自一端延伸到另一端，自下而上按步架设，并逐层改变架设方向，减少架设误差。不得自两端单独相向架设或相间架设，以避免结合部位错位，不易连接。

门式脚手架一般按以下顺序搭设：

铺设垫木→安放底座→自一端立门架并随即装交叉支撑→安装水平架（或脚手板）→安装钢梯→安装水平加固杆→安装连墙杆→重复以上步骤逐层向上安装→安装剪刀撑→装配顶部栏杆扶手。

（2）搭设形式。门式钢管脚手架通常采用以下两种搭设形式：

1）每三列门架用三道剪刀撑相连，其间每隔 3～4 榀门架高设一道水平撑。

2）在每隔一列门架用一道剪刀撑与水平撑相连，如图 5.3.1 所示。

脚手架的搭设速度应与结构施工相配合，一次搭设高度不应超过最上层连墙杆两步，或自由高度不大于 4m，以保证脚手架的安全。

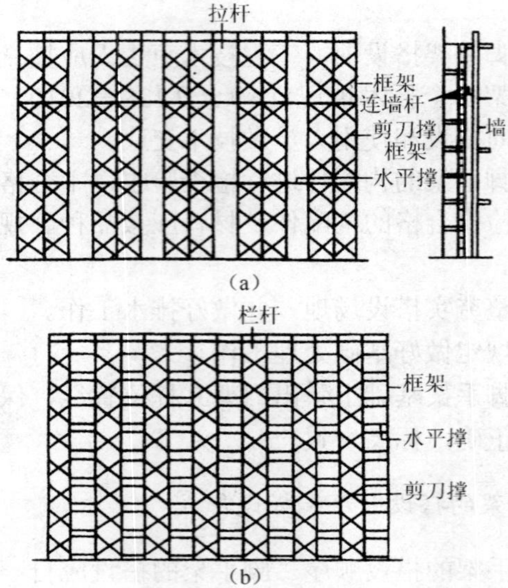

图 5.3.1 门式钢管脚手架搭设形式

(a) 每三列框架用二道剪刀撑连接 (b) 每隔一道框用一道剪刀撑与水平支撑连接

3. 搭设技术要求

（1）铺设垫木。搭设门式钢管脚手架时，为确保地基有足够的承载力，在脚手架荷载的作用下不发生塌陷和不均匀沉降，基底必须坚实平整，回填土要严格分层回填、夯实与抄平，基础周边要做好排水工作。

门架立杆下垫木铺设方式要根据前述基础构造要求采用横排或顺排方式，并按线铺底座。

（2）门架组装。门式钢管脚手架上下门架采用连接棒连接，水平杆件采用搭扣连接，斜杆采用锁销连接。搭设时，按放好的线先放好四个底座，将第一榀和第二榀门架装上去，随即在门架纵向用交叉支撑连接两榀门架的立杆，在顶部水平面上安装水平架或挂扣式脚手板，形成稳定的基本单元。以后每安好一榀门架，随即将其间的交叉支撑、水平架或脚手板安装上去，依此按步骤沿纵向逐榀安装。完成第一层门架安装以后，在门架顶上铺放一定数量的脚手板，在搭设第二层门架时，人就可以站在脚手板上操作，直至最后完成。

首层门架立杆下端应加封口杆和扫地杆，封口杆安装在立杆下端的横向水平方向，扫地杆安装在立杆下端的纵向水平方向，扫地杆应安装在封口杆的下方。搭设时要严格控制首层门架的垂直度和水平度，要逐片调整，使门架在两个方向的垂直偏差不大于 2mm；门架顶部的水平度偏差不大于 3mm。门式钢管脚手架搭设的垂直度和水平度允许偏差见表 5.3.1。

转角处的连接方式如图 5.2.2 所示。

表 5.3.1　门式钢管脚手架搭设的垂直度和水平度允许偏差

项　目		允许偏差（mm）
垂直度	每步架	h/1000 及±2.0
	脚手架整体	H/600±50
水平度	一跨距内水平架两端高差	±l/600 及±3.0
	脚手架整体	±L/600 及±50

注：h——步矩；H——脚手架高度；l——跨距；L——脚手架长度。

（3）安装钢梯。供人员上下的钢梯应采用挂扣式钢梯，钢梯的规格应与门架规格配套，并与门架挂扣牢固，首层钢梯底部应加直径 42mm 的钢管，并用扣件扣紧在立杆上。钢梯宜采用图 5.3.2 所示的“之”字形式，坡度不大于 30°，一个梯度宜跨越两步或三步，每隔 4 步必须设一个休息平台。

（4）安装水平加固杆。水平加固杆是加强脚手架整体刚度的重要措施，应与脚手架的搭设同步进行，采用扣件与门架立杆内侧扣紧。脚手架最下面三层应每层沿纵向水平设置，以防不均匀而沉降，如图 5.3.3 所示。

三层以上可每隔四层设一道水平加固杆，并宜在有连墙杆的水平层连续设置，以形成水平闭合加固圈，增强脚手架的稳定性。

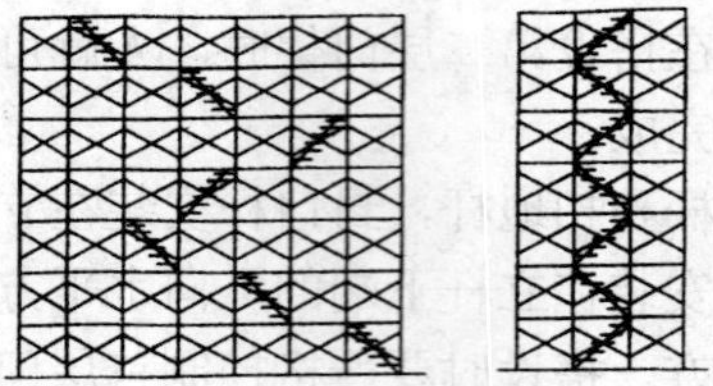

图 5.3.2 上人楼梯段的设置形式

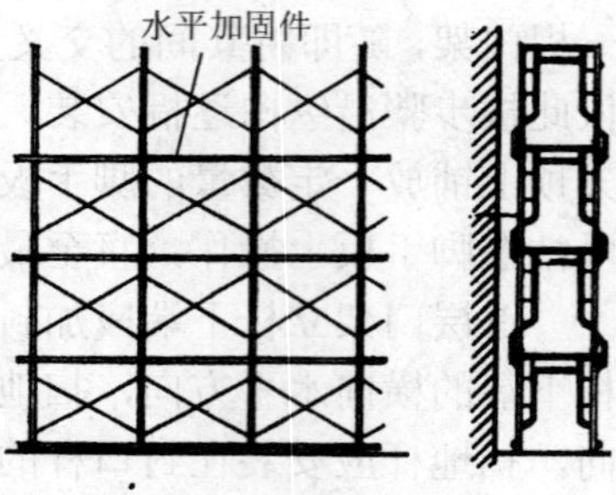

图 5.3.3 防不均匀沉降的整体加固做法

（5）设置连墙件。连墙件的安装必须与脚手架的搭设同步进行，严禁搭设完毕后补做，详见表 5.2.13。

1）连墙点的最大间距，在垂直方向为 6m，在水平方向为 8m。高层脚手架应增加连墙点的布置密度，所有连墙点与结构的连接必须牢靠，连墙点宜采用图 5.1.16 所示的做法。连墙杆必须垂直于墙面，不允许向上倾斜，应位于上、下两榀门架的接头附近，靠近脚手架中门架的横杆设置。连墙件与横杆的距离不宜大于 200mm。

2）脚手架外侧因设置防护棚或安全网而承受偏心荷载的部位应设置连墙件，连墙件的水平间距不应大于 4.0m。脚手架的转角处应增设连墙件，连墙件的竖向间距应不大于 4.0m，以确保这些薄弱部位与主体结构的连接安全。

3）当脚手架操作层高出相邻连墙件两步以上时，应采用临时加固措施，直到连墙件搭设完成后方可拆除。

4）连墙件采用扣件与门架连接时，扣件规格应与所连钢管的外径相配，扣件螺栓拧紧扭力矩宜为 50～60N·m，且不得小于 40N·m。各杆件端头伸出扣件盖板边缘的长度应不小于 100mm。

（6）搭设剪刀撑。门式钢管脚手架重复以上步骤逐层向上安装至搭设高度超过 20m 时，应在脚手架立杆外侧同步搭设连续剪刀撑，以确保脚手架的安全和整体稳定性。

1）剪刀撑与地面倾角为45°～60°，水平跨距为4～8m。自架底至架顶连续设置，剪刀撑之间净距不大于15m，如图5.3.4所示。

2）剪刀撑钢管规格应与门架钢管规格一致，剪刀撑应采用旋转扣件与门架立杆扣牢。杆件宜采用搭接接长，搭接长度不小于600mm，搭接接头处扣件数量不少于2个。

3）当剪刀撑钢管直径与门架钢管直径不一致时，应采用异型扣件连接。

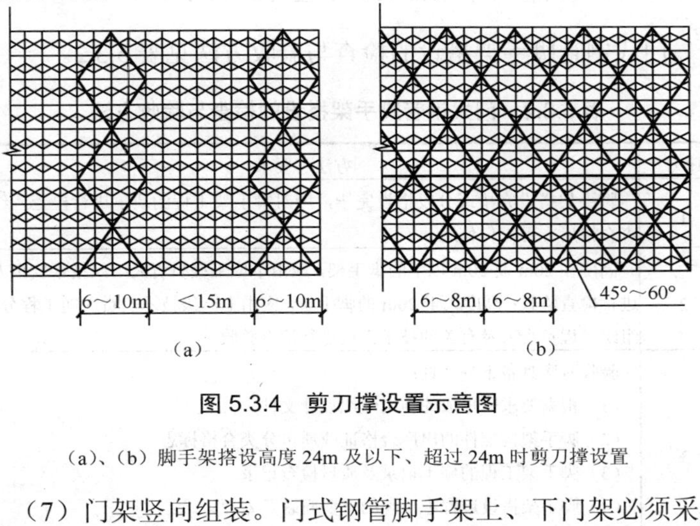

图5.3.4 剪刀撑设置示意图

（a）、（b）脚手架搭设高度24m及以下、超过24m时剪刀撑设置

（7）门架竖向组装。门式钢管脚手架上、下门架必须采用连接棒和锁臂连接，搭第二步脚手架时，接高用连接棒。安装时连接棒应居中插入上、下门架的立杆中，以使套环能均匀地传递荷载。门式钢管脚手架高度超过10m时，应设置锁臂，如采用自锁式或弹销式连接棒时，可不设锁臂。

门式钢管脚手架搭设过程中，通道洞口的设置方法与技术要求如图5.2.4～图5.2.5所示。

（8）三角挑架、栏杆、扶手与安全网安装。三角挑架、栏杆、扶手与安全网等随着使用需要搭设。安装三角挑架时，门架的内侧立杆边缘应距墙面 55～60cm，边缘距离墙面 5～6cm。当不用三角挑架时，门架内侧立杆外缘距墙面 5～6cm。

在施工作业层外侧周边应设置 180mm 高的挡脚板和两道栏杆，上道栏杆高度应为 1.2m，下道栏杆应居中设置。挡脚板和栏杆均应设置在门架立杆的内侧。

5.3.2 门式钢管脚手架搭设的检查与验收

1. 门式钢管脚手架搭设的检查与验收方法

门式钢管脚手架搭设的检查与验收方法见表 5.3.2。

表 5.3.2 门式钢管脚手架搭设的检查与验收方法

序号	方法与要求
1	脚手架搭设完毕或分段搭设完毕，应对脚手架工程的质量进行检查，经检查合格后方可交付使用
2	高度在 20m 及 20m 以下的脚手架，应由单位工程负责人组织技术安全人员进行检查验收；高度大于 20m 的脚手架，应由上一级技术负责人随工程分段，组织工程负责人及有关的技术人员进行检查验收
3	验收时应具备下列文件： （1）根据要求所形成的施工组织设计文件。 （2）脚手架构配件的出厂合格证或质量分类合格标志。 （3）脚手架工程的施工记录及质量检查记录。 （4）脚手架搭设过程中出现的重要问题及处理记录。 （5）脚手架工程的施工验收报告
4	脚手架工程验收，除查验有关文件外，还应进行现场检查，检查应着重以下各项，并记入施工验收报告： （1）构配件和加固件是否齐全，质量是否合格，连接和挂扣是否紧固可靠。 （2）安全网的张挂及扶手的设置是否齐全。 （3）基础是否平整坚实、支垫是否符合规定。 （4）连墙件的数量、位置和设置是否符合要求。 （5）垂直度及水平度是否合格
5	脚手架搭设的垂直度与水平度允许偏差应符合表 5.3.3 的要求

2. 门式钢管脚手架与模板支架搭设的技术要求、允许偏差及检验方法

门式钢管脚手架与模板支架搭设的技术要求、允许偏差及检验方法见表 5.3.3。

表 5.3.3 门式钢管脚手架与模板支架搭设技术要求、允许偏差及检验方法

项次	项目		技术要求	允许偏差（mm）	检验方法
1	隐蔽工程	地基承载力	符合设计要求	—	观察、施工记录检查
		预埋件	符合设计要求	—	
2	地基与基础	表面	坚实平整	—	观察
		排水	不积水		
		垫板	稳固		
		底座	不晃动		
			无沉降	—	钢直尺检查
			调节螺杆高度符合本规范的规定	≤200	
		纵向轴线位置	—	±20	尺量检查
		横向轴线位置	—	±10	
3	架体构造		符合本章及专项施工方案的要求	—	观察 尺量检查
4	门架安装	门架立杆与底座轴线偏差	—	≤2.0	尺量检查
		上下榀门架立杆轴线偏差	—		
5	垂直度	每步架	—	$h/500$、±3.0	经纬仪或线坠、钢直尺检查
		整体	—	$h/500$、±50.0	
6	水平度	一跨距内两榀门架高差		±5.0	水准仪 水平尺 钢直尺检查
		整体		±100	
7	连墙件	与架体、建筑结构连接	牢固	—	观察、扭矩测力扳手检查
		纵、横向间距	—	±300	尺量检查
		与门架横杆距离	—	≤200	

续表 5.3.3

项次	项目		技术要求	允许偏差（mm）	检验方法
8	剪刀撑	间距	按设计要求设置	±300	尺量检查
		与地面的倾角	45°～60°	—	角尺、尺量检查
9	水平加固杆		按设计要求设置	—	观察、尺量检查
10	脚手板		铺设严密、牢固	孔洞≤25	观察、尺量检查
11	悬挑支撑结构	型钢规格	符合设计要求	—	观察、尺量检查
		安装位置		±3.0	
12	施工层防护栏杆、挡脚板		按设计要求设置	—	观察、手扳检查
13	安全网		按规定设置	—	观察
14	扣件拧紧力矩		40～65N·m	—	扭矩测力扳手检查

注：h——步距；H——脚手架高度。

3. 门式钢管脚手架与模板支架扣件拧紧力矩的检查与验收

门式钢管脚手架与模板支架扣件拧紧力矩的检查与验收，应符合现行行业标准《建筑施工门式钢管脚手架安全技术规范》（JGJ 128—2011）的规定，安全检查评分表见表 5.3.4。

表 5.3.4　门式钢管脚手架检查评分表

序号	检查项目		扣分标准	应得分数	扣减分数	实得分数
1	保证项目	施工方案	（1）脚手架无施工方案，扣 10 分。 （2）施工方案不符合规范要求，扣 5 分。 （3）脚手架高度超过规范规定、无设计计算书或未经上级审批，扣 10 分	10		
2		架体基础	（1）脚手架基础不平、不实、无垫木，扣 10 分。 （2）脚手架底部不加扫地杆，扣 5 分	10		

续表 5.3.4

序号	检查项目		扣分标准	应得分数	扣减分数	实得分数
3	保证项目	架体稳定	（1）不按规定间距与墙体拉结的每有一处，扣 5 分。 （2）拉结不牢固的每有一处，扣 5 分。 （3）不按规定设置剪刀撑，扣 5 分。 （4）不按规定的高度做整体加固，扣 5 分。 （5）门架立杆的垂直偏差超过规定，扣 5 分	10		
4		杆件和锁件	（1）未按说明书规定组装，有漏装的杆件和锁件，扣 6 分。 （2）脚手架组装不牢、每一处紧固不合要求，扣 1 分	10		
5		脚手板	（1）脚手板不满铺，离墙大于 10cm 以上，扣 5 分。 （2）脚手板不牢、不稳、材质不合要求，扣 5 分	10		
6		交底与验收	（1）脚手架搭设无交底，扣 6 分。 （2）未办理分段验收手续，扣 4 分。 （3）无交底记录，扣 5 分	10		
小计				60		
7	一般项目	架体防护	（1）脚手架外侧未设置 1.2m 高防护栏杆和 18cm 高的挡脚板，扣 5 分。 （2）架体外侧未挂密目式安全网或网间不严密，扣 7～10 分	10		
8		材质	（1）杆件变形严重，扣 10 分。 （2）局部开焊，扣 10 分。 （3）杆件锈蚀未刷防锈漆，扣 5 分	10		
9		荷载	（1）施工荷载超过规定，扣 10 分。 （2）脚手架荷载堆放不均匀的每有一处，扣 5 分	10		
10		通道	（1）不设置上下专用通道，扣 10 分。 （2）通道设置不符合要求，扣 5 分	10		
小计				40		
检查项目合计				100		

4. 使用过程中检查

（1）日常检查。门式脚手架与模板支架在使用过程中应进行日常检查，发现问题应及时处理。检查时应对以下项目进行检查：

1）加固杆、连墙件应无松动，架体应无明显变形。

2）地基应无积水，垫板及底座应无松动，门架立杆应无悬空。

3）锁臂、挂扣件、扣件螺栓应无松动。

4）安全防护设施应符合前述要求。

5）应无超载使用情况出现。

（2）特殊情况检查。门式脚手架与模板支架在使用过程中遇到下列情况时，应进行检查，确认安全后方可继续使用：

1）遇到八级及八级以上大风或大雨过后。

2）冻结的地基土解冻后。

3）停用超过一个月。

4）架体遭受外力撞击等作用。

5）架体部分拆除及其他特殊情况。

5.3.3 门式钢管脚手架的拆除

1. 拆除准备

（1）工程施工完毕，应经单位工程负责人检查确认不再需要脚手架时，方可拆除。

（2）脚手架拆除前，应检查架体及构配件的完整情况，当发现架体有构配件缺失、架体倾斜失稳或门架立杆悬挂情况时，应对架体进行加固后再拆除。

（3）应制订具体的拆除方案，明确拆除顺序和拆除方法，经工程负责人核准后，方可进行。

（4）拆除前，应向拆除人员作详尽拆除技术交底。

（5）在拆除作业前，应对拆除环境进行检查，拆除作业区内应无障碍物，作业场地临近的输电线路等设施应采取防护措施。

2. 拆除作业一般规定

（1）架体的拆除应从上而下逐层进行，严禁上、下架体同时作业。

（2）同一层的构配件和加固杆件必须按先上后下、先外后内的顺序进行拆除。

（3）连墙件必须随脚手架逐层拆除，严禁先将连墙件整层或数层拆除后再拆架体。拆除作业过程中，当架体的自由高度大于两步时，必须加设临时拉结。

（4）连接门架的剪刀撑等加固杆件，必须在拆卸该门架时拆除。

（5）当门式脚手架需分段拆除时，架体不拆除部分的两端应按规定采取加固措施后再拆除。

3. 拆除程序

（1）从跨边起先拆顶部扶手与栏杆柱，然后拆脚手板（或水平架）与扶梯，再卸下水平加固杆和剪刀撑。

（2）自顶层跨边开始拆除交叉支撑，同步拆下顶层连墙杆与顶层门架。

（3）继续向下同步拆除第二步门架与配件，脚手架的自由悬臂高度不得超过三步，否则应增设临时拉结。

（4）连续同步往下拆卸，连墙杆、长水平杆、剪刀撑等必须在拆卸到相关跨门架时方可拆除。

（5）拆除扫地杆、底层门架及封口杆。

（6）最后拆除基座，运走垫板和垫块。

4. 门架拆除时的安全事项

（1）工人必须站在临时设置的脚手板上进行拆除作业。

（2）在拆除工作中，操作人员必须按照预定的拆除程序有序进行，严禁使用榔头等硬物击打、撬挖配件。拆下的连接棒应放入工具袋内，锁臂应先传递至地面并放入室内堆放保管。

（3）拆卸连接部件时，应先将锁座上的锁板与搭钩上的锁片转至开启位置，然后开始拆卸，不准硬拉，严禁敲击。

（4）拆卸的门架与配件、加固杆等不得集中堆放在未拆架体上，应成捆用机械吊运或井架传送至地面，防止碰撞，严禁抛掷，并及时检查、整修与保养，按品种、规格分别存放。

5.4 门式脚手架的特殊形式

5.4.1 门式悬挑脚手架的搭设与拆除

悬挑脚手架是搭设在型钢梁或桁架等水平悬挑结构上，由悬挑结构将门架立杆竖向荷载传给建筑主体结构的门式脚手架。

1. 悬挑支撑结构

悬挑脚手架的悬挑支撑结构应根据施工方案确定，其位置应与门架立杆位置对应，每一跨距宜设置一根型钢悬挑梁，并应按确定的位置设置预埋件。

（1）型钢悬挑梁。型钢悬挑梁宜采用双轴对称截面的型钢，锚固段长度应不小于悬挑段长度的 1.25 倍，悬挑支撑点应设置在建筑结构的梁板上，不得设置在外伸阳台或悬挑楼板上（有加固措施的除外）。型钢悬挑梁可分为型钢悬挑梁穿墙设置方式和型钢悬挑梁楼面设置方式两种，如图 5.4.1 所示。

（2）型钢悬挑梁的锚固。型钢悬挑梁的锚固段压点应采用不少于 2 个（对）的预埋 U 型钢筋拉环或螺栓固定，锚固位置的楼板厚度应不小于 100 mm，混凝土强度不应低于 20MPa。

U 型钢筋拉环或螺栓应埋设在梁板下排钢筋的上边，并与结构钢筋焊接或绑扎牢固。锚固长度应符合《混凝土结构设计规范》（GB 50010—2010）中钢筋锚固的规定，如图 5.4.2 所示。

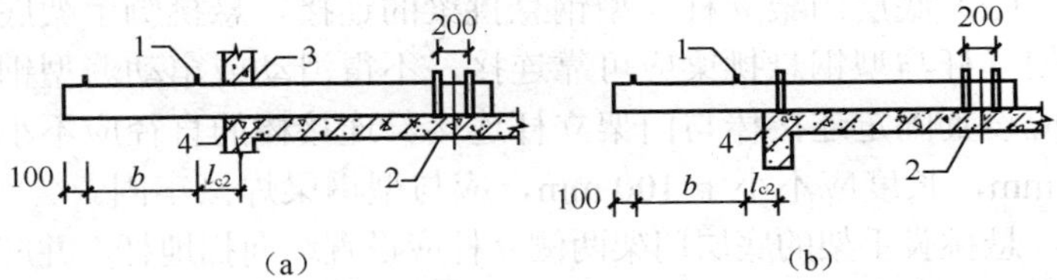

图 5.4.1 型钢悬挑梁在主体结构上的设置

（a）型钢悬挑梁穿墙设置 （b）型钢悬挑梁楼面设置

1. DN25 短钢管与钢梁焊接 2. 锚固段压点 3. 木楔 4. 钢板（150mm×100mm×10mm）

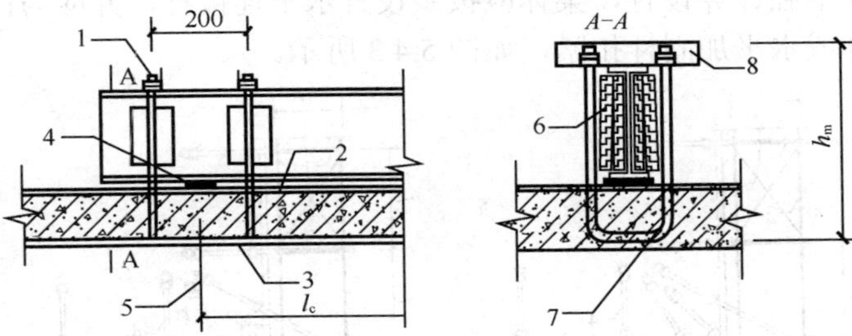

图 5.4.2 型钢悬挑梁与楼板固定

1. 锚固螺栓 2. 负弯矩钢筋 3. 建筑结构楼板 4. 钢板
5. 锚固螺栓中心 6. 木楔 7. 锚固钢筋（2×ϕ18mm 长 1500mm） 8. 角钢

用于锚固的 U 型钢筋拉环或螺栓应采用冷弯成型，钢筋直径应不小于 16 mm。当型钢悬挑梁与建筑结构采用螺栓钢压板连接固定时，钢压板尺寸应不小于 100 mm×10 mm（宽×厚）；当采用螺栓角钢压板连接固定时，角钢的规格应不小于 63 mm×63 mm×6 mm。

型钢悬挑梁与 U 型钢筋拉环或螺栓联接应紧固。当采用钢筋拉环连接时，应采用钢楔或硬木楔塞紧；当采用螺栓钢压板连接时，应采用双螺母拧紧，严禁型钢悬挑梁晃动。

2. 悬挑脚手架的搭设要求

（1）搭设准备。搭设前应检查预埋件和支承型钢悬挑梁的混凝土强度是否符合设计要求。

（2）底层门架立杆与型钢悬挑梁的连接。悬挑脚手架底层门架立杆与型钢悬挑梁应可靠连接，不得滑动或窜动。型钢梁上应设置固定连接棒与门架立杆连接，连接棒的直径应不小于25 mm，长度应不小于100 mm，应与型钢梁焊接牢固。

悬挑脚手架的底层门架两侧立杆应设置纵向扫地杆，并应在脚手架的转角处、两端和中间间隔不超过15m的底层门架上各设置一道单跨距的水平剪刀撑，剪刀撑斜杆应与门架立杆底部扣紧。

（3）建筑平面转角处构造。在建筑平面转角处型钢悬挑梁应经单独计算设置，架体应按步设置水平连接杆，并应与门架立杆或水平加固杆扣紧，如图5.4.3所示。

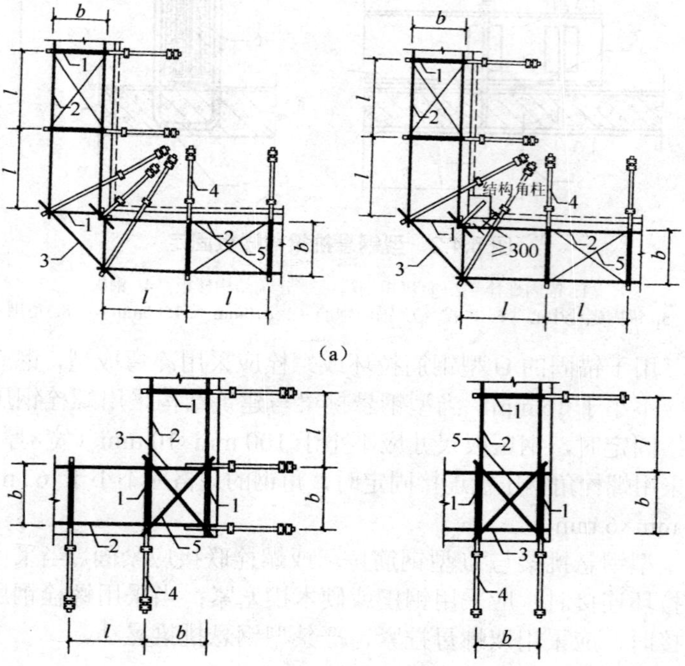

图5.4.3　建筑平面转角处型钢悬挑梁设置

（a）型钢悬挑梁在阳角处设置　（b）型钢悬挑梁在阴角设置

1. 门架　2. 水平加固杆　3. 连接杆　4. 型钢悬挑梁　5. 水平剪刀撑

（4）型钢悬挑梁与结构的拉结。每个型钢悬挑梁外端宜设置钢丝绳或钢拉杆与上一层建筑结构斜拉结，如图 5.4.4 所示，钢丝绳、钢拉杆不得作为悬挑支撑结构的受力构件。

悬挑脚手架在底层应满铺脚手板，并应将脚手板与型钢梁连接牢固。

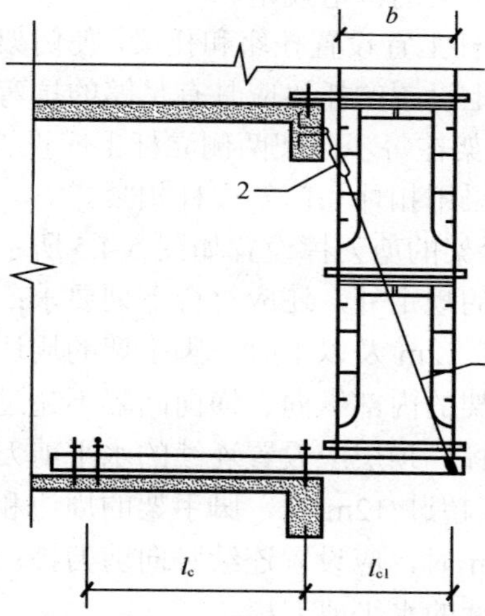

图 5.4.4 型钢悬挑梁端钢丝绳与建筑结构拉结

1. 钢丝绳 2. 花篮螺栓

（5）悬挑脚手架搭设的其他要求。悬挑脚手架的搭设除满足上述搭设要求外，还应符合 5.2.2 门式钢管脚手架搭设构造要求中的有关规定。

3. 悬挑脚手架的拆除

悬挑脚手架的拆除应符合门式脚手架的拆除规定。

5.4.2 满堂脚手架的搭设与拆除

满堂脚手架是在纵、横方向上，由多排、多列门架与配件、加固杆等构成的门式脚手架。

1. 构造要求

（1）门架跨距、间距和搭设高度规定。满堂脚手架的门架跨距和间距应根据实际荷载计算确定，门架净间距不宜超过 1.2m，高宽比应不大于 4，搭设高度不宜超过 30m。

（2）满堂脚手架的构造规定。

1）在门架立杆上宜设置托座和托梁，使门架立杆直接传递荷载，门架立杆上设置的托梁应具有足够的抗弯强度和刚度。

2）满堂脚手架在每步门架两侧立杆上应设置纵向、横向水平加固杆，并应采用扣件与门架立杆扣紧。

3）满堂脚手架的剪刀撑设置如图 5.4.5 所示，除应符合门式脚手架剪刀撑的规定外，还应符合下列要求：

① 搭设高度 12m 及以下时，脚手架的周边应设置连续竖向剪刀撑，脚手架的内部纵向、横向间隔不超过 8m 时，应设置一道竖向剪刀撑，顶层应设置连续的水平剪刀撑。

② 搭设高度超过 12m 时，脚手架的周边和内部纵向、横向间隔不超过 8m 时，应设置连续竖向剪刀撑；顶层和竖向每隔 4 步应设置连续的水平剪刀撑。

③ 竖向剪刀撑应由底至顶连续设置。

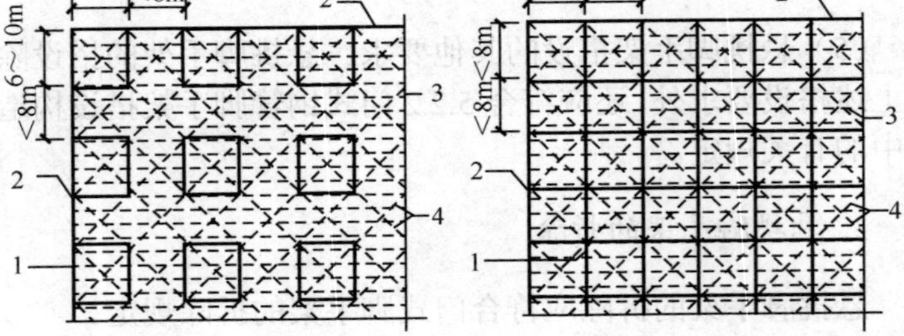

图 5.4.5　剪刀撑设置示意图

（a）搭设高度 12m 及以下时剪刀撑设置　（b）搭设高度超过 12m 时剪刀撑设置

1. 竖向剪刀撑　2. 周边竖向剪刀撑　3. 门架　4. 水平剪刀撑

4）满堂脚手架的底层门架立杆上，应分别设置纵向、横向扫地杆，并应采用扣件与门架立杆扣紧。

5）满堂脚手架顶部作业区应满铺脚手板，并应采用可靠的连接方式与门架横杆固定。

操作平台上的孔洞应按现行行业标准《建筑施工高处作业安全技术规范》（JGJ 80—2000）的规定防护，操作平台周边应设置栏杆和挡脚板。

6）高宽比大于2的满堂脚手架，宜设置缆风绳或连墙件等有效的安全措施，防止架体倾覆。缆风绳或连墙件设置宜符合下列规定：

① 在架体端部及外侧周边水平间距不宜超过10m处设置，并与竖向剪刀撑位置对应。

② 竖向间距不宜超过4步。

7）满堂脚手架中间设置通道口时，通道口底层门架可不设垂直通道方向的水平加固杆和扫地杆，通道口上部两侧应设置斜撑杆，并应按现行行业标准《建筑施工高处作业安全技术规范》（JGJ 80—2009）的规定在通道口上部设置防护层。

2. 满堂脚手架的搭设与拆除

（1）满堂脚手架的搭设。

1）安装前应在楼面或地面上弹出门架纵、横方向位置线，并进行抄平。基础的处理要求同门式脚手架相同。

2）脚手架组装要求和顺序参考门式脚手架相应规定。

3）满堂脚手架的可调底座、可调托座，宜采取防止砂浆、水泥浆等污物填塞螺纹的措施。

4）满堂脚手架顶部施工作业层应满铺脚手板，为保证作业人员的安全，脚手板应采取可靠连接方式与门架横梁固定。

（2）满堂脚手架的拆除。满堂脚手架的拆除应采取先搭后拆，后搭先拆的顺序拆除。拆除时，应采取可靠的安全措施，门架及配件拆除后应尽量采用机械吊运，严禁高空抛掷。

5.4.3 模板支架的搭设与拆除

模板支架是由门架与配件、加固杆等构成的用于支撑混凝土模板的架体。

1. 模板支架的构造

（1）门架的跨距与间距应根据支架的高度、荷载由计算和构造要求确定，门架的跨距不宜超过 1.5m，门架的净间距不宜超过 1.2m。

（2）模板支架的高宽比应不大于 4，搭设高度不宜超过 24m。

（3）模板支架应按本章的规定设置托座和托梁，宜采用调节架、可调托座调整高度。可调托座调节螺杆的高度不宜超过 300mm，底座和托座与门架立杆轴线的偏差应不大于 2.0mm。

（4）用于支承梁模板的门架，可采用平行或垂直于梁轴线的布置方式，如图 5.4.6 所示。

（5）当梁的模板支架高度较高或荷载较大时，门架可采用复式（重叠）的布置方式，如图 5.4.7 所示。

（6）梁板类结构的模板支架应分别设计。板支架跨距（或间距）宜是梁支架跨距（或间距）的倍数，梁下横向水平加固杆应伸入板支架内不少于 2 根门架立杆，并与板下门架立杆扣紧。

（7）当模板支架的高宽比大于 2 时，宜按本章有关规定设置缆风绳或连墙件。

（8）模板支架在支架的四周和内部纵横向应按现行行业标准《建筑施工模板安全技术规范》（JGJ 162—2008）的规定与建筑结构柱、墙进行刚性连接，连接点应设在水平剪刀撑或水平加固杆设置层，并应与水平杆连接。

（9）模板支架应按本章的规定设置纵向、横向扫地杆。

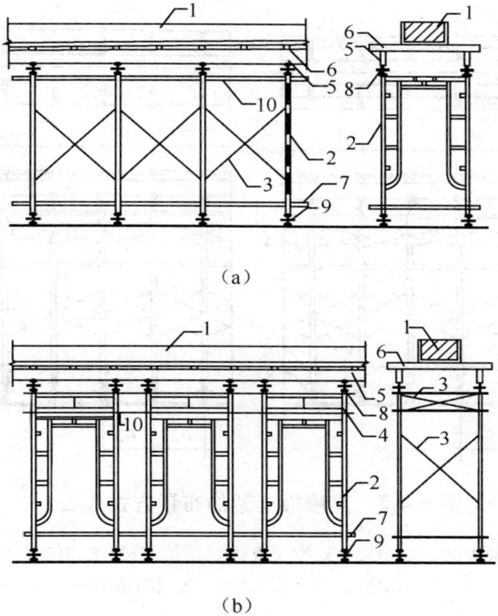

图 5.4.6 梁模板支架的布置方式（一）

（a）门架垂直于梁轴线布置 （b）门架平行于梁轴线布置

1. 混凝土梁 2. 门架 3. 交叉支撑 4. 调节架 5. 托梁 6. 小楞 7. 扫地杆 8. 可调托座 9. 可调底座 10. 水平加固杆

（10）模板支架在每步门架两侧立杆上应设置纵向、横向水平加固杆，并应采用扣件与门架立杆扣紧。

（11）模板支架应设置剪刀撑对架体进行加固，剪刀撑的设置除应符合本章的规定外，还应符合下列要求：

1）在支架的外侧周边及内部纵横向每隔 6～8m，应由底至顶设置连续竖向剪刀撑。

2）搭设高度 8m 及以下时，在顶层应设置连续的水平剪刀撑；搭设高度超过 8m 时，在顶层和竖向每隔 4 步及以下应设置连续的水平剪刀撑。

3）水平剪刀撑宜在竖向剪刀撑斜杆交叉层设置。

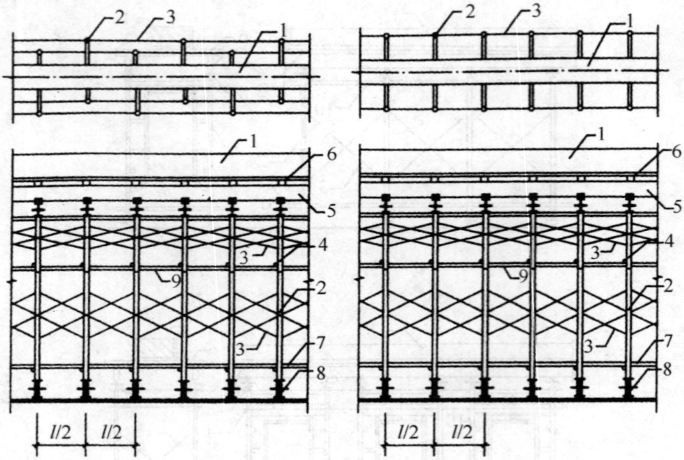

图 5.4.7 梁模板支架的布置方式（二）

1. 混凝土梁 2. 门架 3. 交叉支撑 4. 调节架 5. 托梁 6. 小楞
7. 扫地杆 8. 可调底座 9. 水平加固杆

2. 模板支架的搭设与拆除

模板支架的搭设与拆除参照满堂脚手架搭设与拆除的有关规定，模板支架高度超过宽度 5 倍时，应设缆风绳拉牢。模板支架拆除时，应符合国家标准《混凝土结构工程施工质量验收标准》（GB 50204—2015）中混凝土强度的有关规定。

3. 门式脚手架使用注意事项

（1）满堂脚手架与模板支架在施加荷载或浇筑混凝土时，应设专人看护检查，发现异常情况应及时处理。

（2）模板支架及满堂脚手架下方，施工人员不得经常出入。

（3）水平加固杆、交叉支撑等不得随意拆卸，施工需要拆卸时，施工完毕后应马上补齐。

（4）门式脚手架使用过程中，要防止出现偏心荷载，并防止对架体产生振动与冲击。

5.5 门式钢管脚手架安全管理

5.5.1 操作人员要求

（1）搭拆门式脚手架或模板支架应由专业架子工担任，并应按住房和城乡建设部特种作业人员考核管理规定考核合格，持证上岗。

（2）上岗人员应定期进行体检，凡不适合登高作业者，不得上架操作。

（3）搭拆脚手架人员必须戴安全帽、系安全带、穿防滑鞋。

5.5.2 作业层要求

（1）搭拆架体时，施工作业层应铺设脚手板，操作人员应站在临时设置的脚手板上进行作业，并应按规定使用安全防护用品。

（2）门式脚手架与模板支架作业层上严禁超载。

（3）严禁将模板支架、缆风绳、混凝土泵管、卸料平台等固定在门式脚手架上。

5.5.3 脚手架使用要求

（1）六级及以上大风天气应停止架上作业，雨、雪、雾天应停止脚手架的搭拆作业，雨、雪、霜后上架作业，应采取有效的防滑措施，并应扫除积雪。

（2）门式脚手架与模板支架在使用期间，当预见可能有强风天气所产生的风压值超出设计的基本风压值时，对架体应采取临时加固措施。

（3）在门式脚手架使用期间，脚手架基础附近严禁进行挖掘作业。

（4）满堂脚手架与模板支架的交叉支撑和加固杆，在施工期间禁止拆除。

（5）门式脚手架在使用期间，不应拆除加固杆、连墙件、转角处连接杆、通道口斜撑杆等加固杆件。

（6）当施工需要，脚手架的交叉支撑可在门架一侧局部临时拆除，但在该门架单元上下应设置水平加固杆或挂扣式脚手板，在施工完成后应立即恢复安装交叉支撑。

（7）应避免装卸物料对门式脚手架或模板支架产生偏心、振动和冲击荷载。

（8）门式脚手架外侧应设置密目式安全网，网间应严密，防止坠物伤人。

（9）门式脚手架与架空输电线路的安全距离、工地临时用电线路架设及脚手架接地、防雷措施，应按现行行业标准《施工现场临时用电安全技术规范》（JGJ 46—2005）的有关规定执行。

（10）在门式脚手架或模板支架上进行电、气焊作业时，必须有防火措施和专人看护。

（11）对门式脚手架与模板支架应进行日常性的检查和维护，架体上的建筑垃圾或杂物应及时清理。

（12）不得攀爬门式脚手架。

5.5.4 脚手架拆除注意事项

（1）拆除门式脚手架或模板支架作业时，必须设置警戒线、警戒标志，并应派专人看守，严禁非作业人员入内。

（2）脚手架拆除时，拆下的门架及配件，均须加以检验和维修、保养，清除杆件及螺纹上的沾污物，进行必要的整形，变形严重者，应送回工厂修整。同时，按规定对拆下的构配件进行分级检查、维修或报废。经检查修整好后的构配件应按品种、规格分类整理、存放，妥善保管，防止锈蚀。

6 碗扣式钢管脚手架

6.1 碗扣式钢管脚手架概述

碗扣式钢管脚手架是在吸收国外先进技术的基础上，结合我国工程施工实际情况研制的一种多功能脚手架。这种脚手架基本上克服了扣件式钢管脚手架偏心矩大、人工操作工作量大、节点强度稍差等缺陷，具有装卸方便、安全可靠、劳动效率高、功能多、不易丢失零散扣件等优点，是一种有广泛发展前景的新型脚手架。

6.1.1 碗扣式钢管脚手架的构造特点

碗扣式钢管脚手架的核心部件是碗扣接头，它由上碗扣、下碗扣、横杆接头和上碗扣限位销，按 600mm 间距设置在钢管立杆上。其中下碗扣和限位销是直接焊在立杆上，而上碗扣只要将其缺口对准限位销后，就能沿立杆向上滑动。待把横杆接头插入下碗口圆槽内（可同时插四根横杆），随后将上碗扣沿限位销滑下，用锤子沿顺时针方向敲击几下，就可扣紧横杆接头，如图 6.1.1 所示。

碗扣式钢管脚手架一般使用外径为 48mm，壁厚 3.5mm 的 A3 焊接钢管做主构件，上碗扣、可调底座及可调托撑螺母应采用可锻铸铁或铸钢制造，下碗扣、横杆接头、斜杆接头应采用碳素铸钢制造。

碗扣式钢管脚手架每个碗扣接头可同时连接 4 根横杆，横杆可以互相垂直或倾斜一定的角度。碗扣接头具有很好的力学性能，下碗扣组焊后剪切强度大于 61kN；上碗扣抗拉强度大于 30kN；横杆接头剪切强度大于 50kN；横杆接头焊接剪切强度大于 25kN；底座抗压强度大于 100kN。

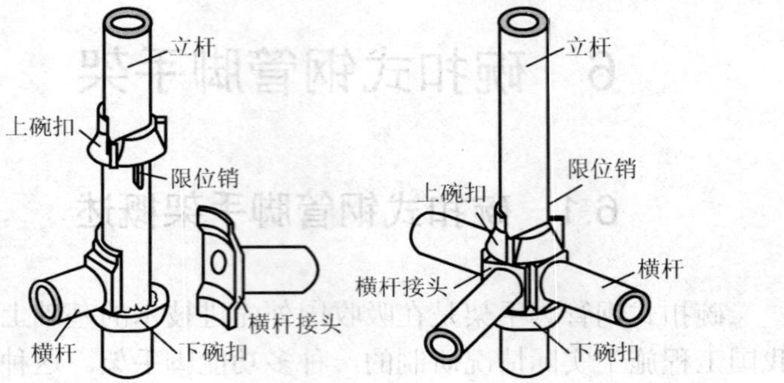

图 6.1.1 碗扣接头构造

（a）连接前 （b）连接后

6.1.2 碗扣式钢管脚手架的性能特点和专用术语

1. 碗扣式钢管脚手架的性能特点

碗扣式钢管脚手架的性能特点见表 6.1.1。

表 6.1.1 碗扣式钢管脚手架的性能特点

特 点	内 容
功 能 多	可根据施工要求组成不同尺寸、形状和承载力的单、双排脚手架，支撑架，支撑柱，物料提升架，升降脚手架，悬挑架等各种功能的施工设备；也可用于搭设施工棚、料棚等，并能作曲线布置，且布架场地不用大面积平整
功 效 高	由于避免了扣件螺栓人工作业，工人用一把铁锤就可完成全部作业。横杆和立杆连接的全套动作只需 6s，拼拆速度比常规快 5 倍以上
承载力大	具有极佳的抗剪、抗弯、抗扭能力，比其他类型的钢管脚手架的结构强度高 50%以上
安全可靠	由于受上碗扣螺旋摩擦力和自重力的作用，所以接头具有可靠的自锁能力，再加上整架配备有完善的安全保障设施，所以安全可靠
加工方便	制造工艺简单，可直接对原有扣件式脚手架进行加工改造
易 维 修	由于消除了螺栓联接，构件经碰耐磕，且一般锈蚀不影响作业，所以不需要特殊养护与维修
易管理、不丢失	构件系列标准化，无零散易丢扣件，便于现场材料管理

2. 碗扣式钢管脚手架的专用术语

碗扣式钢管脚手架的专用术语见表 6.1.2。

表 6.1.2 碗扣式钢管脚手架的专用术语

序号	术语	术语含义
1	碗扣式脚手架	采用碗扣方式连接的钢管脚手架和模板支撑架
2	碗扣节点	由上碗扣、下碗扣、横杆接头和限位销等形成的盖固式承插节点
3	立杆	碗扣脚手架的竖向支撑杆
4	上碗扣	沿立杆滑动起锁紧作用的碗扣节点零件
5	下碗扣	焊接于立杆上的碗形节点零件
6	立杆连接销	立杆竖向接长连接专用销子
7	限位销	焊接在立杆上能锁紧上碗扣的定位销
8	横杆	碗扣式脚手架的水平杆件
9	横杆接头	焊接于横杆两端的连接件
10	专用外斜杆	两端带有旋转横杆接头，提高框架平面稳定性的斜向杆
11	水平斜杆	钢管两端焊有连接件的水平连接斜杆
12	专用内斜杆	用作双排脚手架两立杆间竖向斜杆
13	八字斜杆	斜杆八字形设置的方式
14	间横杆	钢管两端焊有插卡装置的横杆
15	挑梁	脚手架作业平台的挑出构件，分宽挑梁和窄挑梁
16	连墙杆	脚手架与建筑物连接的构件
17	可调底座	可调节高度的底座
18	可调托撑	立杆顶部可调节高度的顶撑
19	梯架	脚手架上施工人员上下通行的梯子
20	脚手板	施工人员在脚手架上行走及作业用平台板
21	廊道	双排脚手架内外立杆间人员上下行走和运输施工材料的通道
22	几何不变性	杆系结构构成几何不变的性能
23	双排脚手架	由内、外两排立杆及大、小横杆、斜杆等构配件组成的脚手架
24	模板支撑架	由多排立杆及横杆、斜杆等构配件组成的支撑架

6.1.3 主要构配件材料、制作要求

1. 主要构配件材料要求

（1）碗扣式脚手架所用的钢管，应采用符合现行国家标准《直缝电焊钢管》（GB/T 13793—2008）或《低压流体输送用焊接钢管》（GB/T 3091—2008）中的Q 235A 级普通钢管的要求，其材质性能应符合现行国家标准《碳素结构钢》（GB/T 700—2006）的规定。

（2）上碗扣、可调底座及可调托撑螺母，应采用可锻铸铁或铸钢制造，其材料机械性能应符合现行国家标准《可锻铸铁件》（GB/T 9440—2010）中KTH 330—08 及《一般工程用铸造碳钢件》（GB/T 11352—2009）中 ZG 270—500 的规定。

（3）下碗扣、横杆接头、斜杆接头，应采用碳素铸钢制造，其材料机械性能应符合现行国家标准《一般工程用铸造碳钢件》（GB 11352—2009）中 ZG 230—450 的规定。

（4）采用钢板热冲压整体成形的下碗扣，钢板应符合现行国家标准《碳素结构钢》（GB/T 700—2006）中Q 235A 级钢的要求，板材厚度不得小于 6mm，并经 600℃～650℃的时效处理，严禁利用废旧锈蚀钢板改制。

（5）碗扣式钢管脚手架主要构配件种类、规格及质量，应符合表 6.1.3 的规定。

表 6.1.3 主要构配件种类、规格及质量

名称	常用型号	规格（mm）	理论质量（kg）
立杆	LG-120	ϕ48×3.5×1200	7.05
	LG-180	ϕ48×3.5×1800	10.19
	LG-240	ϕ48×3.5×2400	13.34
	LG-300	ϕ48×3.5×3000	16.48
横杆	HG-30	ϕ48×3.5×300	1.32
	HG-60	ϕ48×3.5×600	2.47
	HG-90	ϕ48×3.5×900	3.63
	HG-120	ϕ48×3.5×1200	4.78

续表 6.1.3

名称	常用型号	规格（mm）	理论质量（kg）
横杆	HG-150	ϕ48×3.5×1500	5.93
	HG-180	ϕ48×3.5×1800	7.08
间横杆	JHG-90	ϕ48×3.5×900	4.37
	JHG-120	ϕ48×3.5×1200	5.52
	JHG-120+30	ϕ48×3.5×（1200+300）用于窄挑梁	6.85
	JHG-120+60	ϕ48×3.5×（1200+600）用于宽挑梁	8.16
专用外斜杆	XG-0912	ϕ48×3.5×150	6.33
	XG-1212	ϕ48×3.5×170	7.03
	XG-1218	ϕ48×3.5×2160	8.66
	XG-1518	ϕ48×3.5×2340	9.30
	XG-1818	ϕ48×3.5×2550	10.04
专用斜杆	ZXG-0912	ϕ48×3.5×1270	5.89
	ZXG-0918	ϕ48×3.5×1750	7.73
	ZXG-1212	ϕ48×3.5×1500	6.76
	ZXG-1218	ϕ48×3.5×1920	8.37
窄挑梁	TL-30	宽度 300	1.53
宽挑梁	TL-60	宽度 600	8.60
立杆连接销	LLX	ϕ10	0.18
可调底座	KTZ-45	T38×6 可调范围≤300	5.82
	KTZ-60	T38×6 可调范围≤450	7.12
	KTZ-75	T38×6 可调范围≤600	8.50
可调托撑	KTC-45	T38×6 可调范围≤300	7.01
	KTC-60	T38×6 可调范围≤450	8.31
	KTC-75	T38×6 可调范围≤600	9.69
脚手板	JB-120	1200×270	12.8
	JB-150	1500×270	15.00
	JB-180	1800×270	17.90

碗扣式钢管脚手架主要构配件外形以 WDJ 系列为例，列于图 6.1.2。

2. 主要构配件制作质量要求

（1）碗扣架用钢管规格为ϕ48×3.5mm，钢管壁厚应为 3.5mm（误差 0、＋0.25mm）。

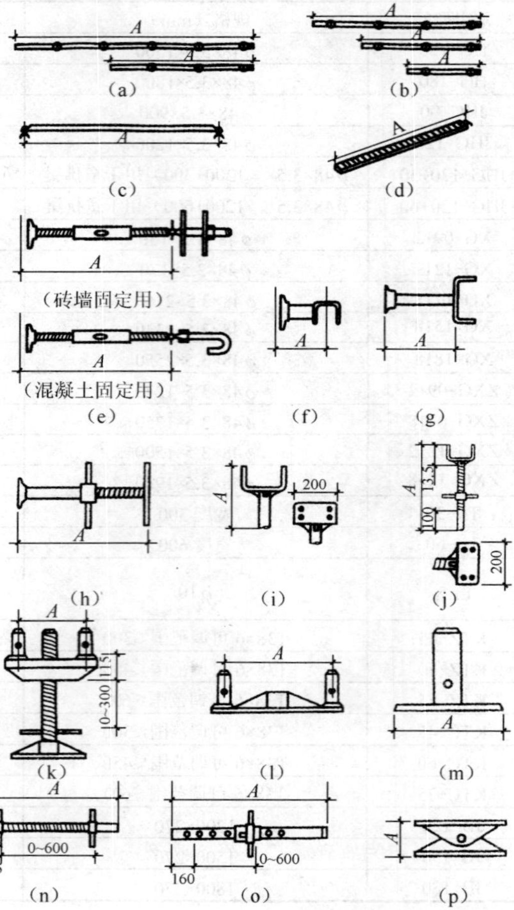

图 6.1.2 WDJ 碗扣式钢管脚手架构件

（a）立杆 （b）横杆 （c）斜杆 （d）脚手板 （e）连墙撑
（f）直角撑（g）横托撑 （h）可调横托撑 （i）立杆托座
（j）可调立杆托座 （k）支撑术可调座 （l）支撑柱垫座
（m）立杆垫座 （n）立杆可调座
（o）立杆粗细调座 （p）支撑柱转角座

（2）立杆连接处外套管与立杆间隙应小于或等于 2mm，外套管长度不得小于160mm，外伸长度不小于110mm。

（3）杆件的焊接应在专用工装上进行，钢管焊接前应进行调直除锈，钢管直线度应小于 1.5 *L*/1000（*L* 为使用钢管的长度）。

（4）架体组装质量应符合下列要求：

1）立杆上的上碗扣应能上下窜动和灵活转动，不得有卡滞现象。

2）立杆与立杆连接的连接孔处应能插入ϕ10mm 连接销。

3）碗扣节点上安装 1～4 个横杆时，上碗扣应均能锁紧。

4）当搭设不少于二步三跨 1.8m×1.8m×1.2m（步距×纵距×横距）的整体脚手架时，每一框架内横杆与立杆的垂直偏差应小于 5mm。

（5）构配件外观质量要求：

1）钢管应平直光滑、无裂纹、无锈蚀，无分层、无结疤、无毛刺等，不得采用横断面接长的钢管。

2）铸造件表面应光整，不得有砂眼、缩孔、裂纹、浇冒口残余等缺陷，表面粘砂应清除干净。

3）冲压件不得有毛刺、裂纹、氧化皮等缺陷。

4）各焊缝应饱满，焊药清除干净，不得有未焊透、夹砂、咬肉、裂纹等缺陷。

5）构配件防锈漆涂层均匀、牢固。

6）主要构配件上的生产厂家标识应清晰。

（6）可调底座及可调托撑丝杆与螺母啮合长度不得少于 6 扣，插入立杆内的长度不得小于150mm。

（7）可调底座的钢板厚度不得小于 6mm，可调托撑钢板厚度不得小于 5mm。

（8）主要构配件制作质量及形位公差要求以及主要构配件强度试验方法，应符合现行行业标准《建筑施工碗扣式钢管脚手架安全技术规范》JGJ 166—2008 的要求。

6.2 碗扣式钢管脚手架构造要求

6.2.1 双排外脚手架

（1）双排脚手架应按本章构造要求搭设，当连墙件按二步三跨设置，二层装修作业层、二层脚手板、外挂密目安全网封闭，且符合下列基本风压值时，其允许搭设高度宜符合表 6.2.1 的规定。

表 6.2.1 双排落地脚手架允许搭设高度

步距（m）	横距（m）	纵距（m）	允许搭设高度（m） 基本风压值 w_0（kN/m^2）		
			0.4	0.5	0.6
1.8	0.9	1.2	68	62	52
		1.5	51	43	36
	1.2	1.2	59	53	46
		1.5	41	34	26

注：本表计算风压高度变化系数，是按地面粗糙度为 C 类采用，当具体工程的基本风压值和地面粗糙度与此表不相符时，应另行计算。

（2）曲线布置的双排外脚手架组架时，应按曲率要求使用不同长度的内外横杆组架，曲率半径应大于2.4m。各种横杆的曲线组合见表 6.2.2，脚手架的曲线布置构造如图 6.2.1 所示。

表 6.2.2 脚手架的曲线组合

组合杆件名称	每组拐角度数 θ	每组曲率半径 R（m）
HG-240，HG-180	28°	3.6
HG-180，HG-120	28°	2.4
HG-120，HG-90	14.25°	3.0

（3）当双排外脚手架拐角为直角时，宜采用横杆直接组架，如图 6.2.2a 所示；当双排外脚手架拐角为非直角时，可采用钢管扣件组架，如图6.2.2b 所示。

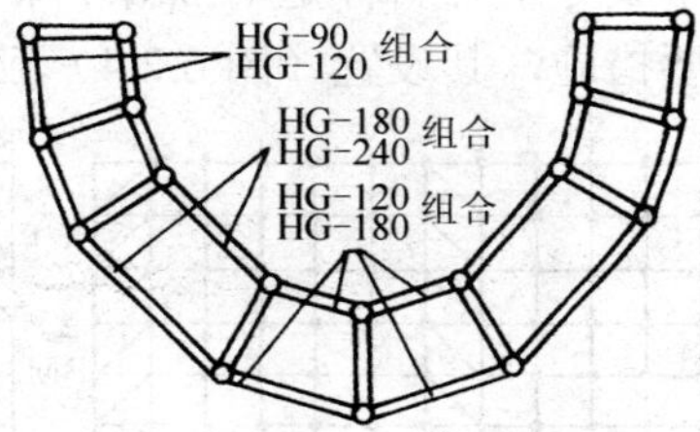

图 6.2.1 脚手架曲线布置

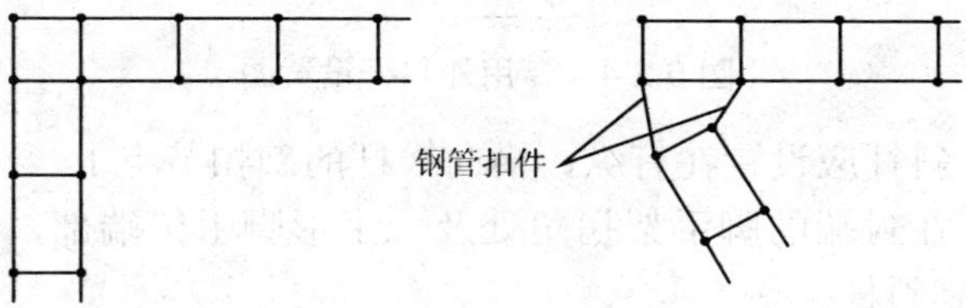

（a） （b）

图 6.2.2 拐角组架图

（a）横杆组架 （b）钢管扣件组架

（4）双排外脚手架首层立杆应采用不同的长度交错布置，以达到立杆接头错开的要求。底层纵、横向横杆作为扫地杆距地面高度应小于或等于 350mm，严禁施工中拆除扫地杆，立杆应配置可调底座或固定底座，如图 6.2.3 所示。

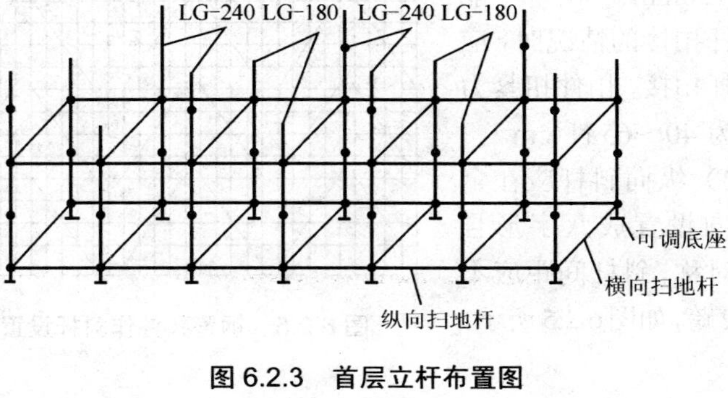

图 6.2.3 首层立杆布置图

（5）双排脚手架专用外斜杆是增强脚手架的稳定性，提高其承载能力的重要措施，其设置（图 6.2.4）应符合下列规定：

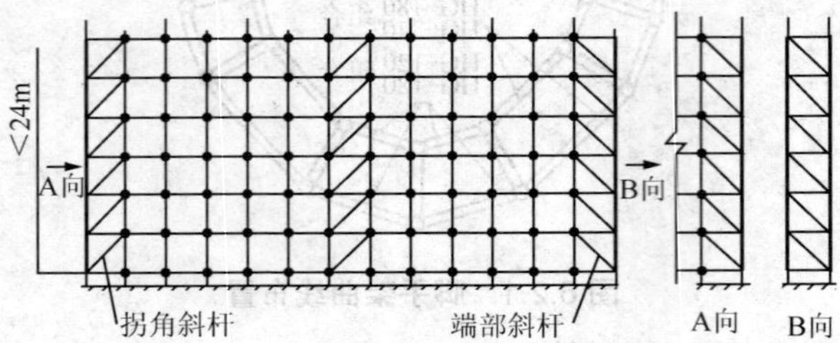

图 6.2.4 专用外斜杆设置图

1）斜杆应设置在有纵、横向横杆的碗扣节点上。

2）在封端的脚手架拐角处及一字形脚手架端部，应设置竖向通高斜杆。

3）当脚手架高度不大于 24m 时，每隔 5 跨应设置一组竖向通高斜杆；当脚手架高度大于 24m 时，每隔 3 跨应设置一组竖向通高斜杆；斜杆应对称设置。

4）当斜杆临时拆除时，拆除前应在相邻立杆间设置相同数量的斜杆。

（6）当采用钢管扣件做斜杆时应符合下列规定：

1）斜杆应每步与立杆扣接，扣接点距碗扣节点的距离宜不大于 150mm；当出现不能与立杆扣接的情况时，应与横杆扣接，扣件扭紧力矩应为 40～65 N · m。

2）纵向斜杆应在全高方向设置成八字形且内外对称，斜杆间距应不大于2跨，如图6.2.5所示。

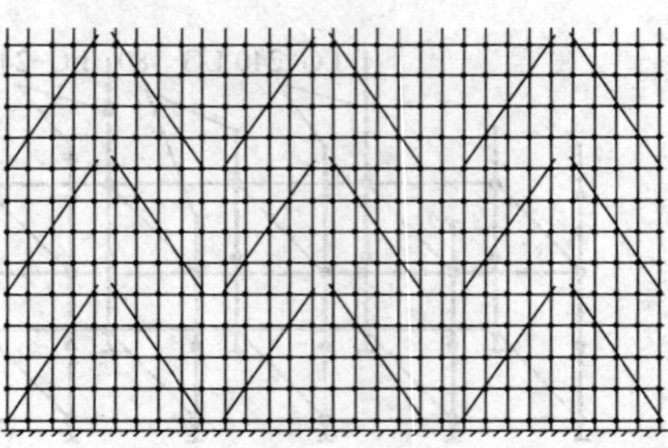

图 6.2.5 钢管扣件作斜杆设置

6.2.2 连墙件设置要求和固定方法

1. 连墙件设置要求

（1）连墙件应呈水平设置，当不能呈水平设置时，与脚手架连接的一端应下斜连接。

（2）每层连墙件应设置在同一水平面上，其位置应由建筑结构和风荷载计算确定，且水平间距应不大于 4.5m。

（3）连墙件应设置在横向横杆的碗扣节点处，当采用钢管扣件做连墙杆时，连墙件应采用直角扣件与立杆连接，连接点距碗扣节点距离应不大于 150mm。

（4）连墙件必须采用可承受拉、压荷载的刚性结构，连接应牢固可靠。

（5）当脚手架高度大于 24m 时，顶部 24m 以下所有的连墙件层必须设置水平斜杆，水平斜杆应设置在纵向横杆之下，如图 6.2.6 所示。

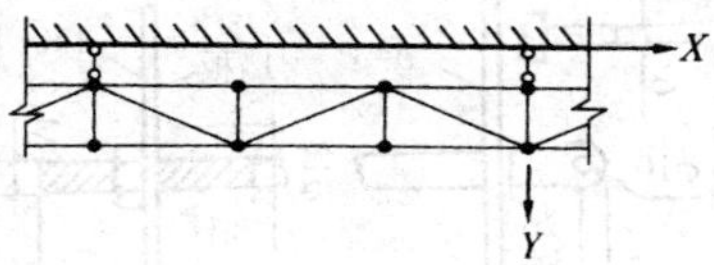

图 6.2.6 水平斜杆设置示意

2. 连墙件与建筑物固定方法

连墙件的固定方法如图 6.2.7 所示，其部件如图 6.2.8 所示。

（1）砖墙缝固定。在砌砖时，预先在砖缝中埋入螺栓，然后将框架用连接杆与其相连。

（2）混凝土预埋固定。在结构施工时，按计划要求在预定位置事先埋入外带接头螺栓的预埋件，组架时将框架与接头螺栓固定。

（3）膨胀螺栓固定。结构施工时，在连墙件的设计位置上用射钉枪射入膨胀螺栓，然后将框架与膨胀螺栓联接固定。

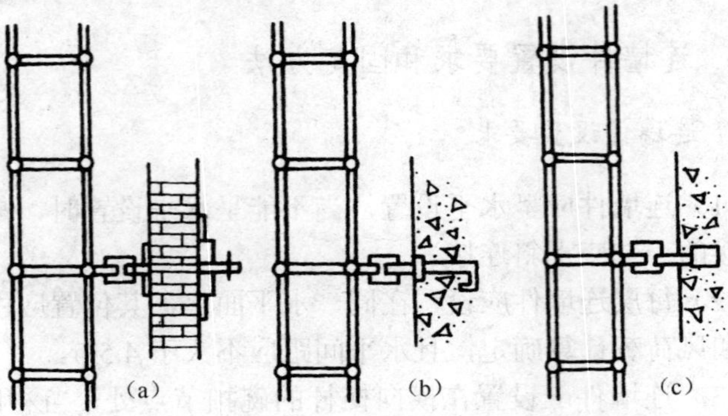

图 6.2.7 连墙件三种固定法

（a）砖墙缝固定 （b）混凝土预埋固定
（c）膨胀螺栓固定

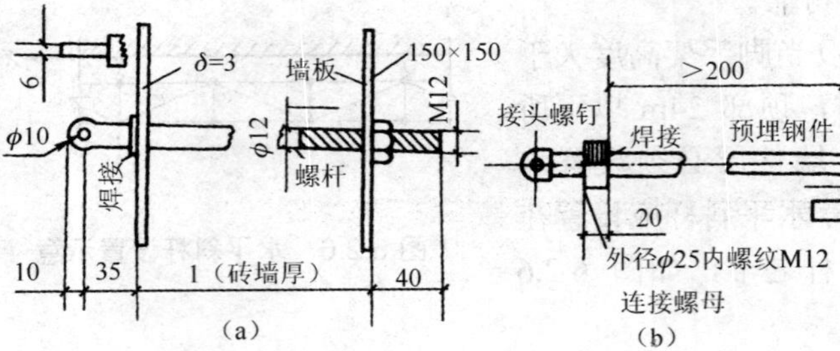

图 6.2.8 连墙件连接件

（a）砖墙连接杆 （b）混凝土预埋钢筋

6.2.3 脚手板构造要求

脚手板可以使用碗扣式钢管脚手架配置设计的钢脚手板，也可以使用其他普通的钢脚手板、木脚手板和竹脚手板等，其设置应符合下列规定：

（1）工具式钢脚手板必须有挂钩，并带有自锁装置与廊道横杆锁紧，严禁浮放。

（2）冲压钢脚手板、木脚手板、竹串片脚手板，两端应与横杆绑牢，作业层相邻两根廊道横杆间应加设间横杆，脚手板探头长度小于或等于 150mm。

（3）斜脚手板的挂钩点必须根据设计增设横杆，如图 6.2.9 所示的斜脚手板，升坡为 1∶3，故必须在图中 *A*、*B*、*C* 等挂钩点增设横杆。

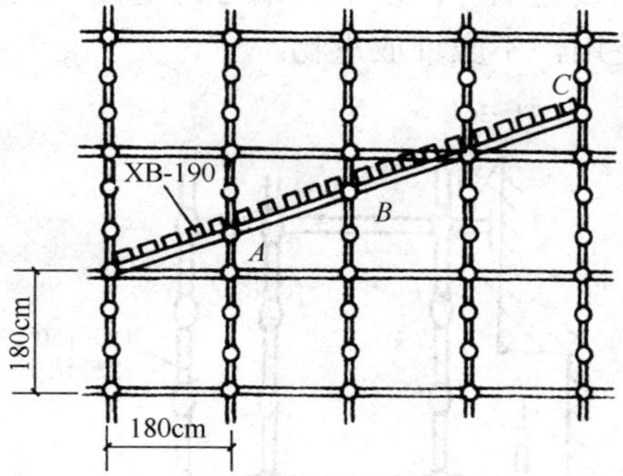

图 6.2.9 斜脚手板设置

6.2.4 人行通道和挑梁

（1）人行通道坡度宜小于或等于 1∶3，并应在坡道脚手板下增设横杆，坡道可折线上升，如图 6.2.10 所示。

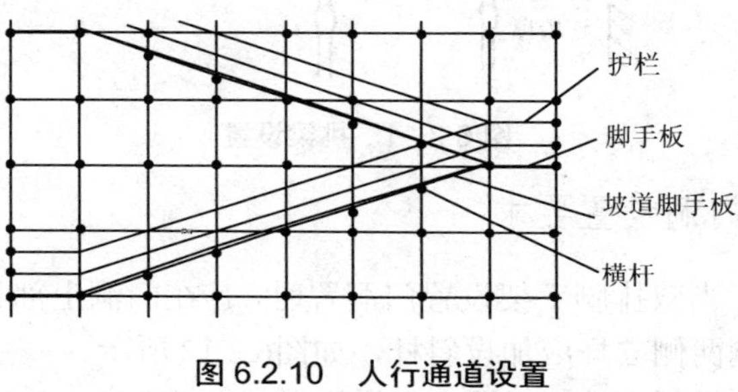

图 6.2.10 人行通道设置

（2）脚手架内立杆与建筑物距离应小于或等于 150mm；当脚手架与建筑物距离大于 150mm 时，应按需要分别选用窄挑梁或宽挑梁设置作业平台。挑梁应单层挑出，严禁增加层数。挑梁均用碗扣接头安装，安全可靠。

宽挑梁可设在框架的外侧，但必须增设顶杆扶手柱，并安装两根横杆作为栏杆扶手，如图 6.2.11 所示。设置挑梁的下一层框架必须增设连墙件，以增强偏心稳定性。挑梁平台一般仅供人员操作使用，不应堆放重物。

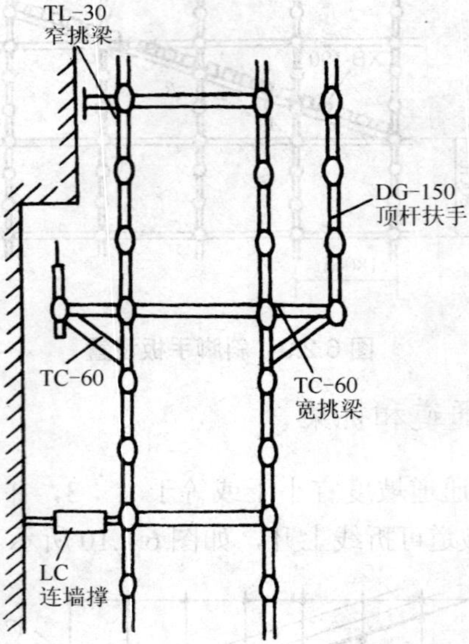

图 6.2.11 挑梁设置

6.2.5 门洞设置要求

（1）当双排脚手架设置门洞置时，应在门洞上部架设专用梁，门洞两侧立杆应加设斜杆，如图6.2.12 所示。

（2）模板支撑架设置人行通道时（图 6.2.13），应符合下列规定:

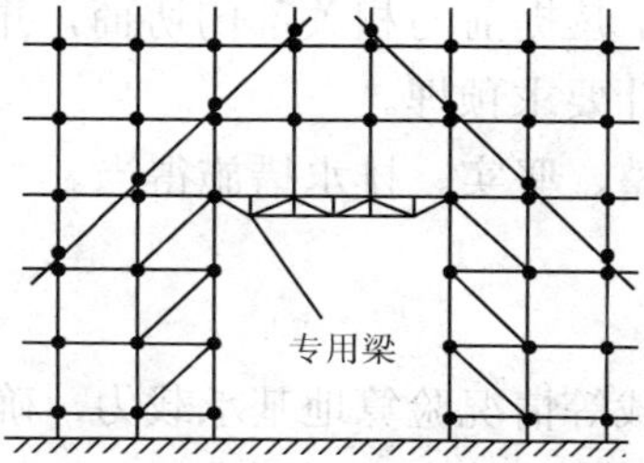

图 6.2.12 双排外脚手架门洞设置

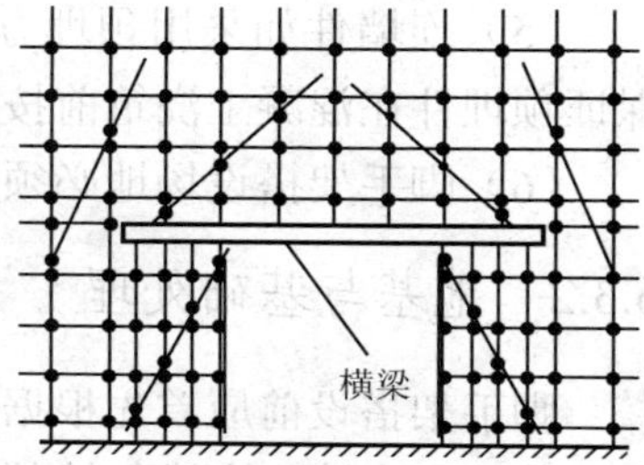

图 6.2.13 模板支撑架人行通道设置

1）通道上部应架设专用横梁，横梁结构应经过设计计算确定。

2）通道下的立杆应加密，并应与架体连接牢固。

3）通道宽度应不大于 4.8m。

4）门洞及通道顶部必须采用木板或其他硬质材料全封闭，两侧应设置安全网。

5）通行机动车的洞口，必须设置防撞击设施。

6.3 双排碗扣式钢管脚手架的搭设与拆除

6.3.1 施工准备

（1）脚手架施工前，必须制定施工设计或专项方案，保证其技术可靠和使用安全，并经技术审查批准后方可实施。

（2）脚手架搭设前，工程技术负责人应按脚手架施工设计或专项方案的要求，对搭设和使用人员进行技术交底。

（3）对进入现场的脚手架构配件，使用前应对其质量进行复检，不合格的构配件不得进入施工现场。

（4）经检验合格进入现场的构配件应按品种、规格分类放置在堆料区内或码放在专用架上，清点好数量备用；脚手架堆放场地排水应畅通，不得有积水。

（5）连墙件如采用预埋方式，应提前与相关部门协商，并保证预埋件在混凝土浇筑前按设计要求预埋。

（6）脚手架搭设场地必须平整、坚实、排水措施得当。

6.3.2 地基与基础处理

脚手架搭设前应首先根据荷载等情况验算地基承载力，确定地基处理方法。在进行地基处理时应符合以下要求：

（1）脚手架地基基础必须按施工设计进行施工，按地基承载力要求进行验收。

（2）地基高低差较大时，可利用立杆0.6m 节点位差进行调节，高低不平地基可仅在支座点局部整平加固。杆间高度大于0.6m 可用立杆错节调整，小于 0.6m 可选用可调支座调整。土壤地基上的立杆必须采用可调底座。

（3）地基一般采用分层夯实找平和用方木垫座，并作好排水处理，以防地基积水引起脚手架不均匀沉陷。方木垫座必须用钉子固紧底座。

（4）脚手架基础经验收合格后，应按施工设计或专项方案的要求放线定位。

（5）脚手架拼装到 3～5 层高时，应用经纬仪检查横杆水平度和立杆垂直度，并在无荷载情况下逐个检查立杆底座是否浮地松动。如有不平或松动，应旋紧可调底座或用薄铁板调整垫实。

（6）在脚手架使用过程中，严禁在其底部位置附近开沟挖槽，否则应采取加固措施。

6.3.3 双排脚手架搭设

1. 组装顺序

双排碗扣式钢管脚手架的一般组装顺序为：

安放立杆底座→树立杆→安横杆→安斜杆→接头锁紧→铺放脚手板→安装上层立杆→紧立杆连接销→安装横杆→设置连墙件→设置人行梯→设置剪刀撑→挂设安全网。

2. 搭设方法和要求

（1）搭设尺寸限制。参照目前国内实行的碗扣式钢管脚手架的暂行规定及有关资料，根据实践经验与结构验算结果，对脚手架的搭设尺寸需加以限制，以确保安全。

碗扣式钢管脚手架搭设一般规定见表 6.3.1。

表 6.3.1　碗扣式钢管脚手架搭设一般规定

序号	项目名称	规定内容
1	架设高度	H≤20m 普通架子按常规搭设。 H＞20m 的脚手架必须做出专项施工设计并进行结构验算
2	荷载限制	砌筑脚手架不大于 2646N/m^2，装修架子为 1200～1960N/m^2 或按实际情况考虑
3	基础作法	基础应平整、夯实、基本在一个标高上，并有排水设施；立杆应设有底座，并用 0.05m×0.2m×2m 的木脚手板通垫。 H＞40m 的架子应进行基础验算并确定铺垫措施
4	立杆纵距	一般为 1.2～1.5m，超过此值应进行验证
5	立杆横距	不大于 1.2m
6	大横杆间距	砌筑架子不大于 1.2m，装修架子不大于 1.8m
7	立杆垂直偏差	H≤30m 时，不大于 1/500 架高；H>30m 时，不大于 1/1000 架高
8	小横杆间距	砌筑架子不大于 1m；装修架子不大于 1.5m
9	架高范围内垂直作业的要求	铺设板不超过 3～4 层，砌筑作业不超过一层，装修作业不超过两层
10	作业完毕后，小横杆保留程度	靠立杆处的小横杆全部保留，其余可拆除
11	剪刀撑	沿脚手架转角处往里布置，每 4～6 根为一组，与地面夹角为 45°～60°
12	与结构拉结	每层设置，垂直距离不大于 4.0m，水平距离不大于 4.0～6.0m
13	垂直斜拉杆	在转角处向两端布置 1～2 个廓间
14	护身栏杆	H=1m，并设 H=0.25m 的挡脚板
15	连接杆	凡 H＞30m 的高层架子，下部 H/2 均用齿形碗扣

碗扣式钢管脚手架搭设除遵循上述规定外，还应注意以下几点。

1）立杆间距的选择。纵向间距 1.5m，横向间距 1.2m 是常用尺寸。H≤20m 的装修架子，纵向间距可扩大至 1.8m；高层架子 H＞40m 时，纵向间距采用 1.2m 为宜。

2）搭设高度与立杆间距的关系。在立杆间距为 1.2m×1.2m 时，H 可控制在 60m 左右，更高的架子必须分段搭设。

3）脚手架应与施工高度同步上升，其超过已施工部分的高度应不大于 6～7m，且不应铺设脚手板，否则应作风载实验。

4）前述规定均未考虑作业层上的挡风设施，如必须增设挡风墙，必须作风载验算。

5）剪刀撑、结构拉结件及必要的斜撑是维持脚手架整体稳定的主要措施，必须按规定严格执行，特别是结构拉结杆必须按建筑物实际情况提出切实可靠的措施，以确保安全。

（2）搭设方法及要求。组装以 3～4 人为一组，其中 1～2 人递料，另外二人共同配合组装，每人负责一端。

1）在处理好的地基上放线安放立杆底座。底座和垫板应准确地放置在定位线上，垫板宜采用长度不少于2 跨，厚度不小于 50mm 的木垫板，底座的轴心线应与地面垂直。

架设在坚实平整地基基础上的脚手架，其立杆底座可直接用立杆垫座，地势不平或高层重载脚手架底部应用立杆可调底座，其布置如图 6.3.1 所示。

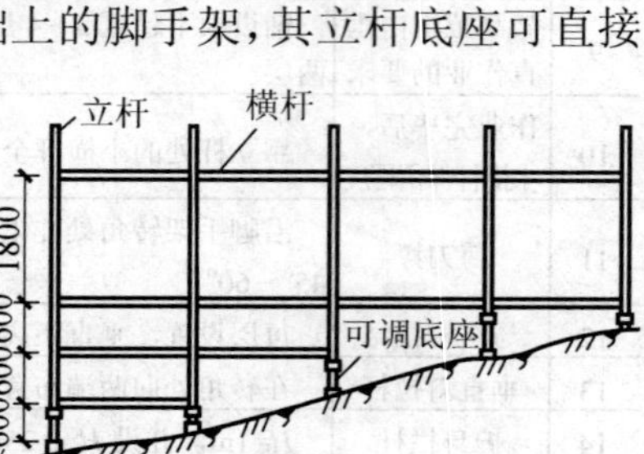

图 6.3.1　地势不平地基的立杆布置

当相邻立杆地基高差小于 0.6m 时，可直接用立杆可调底座调整立杆高度，使立杆碗扣接头处于同一水平面内；当相邻立杆高差大于 0.6m 时，则可先调整立杆节间（即对于高差超过 0.6m 的地基，立杆相应增加一个节间 0.6m），使同一层碗扣接头的高差小于 0.6m，再用立杆可调座调整高度，使其处于同一水平面上。

2）在安放好的底座上插入立杆。第一层立杆应采用 3.0m 和 1.8m 长或 1.8m 和 2.4m 长两种不同长度立杆相互交错，参差布置，使立杆接头相互错开，如图 6.3.2 所示。这样，往上搭设架子时，同一层中采用相同长度的同一规格的立杆接长时，其接头仍会互相错开。到架子顶部时再分别采用 1.8m 和 3.0m（或 1.8m 和 2.4m）两种长度的立杆接长，以保证架子顶部的平齐。

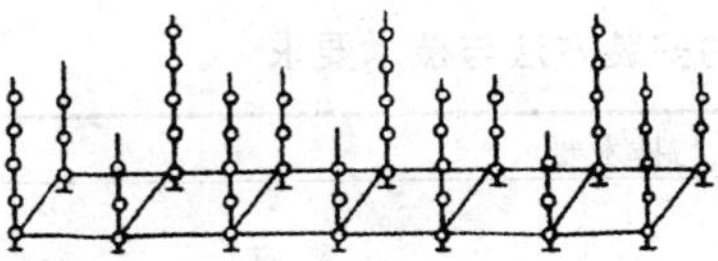

图 6.3.2　第一层立杆交错布置图

3）安装底层（第一步）横杆。在装立杆的同时应及时设置底层纵、横横杆作为扫地杆，将立杆连接成一个整体，以保证框架的整体稳定。扫地杆距地面高度应小于或等于 350mm，并且在施工中严禁拆除。

碗扣式钢管脚手架的步高取 0.6m 的倍数，一般采用 1.8m，只有在荷载较大、柱较小时，才采用 1.2m 或 2.4m。

碗扣接头是立杆与横杆、斜杆的连接装置，应确保锁紧。组装时，先将上碗扣搁置在限位销上，将横杆、斜杆等接头插入下碗扣，使接头弧面与立杆紧贴，待全部接头插入后，将上碗扣套下，并用榔头顺时针沿切线敲击上碗扣凸头，直至上碗扣的限位销卡紧不再转动为止，如图 6.1.1 所示。

碗扣式钢管脚手架底层的搭设十分关键，因此要严格控制搭设质量。当组装完两层横杆后，首先应检查并调整水平框架的直角度和纵向直线度；其次应检查横杆的水平度，并通过调整立杆的可调底座使横杆间的水平偏差小于 $L/400$（L 为框架长度），纵向直线度偏差小于 $L/200$，直角度小于 3.5° 。

同时，应逐个检查立杆底脚，不能有浮地松动情况，当底层架检查符合要求后，检查所有碗扣接头，并锁紧。

4）安装斜杆和剪刀撑。各种斜杆在横杆安装的同时同步安设，在脚手架的外侧，每隔 5～7 根立杆沿框架的全高设置双杆剪刀撑，剪刀撑一般用扣件与立杆连接牢固。斜杆和剪刀撑的安装方法与技术要求见表 6.3.2。

表 6.3.2 斜杆和剪刀撑的安装方法与技术要求

类别	安装方法与技术要求
基本要求	斜杆可采用碗扣式钢管脚手架的配套斜杆，也可以用钢管扣件代替。当用碗扣式系列斜杆时，斜杆应尽可能设置在框架结点上。斜杆接头同横杆接头装在同一碗扣接头内，称为节点斜杆，如图 6.3.3 所示。若斜杆不能设置在节点上时，应呈错节布置，安装成非节点斜杆。 利用钢管和扣件安装斜杆时，斜杆的设置可更加灵活，不受碗扣接头内允许装设杆件数量的限制（特别是安装竖向剪刀撑、纵向水平剪刀撑时），此外，这种用钢管和扣件安装的斜杆还能改善脚手架的受力性能 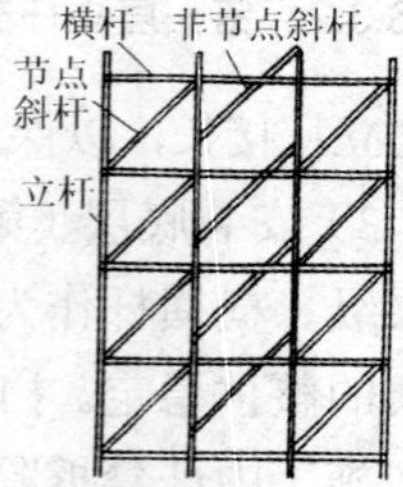 图 6.3.3 斜杆布置方法
横向斜杆（廊道斜杆）	在脚手架横向框架内设置的斜杆称为廊道斜杆。高度 30m 以内的脚手架可不设廊道斜杆；高度 30m 以上的脚手架，每隔 5～6 跨设一道沿全高的廊道斜杆。高层建筑脚手架和重载脚手架，应搭设廊道斜杆。用碗扣式斜杆设置廊道斜杆时，在脚手架的两端框架可设置节点斜杆，如图 6.3.4a 所示，中间框架只能设置成非节点斜杆，如图 6.3.4b 所示 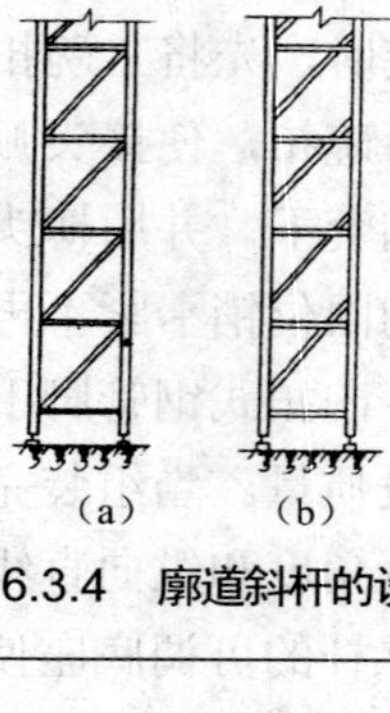 图 6.3.4 廊道斜杆的设置

续表 6.3.2

类别	安装方法与技术要求
纵向斜杆	在脚手架的拐角边缘及端部，必须设置纵向斜杆，中间部分则可均匀地间隔分布，纵向斜杆必须两侧对称布置。 脚手架中设置纵向斜杆的面积与整个架子面积的比值，当架高小于 30m 时，应大于 1/4；当架高为 30～50m 时，应大于 1/3；当架高大于 50m 时，应大于 1/2
竖向剪刀撑	竖向剪刀撑的设置应与纵向斜杆的设置相配合。 （1）高度在 30m 以下的脚手架，可每隔 4～6 跨设一道（全高连续的）剪刀撑，每道剪刀撑跨越 5～7 根立杆，在剪力撑的跨内可不再设碗扣式斜杆。 （2）30m 以上的高层建筑脚手架，应沿脚手架外侧全高连续布置剪刀撑，在两道剪刀撑之间设碗扣式纵向斜杆，其设置构造如图 6.3.5 所示 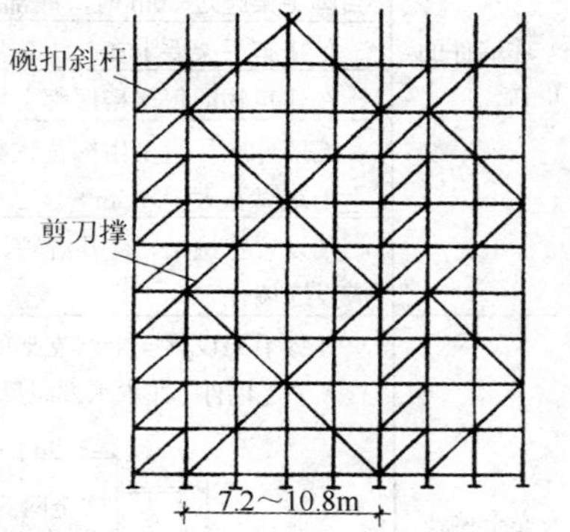 图 6.3.5 纵向斜杆、竖向剪刀撑布置
纵向水平剪刀撑	高度在 30m 以上的高层建筑脚手架应每隔 3～5 跨设置一层连续、闭合的纵向水平剪刀撑，如图 6.3.6 所示 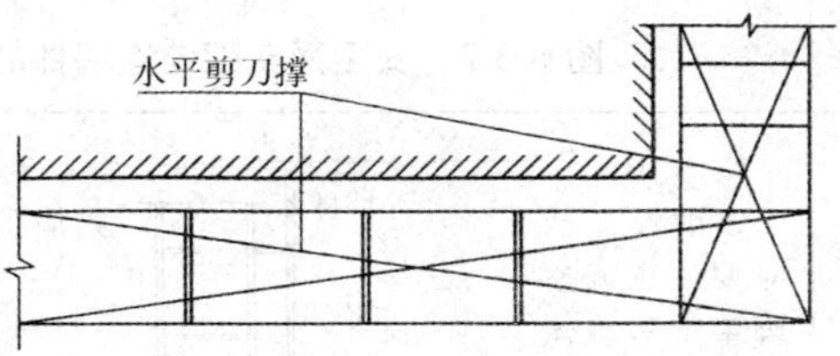 图 6.3.6 纵向水平剪刀撑布置

5）安装连墙件（连墙撑）。连墙撑必须按 6.2.2 连墙件设置构造要求的规定与架子的升高同步在规定的位置安装，不得后补或任意拆除。安装连墙件时应先检查预埋件或膨胀螺栓是否与结构连接牢固，连接不好的应补做。连墙件的设置要求见表 6.3.3。

表 6.3.3 连墙件（连墙撑）的设置要求

类别	设置要求
连墙件的布置	连墙件必须随脚手架的升高，在规定的位置上及时安装，不得在脚手架搭设完后补安装，也不得任意拆除
	在一般风力地区，连墙件可按四跨三步（约 30~40m）内设置一个，当脚手架超过 30m 时，底部连墙件的设置应适当加密
	单排脚手架要求在二跨三步范围内设置一个
	在建筑物的每一楼层都必须设置连墙件
	连墙件应尽量采用梅花状布置，相邻两点的垂直间距不大于 4.0m，水平距离不大于 4.5m
	凡设置宽挑梁、提升滑轮、高层卸荷拉结杆及物料提升架的地方均应设连墙件
安全网支架处的连墙件设置	凡脚手架设置安全网支架的框架层，必须在该层的上、下节点各设置一个连墙件，在水平方向每隔两跨设置一个连墙件，如图 6.3.7 所示。 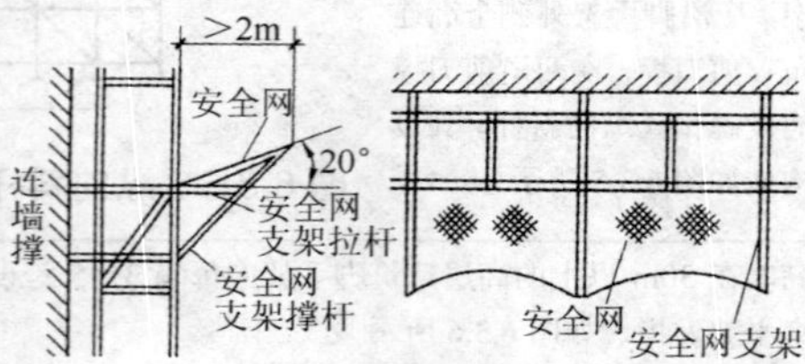 图 6.3.7 安全网支架处连墙件的设置
用连墙件调整架体与结构间的垂直度	连墙件安装时要注意调整脚手架与墙体间的距离，应使脚手架保持垂直，如图 6.3.8a 所示，严禁向外倾斜，如图 6.3.8b 所示 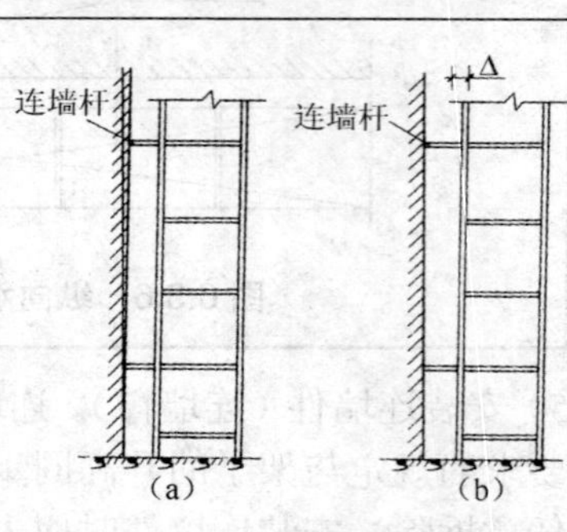 图 6.3.8 连墙件的设置要求

续表 6.3.3

类别	设 置 要 求
连墙件的位置要求	连墙件应尽量与脚手架、墙体保持垂直，偏角范围不得超过15°，如图 6.3.9 所示。 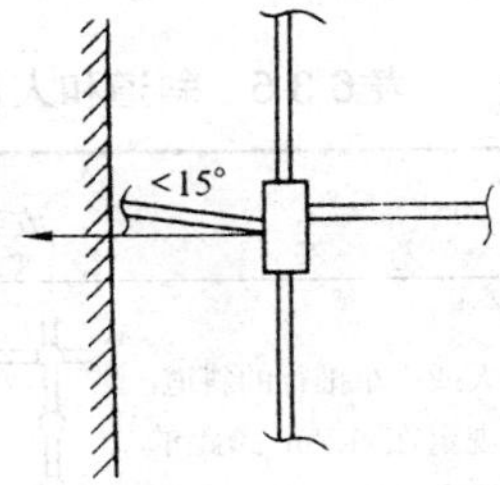 图 6.3.9 连墙件的偏角范围

6）安放脚手板。脚手板的安放方法与技术要求见表 6.3.4。

表 6.3.4 脚手板的安放方法与技术要求

序号	安放方法与技术要求
1	脚手板除在作业层设置外，还必须沿高度每 10m 设置一层，以防高空坠落物伤人或砸碰脚手架框架
2	当脚手板使用普通的钢、木、竹脚手板时，横杆应采用搭边横杆，脚手板的两端必须嵌入边角内，以减少前后窜动
3	当脚手板采用与碗扣式脚手架配套设计的钢脚手板时，脚手板的挂扣，必须完全扣在横杆上，不允许浮动，如图 6.3.10 所示。 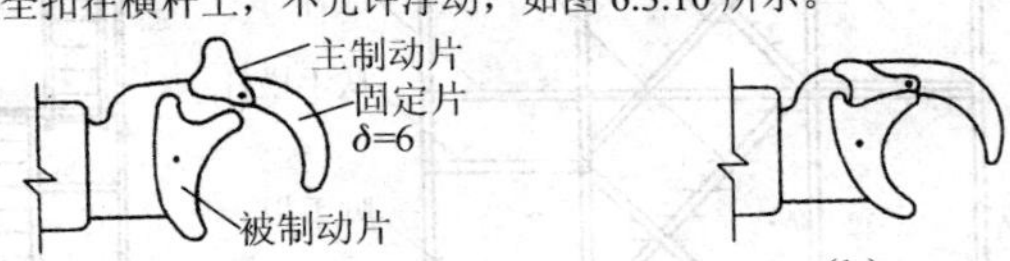 图 6.3.10 架手架制动片式挂扣

7）接长立杆。立杆的接长是靠焊于顶端的连接管承插而成，立杆插好后，使上部立杆底端连接孔同下部立杆顶端连接孔对齐，插入立杆连接销并锁定即可。脚手架应与建筑物的施工高度同步上升，并应超出作业面 1.5m。

8）安装斜道和人行架梯。斜道和人行架梯的安装方法与技术要求见表 6.3.5。

表 6.3.5　斜道和人行架梯的安装方法与技术要求

类别	安装方法与技术要求
斜道	行人或小车推行的斜道，一般规定在 1.8m 跨距的脚手架上设置，如图 6.3.11 所示，其坡度为 1∶3，因此在斜脚手板的挂钩点（图 6.3.11 中 *A*、*B*、*C* 处），必须增设横杆，而在斜道板框架两侧应设置横杆和斜杆作为扶手和护栏。 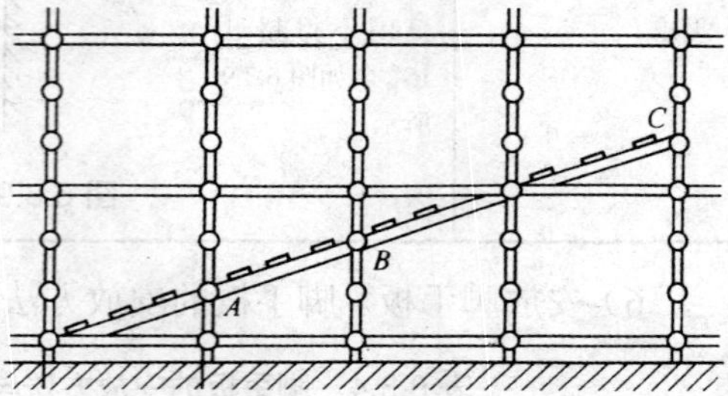 图 6.3.11　斜道安装
人行架梯	人行架梯设在 1.8m×1.8m 的框架内，架梯上有挂钩，可以直接挂在横杆上，如图 6.3.12 所示。架梯宽为 540mm，一般在 1.2m 宽的脚手架内布置成折线形，在转角处铺脚手板作为平台，在脚手架靠梯子一侧安装斜杆和横杆作为扶手。 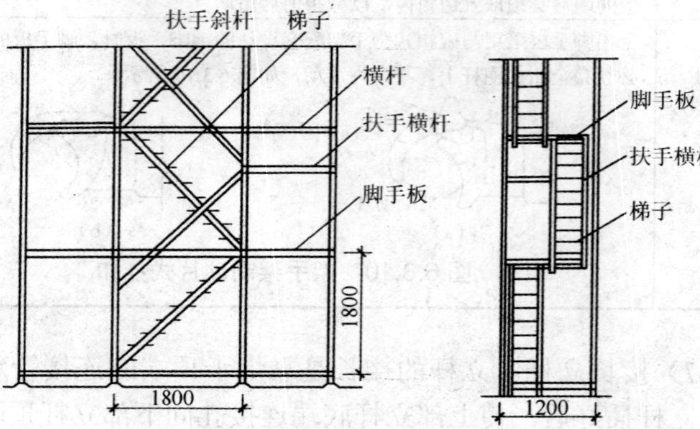 图 6.3.12　架梯的安装

续表 6.3.5

类别	安装方法与技术要求
简易爬梯	当脚手架设置人行架梯的条件受限制时，可设置如图 6.3.13 所示两种形式的简易挑梁爬梯，但此时应在爬梯两侧增设防护栏杆和安全网等防护措施。 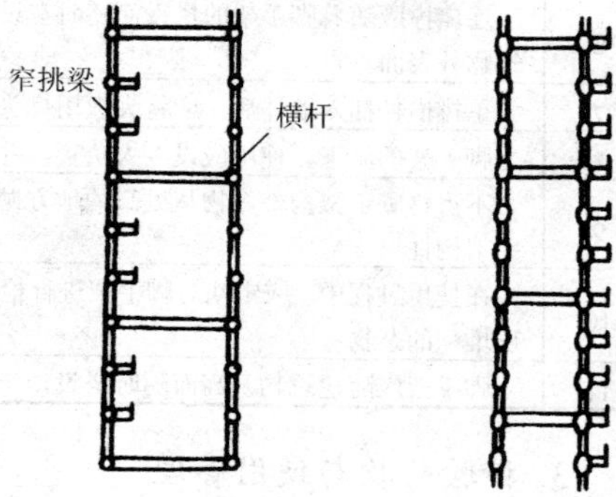 （a）　（b） 图 6.3.13　简易爬梯

9）安装作业层防护设施。作业层必须满铺脚手板，外侧应设 180mm 高的挡脚板及 1.2m 高的两道护身栏杆，护身栏杆应用横杆在立杆 0.6～1.2m 高的碗扣接头处搭设两道。

作业层应加设护身立网，上下封闭，施工作业层的防护高度不得低于 1m。

（3）碗扣式钢管脚手架的搭设注意事项。碗扣式钢管脚手架的搭设注意事项见表 6.3.6。

表 6.3.6　碗扣式钢管脚手架的搭设注意事项

序号	搭设注意事项
1	脚手架组装以 3～4 人一小组为宜，其中 1～2 人递料，另外 2 人共同配合组装，每人负责一端
2	组装时，至多两层向同一方向推进或由中间向两边推进，不得从两边向中间合拢组装，否则中间杆件会因两侧架子刚度太大而难以安装
3	碗扣式脚手架的底层组架最为关键，其组装质量直接影响到整架的质量。当组装完两层横杆后，首先应检查并调整水平框架的直角度和纵向直线度，其次应检查横杆的水平度，并通过调整立杆可调底座使横杆间的水平偏差小于 1/400，同时应逐个检查立杆底脚，并确保所有立杆不浮地松动
4	在确定底层架子符合搭设要求后，应检查所有碗扣接头，并锁紧

续表 6.3.6

序号	搭设注意事项
5	在搭设、拆除或改变作业程序时，禁止人员进入危险区域
6	连墙撑应随着脚手架的搭设而随时在设计位置设置，并尽量与脚手架和建筑物外表面垂直
7	单排横杆插入墙体后，应将夹板用榔头击紧，不得浮动
8	脚手架的施工、使用应设专人负责，并设安全监督检查人员
9	不得将脚手架构件等物从过高的地方抛掷，不得随意拆除已投入使用的脚手架构件
10	在使用过程中，应定期对脚手架进行检查，严禁乱堆乱放，应及时清理各层堆积的杂物
11	脚手架应随建筑物升高而随时搭设，一般不应超出建筑物两步架

3. 检验验收与使用管理

（1）检查阶段。在下列阶段应对脚手架进行检查：

1）每搭设 10m 高度。

2）达到设计高度。

3）遇有六级以上大风和大雨或大雪之后。

4）停工超过一个月，在恢复使用之前。

（2）检验主要内容。

1）基础是否有不均匀沉降。

2）立杆底座与基础面的接触是否良好，有无松动或脱离情况。

3）检查全部节点的上碗扣是否锁紧。

4）连墙杆、斜杆及安全网等构件的设置是否达到设计要求。

5）使用荷载是否超过规定。

6）主要技术要求应满足下列要求：

① 地基基础表面要坚实平整，垫板放置牢固，排水畅通。

② 不允许立杆有浮地松动现象。

③ 整架垂直度应小于 1/500L，但最大不超过 100mm。

④ 对于直线布置的脚手架，其纵向直线度应小于 1/200L。

⑤ 横杆的水平度，即横杆两端的高度偏差应不大于 1/400L。

（3）使用管理。

1）脚手架的安装和使用应设专人负责，并设安全监督检查人员，确保脚手架的搭设和使用符合设计要求和有关施工规范的要求。

2）脚手架在使用过程中，应定期对脚手架的完好情况进行检查，发现问题要及时解决。严禁乱堆乱放，应及时清理各层堆积的杂物，保持工作面的清洁、畅通。

3）脚手架在使用时，不得不经批准随意拆除已投入使用的脚手架构件，在搭设时，不得将脚手架配件等物从高处抛掷。

6.3.4 碗扣式钢管脚手架的拆除

碗扣式脚手架的拆除应遵守下列规定：

（1）拆除前应编制拆除方案，清除所有多余物料，并设立拆除警戒区，在专人统一指挥下进行。

（2）脚手架拆除前现场工程技术人员应对在岗操作工人进行有针对性的安全技术交底。

（3）脚手架拆除时必须划出安全区，设置警戒标志，派专人看管，禁止非拆除人员进入拆除区。

（4）拆除作业前，应全面检查脚手架的连接、支撑体系等是否符合构造要求，按技术管理程序批准后方可实施拆除作业。

（5）拆除自上而下按既定的方案逐层拆除，不容许上、下两层同时拆除。

（6）连墙件只能拆到该层时方可拆除，严禁在拆架前先拆连墙件。

（7）拆除的构件应用吊具移至地面，或人工传递，严禁高处抛掷。

（8）脚手架采取分段、分立面拆除时，必须事先确定分界处的技术处理方案。

（9）拆除的构件应及时分类堆放，以便运输、维护和保管。

6.4 碗扣式钢管脚手架的其他形式

6.4.1 模板支撑架

1. 模板支撑架的基本构造要求

（1）模板支撑架应根据所承受的荷载选择立杆的间距和步距，底层纵、横向水平杆作为扫地杆，距地面高度应小于或等于 350mm，立杆底部应设置可调底座或固定底座，立杆上端包括可调螺杆伸出顶层水平杆的长度不得大于 0.7m。

（2）模板支撑架斜杆设置应符合下列要求：

1）当立杆间距大于 1.5m 时，应在拐角处设置通高专用斜杆，中间每排每列应设置通高八字形斜杆或剪刀撑。

2）当立杆间距小于或等于 1.5m 时，模板支撑架四周从底部到顶部连续设置竖向剪刀撑，中间纵、横向由底至顶连续设置竖向剪刀撑，其间距应小于或等于 4.5m。

3）剪刀撑的斜杆与地面夹角应在 45°～60°之间，斜杆应每步与立杆扣接。

（3）当模板支撑架高度超过 4.8m 时，顶端和底部必须设置水平剪刀撑，中间水平剪刀撑设置间距应小于或等于 4.8m。

（4）模板支撑架高宽比应小于或等于 2m，当高宽比大于 2 时，可采取扩大下部架体尺寸（图 6.4.1）或采取其他加固措施。

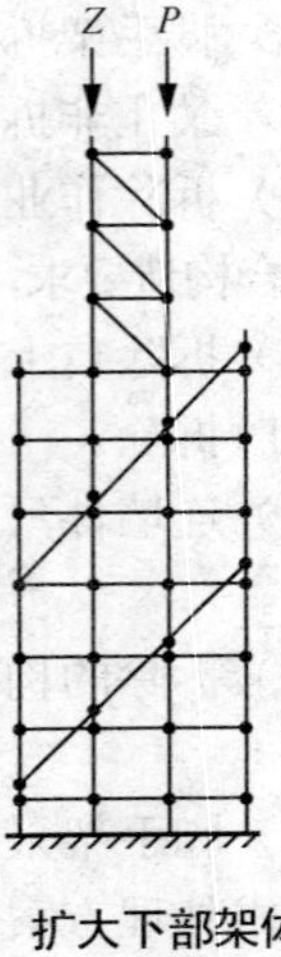

图 6.4.1 扩大下部架体示意图

（5）房屋建筑模板支撑架可采用立杆支撑楼板、横杆支撑梁的梁板合支方法。模板下方应放置次楞（梁）与主楞（梁），次楞（梁）与主楞（梁）应按受弯构件设计计算。支架立杆上端应采用 U 形托撑，支撑应在主楞（梁）底部，图 6.4.2 是房屋建筑模板支撑架示章图。

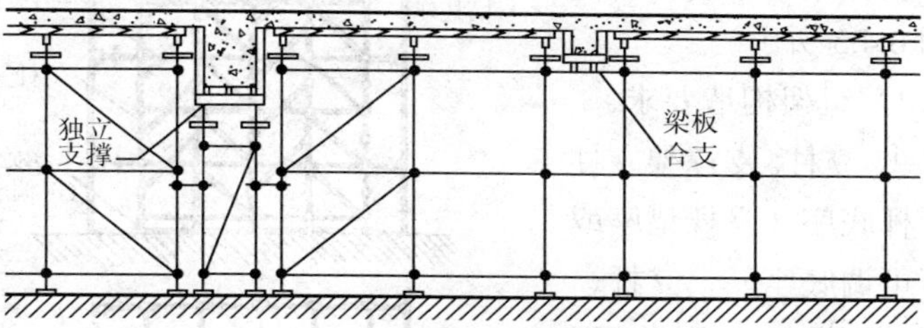

图 6.4.2 房屋建筑模板支撑架

2. 碗扣式模板支撑架的搭设

支撑架主要用于现浇钢筋混凝土模板支撑或其他临时支撑。用碗扣式系列构件可以组成不同组架密度、不同组架高度、承受不同荷载的支撑架，现已广泛应用在高层现浇钢筋混凝土结构施工中，若能配备快速拆模系统，可以使模板和支撑架的周转速度比常规快一倍以上，材料占用量减少近一半，经济效果十分明显。此外，在桥梁、地道桥、箱涵、地下人行通道的施工中，也得到广泛的应用。

（1）组架构造。

1）基本组合。支撑架可以根据荷载要求组成下列五种基本组合形式。

① I 型组合。1.8m（框长）×1.8m（框宽）×1.8m（框高）的框架单元。

② II 型组合。1.2m×1.2m×1.8m 的框架单元。

③ III型组合。1.2m×1.2m×1..2m 的框架单元。

④ Ⅳ型组合。0.9m×0.9m×1.2m 的框架单元。

⑤ Ⅴ型组合。0.9m×0.9m×0.6m 的框架单元。

支撑架基本组合构造如图 6.4.3 所示。

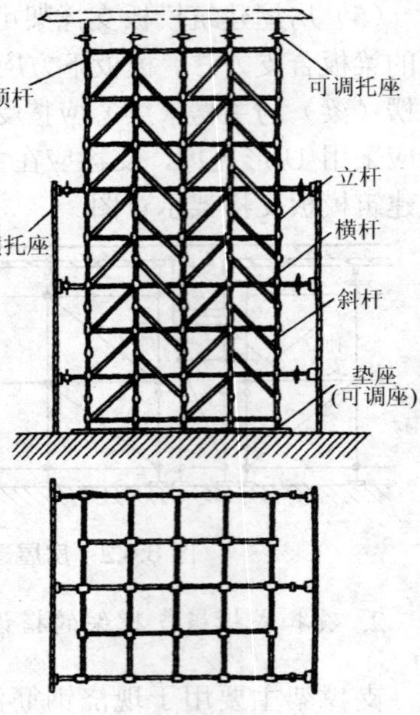

图 6.4.3 支撑架组合

2）组架构造要求。

① 立柱。支撑架立柱由立杆底座（立杆垫座或立杆可调底座）、立杆、顶杆、可调托座组成。可调托座插在顶杆上，其上可直接安装支撑横梁。由不同立杆、顶杆和可调托座可组成任意高度的支撑架立柱。表 6.4.1 列出了仅用 0.60m 可调托座调节时，各种杆件组合高度。

表 6.4.1 支撑架高度与构件组合

杆件类型 数量 支撑高度（m）	可调座可调高度（m）	立杆数量		顶杆数量	
		LG-300（3m）	LG-180（1.8m）	DG-150（1.5m）	DG-90（0.9m）
2.75～3.35	0.05～0.65	0	1	0	1
3.35～3.95	0.05～0.65	0	1	1	0
3.95～4.55	0.05～0.65	1	0	0	1
4.55～5.15	0.05～0.65	1	0	1	0
5.15～5.75	0.05～0.65	0	2	1	0

续表 6.4.1

杆件类型 数量 支撑高度（m）	可调座可调高度（m）	立杆数量		顶杆数量	
		LG-300（3m）	LG-180（1.8m）	DG-150（1.5m）	DG-90（0.9m）
5.75～6.35	0.05～0.65	1	1	0	1
6.35～6.95	0.05～0.65	1	1	1	0
6.95～7.55	0.05～0.65	2	0	0	1
7.55～8.15	0.05～0.65	2	0	1	0
8.15～8.75	0.05～0.65	1	2	1	0
8.75～9.35	0.05～0.65	2	1	0	1
9.35～9.95	0.05～0.65	2	1	1	0
9.95～10.55	0.05～0.65	3	0	0	1
10.55～11.15	0.05～0.65	3	0	1	0
11.15～11.75	0.05～0.65	2	2	1	0
11.75～12.35	0.05～0.65	3	1	0	1
12.35～12.95	0.05～0.65	3	1	1	0
12.95～13.55	0.05～0.65	4	0	0	1
13.55～14.15	0.05～0.65	4	0	1	0
14.15～14.75	0.05～0.65	3	2	1	0
14.75～15.35	0.05～0.65	4	1	0	1
15.35～15.95	0.05～0.65	4	1	1	0
15.95～16.55	0.05～0.65	5	0	0	1
16.55～17.15	0.05～0.65	5	0	1	0
17.15～17.75	0.05～0.65	4	2	1	0
17.75～18.35	0.05～0.65	5	1	0	1

② 横托座。横托座、可调横托座既可用作墙体的侧向模板支撑，又可作为重载支撑架的横向限位支撑。横托座一端用碗扣接头同支撑架连接，另一端插上可调托座，安装支撑模梁。

此外，横托座应设置在横杆层，并应两侧对称布置。

③ 底座设置。除架立在混凝土等坚硬基础上的支撑底架可用立杆垫座外，其余均应设置立杆可调底座。在搭设及使用过程中，应随时注意基础的沉降，对基础沉降悬空的立杆，须调

整可调底座，使之均匀受力。

3）斜杆设置。斜杆分为：框架的外侧可设节点斜杆，框架中部立杆的碗扣接头都装有四个横杆接头，不能装碗扣式节点斜杆的可改用扣件式斜杆。

4）高架支撑扩大基础。支撑架高宽（按窄边计算）比一般不得超过 3。否则，必须按有关规定设置缆风绳加固，也可以按图 6.4.4 所示扩大下部组架。

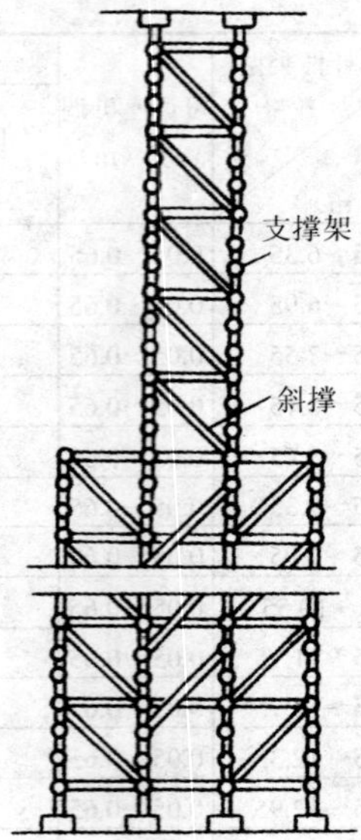

图 6.4.4　高架支撑扩大基础

（2）支撑架的搭设方法。

1）地基要求。地基要求与碗扣式内外脚手架相同。

2）搭设方法。

① 施工准备。根据施工荷载需要选定支撑架组合尺寸型式，并按支撑高度要求组配立杆、顶杆及可调底座、可调托座，绘制组架图和材料明细表。

② 放线定位。放底座的方法与碗扣式内外脚手架相同。

③ 竖立杆。第一步立杆的长度应一致，即支撑架的立杆接头应在同一水平面上，顶杆仅在顶端使用，以便能插入托座。

④ 安装横杆和斜杆。横杆的安装与碗扣式内外脚手架相同，斜杆一般仅在支撑架的四周布置，不能在框架对角节点布置斜杆时，可以错节布置。

⑤ 安装横托座。横托座主要作支撑横向支托用，以增强框架的稳定性，也可以作侧压力支撑用，但必须对称布置。

⑥ 检查验收。支撑架拼装到 3～5 层时，应检查每根立杆底座下是否坚固，若浮动应旋紧可调底座或用薄铁片填实。

⑦ 整架拼装完毕后，应检查所有连接扣件是否扣紧，若有松动应用锤敲紧。

组架除上述要求外，还应遵守脚手架的有关规定。

3. 支撑架荷载及立杆支撑面积

支撑架的荷载及立杆支撑面积见表 6.4.2。

表 6.4.2　支撑架荷载及立杆支撑面积

混凝土厚度（cm）	支撑总荷载（kg/m^2）					每根立杆可支撑面积 S（m^2）
	混凝土重 P_1	模板楞条 P_2	冲击荷重 $P_3=P_1\times30\%$	人行机具动荷载 P_4	总计 $\sum P$	
10	240	45	72	200	557	5.39
15	360	45	108	200	713	4.21
20	480	45	144	200	869	3.45
25	600	45	180	200	1025	2.93
30	720	45	216	200	1181	2.54
40	960	45	288	200	1493	2.01
50	1200	45	360	200	1805	1.66
60	1440	45	432	200	2117	1.42
70	1680	45	504	200	2429	1.24
80	1920	45	576	200	2741	1.09
90	2160	45	648	200	3053	0.98
100	2400	45	720	200	3365	0.89
110	2640	45	792	200	3677	0.82
120	2880	45	864	200	3989	0.75

注：1. 立杆承载力按每根 3000kg=30kN 计，混凝土容重按 $2400kg/m^3$ 计；
2. 高层支撑架还需计算支撑架构件自重，并计入总荷载中。

4. 支撑架用量计算

支撑架的用量计算见表 6.4.3。

表 6.4.3 支撑架用量计算

例 $1000m^3=10\times10\times10$（$m^3$）（长×宽×高）

组框尺寸（m^3）	构件名称	构件型号	用量计算公式 A—长、B—宽、C—高	1000m^3=10×10×10（m^3）数量	单重（kg）	总重（kg）	备注
$a\times b\times c$ 1.2×1.2×1.8 $D_1=\frac{A}{a}+1$ $D_2=\frac{B}{b}+1$ $D_3=\frac{C}{c}+1$	底座	DZ-1	$N=D_1\times D_2$	81	1.7	137.7	D_1，D_2，D_3
	可调底座	TZ-2		81	10.1	818.1	
	立杆	LG-300	N：$D_1=\frac{A}{1.2}+1\approx9$	3×81	17.3	4203.9	
		LG-180	$D_2=\frac{B}{1.2}+1\approx9$	0	10.7	0	
	顶杆	DG-150	$D_3=\frac{C}{1.8}+1\approx7$	0	8.7	0	
		DG-90		81	5.5	445.5	
	横杆	HG-120	$D_3(2D_1D_2-D_1-D_2)$	1008	5.2	5241.6	
	斜杆	XG-216	$2(D_3-1)[(D_1-1)+(D_2-1)]$	192	6.6	1267.2	共计12114kg
$a\times b\times c$ 1.8×1.8×1.8 $D_1=\frac{A}{a}+1$ $D_2=\frac{B}{b}+1$ $D_3=\frac{C}{c}+1$	底座	DZ-1	$N=D_1\times D_2$	49	1.7	83.3	D_1，D_2
	可调底座	TZ-2		49	10.1	494.9	
	立杆	LG-300	N：$D_1=\frac{A}{1.8}+1\approx7$	3×49	17.3	2543.1	
		LG-180	$D_2=\frac{B}{1.8}+1\approx7$	0	10.7	0	
	顶杆	DG-180	$D_3=\frac{C}{1.8}+1\approx7$	0	8.7	0	
		DG-90		49	5.5	269.5	
	横杆	HG-180	$D_3(2D_1D_2-D_1-D_2)$	588	7.5	4410.0	
	斜杆	XG-225	$2(D_3-1)[(D_1-1)+(D_2-1)]$	144	7.5	1080	共计8302.6kg
$a\times b\times c$ 1.2×1.8×1.8 $D_1=\frac{A}{a}+1$ $D_2=\frac{B}{b}+1$ $D_3=\frac{C}{c}+1$	底座	DZ-1	$N=D_1\times D_2$	63	1.7	107.1	D_1，D_2
	可调底座	TZ-2		63	10.1	636.3	
	立杆	LG-300	N：$D_1=\frac{A}{1.2}+1\approx9$	3×63	17.3	3269.7	
		LG-180	$D_2=\frac{B}{1.8}+1\approx7$	0	10.7	0	
	顶杆	DG-150	$D_3=\frac{C}{1.8}+1\approx7$	0	8.7	0	
		DG-90		63	5.5	346.5	

续表 6.4.3

组框尺寸（m^3）	构件名称	构件型号	用量计算公式 A—长、B—宽、C—高	1000m^3=10×10×10（m^3） 数量	单重（kg）	总重（kg）	备注
	横杆	HG-120	$D_3D_2(D_1-1)$	392	5.2	2038.4	
		HG-180	$D_3D_1(D_2-1)$	378	7.5	2835.0	
	斜杆	XG-216	$2(D_1-1)(D_3-1)$	96	6.6	633.6	
		XG-255	$2(D_2-1)(D_3-1)$	72	7.5	540.0	共计 9663.2kg

6.4.2 碗扣式钢管支撑柱的搭设

支撑柱主要用于重载支撑，是由立杆、顶杆和 0.30m 长的横杆组成的长方形柱。

1. 组架构造

（1）基本组合。支撑柱结构如图 6.4.5 所示，其基本框架单元为 30cm×30cm×60cm（长×宽×节高），高度可任意组合，支撑方向不限。也可以将支撑柱用横杆和斜杆连接成如图 6.4.6 所示的支撑柱群架。

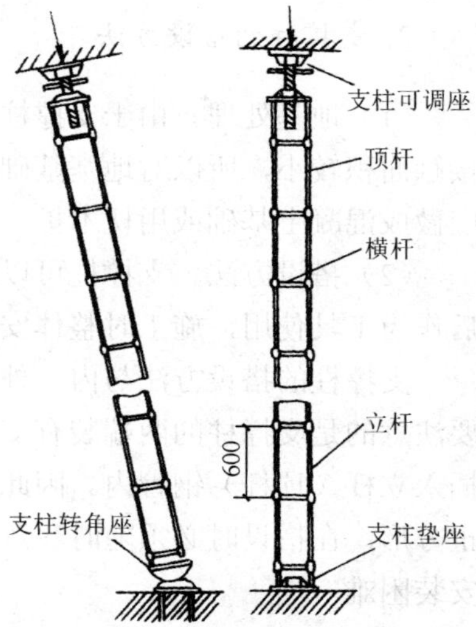

图 6.4.5 支撑柱结构

（2）构造。支撑柱基本构造如图 6.4.5 所示，下端装入支撑柱垫座或可调底座，上端装入支撑柱可调底座，如果支撑方向不垂直，还可以用支撑柱转角座。可调底座可以微调±2°的偏角，转角座可以自调±10°的偏角。所有柱座均应采用螺栓锚定，立杆、横杆和顶杆的构造情况与内、外脚手架相同。

支撑柱可以单独使用，也可用横杆、斜杆将数组支撑柱连成一支撑群架，如图 6.4.6 所示。这样，不但可以大大提高支撑架的整体承载力，而且可以增大支撑柱的支撑高度。

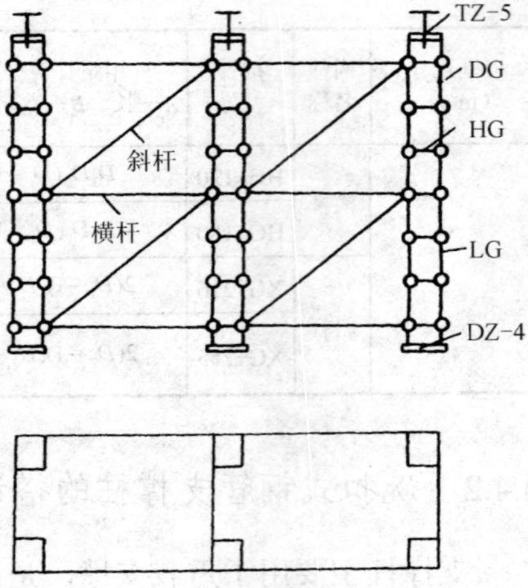

图 6.4.6 支撑柱群架

2. 支撑柱的搭设方法

（1）地基处理。由于支撑柱支承的荷载较大，而与地基的接触面积较小，所以对地基基础较内、外脚手架要求高，一般应做成混凝土基础或用枕木扩大基础。

（2）搭设方法。支撑柱可以现场安装，也可以预拼。拼好后作为工具使用，施工时整体安装，以提高施工速度。

支撑柱的搭设方法与内、外脚手架的搭设方法基本相同。要注意的是支撑柱的两端装有支撑柱可调座，其上有四个柱销插入立杆（顶杆）钢管内。因此，要求所拼成的支撑柱必须是正方形，在搭设时必须随时注意调整。否则，误差过大易造成安装困难。

6.4.3 物料提升架和爬升架的搭设

1. 物料提升架

用碗扣式钢管脚手架搭设物料提升架，不仅结构简单，安装方便，装拆速度快，而且结构稳定可靠，杆件可以重复使用，通用性强，是一种安全经济的物料提升架。

（1）组架构造。物料提升架的一般结构如图 6.4.7 所示。它由基础、架身、导轨、天轮架和吊盘五部分组成。各部分的构造要求如下：

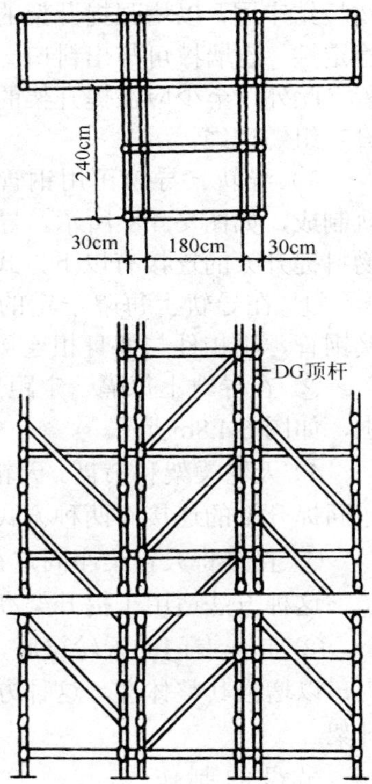

图 6.4.7 物料提升架组架

1）架身。架身由立杆、顶杆、横杆和斜杆组成，在第一层应用 3.0m 和 1.8m 的立杆交错布置，其上均用 3.0m 的立杆接长，顶部用 1.8m 的顶杆找齐，横杆层高一般取 1.2m（或 1.8m），除出料口无法设置斜杆外，物料提升架的四侧均应设置节点斜杆。

进料口设在提升架最下层外侧，出料口设在每层楼入口处，当进料口或出料口处需要拆掉横杆时，其上部横杆应加密。

2）缆风绳和连墙杆。对独立不附墙的物料提升架，应每隔 15m 设一组缆风绳。缆风绳对角设置，每组不少于 4 根，缆风绳下端固定在地锚上，并设索具螺栓以调节缆风绳的松紧程度。缆风绳上端与物料提升架绑扎牢固，缆风绳与地面的倾角为45°～60°。

对附墙的物料提升架应在每层楼面处设置连墙撑，使之与建筑物拉结牢固，以增强提升架的整体稳定性。连墙撑可与出料口一同布置。此外，至少应在提升架的顶部设一组缆风绳。

3）导轨。导轨可用钢管或钢轨制成，如图 6.4.8 所示。导轨与物料提升架的连接有以下方式：

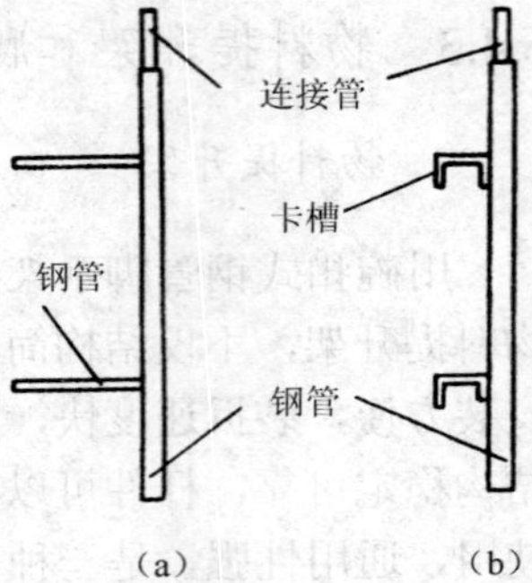

图 6.4.8　导轨设置

① 在导轨上每隔一定的距离接钢管，用扣件与架身相连接，如图 6.4.8a 所示。

② 在导轨上每隔一定距离焊接门形卡口，卡在架身的横杆上，如图 6.4.8b 所示。

4）天轮梁架和吊盘。天轮梁架固定在天轮梁座上，天轮梁座同提升架的连接有两种方式：

① 直接将天轮梁座固定在立杆可调托撑上，如图 6.4.9 所示。这种方法适用于提升架高度较小、荷载也较小的情况。

② 制作专门的天轮梁座，使其直接插入提升架的立杆钢管内，以增强其整体性，这种方法用于高度较大、载重较重的提升架。

吊盘的制作同一般的井架吊盘相同可用型钢及钢板焊成。

（2）物料提升架的搭设方法。物料提升架的搭设方法基本上与内、外脚手架相同，但

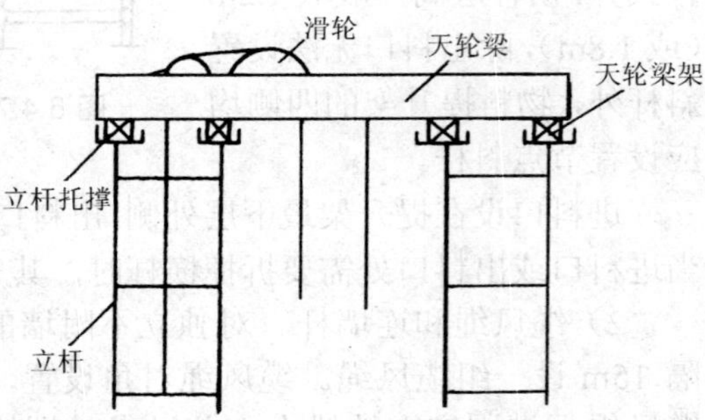

图 6.4.9　天轮梁布置

必须强调以下几点：

1）物料提升架应与脚手架联成一体，不仅强度得到改善，而且可将物料直接提升到脚手架的作业平台上。

2）提升架除下端物料车入口处和上端物料车出口处外，其余地方均应设置斜杆。

3）提升架提升滑轮横梁的支承立杆应采用顶杆，便于横梁座插入固定。

4）独立拼装的物料提升架，应注意整架稳定强度，必要时采用缆风绳加强。

2. 爬升架的搭设

在高大、外表形状简单的建筑物上可以采用爬升挑梁作依托的悬空爬升架，并能逐框拆除升高后重新拼装，从而实现随着建筑物的升高，爬升脚手架也能升高的目的。

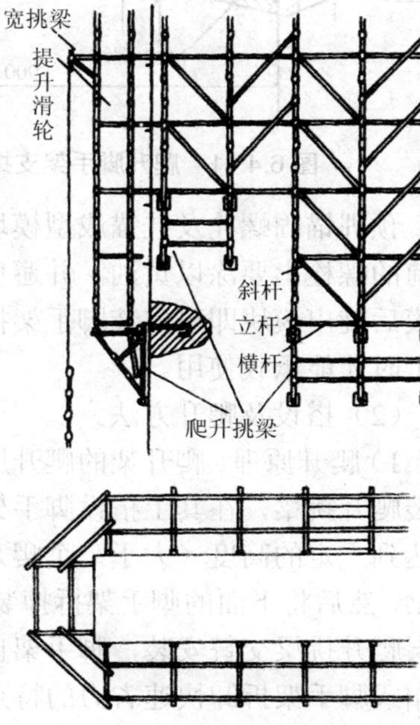

图 6.4.10 爬升脚手架组合

（1）组架构造。碗扣式钢管爬升架是由爬升挑梁、立杆、横杆、斜杆及脚手板等构件搭设而成，如图 6.4.10 所示。单元尺寸为 0.90m×1.80m×1.80m（廊宽×框长×框高），采用人工拆装逐框爬升，最小爬升步距为 3.60m，最大步距不超过 18m，整架限制层高为一层，允许两层同时作业。

爬升挑梁上两个可调座间距 0.9m，即组成的脚手架的宽度为 0.90m，横杆层高一般取 1.8m，爬升挑梁横向间距（即爬升脚手架立杆纵距）可取 1.5m 或 1.8m。

爬升架通过锚固螺栓与结构连接在一起，锚固螺栓如图 6.4.11 所示。锚固螺栓预埋定位：水平间距 1.8m，高度间距为 3.6m 的整数倍，视跨距而定；预埋螺栓定位误差：左右±7mm，上下±20mm。

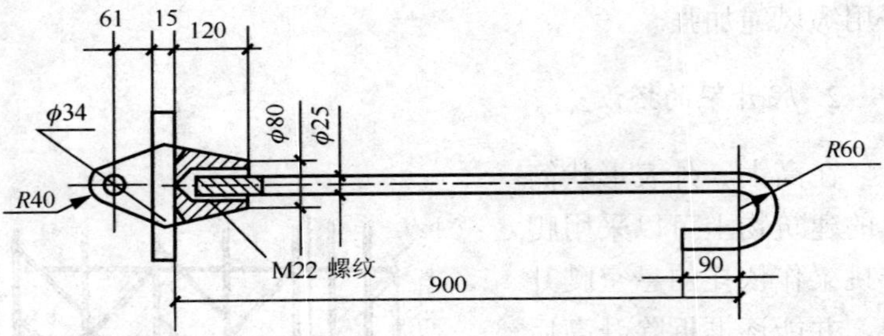

图 6.4.11 爬升脚手架支撑连接件（锚固螺栓）

预埋锚固螺栓及挂锚成型模块可固定在钢筋或模板上。定位前的螺栓上要涂以黄油，并避免混凝土浆流入模块内。模板脱模后旋出模块即可安装脚手架挂锚，待混凝土强度达到 70% 以上时才能承载使用。

（2）搭设及爬升方法。

1）爬升原理。爬升架的爬升原理是在已浇注好的混凝土上安装爬升挑梁，在其上搭设脚手架，进行上部结构施工。当施工达到一定的高度（大于一个爬升步距）时，在一层安装爬升挑梁，然后将下面的脚手架拆掉装在上一层爬升挑梁上，这样，两层爬升挑梁交替安装，脚手架也随之不断升高，充分发挥了碗扣式脚手架拆卸快速省力的特点。

2）搭设方法。

① 预埋固定螺栓。预埋螺栓是将爬升架与结构连成一体的

关键部件，要求预埋螺栓定位准确，埋设牢固。

② 当混凝土的强度达到设计强度的70%时，即可在预埋螺栓上安装爬升挑梁。

爬升挑梁按图6.4.12所示，将挑梁用挂销锁定后，即可用横杆将所有挑梁连成整体，以加强稳定性。

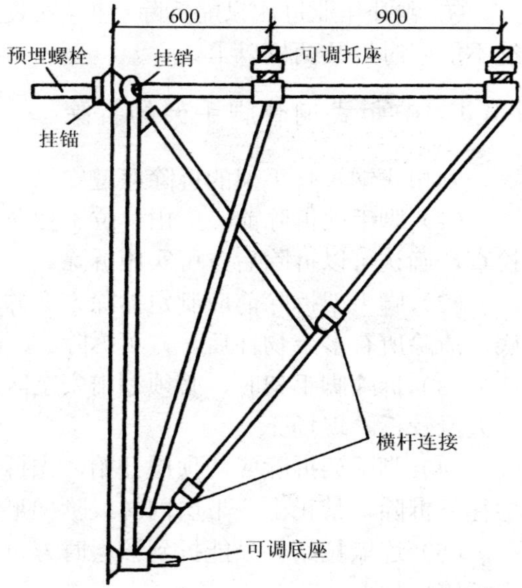

图 6.4.12 爬升挑梁安装

③ 调整爬升挑梁下端的可调托座，使挑梁水平杆水平，然后在水平杆上搭脚手板和安装脚手架。脚手架安装到三层左右，要调整挑梁上的可调底座，使脚手架的垂直度和水平度达到前述要求，并使整架的底脚均匀受力，避免浮放。

④ 脚手架的安装除要求斜杆满框布置外，其他操作要求与内、外脚手架相同。

⑤ 架子在爬高前，应检查邻框斜杆安装是否齐全牢靠，并撤除爬升架上方的所有静、动荷载，禁止其他人员作业。先拆除挑梁横杆和挑梁，后拆除框架的横杆和斜杆等，最后拔去立杆连接销，拆除立杆。

⑥ 在新的升高层安装挑梁，要先将挑梁的两个可调座调至最低位置并插入悬空的立杆底孔内，再安装挂销。按上述要求调整可调托座，然后调整挑梁的两个可调底座，使立杆接触承力。

⑦ 爬升作业每次只能拆除一框，安装一框，逐框推进爬升，绝不能同时拆装两框以上。

6.4.4 碗扣式钢管脚手架的拆除

碗扣式钢管脚手架的拆除应遵守以下规定：

（1）脚手架拆除前，应由单位工程负责人对脚手架做全面检查，确认可以拆除后方可实施拆除。

（2）脚手架拆除前应制定拆除方案并向拆除人员技术交底，清除所有多余物件后，方可拆除。

（3）拆除脚手架时，必须划出安全区，设警戒标志，并设专人看管拆除现场。

（4）脚手架拆除应从顶层开始，先拆横杆，后拆立杆，逐层往下拆除，禁止上、下层同时或阶梯形拆除。

（5）连墙拉结件只能拆到该层时方可拆除，禁止在拆架前先拆连墙杆。

（6）拆除后的构件均应成捆用吊具送下或人工搬下，禁止从高空往下抛掷。

（7）局部脚手架如需保留时，应有专项技术措施，经上一级技术负责人批准，安全部门及使用单位验收，办理签字手续后方能使用。

（8）拆除到地面的构配件应及时清理、维护并分类堆放，以便运输和保管。

7　不落地式脚手架

不落地式脚手架包括挑架、吊架、挂架和附墙式升降脚手架等，其共同特点是架体不落地，而是分别通过挑、吊、挂、附着等方式将荷载传给建筑结构。使用不落地式脚手架可节省大量搭架材料、人力，不占用施工场地，提高施工效率，降低工程成本，是一种轻型、经济、广受现场欢迎的脚手架。

7.1　附着式升降脚手架

附着式升降脚手架（简称爬架）是一种专门用于高层建筑施工的脚手架。附着式升降脚手架是分跨、不落地的工具型脚手架，其高度一般为1～6步，通过承力结构，使其攀附在建筑物的外墙上，然后依靠脚手架自带的升降机构和动力设备，使脚手架沿建筑物上下移动，以满足结构工程和外墙装饰施工对脚手架的要求。这种脚手架适用于现浇钢筋混凝土结构的高层建筑。

附着式升降脚手架和其他外挂式脚手架，应按相关规定由其产权单位编制施工方案，产权单位分管负责人审批签字，并与施工单位在使用前进行验收，经验收合格签字后，方可作业。附着式升降脚手架和其他外挂式脚手架每提升一次，都应由项目分管负责人组织有关部门验收，经验收合格签字后，方可作业。附着式升降脚手架和其他外挂式脚手架，应设置安全可靠的防倾覆、防坠落装置，每一作业层架体外侧应设置符合要求的防护栏杆和挡脚板。附着式升降脚手架和其他外挂式脚手架升降时，应设专人对脚手架作业区域进行监护。

7.1.1 附着式升降脚手架的类型

附着式升降脚手架一般由脚手架系统、附着系统和提升系统三部分组成，按提升系统的提升方法不同，可分为挑梁式爬升脚手架、互爬式爬升脚手架、套筒式爬升脚手架、导轨式爬升脚手架四类。

1. 挑梁式爬架

挑梁式爬架是以固定在结构上的挑梁为支点来提升支架，如图 7.1.1 所示。

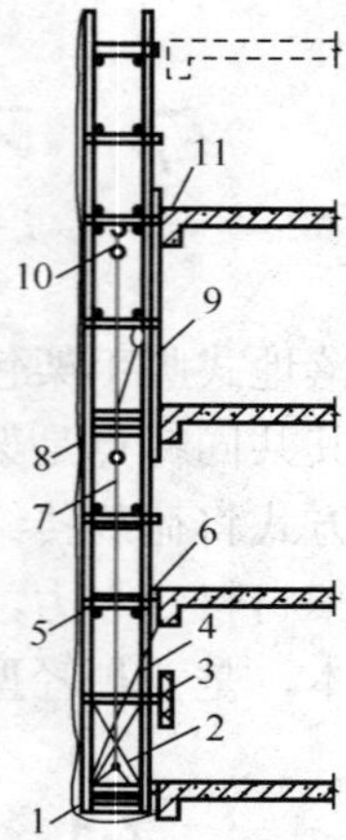

图 7.1.1 挑梁式爬架

1. 承力托盘 2. 基础架（承力桁架） 3. 导向轮 4. 可调拉杆 5. 脚手板 6. 连墙件 7. 提升设备 8. 提升挑梁 9. 导向杆（导轨） 10. 小葫芦 11. 导杆滑套

2. 互爬式爬架

互爬式爬架是相邻两支架互为支点交错升降，如图 7.1.2 所示。

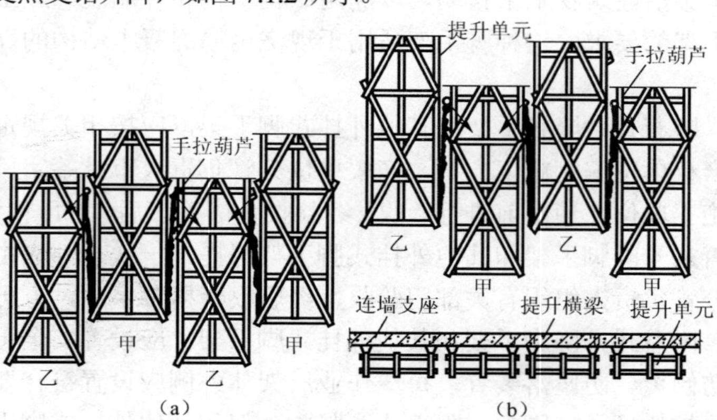

图 7.1.2 互爬式爬架爬升过程

（a）提升甲单元 （b）提升乙单元

3. 套筒式爬架

套筒式爬架是通过固定框和活动框的交替升降来带动支架升降，如图 7.1.3 所示。

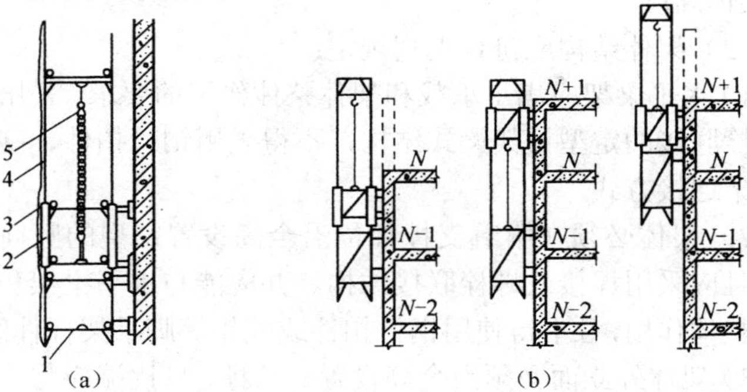

图 7.1.3 套筒式爬架

（a）基本结构 （b）升降原理

1. 固定框（大爬架），ϕ48×3.5mm 钢管焊接 2. 滑动框（小爬架），ϕ63.5×4mm 钢管焊接 3. 纵向水平杆，ϕ48×3mm 焊接钢管 4. 安全网 5. 提升机具（葫芦）

4. 导轨式爬架

导轨式爬架是把导轨固定在建筑物上，使支架沿着导轨升降，如图 7.1.4 所示。

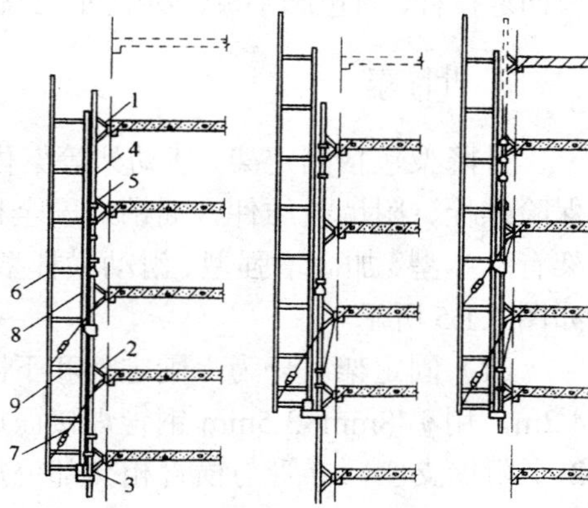

图 7.1.4 导轨式爬架

（a）爬升前 （b）爬升后 （c）再次爬升前

1. 连接挂板 2. 连墙杆 3. 连墙杆座 4. 导轨 5. 限位锁 6. 脚手架 7. 斜拉钢丝绳 8. 立杆 9. 横杆

7.1.2 附着式升降脚手架的基本构造

1. 附着式升降脚手架架体构造的相关规定

（1）架体尺寸应符合下列规定：

1）架体高度应不大

于 15m，宽度应不大于 1.2m，架体构架的全高与支撑跨度的乘积应不大于 110m²。

2）升降和使用情况下，架体悬臂高度均应不大于 6.0m 和 2/5 架体高度。

（2）架体结构应符合下列规定：

1）水平梁架应满足承载和架体整体作用的要求，采用焊接或螺栓联接的定型桁架梁式结构，不得采用钢管扣件、碗扣等脚手架连接方式。

2）架体必须在附着支撑部位沿全高设置定型的竖向主框架，且应采用焊接或螺栓联接结构，并应能与水平梁架和架体构架整体作用，且不得使用钢管扣件或碗扣等脚手架杆件组装。

3）架体外立面必须沿全高设置剪刀撑，悬挑端应与主框架设置对称斜拉杆，架体遇塔吊、施工电梯、物料平台等设施而需断开处，应采取加强构造措施。

附着式升降脚手架由升降架、大横杆、小横杆、安全栏杆、竖向连接杆、竹笆脚手板、安全网、封底木板和升降设备等组成。

2. 升降架

升降架包括固定架、活动架等架体和附墙支座、穿墙螺栓、保险螺栓、附墙拉结件、插销式安全栏杆、吊钩等配件。升降架有基本型、加高增强型、滑动横杆型和滑动横杆增强型四种，如图 7.1.5 所示。

（1）固定架。分为上固定架和下固定架两部分，长度均为 4.2m，用ϕ48mm×3.5mm 钢管焊接而成。下固定架的一侧设有 2 个附墙支座，立管与横管相交部位加焊短斜杆加强，现场安装时，ϕ48mm×3.5mm 钢管和对接扣件再把上固定架接高一步。

（2）活动架。立管为ϕ63.5mm×4mm 无缝钢管，套入上固定架的立管，横管为ϕ48mm×3.5mm 钢管，在一侧立管上设有 2 个附墙支座。经焊接而成的活动架可顺着上固定架的立管上下运动。

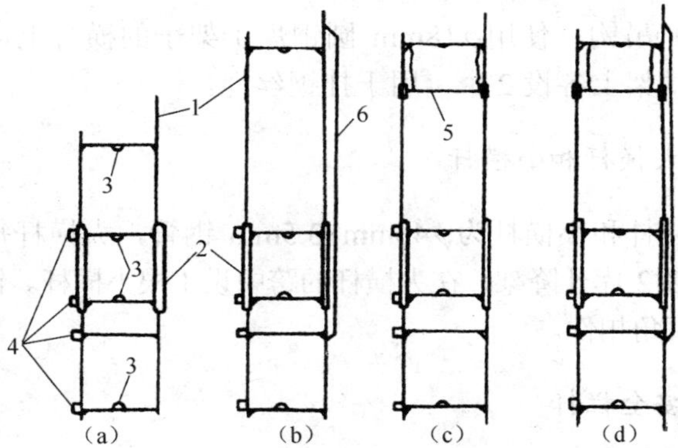

图 7.1.5 升降框的基本结构

（a）基本型 （b）加高增强型 （c）滑动横杆型 （d）滑动横杆增强型

1. 固定框 2. 滑动框 3. 吊钩 4. 附墙支座 5. 滑动横杆 6. 加强杆

（3）附墙支座。由上、下翼板、腹板、支座板和加强板等组成的附墙支座与架子的立杆电焊连接，外形尺寸为 250mm×160mm×200mm，支座板上设有一个槽形螺栓孔，支座板的上下两端弯成“雪橇”形，以便于脚手架能在略有不平的墙面上作升降运动。

（4）穿墙螺栓。采用ϕ30 圆钢制作，每个附墙支座设 1 根，两端有螺纹，配螺母和 100mm×100mm×20mm 垫板。

（5）保险螺栓。采用ϕ12mm 圆钢制作，每片升降架设 2 个，用于连接上下固定架。

（6）附墙拉结件。由ϕ16mm 圆钢与ϕ70mm 钢管配件组合而成，每片升降架设 1 个，在外墙装饰施工阶段用于上固定架与墙体的拉结；在结构工程施工阶段，则采用ϕ48mm 钢管和扣件与模板支撑系统拉结。

（7）插销式安全栏杆。使用ϕ38mm×2.5mm 钢管，内套ϕ30mm×2.5mm 钢管作为插销，脚手架升降运动时可拉起来插上；脚手架工作时可放下与固定架立管上的卡具卡住。

（8）吊钩。使用ϕ18mm 圆钢焊于架子的横管上，在固定架和活动架上各设 2 个，用于挂钢丝绳。

3. 大横杆和小横杆

大横杆和小横杆为ϕ48mm×3.5mm 钢管，大横杆每步设 4 根，连接 2 片升降架，在大横杆的跨中设 1 根小横杆。钢管连接均采用直角扣件。

4. 安全栏杆

安全栏杆为ϕ48mm×3.5mm 钢管，用于脚手架外侧，除活动架之外，每步架设 2 根。

5. 安全网

从脚手架外侧的顶部开始向下设置密眼安全网，绕过脚手架底部后到墙边架子处结扎。

6. 封底木板

封底木板置于脚手架的底部，封闭脚手架与墙体之间的空隙，防止砂浆及物体坠落。

7. 升降动力设备

升降动力设备采用 20kN 的 SH 型倒链若干个。

7.1.3 附着式升降脚手架安全装置

附着式升降脚手架的附着支撑结构，必须满足附着升降脚手架在各种情况下的支承、防倾覆和防坠落的承载力要求。附着升降脚手架，必须设置防倾覆装置、防坠落装置及整体（或多跨）同时升降作业的同步控制装置，并应符合以下规定。

1. 防倾覆装置应符合的规定

（1）防倾覆装置必须与建筑结构、附着支撑或竖向主框架采用螺栓可靠连接，不得采用钢管扣件或碗扣方式连接。

（2）升降和使用工况下，在同一竖向平面的防倾覆装置不得少于二处，二处的最小间距不得小于架体全高的1/3。

2. 防坠装置应符合的规定

（1）防坠装置应设置在竖向主框架部位，且每一竖向主框架提升设备处必须设置一个。

（2）防坠装置与提升设备，必须分别设置在两套互不影响的附着支撑结构上，当一套失效时，另一套必须能独立承担全部坠落荷载。

（3）防坠装置应有专门的、确保其工作可靠、有效的检查方法和管理措施。

3. 同步装置应符合的规定

（1）升降脚手架的吊点超过两点时，不得使用手拉葫芦，且必须装设同步装置。

（2）同步装置应能同时控制各提升设备间的升降差和荷载值。同步装置应具备超载报警、欠载报警和自动显示功能，在升降过程中，应显示各机位实际荷载、平均高度、同步差，并自动调整使相邻机位同步差控制在限定值内。

7.1.4 套筒式爬升脚手架安装爬升要点

1. 搭设顺序

墙体预留孔→架体安装→爬升→下降→拆除。

2. 安装爬升要点

（1）墙体预留孔。按照脚手架的平面布置图和升降架附墙支座的位置，在建筑结构的混凝土墙上事先设置预留孔，预留孔可与固定模板的螺栓孔结合布局，孔径一般为 40～50mm。为使升降顺利进行，预留孔中心必须在一直线上。脚手架爬升前，应弹出垂线检查墙上预留孔位置是否正确，如有偏差，应预先修正，墙面突出严重时，也应预先修平。

（2）架体上墙安装。

1)架体安装应在吊机配合下按脚手架平面图进行。先把上、下固定架用 4 个扣件和两个保险螺栓联接起来，组成 1 片，上墙安装。一般每两片为一组，每步架上用 4 根ϕ48×3.5 钢管作为大横杆，把两片升降架连接成一跨，组装成一个与邻跨没有牵连的独立升降单元体。

2）将附墙支座的穿墙螺栓从墙外穿入，待架子校正后，在墙内紧固。脚手架工作时，每个单元体共有 8 个ϕ30mm 的穿墙螺栓与墙体锚固，以确保架体与结构可靠地连接在一起。

3）为了满足结构工程施工时，脚手架应超过结构一层的施工需要，在升降脚手架上墙组装完毕后，用ϕ 48×3.5 钢管和对接扣件在上固定架上面再接高一步。最后在各升降单元体的顶部扶手栏杆处设临时连接杆，使之成为整体，内侧立杆用钢管扣件与模板支撑系统拉结，以增强脚手架整体稳定。

（3）架体爬升。爬升前的位置如图 7.1.3b 的左图所示，爬升可分段进行，视设备、劳动力和施工进度而定，爬升一个楼层高度需两个爬升过程完成，每个爬升过程分以下两步进行。

1）爬升活动架。解除脚手架上部的拉结牵连，在一个升降单元体两端升降架的吊钩组处，各配置 1 个 SH 型 20kN 倒链，用倒链的上、下吊钩分别挂入固定架和活动架的相应吊钩内。操作人员位于活动架上，倒链受力后卸去活动架附墙支座的穿墙螺栓，活动架即被倒链挂在固定架上，然后在各提升点同步均匀地拉动倒链，活动架即呈水平状态徐徐上升。当活动架爬升至操作人员站立高度不够时，操作人员可进入活动架下面一步架上继续拉动倒链，爬升 1.4m 到达预定新的固定点后，将活动架的两个附墙支座用穿墙螺栓与墙体锚固，卸下倒链，活动架爬升完毕，如图 7.1.3b 的中图所示。

2）爬升固定架。同爬升活动架相似，用倒链的上、下吊钩分别挂入活动架和固定架的相应吊钩内，操作人员位于活动架下面一步架上，倒链受力后卸去固定架附墙支座的穿墙螺栓，固定架即被倒链挂吊在活动架上。然后在两端同步拉动倒链，固定架即徐徐上升，同样爬升 1.4m 后，将固定架的两个附墙支座用穿墙螺栓与墙体锚固，卸下倒链，固定架爬升完毕，如图 7.1.3b 的右图所示。

至此，脚手架完成了一个爬升过程，升高半个楼层高度，再重复上述操作，待爬升一个楼层高度后，重新设置上部拉结，脚手架进入工作状态。以后按此循环操作，脚手架即可不断爬升，直至完成全部的爬升过程。

（4）架体下降。与爬升操作顺序相反，顺着爬升时用过的墙体预留孔倒行，脚手架即可逐层下降，同时把留在墙面上的预留孔修补完毕，最后脚手架返回地面。

（5）架体拆除。拆除时设置警戒区，有专人监护，统一指挥。先清理脚手架上的垃圾杂物，然后自上而下一步一清。拆除升降架可用汽车吊、卷扬机或倒链。升降架拆下后要及时清理整修和保养，以利重复使用，运输和堆放均应设置地楞，防止变形。

7.1.5 挑梁式爬升脚手架

挑梁式爬升脚手架是沿建筑物四周封闭搭设、整体提升的脚手架，特别适用于框架、剪力墙结构的高层、超高层建筑整体提升的外脚手架。

1. 基本构造

挑梁式爬升脚手架的种类较多，其基本构造如图 7.1.6 所示，主要由脚手架、提升系统和爬升机构三部分组成。脚手架系统可以采用扣件式脚手架或碗扣脚手架，搭设高度一般为标准层层高的 3.5～4.5 倍，双排，架宽为 0.8～1.2m，立杆纵距和横杆步距均不宜超过 1.8m。爬升机构包括承力托盘、提升挑梁、导向轮及导向杆等防倾覆的安全装置。提升系统一般使用环链式电动葫芦和电控柜。

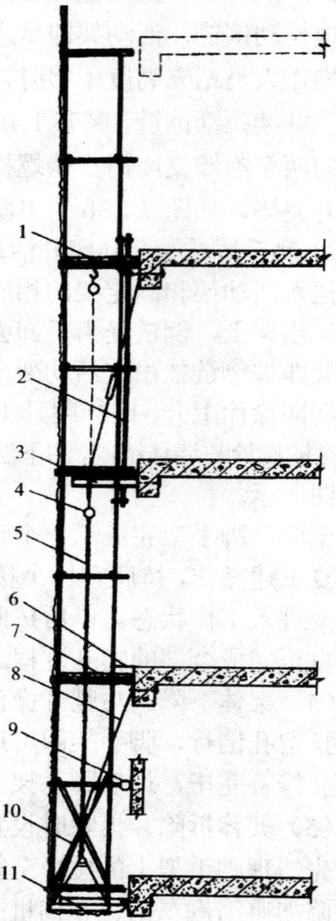

图 7.1.6 挑梁式爬升脚手架的基本构造

1. 导轨滑套 2. 导轨 3. 提升挑梁 4. 电动葫芦 5. 提升环链 6. 连墙件 7. 脚手板 8. 可调拉杆 9. 导向轮 10. 基础架 11. 承力托盘

2. 升降程序

（1）开动电控柜，使所有提升点的电动葫芦均张紧承力。

（2）拆除影响提升的各种障碍物，如连墙杆、承力托盘、斜拉杆与建筑物的连接螺栓等。

（3）操纵电控柜，使各提升点的电葫芦同时启动，使爬架上升或下降；当位于提升挑梁处的脚手架横杆要碰到挑梁时，及时将该横杆拆除，待通过后再及时连接好。第一次的升降高度不宜超过 500mm，停机检查，确认正常后再继续升降。

（4）脚手架升降到位后，应立即将承力托盘与建筑物固定，并固定和拉紧可调斜拉杆和连墙件，完成爬架的一次升降。

（5）经检查确认爬架与建筑物的连接牢固后，摘下电动葫芦，将提升挑梁拆下并移至上一层（提升时）或下一层（下降时），及时与结构连接牢固，固定、拉紧挑梁的可调斜拉杆，以备下一次升降爬架时使用。

7.1.6 互爬式爬升脚手架

互爬式爬升脚手架，是沿建筑物外墙设置的、只能组装成单片式的、并以相邻脚手架作为升降支承点的脚手架。

1. 基本构造

互爬式爬升脚手架的基本构造如图 7.1.2 所示，主要由单元脚手架、附墙支撑件（采用穿墙螺栓或预埋件将各种支撑件固定在建筑物上）和提升设备（手拉葫芦）三部分组成。基本提升单元为两个提升点的单片式单元脚手架，可以用扣件式或碗扣式钢管脚手架搭设而成，架高一般为层高的 2.5～4 倍，架宽不宜超过 1.2m，每个单元脚手架长度不宜超过 5m，相邻两个单元脚手架之间的空隙不宜超过 500mm，在架子的上部设有固定提升设备的横梁。单元脚手架上还设有升降导向装置。

附墙支撑件是将单元脚手架与建筑结构固定在一起的装置，有斜拉杆水平支撑式、斜撑水平支撑式等多种形式，通常采用螺栓或预埋件将其固定在结构上。

提升设备一般采用手拉葫芦，其额定提升能力不小于 20KN，每次提升高度为 1～2 倍的楼层高度。

2. 升降程序

（1）将手拉葫芦挂在被提升单元脚手架两侧相邻脚手架的

提升横梁上，将手拉葫芦的吊钩钩在被提升单元脚手架的底部，张紧手拉葫芦。

（2）拆除影响提升的所有障碍物。

（3）拉动葫芦使架子平稳地升降到要求的位置后，及时用附墙支撑件将脚手架与建筑物固定。

（4）用相同的方法操作与之相邻的脚手架的升降，待到达规定高度后，及时连接附墙支撑件和相邻提升单元之间的连接件、铺作业层脚手板等。

7.1.7 导轨式爬升脚手架

导轨式爬升脚手架，是沿建筑物外墙上设置的导轨滑动的脚手架。

1. 基本构造

导轨式爬升脚手架的构造如图 7.1.7 所示，由架体结构、爬升机构和安全装置三部分组成。

架体结构包括支架、导轨、连墙支杆座、连墙支杆、连墙挂板等。支架多采用碗扣式脚手架，搭设要求与一般碗扣式外脚手架的搭设要求相同，搭设高度一般为标准层层高的 3.5～4.5 倍，架宽不大于 1.2m，立杆纵距不大于 1.85m，横杆步距为 1.8m。架子上可以三层同时作业，每层荷载应不大于 $20kN/m^2$。

脚手架的底层采用无孔的钢（木）脚手板封严，不留空隙，以防砂浆、混凝土和其他杂物漏下。脚手架外侧要满挂安全网。

爬升机构包括提升挂座、提升葫芦、提升滑轮组、提升钢丝绳等。提升设备主要是配备电控柜的环链式电动葫芦。提升葫芦的额定提升荷载一般不小于 50kN，每次升降高度为一个楼层高。

安全装置包括防坠落装置、导轮组、安全网、限位锁等。

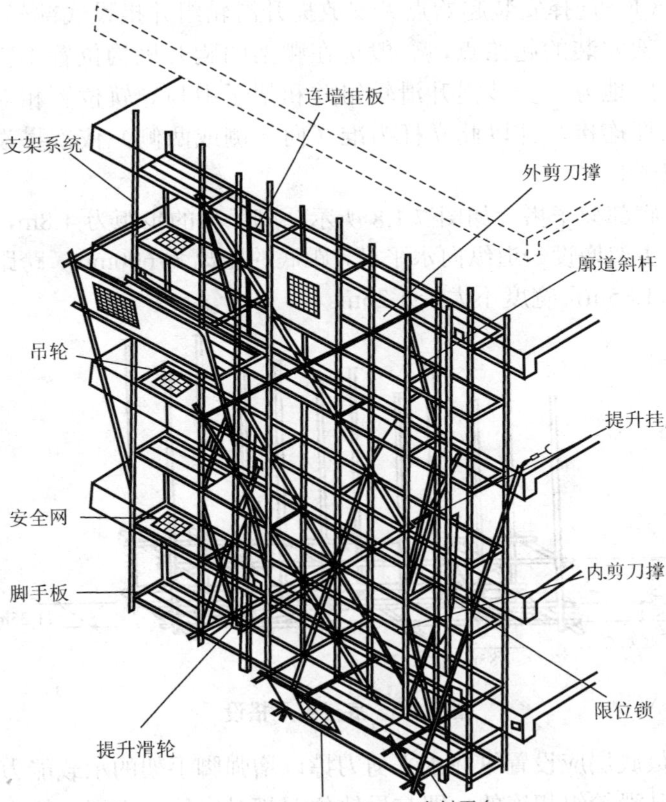

图 7.1.7 导轨式爬架的构造

2. 导轨式爬升脚手架的搭设

导轨式爬升脚手架的搭设必须严格按照设计要求进行，并应在工作平台上进行搭设组装。工作平台面应低于楼面 300～400mm，高空作业时平台应有防护措施。脚手架架体可采用碗扣式或扣件式钢管脚手架，其搭设方法和要求与常规脚手架搭设基本相同。

（1）选择安装起始点、安放提升滑轮组并搭设底部架子。脚手架安装的起始点，一般选在爬架的爬升机构位置不需要调整的地方。安装提升滑轮组并和架子中与导轨位置相对应的立杆连接，并以此立杆为准（向一侧或两侧）依次搭设底部架子。

底部架子搭设如图 7.1.8 所示，脚手架的步距为 1.8m，最底一步架增设一道纵向水平杆，距底的距离为 600mm，跨距不大于 1.85m，宽度不大于 1.25m。

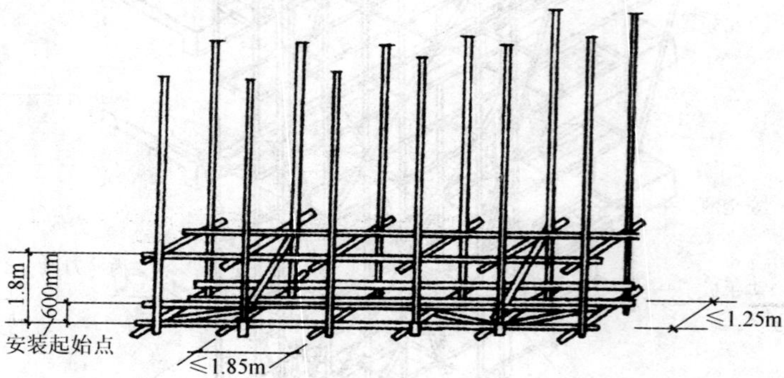

图 7.1.8　底部架子搭设

最底层应设置纵向水平剪刀撑以增强脚手架的承载能力，与提升滑轮组相连的（即与导轨位置相对应的）立杆一般为位于脚手架端部的第二根立杆，此处要设置从底到顶的横向斜撑杆。

底部架子搭设后，应对已搭架子进行检查、调整，其要求为：横杆的水平度偏差小于 $L/400$（L 为脚手架纵向长度）；立杆的垂直为偏差小于 $H/500$（H 为脚手架高度）；脚手架的纵向直线度偏差小于 $L/200$（L 为脚手架纵向长度）。

（2）脚手架(架体)搭设。以底部架子为基础搭设上部脚手架。在与导轨位置相对应的横向承力框架内沿全高设置横向斜杆，在脚手架外侧沿全高设置剪刀撑，在脚手架内侧安装爬升机械的两立杆之间设置剪刀撑，如图 7.1.9 所示。

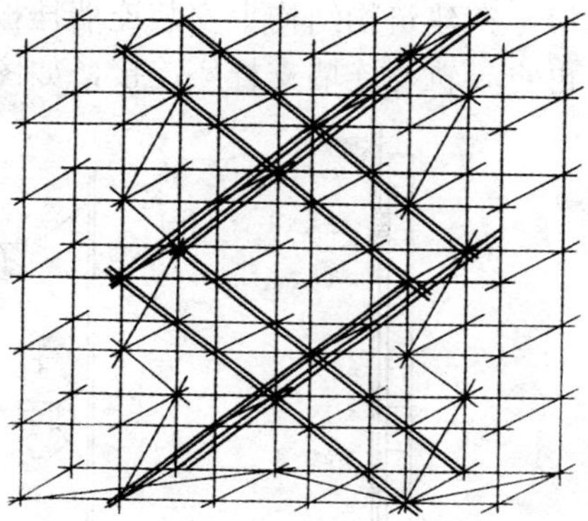

图 7.1.9 框架内横向斜杆设置

脚手板、扶手杆除按常规要求铺设外，底层脚手板还必须用木脚手板或者用无网眼的钢脚手板密铺，并要求横向铺至建筑物外墙，不留间隙。脚手架外侧满挂安全网，并要求从脚手架底部兜过来，将安全网固定在建筑物上。

（3）安装导轮组、导轨。在脚手架（架体）与导轨相对应的两根立杆上，上、下各安装两组导轮组，然后将导轨插进导轮提升滑轮组下的导孔中，如图 7.1.10 和图 7.1.11 所示。

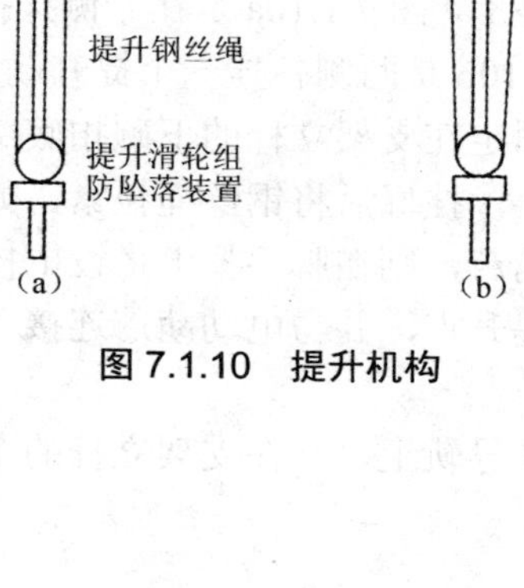

图 7.1.10 提升机构

在建筑物结构上安装连墙挂板、连墙支杆、连墙支杆座，再将导轨与连墙支杆座连接，如图 7.1.12 所示。

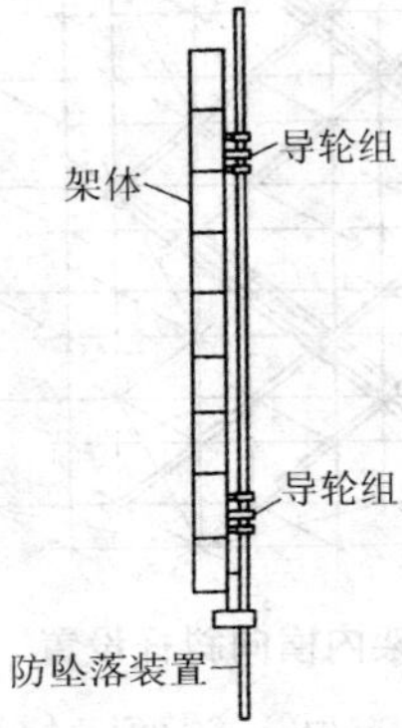

图 7.1.11　导轮与架体连接

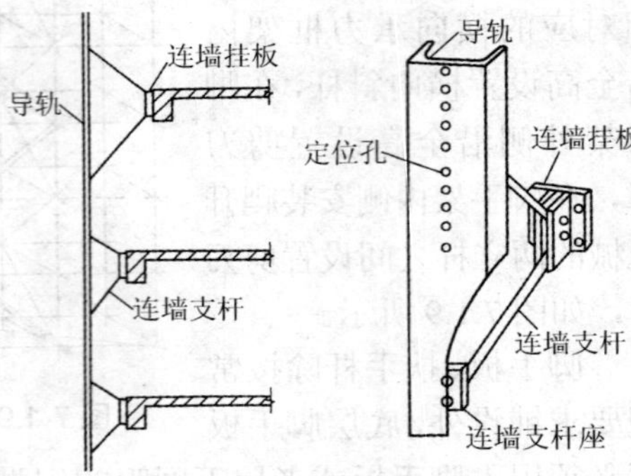

图 7.1.12　导轨与结构连接

当脚手架（支架）搭设到两层楼高时即可安装导轨，导轨底部（下端）应低于支架 1.5m 左右，每根导轨上相同的支架应处于同一水平面上。

两根连墙杆之间的夹角宜控制在 45°～150°之间，用调整连墙杆的长短来调整导轨的垂直度，偏差控制在 $H/400$ 以内。

（4）安装提升挂座、提升葫芦、斜拉钢丝绳、限位器。将提升挂座安装在导轨上（上面一组导轮组下的位置），再将提升葫芦挂在提升挂座上，图 7.1.10a 是在一侧挂提升葫芦，另一侧挂钢丝绳，图 7.1.10b 是两侧各挂一个提升葫芦。

钢丝绳下端固定在支架立杆的下碗扣底部，上部用花篮螺栓挂在连墙挂板上，挂好后将钢丝绳拉紧，如图 7.1.13 所示。

若采用电动葫芦，则在脚手架上搭设电控柜操作台，将电缆线布置到每个提升点，并与电动葫芦连接（注意留足电缆线长度）。

限位锁固定在导轨上，并在支架立杆的主节点下碗扣底部安装限位锁夹。

3. 导轨式爬架的检查

导轨式爬架安装完毕后正式进行升降作业前应进行安全检查，检查主要包括以下几点：

（1）扣件拉头是否锁（扣）紧。

（2）导轨的垂直度是否符合要求。

（3）葫芦是否拴好，有无翻链扭曲现象，电控柜及电动葫芦连接是否正确。

（4）障碍物是否清除干净。

（5）约束是否解除。

（6）操作人员是否到位。

在施工现场进行安全生产检查时，对导轨式爬架的安全检查评分要求，见表 7.1.1。

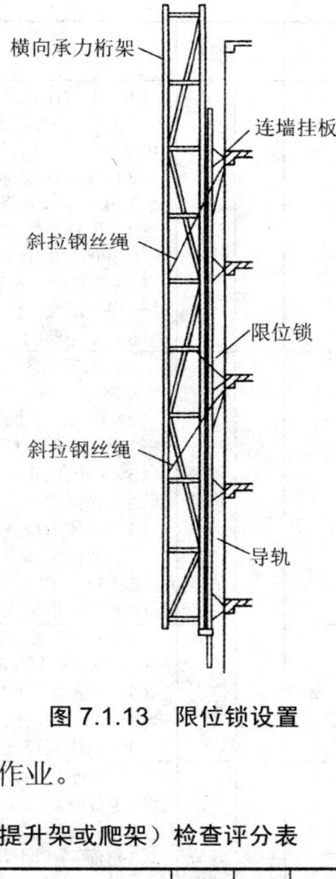

图 7.1.13 限位锁设置

经检查合格后，方可进行升降作业。

表 7.1.1 附着式升降脚手架（整体提升架或爬架）检查评分表

序号	检查项目		扣分标准	应得分数	扣减分数	实得分数
1	保证项目	使用条件	（1）未经建设部组织鉴定并发放生产和使用证的产品，扣 10 分。 （2）不具有当地建筑安全监督管理部门发放的准用证，扣 10 分。 （3）无专项施工组织设计，扣 10 分。 （4）安全施工组织设计未经上级技术部门审批，扣 10 分。 （5）各工种无操作规程，扣 10 分	10		

续表 7.1.1

序号	检查项目		扣分标准	应得分数	扣减分数	实得分数
2	保证项目	设计计算	（1）无设计计算书，扣 10 分。 （2）设计计算书未经上级技术部门审批，扣 10 分。 （3）设计荷载未按承重架 3.0kN/m²，装饰架 2.0kN /m²，升降状态 0.5 kN /m² 取值，扣 10 分。 （4）压杆长细比大于 150，受拉杆件的长细比大于 300，扣 10 分。 （5）主框架、支撑框架（桁架）各节点的各杆件轴线不汇交于一点，扣 6 分。 （6）无完整的制作安装图，扣 10 分	10		
3		架体构造	（1）无定型（焊接或螺栓联接）的主框架，扣 10 分。 （2）相邻两主框架之间的架体无定型（焊接或螺栓联接）的支撑框架（桁架），扣 10 分。 （3）主框架间脚手架的立杆不能将荷载直接传递到支撑框架上，扣 10 分。 （4）架体未按规定构造搭设，扣 10 分。 （5）架体上部悬臂部分超过架体高度 1/3，且超过 4.5m，扣 8 分。 （6）支撑框架未将主框架作为支座，扣 10 分	10		
4		附着支撑	（1）主框架未与每个楼层设置连接点，扣 10 分。 （2）钢挑架与预埋钢筋环连接不严密，扣 10 分。 （3）钢挑架上的螺栓与墙体连接不牢固或不符合规定，扣 10 分。 （4）钢挑架焊接不符合要求，扣 10 分	10		
5		升降装置	（1）无同步升降装置或有同步升降装置但达不到同步升降，扣 10 分。 （2）索具、吊具达不到 6 倍安全系数，扣 10 分。 （3）有两个以上吊点升降时，使用手拉葫芦（导链），扣 10 分。 （4）升降时架体只有一个附着支撑装置，扣 10 分。 （5）升降时架体上站人，扣 10 分	10		
6		防坠落防倾斜装置	（1）无防坠落装置，扣 10 分。 （2）防坠落装置设在与架体升降的同一个附着支撑装置上，且无两处以上，扣 10 分。 （3）无垂直导向和防止左右、前后倾斜的防倾斜装置，扣 10 分。 （4）防坠落装置不起作用，扣 7～10 分	10		
小计				60		

续表 7.1.1

<table>
<tr><th>序号</th><th colspan="2">检查项目</th><th>扣分标准</th><th>应得分数</th><th>扣减分数</th><th>实得分数</th></tr>
<tr><td>7</td><td rowspan="4">一般项目</td><td>分段验收</td><td>（1）每次提升前，无具体检查记录，扣 6 分。
（2）每次提升后、使用前无验收手续或资料不全，扣 7 分</td><td>10</td><td></td><td></td></tr>
<tr><td>8</td><td>脚手板</td><td>（1）脚手板铺设不严不牢，扣 3～5 分。
（2）离墙空隙未封严，扣 3～5 分。
（3）脚手板材质不符合要求，扣 3～5 分</td><td>10</td><td></td><td></td></tr>
<tr><td>9</td><td>防护</td><td>（1）脚手架外侧使用的密目式安全网不合格，扣 10 分。
（2）操作层无防护栏杆，扣 8 分。
（3）外侧封闭不严，扣 5 分。
（4）作业层下方封闭不严，扣 5～7 分</td><td>10</td><td></td><td></td></tr>
<tr><td>10</td><td>操作</td><td>（1）不按施工组织设计搭设，扣 10 分。
（2）操作前未向现场技术人员和工人进行安全交底，扣 10 分。
（3）作业人员未经培训，未持证上岗又未定岗位，扣 7～10 分。
（4）安装、升降、拆架时无安全警戒线，扣 10 分。
（5）荷载堆放不均匀，扣 5 分。
（6）升降时架体上有超过 2000N 重的设备，扣 10 分</td><td>10</td><td></td><td></td></tr>
<tr><td colspan="3">小计</td><td></td><td>40</td><td></td><td></td></tr>
<tr><td colspan="3">检查项目合计</td><td></td><td>100</td><td></td><td></td></tr>
</table>

4. 升降作业

（1）上升。

1）将提升钢丝绳绕过滑轮组后，分别挂在提升板和提升葫芦上，起动提升葫芦，使钢丝绳张紧。

2）拆除或松开影响提升的所有连接件及障碍物。

3）记下升降前同一水平位置导轮所在导轨上的孔号数，并确定第一次升降的距离（一般不大于 500mm）和应达到的孔数，然后起动提升葫芦，待脚手架平稳地升降至预定位置后，暂停升降，检查无误后继续升降至所需高度，调整位置，同步水平合格后，用限位锁锁住导轨和立杆，并将拆下的斜拉钢丝绳上端挂在上一层的连接挂板上，调整斜拉钢丝绳，使其与限位锁同时均匀受力。

4）拆下提升钢丝绳和提升葫芦，将提升挂板移至上部导轮下的导轨上，并安好提升葫芦，以备下一次升降使用。

（2）下降。与上升操作相反，在进行下降操作时，先将提升挂座挂在下面一组导轮的上方位置上，待支架下降到位后，再将上部导轨拆下，安装到底部。

注意：上升或下降过程中应注意观察各提升点的同步性，当高差超过一个孔位（100mm）时，应停机调整。

5. 使用注意事项

（1）脚手架、桁架附墙时，墙体混凝土强度应达到 10MPa 以上。

（2）升降开始前，应对脚手架系统作全面检查，解除与邻跨的拉结牵连，插上升降架上的插销式安全栏杆，补全临时围护栏杆，确认架体和各种配件均符合要求后才可进行升降。

用倒链提升时，提升前应检查倒链是否有脱销、滑轮片不动、手链和吊钩异常的问题，为防万一，应设置保险钢丝绳。

（3）升降开始时，应先用倒链吊挂需要升降的架子，倒链受力后才可卸去被升降部分在墙上的穿墙螺栓，然后进行升降操作。

（4）升降操作时，脚手架应该空载，穿墙螺栓等零件要妥善放置，操作人员应佩戴安全带，安全带应妥善系牢在不动架上。提升过程中如倒链出现异常情况，应立即停止移位作业，用钢丝绳将架体与建筑物固定。消除故障后，应先拆除钢丝绳，然后继续进行移位操作。

（5）升降操作时，两人分别位于两片升降架处同时同步拉动倒链，使脚手架平稳地升降。运行中，脚手架两端的高差不得大于 15cm，否则应及时予以调整。

（6）所有附墙支座均应与墙体妥善锚固，一般每经一次升降运动，就应对穿墙螺栓的数量和紧固情况全数检查一次，螺栓的紧固扭矩应达到40～50 N·m。

（7）脚手架从升降运行转入工作状态后，在脚手架的上部作为与墙体或模板支撑系统的拉结，在顶层单元体之间安装临时连接杆件，保证脚手架固定后的整体稳定。

（8）一个单元体升降操作的全部工作内容，应在一个工作班内完成，不将未完成的工作交给下一班。

（9）动力设备倒链的额定起重能力一般要求为所承受荷载的两倍以上，吊钩须有保险装置，使用过程中应经常上油并检查是否有滑牙现象，链轮盘、倒卡、链条等如有变形，应停止使用。

（10）脚手架外侧的密目安全网应与周边杆件、安全栏杆等妥善结扎，上下步架互不相通。

（11）严格控制施工荷载，不得超载。

（12）脚手架下方设警戒区，禁止人员进入。架体升降过程中，应配有专人指挥和监护，并作好提升架与相邻架的防护工作。

（13）六级及以上大风应停止作业，冬天下雪后须清除积雪并经检查确认可安全操作时，方可使用。

（14）提升架全部固定后，应组织检查验收，验收合格，经工长、安全员、升架人员签字后，方可使用。

6. 导轨式爬架的拆除

将脚手架降至底面后，逐层拆除支架各杆配件和导轨等爬升机构构件，并将拆除下来的构配件集中分类堆放，经清理保养后入库保存。

7.1.8 插口式脚手架

插口式脚手架是适应高层住宅“内浇外挂”结构施工而设计的一种架子，是悬挂外脚手架的一种特殊形式。

插口式脚手架利用建筑结构外墙的门窗洞口或者框架柱间

的空隙，在结构内侧附加别杠或别环，将架子挂住并随结构施工逐层往上提升，如图 7.1.4 所示。

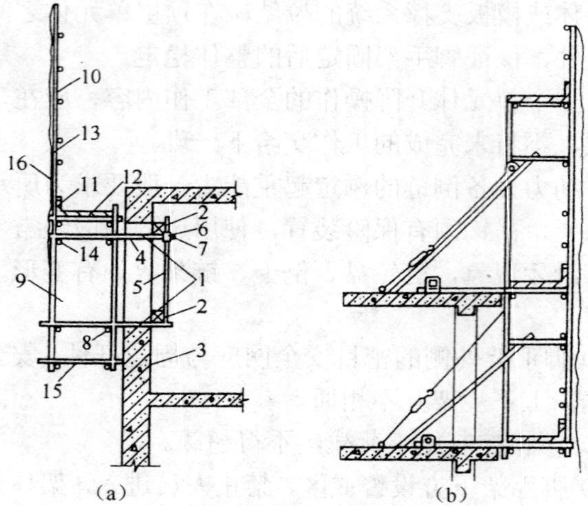

图 7.1.14 插口式脚手架

（a）甲型插口架 （b）高大插口架与建筑物的固定

1. 插口架臂架 2. 别扛 3. 外墙 4. 上臂 5、10. 立杆 6、7. 扣件 8、14. 纵向水平杆 9. 甲型插口件 11. 挡脚板 12. 工作平台 13. 正面斜撑 15. 横向水平杆 16. 安全网

1. 插口式脚手架的构造要求

（1）插口式脚手架多采用ϕ4.8×3.5 钢管组装而成，最大长度不超过 8m，宽度为 0.8～1.0m。当插口架工作平台超过一个楼层（层高不大于 4m）高度时，其超过部分必须逐层与结构进行固定。

（2）插口架的立杆，纵向间距不大于 2m，插入窗口内的小横杆必须与窗口内的别杆用扣件卡牢，并在相靠处附加扣件。

（3）窗口内的别杆每侧压墙长度不小于 200mm，别杆与墙之间的空隙必须用楔子靠紧。

（4）插口架外侧的护身栏高度必须超过操作层面 1.0m 以上，并设挡脚板，外侧用安全网封严。

（5）支承脚手板的小横杆间距，当脚手板厚为 30mm 时，间距不大于 500mm；当脚手板厚度为 50mm 时，间距不大于 1000mm。

脚手板与小横杆之间应固定牢固，小横杆与大横杆之间也应固定牢固。各杆件端头伸出扣件应不小于 100mm，插口架的外侧面和两端应设剪刀撑加斜撑，以保证脚手架的空间稳定。

（6）插口架的荷载量不得超过 1.2kN/m^2，架子上严禁堆放材料，人员不准集中停立。

2. 安装搭设与使用

（1）插口架在现场应预先拼装好。

（2）插口架的提升或降落，应使用塔式起重机等起重机械，且必须用卡环吊运，不准使用吊钩。严禁作业人员站在架子上随架子升降。

（3）插口架与门窗洞口的连接，必须按照“先别后摘，先挂后拆”的顺序进行，即安装时应与门窗洞口用别杆卡牢后，方可摘钩；拆卸时，必须先用卡环挂好，钢丝绳稍吃力后，方可拆除。

（4）安装时，相邻脚手架的间隙应不大于 200mm，间隙处应用盖板封严，并固定严紧。

（5）外墙为现浇钢筋混凝土结构时，混凝土强度应达到设计强度的 70%以上才能安装插口架。

（6）插口架在使用过程中应严格控制荷载，严禁超载作业。

（7）插口架外围（包括两端），均应用安全网封严。

（8）插口架提升前，要将架子清理干净，设专人指挥。在作业人员未离开架子前，不应拆除与建筑物结构固定的一切措施。

7.2 挑脚手架

挑脚手架是将脚手架设置在建筑结构的悬挑支承结构上，将脚手架的荷载全部或部分传递给建筑物结构部分的一种脚手架。它在高层建筑施工中应用较多，挑脚手架的悬挑支承结构必须有足够的强度、刚度和稳定性。

7.2.1 挑脚手架的组成和分类

1. 挑脚手架的组成

挑脚手架的组成构造应根据施工需要而定，一般由主梁、次梁、底板、栏杆、吊索等部分组成，如图 7.2.1 所示。

挑脚手架的关键部位是悬挑支承结构，必须具有足够的强度、刚度和稳定性。

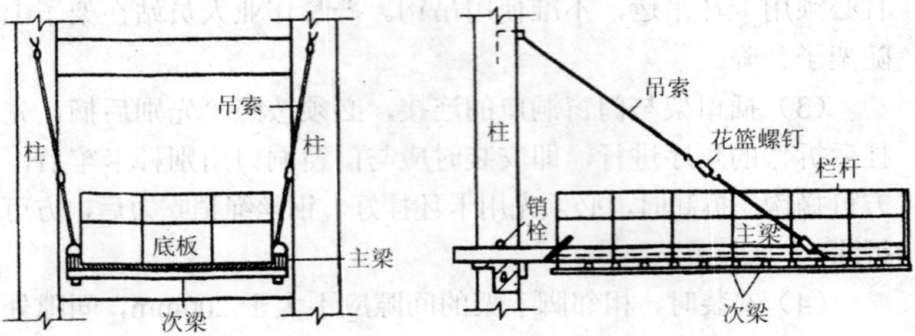

图 7.2.1 挑脚手架

2. 挑脚手架的分类

根据悬挑支承结构的不同，挑脚手架可分为支撑杆式挑脚手架和挑梁式挑脚手架两种类型。

（1）支撑杆式挑脚手架。支撑杆式挑脚手架的支承结构不采用悬挑梁，直接用脚手架杆件搭设。

1）斜撑式的双排挑脚手架。如图 7.2.2 所示，该种脚手架的悬挑支承结构在内、外两排立杆上加设斜撑杆。斜撑杆一般采用双钢管，而水平横杆加长后一端与预埋在建筑物结构中的铁环焊牢，这样脚手架的荷载通过斜撑杆和水平横杆传递到了建筑物上。

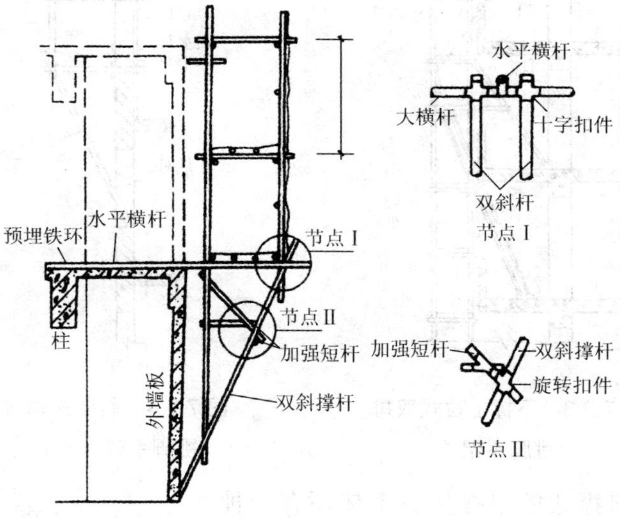

图 7.2.2　斜撑式双排挑脚手架

2）下撑上拉式的双排挑脚手架。这种脚手架采用下撑上拉的方法，在脚手架的内、外两排立杆上分别加设斜撑杆。斜撑杆的下端支在建筑结构的梁或楼板上，并且内排立杆斜撑杆的支点比外排立杆斜撑杆的支点高一层楼。斜撑杆的上端用双扣件与脚手架的立杆连接。此外，除了斜撑杆之外，还设置了吊杆，将脚手架的部分荷载吊拉到上一层建筑结构的梁或楼板上，以增强脚手架的承载能力，如图 7.2.3 所示。

3）斜撑式的单排挑脚手架。这种脚手架的支承结构为从窗口挑出横杆，斜撑杆支撑在下一层的窗台上。如无窗台，则可先在墙上留洞或预埋支托铁件，以支承斜撑杆，如图 7.2.4 所示。

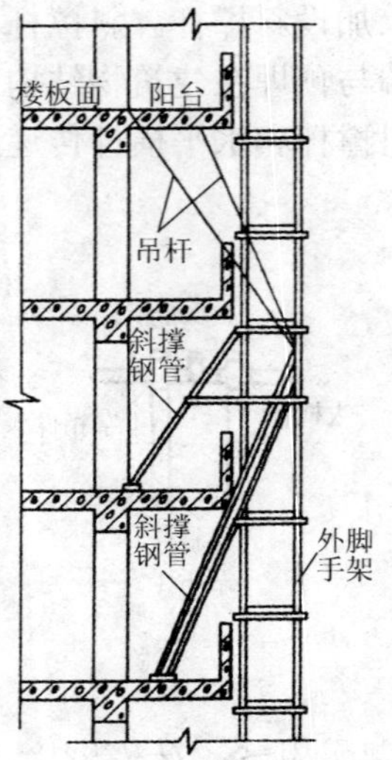

图 7.2.3　下撑上拉式双排挑脚手架

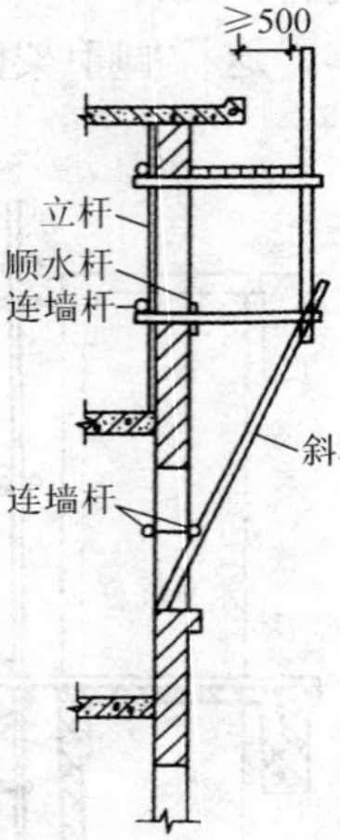

图 7.2.4　斜撑式单排挑脚手架（一）

斜撑式的单排挑脚手架还有一种形式是支承结构是从同一窗口挑出横杆和伸出斜撑杆，斜撑杆的一端支撑在楼面罩，如图 7.2.5 所示。

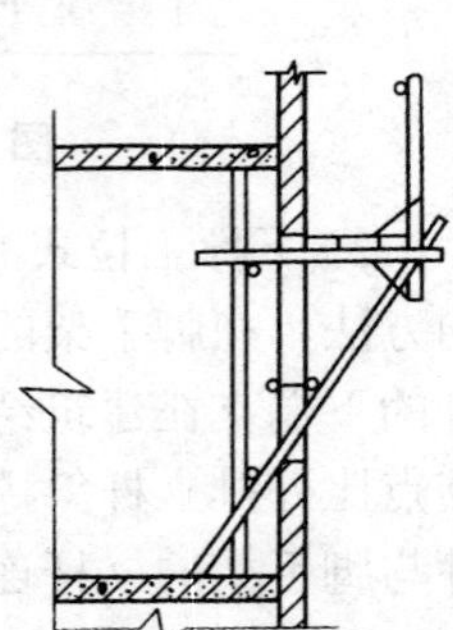

图 7.2.5　斜撑式单排挑脚手架（二）

（2）挑梁式脚手架。挑梁式脚手架采用固定在建筑物结构上的悬挑梁（架），并以此为支座搭设脚手架，一般为双排脚手架。挑梁式脚手架最高可搭设 20～30m 高，可同时进行 2～3 层作业，是目前高层建筑施工中较常用的脚手架，具体可分为下撑挑梁式、斜拉挑梁式脚手架。

1）下撑挑梁式挑脚手架。如图 7.2.6 所示，这种脚手架先在结构上预埋型钢挑梁，并在挑梁的外端加焊斜撑压杆组成挑架。各根挑梁之间的间距不大于 6m，并用两根型钢纵梁相连，然后在纵梁上搭设扣件式钢管脚手架。

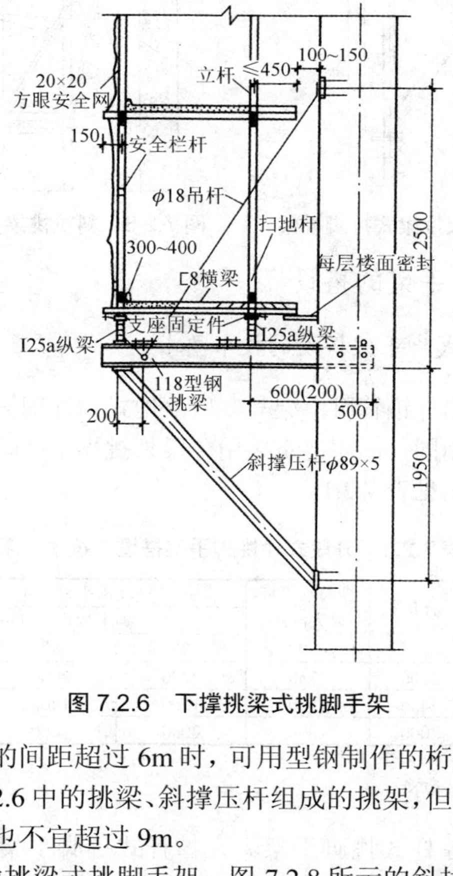

图 7.2.6　下撑挑梁式挑脚手架

当挑梁的间距超过 6m 时，可用型钢制作的桁架（图 7.2.7）来代替图 7.2.6 中的挑梁、斜撑压杆组成的挑架，但这种情况下，挑梁的间距也不宜超过 9m。

2）斜拉挑梁式挑脚手架。图 7.2.8 所示的斜拉挑梁式挑脚手架以型钢作挑梁，其端头用钢丝绳（或钢筋）作拉杆斜拉，将脚手架的荷载传递至建筑物结构上。

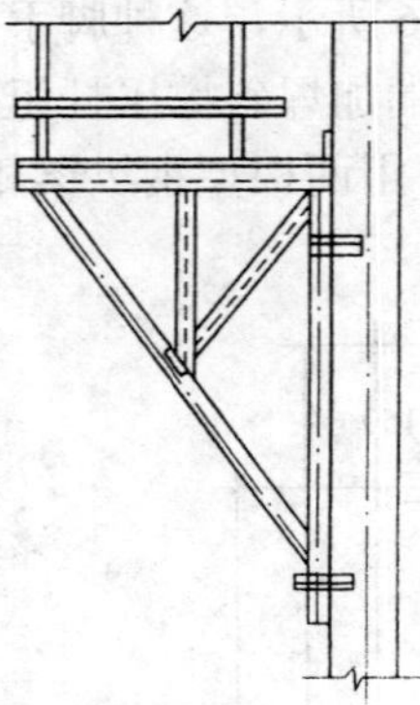

图 7.2.7 桁架挑梁式挑脚手架

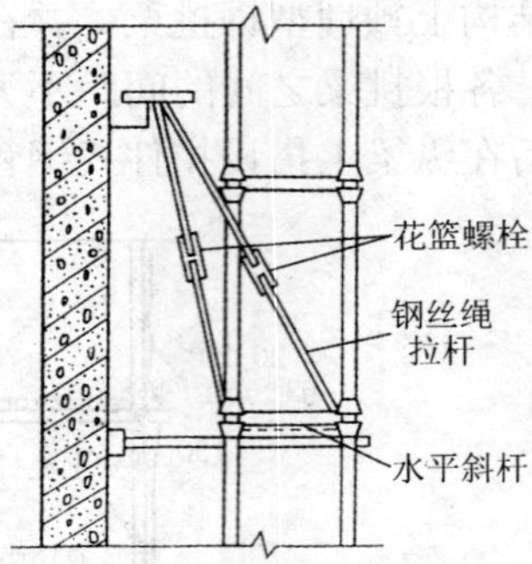

图 7.2.8 斜拉挑梁式挑脚手架

7.2.2 挑脚手架的搭设

1. 挑梁式脚手架搭设的技术要求

挑梁式扣件钢管脚手架与一般落地式扣件钢管脚手架的搭设要求基本相同。高层建筑采用分段外挑脚手架时，脚手架搭设的技术要求见表 7.2.1。

表 7.2.1 分段式外挑脚手架搭设的技术要求

允许荷载（N/m^2）	立杆最大间距（mm）	纵向水平杆最大间距（mm）	横向水平杆间距（mm）脚手板厚度（mm）		
			30	43	50
1000	2700	1350	2000	2000	2000
2000	2400	1200	1400	1400	1750
3000	2000	1000	2000	2000	2200

2. 搭设顺序

（1）支撑杆式挑脚手架。支撑杆式挑脚手架的搭设顺序如下：

水平横杆→纵向水平杆→双斜杆→内立杆→加强短杆→外立杆→脚手板→栏杆→安全网→上一步架的横向水平杆→连墙杆→水平横杆与预埋环焊接。

支撑杆式挑脚手架按上述搭设顺序一层一层搭设，每段搭设高度以6步为宜，并在下面支设安全网。

（2）挑梁式脚手架。挑梁式脚手架的搭设顺序如下：

安置型钢挑梁（架）→安装斜撑压杆、斜拉吊杆（绳）→安放纵向钢梁→搭设脚手架或安放预先搭好的脚手架。

挑梁式脚手架每段搭设高度以12步为宜。

3. 悬挑脚手架搭设施工要点

悬挑脚手架搭设施工要点见表7.2.2。

表7.2.2　悬挑脚手架搭设施工要点

类　　别	施工要点
连墙杆的设置	根据建筑物的轴线尺寸，在水平方向应每隔3跨（隔6m）设置一个连墙杆，在垂直方向应每隔3～4m设置一个连墙杆，并要求各点互相错开，形成梅花状布置
连墙杆的做法	在钢筋混凝土结构中预埋铁件，然后用100mm×63mm×10mm的角钢，一端与预埋件焊接，另一端与连接短管用螺栓联接，如图7.2.9所示。 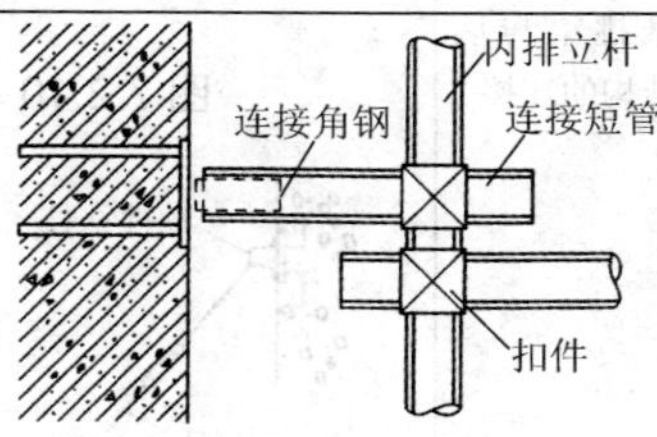 图7.2.9　连墙杆做法
垂直控制	搭设时，要严格控制分段脚手架的垂直度。垂直度偏差的具体要求：第一段不得超过1/400；第二段、第三段不得超过1/200。脚手架的垂直度要随搭随检查，发现超过允许偏差时，应及时纠正
脚手板铺设	脚手架的底层应满铺厚木脚手板，其上各层可满铺薄钢板冲压成的穿孔轻型脚手板
安全防护措施	脚手架中各层均应设置护栏、踢脚板和扶梯 脚手架外侧和单个架子的底面用小眼安全网封闭，架子与建筑物要保持必要的通道
挑梁式悬挑脚手架的立杆与挑梁（或纵梁）的连接	应在挑梁（或纵梁）上焊150～200mm长钢管，其外径比脚手架立杆内径小1.0～1.5mm，用接长扣件将钢管连接于立杆上，同时在立杆下部设1～2道扫地杆，以确保架子的稳定

续表 7.2.2

<table>
<tr><th>类　别</th><th>施工要点</th></tr>
<tr><td>悬挑梁与墙体结构的连接</td><td>应预先埋设连接件或留好孔洞，不得随便打凿孔洞，破坏墙体。各支点要与建筑物中的预埋件连接牢固，保证连接可靠。挑梁、拉杆与结构的连接可参考图 7.2.10、图 7.2.11 所示的方法。
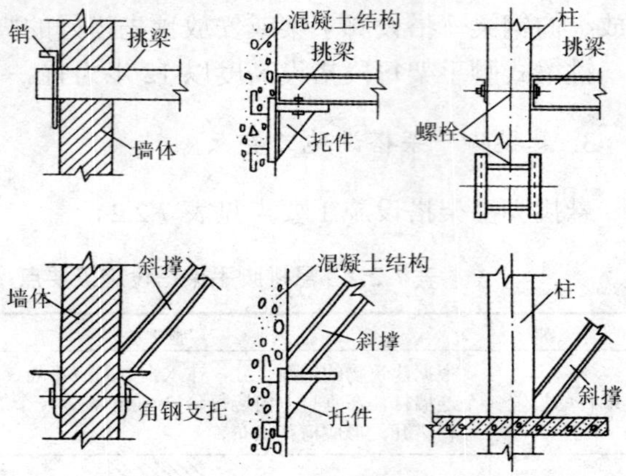

图 7.2.10　下撑式挑梁与结构的连接
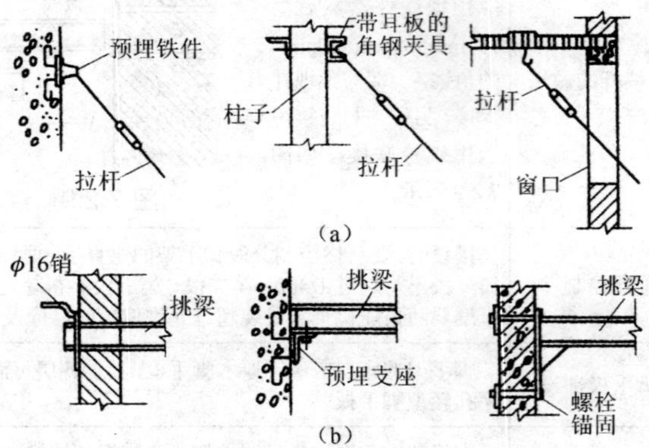

图 7.2.11　斜拉式挑梁与结构的连接
（a）斜拉杆与结构连接方式　（b）悬挑梁与结构的连接方式</td></tr>
<tr><td>斜拉杆（绳）</td><td>应装有收紧装置，以使拉杆收紧后能承担荷载</td></tr>
</table>

悬挑脚手架搭设施工注意事项见表 7.2.3。

表 7.2.3 挑脚手架施工注意事项

序号	注意事项
1	挑脚手架的关键部位是钩挂吊索的吊环，吊环的角度位置及焊接质量关系到挑脚手架能否安全使用，所以必须按设计要求严格控制检查，否则吊索拉上后，会使吊环冷弯产生裂纹，极易发生安全事故，必须格外注意
2	挑脚手架应在地面上拼装好，再用塔式起重机吊至安装位置，待吊索挂牢后，主梁端头固定好方可脱钩。以后逐层也必须用塔式起重机进行吊装
3	挑脚手架的上料量必须控制在设计规定的范围内，不得超载
4	挑脚手架安装时，挑出部分应略微上翘，以使人在上面操作时有安全感
5	在使用过程中，要经常检查吊环、挂钩、吊索和花篮螺钉的质量，如发现不符合要求应及时更换，以确保使用安全可靠

7.2.3 挑脚手架的检查、验收和使用安全管理

1. 挑脚手架的检查和验收

挑脚手架分段或分部位搭设完毕，必须按钢管脚手架安全技术规范要求进行检查与验收。挑脚手架的关键部位是悬挑支承结构，必须具有足够的强度、刚度和稳定性。经检查验收合格后，方可继续搭设和使用，在使用过程中应严格执行有关安全规程。

挑脚手架安全检查的评分表见表 7.2.4。

表 7.2.4 挑脚手架安全检查评分表

序号	检查项目		扣分标准	应得分数	扣减分数	实得分数
1	保证项目	施工方案	（1）脚手架无施工方案、设计计算书或未经上级审批，扣 10 分。 （2）施工方案中搭设方法不具体，扣 6 分	10		
2		悬挑梁及架体稳定	（1）外挑杆件与建筑结构连接不牢固的每有一处，扣 5 分。 （2）悬挑梁安装不符合设计要求的每有一处，扣 5 分。 （3）立杆底部固定不牢的每有一处，扣 3 分。 （4）架体未按规定与建筑结构拉结的每有一处，扣 5 分	20		

续表 7.2.4

序号	检查项目		扣分标准	应得分数	扣减分数	实得分数
3	保证项目	脚手板	（1）脚手板铺设不严、不牢，扣 7～10 分。 （2）脚手板材质不符合要求，扣 7～10 分。 （3）每有一处探头板，扣 2 分	10		
4		荷载	（1）脚手架荷载超过规定，扣 10 分。 （2）施工荷载堆放不均匀每有一处，扣 5 分	10		
5		交底与验收	（1）脚手架搭设不符合方案要求，扣 7～10 分。 （2）每段脚手架搭设后，无验收资料，扣 5 分。 （3）无交底记录，扣 5 分	10		
小计				60		
6	一般项目	杆件间距	（1）每 10 米延长立杆间距超过规定，扣 5 分。 （2）大横杆间距超过规定，扣 5 分	10		
7		架体防护	（1）施工层外侧未设置 1.2m 高防护栏杆和未设 18cm 高的踏脚板，扣 5 分。 （2）脚手架外侧不挂密目式安全网或网间不严密，扣 7～10 分	10		
8		层间防护	作业层下无平网或其他措施防护的，扣 10 分。 （2）防护不严密，扣 5 分	10		
9		脚手架材质	杆件直径、型钢规格及材质不符合要求，扣 7～10 分	10		
小计				40		
检查项目合计				100		

2. 安全管理

挑脚手架的安全管理除执行钢管脚手架安全管理的有关规定外，挑脚手架在使用过程中要加强日常检查，及时清除架子上的垃圾和施工剩余材料，严格控制架子上的承受荷载，禁止因在架子上过多集中堆放施工材料造成超载，影响架子的安全使用。

7.2.4 挑脚手架的拆除

挑脚手架拆除的原则是先拆架体，后拆悬挑支承结构。架体的拆除顺序和注意事项与落地式钢管脚手架相同，悬挑支承结构在拆除过程中应特别注意防人员坠落和物料高空坠物，落实高空作业的各项安全措施。

拆除下来的构配件应集中分类堆放，经清理保养后入库保存。

7.3 吊篮式脚手架

吊篮式脚手架是预先组装成一定长度、宽度的作业平台，在建筑物的屋面，通过特设的支承点，利用挑梁或挑架和吊索悬吊吊篮，采用手动葫芦或电动葫芦，使作业平台沿钢丝绳上下移动，为工人提供移动作业平台。吊篮式脚手架是进行高层建筑施工外墙装修工程操作的一种脚手架。

这种脚手架与落地式脚手架相比，有节省材料、人工、缩短工期的优点，但必须严格控制设计、制作、安装和使用，否则容易发生坠落事故。

7.3.1 吊篮式脚手架的组成与基本构造

1. 吊篮式脚手架的组成

吊篮式脚手架由吊架(也称吊篮)、支承设施(挑架或桁架)、吊篮绳、安全绳、手动葫芦等组成，吊架吊挂于屋面上的悬挂机构上，如图 7.3.1 所示。

2. 吊篮式脚手架的基本构造

（1）吊架。吊篮一般分手动和电动两种。

目前我国采用手动吊篮较多，而且都是在施工现场根据工程特点自行设计，并用扣件钢管组装而成，它比电动吊篮经济

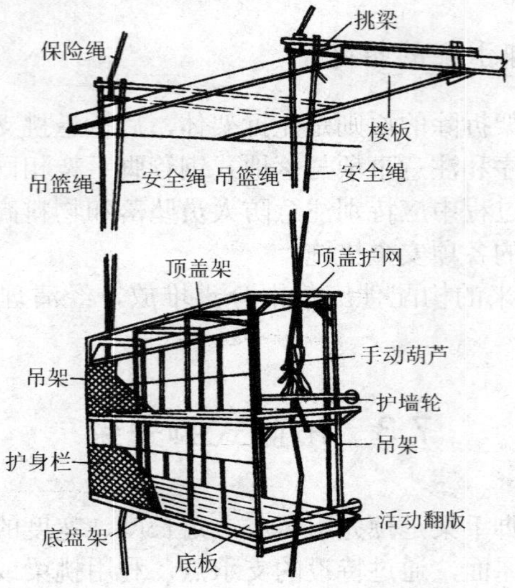

图 7.3.1 吊篮式脚手架的组成

实用。当用于高层建筑外墙面的维修、清扫时，采用电动吊篮则具有灵活、轻便、速度快的优点。

1）架体构造。

① 手动吊篮的基本构件是采用薄壁型钢或ϕ48×4.5mm 钢管焊接或搭设成矩形框架，搭设时以 3～4 榀框架为一组，按间距 2～3m 排列，在纵向和横向用钢管及扣件连接成整体，并铺设脚手板、装置栏杆、安全网和护墙轮，即成为一组可以上下同时操纵的双层吊架。栏杆和护墙轮支杆也用扣件与框架相连，如图 7.3.2 所示。

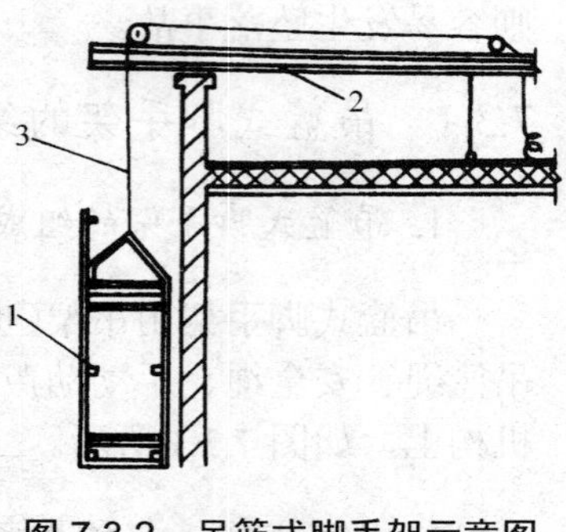

图 7.3.2 吊篮式脚手架示意图

1. 吊架 2. 支承设施 3. 吊索

② 吊篮内侧与结构面的间距为100～200mm，两个吊篮框架之间的间隙不得大于200mm，吊篮的最大长度不宜超过3m，宽为0.8～1.0m，高度一般不宜超过两层，每层高度不超过2m。吊篮立杆纵向间距不得大于2m，外侧防护栏杆高1.5m，每道栏杆间距不大于500mm。吊篮的底部四周设置的挡脚板高度应不小于180mm，吊篮的顶部必须设护头棚，外侧及两端用安全网封严。

③ 支承脚手板的横杆横向水平间距：当采用30mm厚的脚手板时，横向水平间距不大于500mm；当采用50mm厚的脚手板时，横向水平间距不大于1000mm，并且脚手板与横杆之间应绑扎牢固。

④ 所有扣件式钢管杆件，伸出扣件的长度应不小于100mm，以防滑脱。吊篮架体的外侧大面和两端小面应加设剪刀撑或斜撑杆卡牢。

⑤ 吊篮架内侧两端应装有可伸缩的护墙装置，使吊篮在工作时能与结构面靠紧，以减少架体的晃动。同时，超过一层架高的吊篮架应设爬梯，供人员上下，每层架的上下入孔处必须设盖板。

⑥ 多组吊篮同时使用时，两组吊篮之间的间隙不得大于200mm，内侧距墙间距为100～200mm。

2）底盘架构造。底盘架构造如图7.3.3所示。

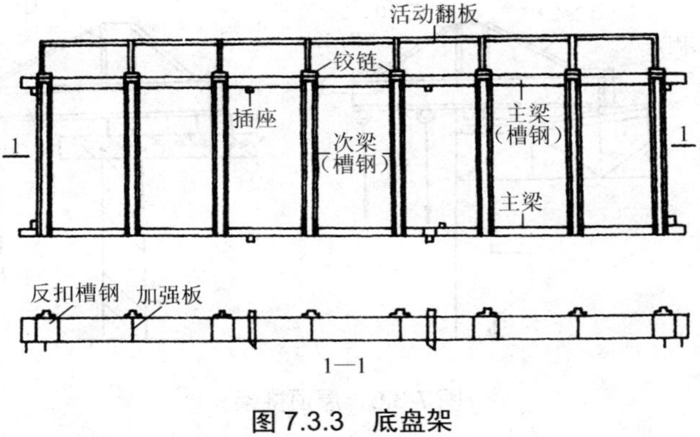

图7.3.3 底盘架

3）顶盖架构造。顶盖架的构造如图7.3.4所示。

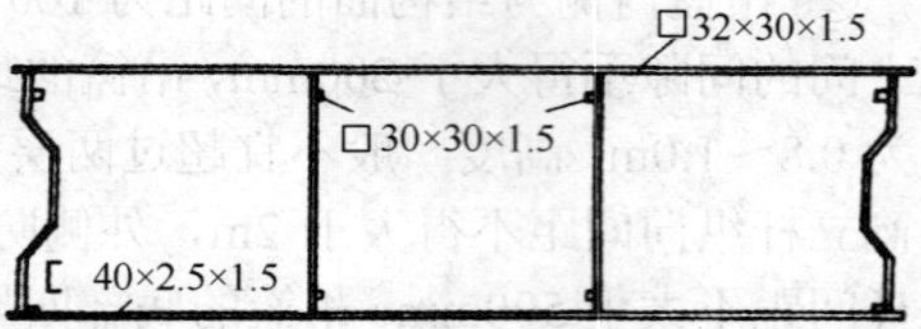

图 7.3.4 顶盖架

4）护身栏构造。护身栏的构造如图7.3.5所示。

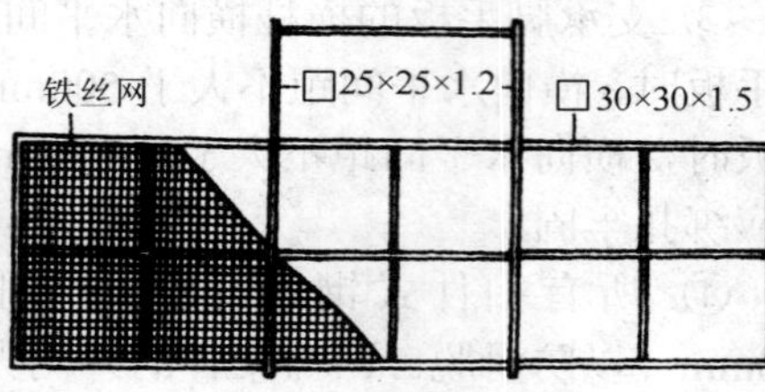

图 7.3.5 护身栏

（2）支承设施。吊篮的支承设施是确保施工和人员安全的关键设施，必须按设计规定与主体结构固定牢靠，挑出长度必须保证其抵抗力矩大于倾覆力矩的3倍。支承设施之间应用纵向水平杆连接成整体，以保证结构稳定。

一般在建筑结构的屋顶设置挑架或挑梁悬挑吊篮作业。

1）挑架。屋顶挑架构造如图7.3.6所示，一般用I 14工字钢或槽钢焊成挑架，挑架用V形固定环或预埋ϕ16mm螺栓固定在屋顶上。

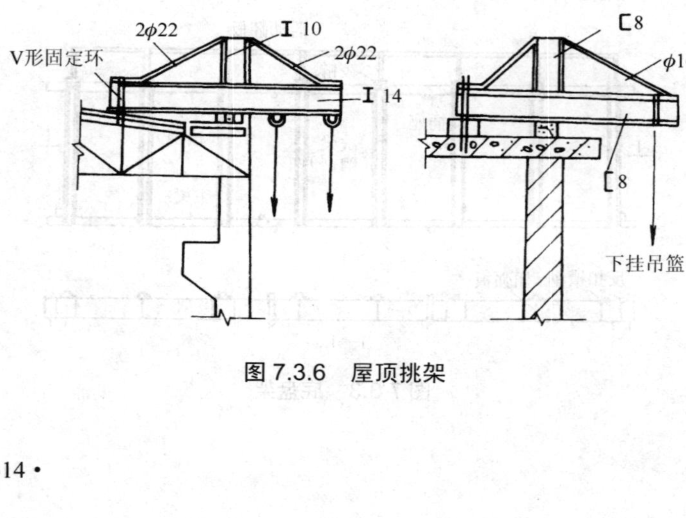

图 7.3.6 屋顶挑架

2）挑梁。屋顶挑梁的构造如图 7.3.7 所示，挑梁可以用组合天梁或工字钢通过预埋件固定在屋顶上，典型悬挂机构及设置情况如图 7.3.8～7.3.11 所示。

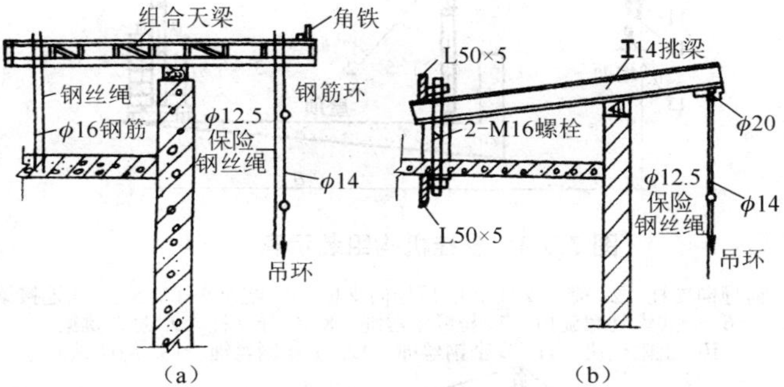

图 7.3.7　屋顶挑梁

（a）组合天梁　（b）工字钢

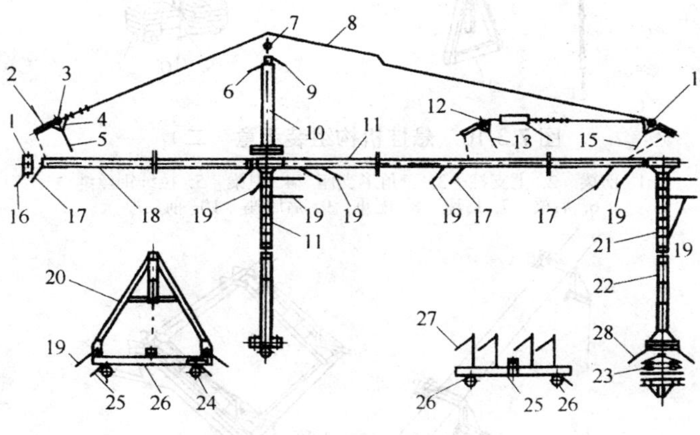

图 7.3.8　悬挂机构结构图

1. 挂板　2. 拉曳板　3. 绳轮　4. 垫片　5、15、17、19、27. 螺栓
6、9、13、16、26. 销轴　7. 小绳轮　8. 拉纤钢丝绳　10. 上支架
11. 中梁　12. 隔套　14. 绳轮　18. 前梁　20. 内插架 1　21. 内插架 2
22. 后支架　23. 配重铁　24. 脚轮　25. 后底架　28. 前底架

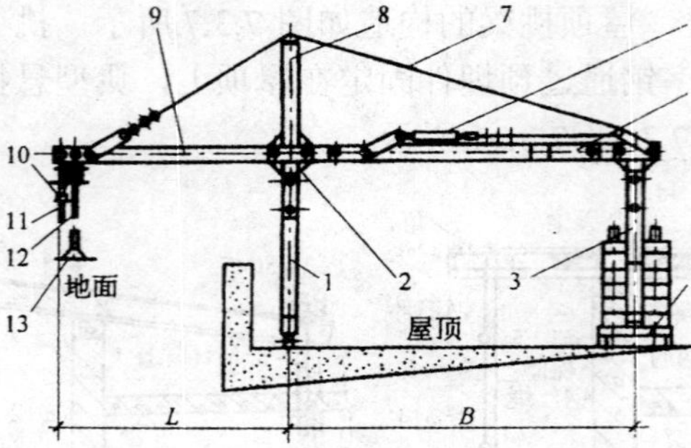

图 7.3.9　悬挂机构组装示意（一）

1. 前导向支柱　2. 前后支柱　3. 后导向支柱　4. 配重小车　5. 中间连接梁　6. 开式索具螺旋扣　7. 拉纤钢丝绳　8. 拉纤立柱　9. 悬臂挑梁　10. 上限位块　11. 安全钢丝绳　12. 工作钢丝绳　13. 绳坠铁

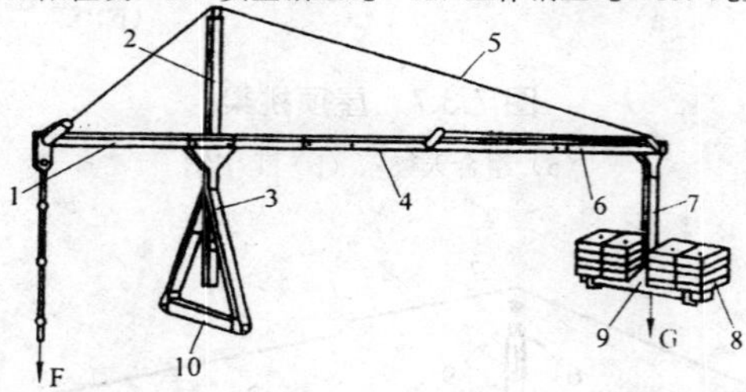

图 7.3.10　悬挂机构组装示意（二）

1. 前梁　2. 上支柱　3. 三角形支座　4. 中梁　5. 拉纤钢丝绳　6. 后梁　7. 后座　8. 配重　9. 后底座　10. 前底座

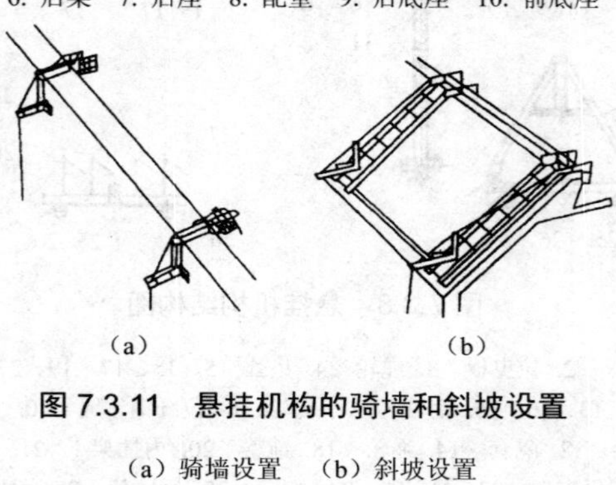

（a）　　　　（b）

图 7.3.11　悬挂机构的骑墙和斜坡设置

（a）骑墙设置　（b）斜坡设置

7.3.2 吊篮式脚手架的搭设

1. 吊篮平台制作

吊篮平台制作应符合下列规定：

（1）吊篮平台应经设计计算并应采用型钢、钢管制作，其节点应采用焊接或螺栓联接，不得使用钢管和扣件（或碗扣）组装。

（2）吊篮平台宽度宜为 0.8～1.0m，长度不宜超过 6m。当底板采用木板时，厚度不得小于 50mm；采用钢板时应有防滑构造。

（3）吊篮平台四周应设防护栏杆，除靠建筑物一侧的栏杆高度不应低于 0.8m 外，其余侧面栏杆高度均不得低于 1.2m，栏杆底部应设 180mm 高挡脚板，上部应用钢板网封严。

（4）吊篮应设固定吊环，其位置距底部应不小于 800mm。吊篮平台应在明显处标明最大使用荷载（人数）及注意事项。

2. 悬挑梁或悬挑架设置

悬挂结构应经设计计算，可制作成悬挑梁或悬挑架，尾端与建筑结构锚固连接。当采用压重方法平衡挑梁的倾覆力矩时，应确认压重的质量，并应有防止压重移位的锁紧装置。悬挂结构抗倾覆应专门计算。

悬挂结构外伸长度应保证悬挂平台的钢丝绳与地面呈垂直，挑梁与挑梁之间应采用纵向水平杆连成稳定的结构整体。

设置挑架或挑梁必须注意控制平衡，保证其抵抗力矩大于倾覆力矩的 3 倍。所有的挑梁、挑架、吊篮、吊索、预埋吊环均需进行计算，固定方法和连接形式必须牢固可靠，在使用中要严格控制施工荷载。

3. 搭设安全防护要点

（1）吊篮的长度一般不得超过 8m，宽度以 0.8～1.0m 为宜，单层吊篮高度以 2m，双层吊篮高度以 3.8m 为宜，用钢管为立杆的吊篮，立杆间距不得超过 2.5m，单层吊篮至少 3 道横杆，双层吊篮至少设 5 道横杆。

（2）吊篮的负载不得超过 $1176N/m^2$，吊篮上的作业人员和材料要对称分布，以使吊篮两端负载平衡。

（3）承重的钢丝绳直径应不小于 12.5mm（即 4 分绳）。吊篮应设保险钢丝绳，其直径不得小于 12.5mm，钢丝绳的卡扣不少于 3 个，有接头的钢丝绳严禁使用。

承重钢丝绳与挑架或挑梁连接必须牢靠，并应有预防钢丝绳受剪的保护措施。

（4）两吊篮之间的间距不得大于 200mm，不准将两个或两个以上的吊篮连在一起同时升降，两个吊篮的接头处应与窗口、阳台施工面错开。吊篮的长度一般不得超过 8m，宽度不超过 1m，长度在 3m 以内的设两个吊点，在 3m 以上的设 3 个吊点。用钢管组装的吊篮，立杆间距不得大于 2m，大小面均须设斜支撑或十字盖；采用焊接边框的吊篮，立杆间距不得大于 2.5m，且大面要设十字盖。

（5）吊篮内的脚手板必须铺平铺严，并与横向水平杆固定牢固，横向水平杆的间距可根据脚手板的厚度而定，一般以 0.5～1m 为宜。脚手板应用优质木板，当木板厚度为 25mm 时，小横杆间距为 500mm；当木板厚度为 50mm 时，小横杆间距为 1000mm，同时，脚手板应铺满、铺严。吊篮作业层内侧必须设防护栏，外墙作业时必须与建筑物拉牢固定，在无处拉接时，要采取有效的固定措施。吊篮内侧与外墙面的间距不超过 100mm，其他三面应设护身栏。吊篮外侧必须用立网封闭。

（6）屋面承受挑梁拉力的预埋吊环，应用直径不小于 16mm 的圆钢，埋入混凝土内的长度应大于 360mm，并与主筋焊牢。预埋吊环距支点的距离不得小于 3m，挑梁与吊环连接时应用直径大于 10mm 的钢丝绳或 00 型 03 型以上的花篮螺栓联接。挑梁应用不小于 14 号的工字钢或承载能力大于 14 号工字钢的其他材料。挑梁探出建筑物的一端应稍高于另一端，挑梁之间在挑梁的内外两端应用钢管或杉篙连接牢固成为整体。承重钢丝绳与挑梁的连接必须牢靠，并应有预防钢丝绳受剪的保护措施。采用卡接方法时，不得少于 3 个卡子，绳头要做安全弯。

（7）吊篮用的吊索要从吊篮主横管底下穿过，吊钩下的吊索与吊篮内外主横管连接的夹角要保持 45°，同时用绳卡将吊钩与吊索卡死，并必须有防止脱钩的保护措施，否则严禁使用。

（8）以手动葫芦为吊具的吊篮，钢丝绳穿好后，必须将保险扳把卸掉，系牢保险绳或安全销，并将吊篮与建筑物拉牢。

4. 吊篮脚手架的检查和验收

吊篮应按相关规定由其产权单位编制施工方案，产权单位分管负责人审批签字，并与施工单位在使用前进行验收，经验收合格签字后，方可作业。吊篮产权单位应做好日常施工管理和记录。吊篮悬挂机构的结构件应按设计选用合格的钢材或其他适合的金属结构材料制造，其结构应具有足够的强度、刚度和稳定性。经检查验收合格后，方可使用，并在使用过程中严格执行有关安全规程。

吊篮脚手架的验收和检查见表 7.3.1。

吊篮脚手架安全检查的评分表见表 7.3.2。

表 7.3.1　吊篮脚手架的验收和检查

类别	具体要求
吊篮脚手架的验收	无论是手动吊篮还是电动吊篮，搭设完毕后都要由技术、安全等部门依据规范和设计方案检查验收，验收合格后方可使用
吊篮脚手架的检查	在吊篮脚手架使用前，必须进行项目的检查，检验合格后方可使用
	检查屋面支承系统的悬挑长度是否符合设计要求，与结构的连接是否牢固可靠，配套的位置和配套量是否符合设计要求
	检查吊篮绳、安全绳、吊索
	五级及五级以上大风及大雨、大雪后应进行全面检查

表 7.3.2　吊篮脚手架检查评分表

序号	检查项目		扣分标准	应得分数	扣减分数	实得分数
1	保证项目	施工方案	（1）无施工方案、无设计计算书或未经上级审批，扣 10 分。 （2）施工方案不具体、指导性差，扣 5 分	10		
2		制作组装	（1）挑梁锚固或配重等抗倾覆装置不合格，扣 10 分。 （2）吊篮组装不符合设计要求，扣 7～10 分。 （3）电动（手动）葫芦使用非合格产品，扣 10 分。 （4）吊篮使用前未经荷载试验，扣 10 分	10		
3		安全装置	（1）升降葫芦无保险卡或失效，扣 20 分。 （2）升降吊篮无保险绳或失效，扣 20 分。 （3）无吊钩保险，扣 8 分。 （4）作业人员未系安全带或安全带挂在吊篮升降用的钢丝绳上，扣 17～20 分	20		
4		脚手板	（1）脚手板铺设不满、不牢，扣 5 分。 （2）脚手板材质不合要求，扣 5 分。 （3）每有一处探头板，扣 2 分	5		
5		升降操作	（1）操作升降的人员不固定和未经培训，扣 10 分。 （2）升降作业时有其他人员在吊篮内停留，扣 10 分。 （3）两片吊篮连在一起同时升降无同步装置或虽有但达不到同步，扣 10 分	10		
6		交底与验收	（1）每次提升后未经验收即上人作业，扣 5 分。 （2）提升及作业未经交底，扣 5 分	5		
小计				60		
7	一般项目	防护	（1）吊篮外侧防护不符合要求，扣 7～10 分。 （2）外侧立网封闭不整齐，扣 4 分。 （3）单片吊篮升降两端头无防护，扣 10 分	10		
8		防护顶板	（1）多层作业无防护顶板，扣 10 分。 （2）防护顶板设置不符合要求，扣 5 分	10		
9		架体稳定	（1）作业时吊篮未与建筑结构拉牢，扣 10 分。 （2）吊篮钢丝绳斜拉或吊篮离墙空隙过大，扣 5 分	10		
10		荷载	（1）施工荷载超过设计规定，扣 10 分。 （2）荷载堆放不均匀，扣 5 分	10		
小计				40		
检查项目合计				100		

7.3.3 吊篮式脚手架的使用

1. 吊篮脚手架的升降方法

吊篮脚手架的升降方法，根据吊索和使用机械工具的不同分为以下几种：

（1）用 3t 以上手动葫芦并采用钢丝绳作吊索。

（2）用 2t 以上倒链并采用链杆式链条作吊索。

（3）用电动机械升降。

（4）用油压提升等。

使用手动葫芦应装设防止吊篮平台发生自动下滑的闭锁装置。手动葫芦使用时，在每根悬吊钢丝绳上各装置一个手动葫芦，将钢丝绳通过手动葫芦的导绳孔向吊钩方向穿入、压紧，往复扳动前进手柄，即可进行起吊或牵引作业；往复扳动倒退手柄，即可使吊篮下落或放松。

在操作手动葫芦时，前进手柄和倒退手柄不能同时扳动，操作过程中，严禁扳动松卸手柄，不准超载使用。为了确保安全，在使用手动葫芦时还需增加一根 ϕ12.5mm 的保险钢丝绳，以免手动葫芦打滑或断绳时发生事故。

当使用电动提升机时，应在吊篮平台上、下两个方向装设对其上、下运行位置、距离进行限定的行程限位器。电动提升机构宜配两套独立的制动器，每套制动器均可使带有额定荷载125%的吊篮平台停住。电动吊篮施工要点见表 7.3.3。

表 7.3.3 电动吊篮施工要点

序号	施工要点
1	电动吊篮在现场组装完毕，经检查合格后，运到指定位置，接上钢丝绳和电源试车，同时由上部将吊篮绳和安全绳分别插入提升机构及安全锁中，吊篮绳一定要在提升机运行中插入
2	接通电源时，要注意电动机运转方向，使吊篮能按正确方向升降

续表 7.3.3

序号	施工要点
3	安全绳的直径不小于 12.5mm，不准使用有接头的钢丝绳，封头卡扣不少于3个
4	支承系统的挑梁采用不小于 14 号的工字钢，挑梁的挑出端应略高于固定端，挑梁之间纵向应采用钢管或其他材料连接成一个整体
5	吊索必须从吊篮的主横杆下穿过，连接夹角保持 45°，并用卡子将吊钩和吊索卡死
6	承受挑梁拉力的预埋铁环，应采用直径不小于 16mm 的圆钢，埋入混凝土的长度大于 360mm，并与主筋焊接牢固

2. 吊篮使用的安全防护要点

（1）吊篮升降时，必须同时摇动手动葫芦或同时拉动倒链，各吊点应同时升降，以保持吊篮平衡，且不要碰撞建筑物。特别是在阳台、窗口等部位，应有专人负责推动吊篮，防止其挂碰建筑物。吊篮平台必须装设安全锁，并应在各吊篮平台悬挂处增设一根与提升钢丝绳相同型号的安全绳，每根安全绳上应安装安全锁。保险钢丝绳每次放绳不得超过 1m，并卡牢所有绳卡。吊篮升降时，操作人员必须系好安全带。

（2）吊篮组装后，应以两倍的均布额定荷载进行检验平台和悬挂结构的强度及稳定性的试验。提升机构应进行运行试验，其内容应包括空载、额定荷载、偏载及超载试验，并应同时检验各安全装置且进行坠落试验，经有关部门验收合格后方准使用。

（3）吊篮在使用中应设专人经常检查、维修和保养，发现问题要立即解决，严禁工人在有隐患的吊篮内作业，严禁在吊篮的护头棚和防护以外作业，任何人不准擅自拆改吊篮。

（4）在大风、大雨、大雪等恶劣天气过后，要全面检查吊篮，合格后才能使用。

（5）吊篮组装、升降、拆除、维修必须由专业架子工进行。

3. 吊篮脚手架的拆除

吊篮脚手架的拆除顺序为：

（1）将吊篮逐步降至地面。

（2）拆除提升装置。

（3）抽出吊篮绳。

（4）移走吊篮。

（5）拆除挑梁。

（6）解掉吊篮绳、安全绳。

（7）将挑梁及附件吊运到地面。

7.4 外挂脚手架

外挂脚手架是采用型钢焊接成定型钢架，用挂钩等措施挂在建筑物结构内预先埋设的钩环上或预留洞中穿设的挂钩螺栓上的脚手架，可以随结构施工逐层往上提升，直至结构施工完成。外挂脚手架结构简单、装卸方便，耗工用料较少，架子轻便可用塔吊移置，施工快速、费用低，在外装修阶段可以改为吊篮使用，较为经济实用。

外挂脚手架由于稳定性较差，如使用不当，易发生安全事故，所以目前主要用于多层建筑的外墙粉刷、勾缝等作业。

7.4.1 外挂脚手架的基本构造

1. 挂架装修

常用的挂架基本构造如图 7.4.1 和图 7.4.2 所示，有三角形和矩形两种。三角形挂架每使用一步架高，要移挂一次；矩形挂架由于上下水平杆上均可以铺设脚手板，所以可使用二步架高，再移挂一次。

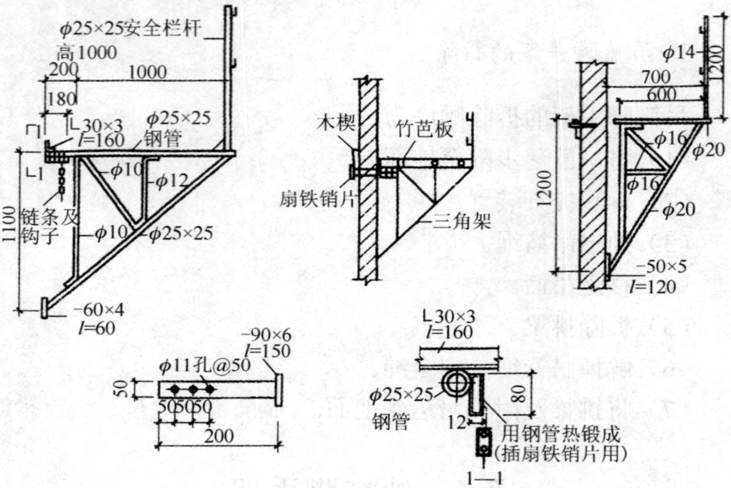

图 7.4.1　装修用单层挂架

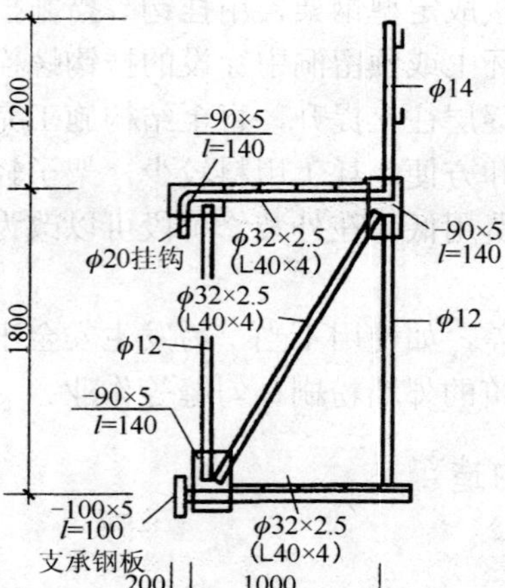

图 7.4.2　装修用双层挂架

挂架可用钢管、钢筋或角钢等焊成，上水平杆端头焊有挂钩，下水平杆（或斜杆）端头焊有支承钢板。挂架宽约 1m，三角形挂架高 1m，矩形挂架高 1.8m。

砌筑时可以采用图 7.4.3 所示的两种构造。

2. 挂置点的设置

挂置点大多设在柱子或承重墙体内，常用的有以下两种设置方法：

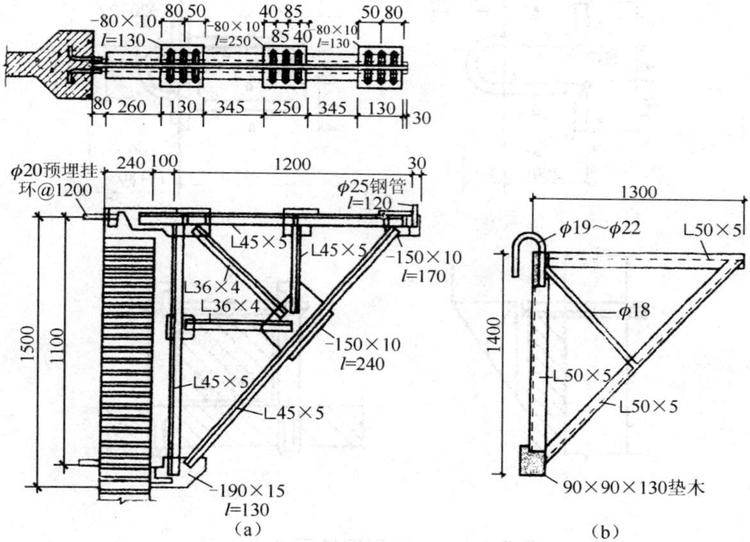

图 7.4.3 砌筑用挂脚手架

（1）在柱子内预埋挂环或设置卡箍，如图 7.4.4 所示。

（2）在墙体内预留孔洞，用螺栓与挂架相连，如图 7.4.5 所示。

挂置点采用在墙体内预留孔洞的方法时须注意：一是墙体必须是钢筋混凝土承重墙，混凝土强度必须达到设计强度的70%时才能挂脚手架；二是在洞口两侧厚度小于 24cm 的墙体内和宽度小于 49cm 的窗间墙内均不得设挂架。

穿墙螺栓和预埋挂环，必须用ϕ20mm 以上的圆钢制成，不得使用变形钢筋。

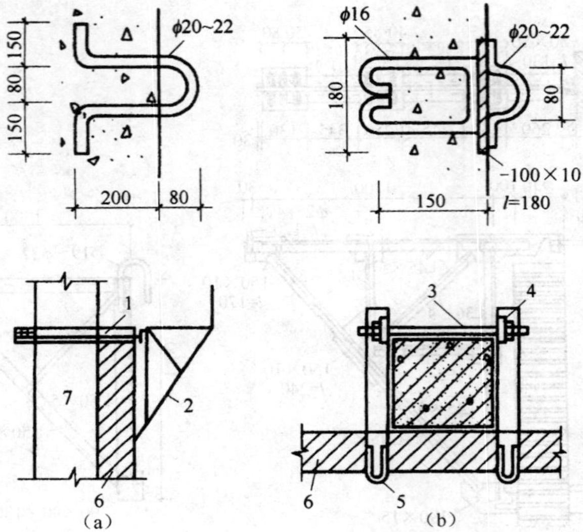

图 7.4.4 柱内预埋挂环或设卡箍

（a）柱内预埋挂环 （b）柱上卡箍

1. 卡箍 2. 挂架 3. M22mm 螺柱 4. 卡箍φ75×8mm
5. φ20mmU 形挂环 6. 墙 7. 柱

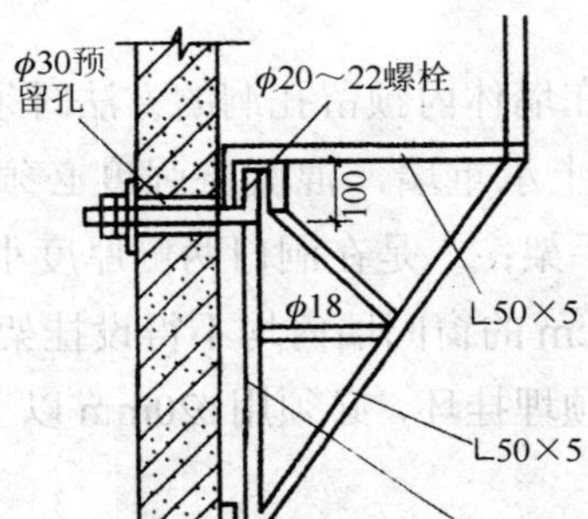

图 7.4.5 预留孔设置

7.4.2 外挂脚手架的搭设、使用与拆除

1. 搭设要点

外挂脚手架的搭设要点及其技术要求见表 7.4.1。

表 7.4.1 外挂脚手架的搭设要点及其技术要求

序号	搭设要点及其技术要求
1	按设计的跨度在地面将外挂架组装材料备齐
2	检查外挂预留孔，是否按平面布置图留设，确认无误并等到外墙混凝土强度达到 7.5MPa 时，可进行外挂架施工
3	将穿墙螺栓从墙外穿入预留孔内，垫上垫片，带上双螺母，逐次按平面图安装。穿墙螺栓和预埋挂环必须用ϕ20 以上的圆钢制成，不得使用变形钢筋
4	挂上三角形架，上紧双螺母，将外挂架连成整体，推动挂架使其垂直于墙面，下端的支承钢板紧贴于墙面。接着搭设立杆、横杆、安全防护栏杆及剪刀撑，形成一组后，从上往下兜安全网。外挂脚手架外侧必须用密目安全网封闭
5	外挂脚手架间距不得大于 2m，且因其属于工具式脚手架，施工荷载为 1kN/m^2，不得超载使用。一般每跨不大于 2m，作业人员不超过 2 人，也不能有过多存料，避免荷载集中

2. 外挂架提升

外挂架提升的方法及技术要求见表 7.4.2。

表 7.4.2 外挂架提长的方法及技术要求

序号	外挂架提升的方法及技术要求
1	当上层墙体的混凝土强度符合承载设计要求后，将穿墙拉杆穿入上层预留孔内，然后准备用塔式起重机提升挂架
2	外挂架提升时，要先挂吊钩，然后才允许松螺母。注意挂架在提升时不要相互钩挂，此时将挂架提升到上一层用螺栓固定住，然后依次逐组提升
3	提升时要统一指挥，严禁任何人站在外挂架上，地面要划出安全区，安全区内严禁站人

3. 外挂架的检查与验收

外挂架的检查与验收方法及其要求见表 7.4.3。

表 7.4.3 外挂架的检查与验收方法及其要求

序号	外挂架的检查与验收方法及其要求
1	脚手架进场搭设前，应由施工负责人确定专人按施工方案的质量要求逐片检验，对不合格的挂架进行修复，修复后仍不合格者应报废处理。因外挂架对建筑结构附加了较大的外荷载，故对建筑结构也要进行验算和加固
2	外挂架搭设完毕后要逐项检查，无误后应在接近地面处做荷载试验，按 $2kN/m^2$ 均布荷载试压不少于 4 小时，以检验悬挂点的强度、焊接及预埋件的质量，然后经技术、安全等人员联合验收合格后方可使用
3	检验和试验都应有正式格式和内容要求的文字资料，并由负责人签字
4	正式搭设或使用前，应由施工负责人进行详细交底并进行检查，防止发生事故

4. 外挂架的拆除

拆除时先由塔式起重机吊住外挂架，并让钢丝绳受力，然后松开墙体内侧螺母，卸下垫片，这时人站在挂架下层平台内将穿墙螺杆从墙外侧拔出，塔式起重机将外挂架吊到地面解体。

5. 外挂架安全管理

外挂架安全管理方法及其要点见表 7.4.4，检查评分表见表 7.4.5。

表 7.4.4 外挂架安全管理方法及其要点

序号	外挂架安全管理方法及其要点
1	外挂架的搭设、提升和装拆必须由有操作证的架子工进行
2	外挂架的负载较轻，严禁超载使用
3	吊装人员要相对固定，施工时必须有“技术安全书面交底书”
4	吊装就位要平稳、准确、不碰撞、不兜挂，遇有 5 级风时应停止作业
5	上下挂架以及操作时，动作要轻，不得从高处跳到挂架上
6	经常检查螺母是否松动，螺杆、安全网、吊具是否损坏，如有异常，及时处理
7	模板施工时，待模板调整完毕后，斜支撑不得受力于外挂架

表 7.4.5 挂脚手架检查评分表

序号	检查项目		扣分标准	应得分数	扣减分数	实得分数
1	保证项目	施工方案	（1）脚手架无施工方案、设计计算书，扣10分。 （2）施工方案未经审批，扣10分。 （3）施工方案措施不具体、指导性差，扣5分	10		
2	保证项目	制作组装	（1）架体制作与组装不符合设计要求，扣17～20分。 （2）悬挂点无设计或设计不合理，扣20分。 （3）悬挂点部件制作及埋设不合设计要求，扣15分。 （4）悬挂点间距超过2m，每有一处扣20分	20		
3	保证项目	材质	（1）材质不符合设计要求、杆件严重变形、局部开焊，扣10分。 （2）杆件、部件锈蚀未刷防锈漆，扣4～6分	10		
4	保证项目	脚手板	（1）脚手板铺设不满、不牢，扣8分。 （2）脚手板材质不符合要求，扣6分。 （3）每有一处探头板，扣8分	10		
5	保证项目	交底与验收	（1）脚手架进场无验收手续，扣10分。 （2）第一次使用前未经荷载试验，扣8分。 （3）每次使用前未经检查验收或资料不全，扣6分。 （4）无交底记录，扣5分	10		
小计				60		
6	一般项目	荷载	（1）施工荷载超过1kN，扣5分。 （2）每跨（不大于2m）超过2人作业，扣10分	15		
7	一般项目	架体防护	（1）施工层外侧未设置1.2m高防护栏杆和未设18cm高的踏脚板，扣5分。 （2）脚手架外侧未用密目式安全网封闭或封闭不严，扣12～15分。 （3）脚手架底部封闭不严密，扣10分	15		
8	一般项目	安装人员	（1）安装脚手架人员未经专业培训，扣10分。 （2）安装人员未系安全带，扣10分	10		
小计				40		
检查项目合计				100		

8 其他脚手架

8.1 木脚手架

8.1.1 木脚手架的构造作法

木脚手架是由许多纵、横木杆，用铁丝绑扎而成，主要有立杆、大横杆、小横杆、斜撑、抛撑、十字撑等，如图8.1.1所示。

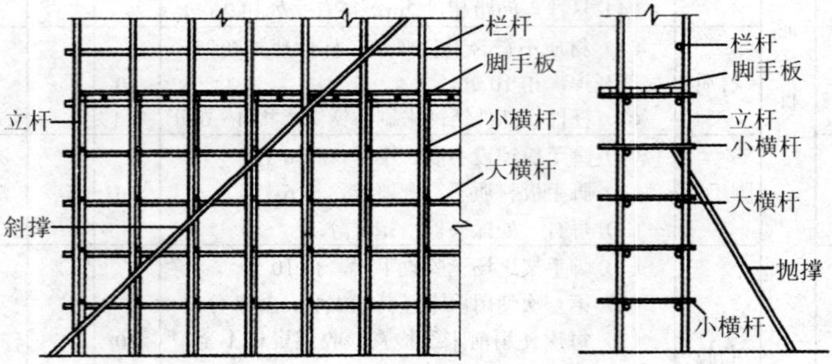

图8.1.1 木脚手架的基本构造

木脚手架的构造参数见表8.1.1。

表8.1.1 木脚手架的构造参数

（单位：m）

序号	架子构造形式		内侧立杆离墙面的距离	立杆间距		操作层小横杆间距	大横杆步距	小横杆挑向墙面的悬臂
				横向	纵向			
1	砌筑	单排	—		1.5～1.8	≤1.0	1.2～1.4	—
2		双排	0.5	1.0～1.5	1.5～1.8	≤1.0	1.2～1.4	0.4～0.45
3	装修	单排	—		2	1.0	1.6～1.8	—
4		双排	0.5	1.0～1.5	2	1.0	1.6～1.8	0.35～0.45

注：1. 大横杆的最下一步为1.8m。

2. 单排架子立杆横向间距指立杆离墙面的距离，双排架子立杆横向间距指内侧立杆与外立杆的距离。

木脚手架的构造做法见表 8.1.2。

表 8.1.2 木脚手架的构造做法

序号	杆件	说明
1	立杆	立杆是主要受力杆件，因此应具有足够的断面，其有效部分小头直径应不小于 7cm。立杆可采用双排架和单排架两种形式，如图 8.1.2 所示。 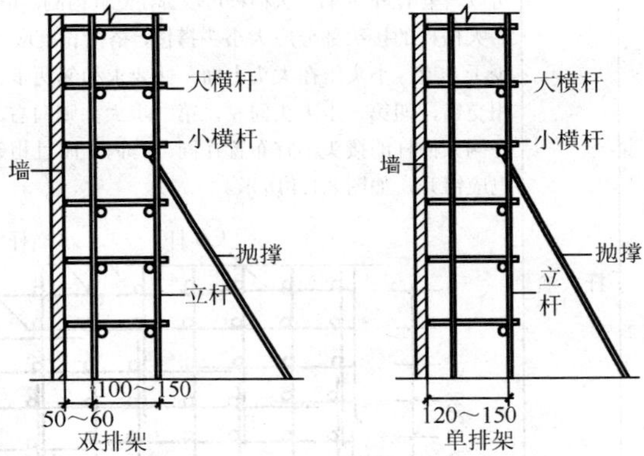 图 8.1.2 双排架和单排架 立杆接长采用搭接，搭接长度不小于 1.5m，搭接绑扎不少于 3 道。相邻两立杆的接头要互相错开，不应布置在同一步距内。在木架子的顶部，内侧立杆要低于屋檐 400～500mm，而外面立杆则要高出屋檐 1200mm，以便绑扎护身栏杆。 立杆的埋设深度要看土质情况，一般埋深 400～8000mm，并要夯实，如遇松土，立杆底应用砖或石块铺垫，四周再用碎砖、石子夯实。脚手架使用期如在一年以上，应将立杆埋入土中的部分刷上防腐剂（如沥青等）；地面为混凝土或石层无法挖坑时，应沿立杆底加绑扫地杆，如图 8.1.3 所示。 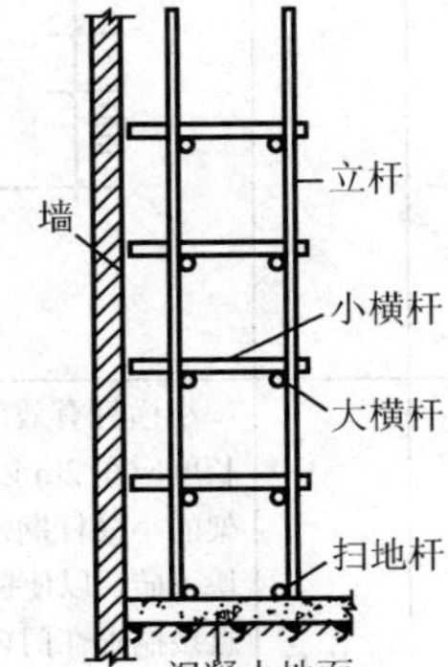 图 8.1.3 扫地杆的布置

续表 8.1.2

<table>
<tr><th>序号</th><th>杆件</th><th>说　明</th></tr>
<tr><td>2</td><td>杆大横</td><td>

大横杆的作用是与立杆连接成整体，将脚手板上的荷载，传递到立杆上，因此必须具有足够的断面和强度，其有效部分的小头直径不得小于8cm。大横杆的上下间距，按脚手架的用途不同而异。对于砌砖用的架子，一般在1.0～1.3m，墙厚为12～24cm时，大横杆间距1.3m为宜；墙厚为37cm时，则取1.2m为宜。对于粉刷用的架子，根据操作需要大横杆间距可以增至1.5m左右。大横杆可以绑在立杆内侧，也可绑在立杆外侧。

大横杆的接头部分应大小头搭接，搭接长度应不小于1.5m，绑扎不少于3道，小头压在大头上面，并要求相邻两步大横杆的大头朝向互相交错，即第一步大头向左，第二步大头则向右。同一步距中，内、外侧大横杆的接头不宜布置在同一跨内，而且相邻两步的大横杆接头也应错开，如图8.1.4所示。

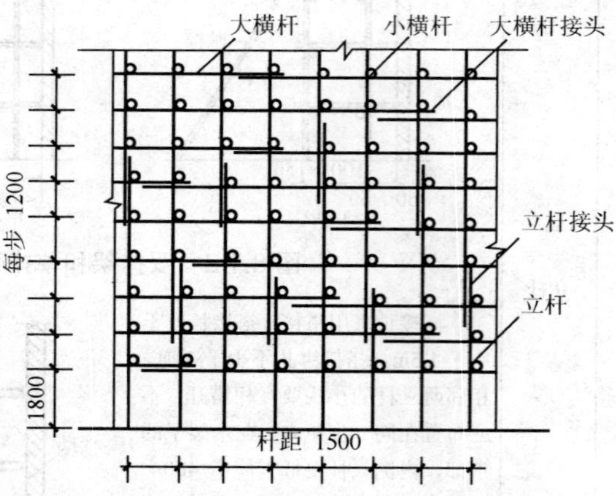

图 8.1.4　大横杆的接头布置

</td></tr>
<tr><td>3</td><td>小横杆</td><td>

小横杆有效部分的小头直径应不小于80mm，布置间距应不大于1m，长度应在2m以上时，搁置在大横杆上的伸出长度不小于300mm。单排架的小横杆搁入墙内的长度应不小于 240mm，而且要在杆端下边垫一块干砖，以便拆架时，杆子容易抽出。当小横杆在门窗洞口处时，不应直接搁置在门窗樘上，而应在门窗洞口的外侧，另加大横杆及立杆与小横杆绑扎。

为了保持门窗洞口四周砌体完整，小横杆插入处应距洞边 240mm以上。砌筑空斗墙时不要用单排架，因为在这些墙体内留置脚手架，往往会影响砌体的质量和强度。高度在15m以上的建筑，也不宜采用单排架，因为单排架过高，本身不稳固，容易倾倒

</td></tr>
</table>

续表 8.1.2

序号	杆件	说　　明
4	横杆、立杆的节点关系	大横杆应绑扎在立杆内侧，这样可缩短小横杆的跨距，且便于立杆接长和绑扎剪刀撑操作
5	剪刀撑	剪刀撑（十字撑）主要是加强架子的整体稳定性，小头直径应不小于 70mm，搭设时，每档宽度应占两个跨间，从下到上连续设置，各档净距不大于 7 根立杆。剪刀撑斜杆与地面成 45°～60° 角与相交的立杆绑扎，如图 8.1.5 所示。 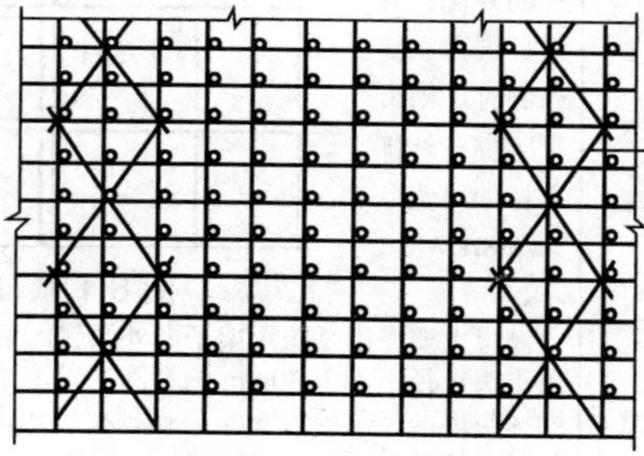 图 8.1.5　剪刀撑（十字撑）的布置 脚手架在大门等处需要留出通道时，通道部分的立杆应从第二步绑起，立杆底端绑在大横杆上，此处大横杆应适当加大断面。为了分担上层荷载，在通道两旁要绑上八字斜撑，这样就可使悬空立杆的一部分荷载通过斜撑传到地面，如图 8.1.6 所示。 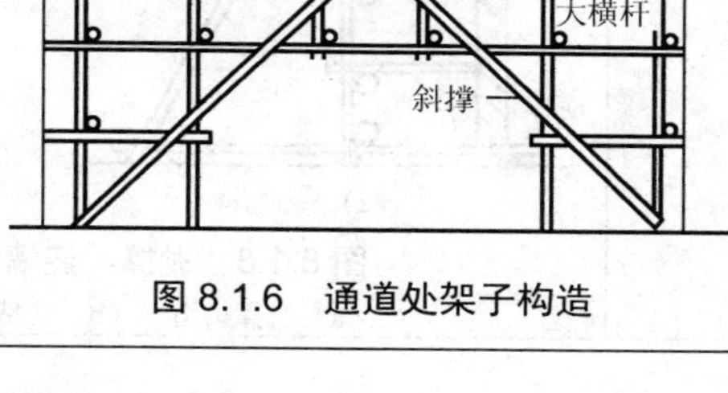 图 8.1.6　通道处架子构造

续表 8.1.2

序号	杆件	说　明
6	斜撑	与地面成倾斜角度，并紧贴脚手架垂直面的斜杆称为斜撑，其小头直径应不小于 7cm。斜撑主要设在脚手架拐角处，其作用是防止架子沿纵长方向倾斜。斜撑与地面约成 45°角，底脚距立杆约 70cm，埋入土中深度不小于 30cm。大横杆绑在立杆内侧时，斜撑绑在外排立杆的外侧；大横杆绑在立杆外侧时，则斜撑应绑在外排立杆的内侧，如图 8.1.7 所示。 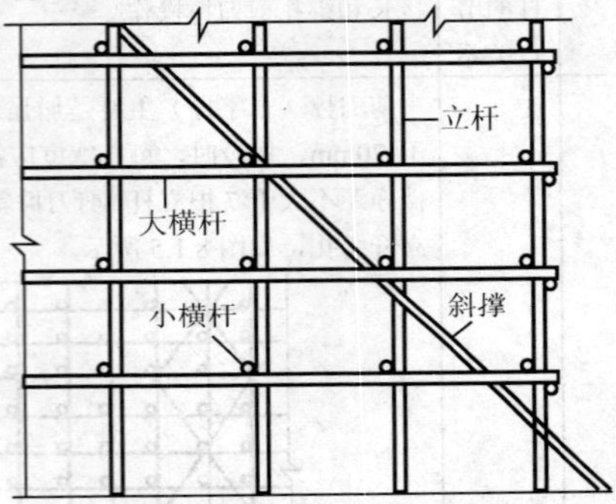 图 8.1.7　斜撑的布置
7	抛撑	抛撑主要作用是防止架子向外倾斜，架高三步以上时必须设置。用小头直径不小于 70mm 的杉篙支设，通常设在两档剪刀撑之间，抛撑与地面夹角约为 60°，抛撑要埋入土中 300～500mm。如地面坚硬不便埋设，则绑扎扫地杆。扫地杆一端与抛撑绑扎，另一端穿墙与墙脚处的横杆绑扎，如图 8.1.8a 所示。
8	连墙件构造	连墙件的设置方法有多种（详见扣件式钢管脚手架），图 8.1.8b 为双股 8 号铁丝绑扎小横杆顶墙的做法。拉接处应每隔两步、三个跨间设置一道，并将小横杆中的延长部分作为连墙杆顶住墙面。 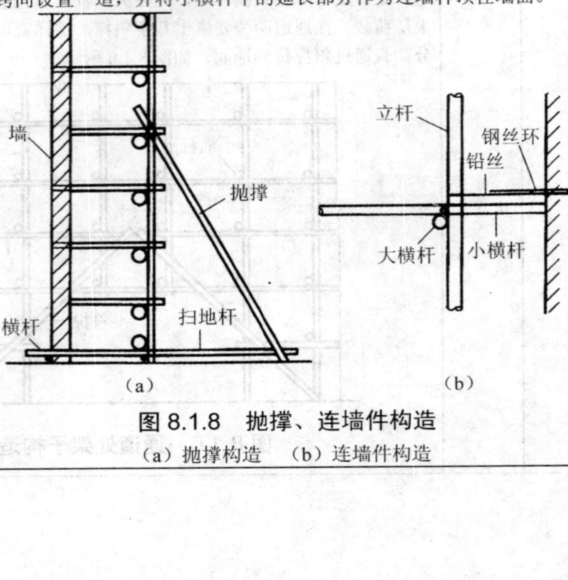 图 8.1.8　抛撑、连墙件构造 （a）抛撑构造　（b）连墙件构造

续表 8.1.2

序号	杆件	说　明
9	护身栏与挡脚板	2m 以上的脚手架，每步架子都要绑一道护身栏和高度为180mm 的挡脚板
10	脚手架顶端	当脚手架搭设到收顶时，内侧立杆应低于檐口 400～500mm，如果是平屋顶，立杆必须超过女儿墙 1m，如果是坡屋顶，立杆必须超过檐口 1.5m，并且从最上层脚手板到立杆顶端要绑两道护身栏和立挂安全网，安全网的下口必须封绑牢固，以保证人身安全

8.1.2 木脚手架的搭设

1. 施工准备

木脚手架在搭设前应做好以下准备工作：

（1）清理施工现场的障碍物，并夯实搭设脚手架范围内的回填土。

（2）根据脚手架的构造要求和用料规格等进行用料的合理选择分类，并运至现场分类堆放，以便顺利施工。

（3）根据建筑物的平面几何形状和高度，确定脚手架的形式和位置。

（4）根据已计算好的工程量，领取 8 号铁丝，并按照绑扎方法和要求，切断铁丝并弯制成型，运到工地待用。

2. 搭设顺序

各类木脚手架的一般搭设顺序如下：

根据预定的搭设方案放立杆位置线→挖立杆坑→竖立杆→绑大横杆→绑小横杆→绑抛撑→绑斜撑或剪刀撑→铺脚手板→搭设安全网。

（1）放立杆线。根据预定的搭设方案放出立杆的具体位置点，构造要求立杆的纵向间距为 1.5m，内侧立杆离墙面 50～60cm，外侧立杆距墙面 2～2.5m。

（2）挖立杆坑。坑深度要求不小于 50cm，坑的直径大于立杆直径 10cm 左右，这样有利于调整和固定立杆的位置。

（3）竖立杆。先竖内侧脚手架两端的立杆，再竖中间的立杆，外侧立杆按内侧立杆的排列顺序竖立，立杆纵横方向校正垂直并在底部加绑扫地杆以后，将杆坑填平、夯实。

（4）绑大横杆。绑扎第一步架的大横杆前，应先检查立杆是否埋正、埋牢，绑大横杆时同一步架大横杆的大头朝向应一致，上下相邻两步架的大头朝向要相反，以增强脚手架的稳定性。

（5）绑小横杆。小横杆绑在大横杆上，相邻两根小横杆的大头朝向应相反，上下两排小横杆应绑在立杆的不同侧面，小横杆伸出立杆部分长度不得小于 300mm。

（6）绑抛撑。脚手架搭设至三步架以上时，应及时绑抛撑。在此以前脚手架要用临时支撑加以固定，以免脚手架外倾或倒塌。抛撑每 7 根立杆设一道，与地面夹角为 45°，其底脚埋入土内的深度不得小于 30cm。

（7）绑斜撑或剪刀撑。木脚手架绑扎到三步架时必须绑斜撑或剪刀撑。剪刀撑的间距不得超过 7 根立杆的间距，第一道剪刀撑的下端要落地。

脚手架高度超过 7m 时，应随搭设设置连墙点，将脚手架与结构连成整体，整体脚手架向里倾斜度为 1%，全高倾斜不得大于 150mm，严禁向外倾斜。

（8）铺脚手板。脚手板必须满铺，对头铺设的脚手板，其接头下边应设两根小横杆，脚手板悬空部分不得大于 100mm，严禁铺探头板。搭接铺放的脚手板，接头必须在小横杆上，搭设长度为 200～300mm。脚手架两端的脚手板和靠墙的脚手板必须用 8 号铁丝绑牢。

（9）搭设安全网。按照《建筑施工安全网搭设安全技术规范》进行。

3. 杆件的连接和绑扎方法

（1）绑扎铁丝的弯制。铁丝的断料长度应根据绑扎杆件的粗细和部位确定，一般断料长度为 1.4～1.6m，并将断料从中间弯折成图 8.1.9 所示的形状，其中间鼻孔的直径一般为 1.5cm 左右。

（2）木杆的连接和绑扎方法。木脚手架一般有三种绑扎方法：平插法、斜插法和顺扣绑扎法。应对木杆不同的连接方式采取相应的绑扎方法。

1）直交。木杆垂直相交，立杆与大横杆、立杆与小横杆相交即属直交连接，这种连接可以采用平插法或斜插法绑扎。

① 平插绑扎法。如图 8.1.10 所示，先将大横杆用铁丝卡住，从立杆的右边穿过去，绕过立杆的背后，再从立杆的左边拉过来，同时用钎子插进鼻孔，用左手拉紧铁丝，使其压在鼻孔下，右手用力将钎子拧扭一圈半，即可绑牢。

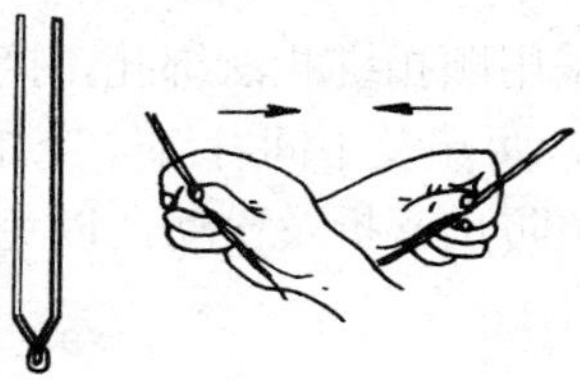

图 8.1.9 铁丝的弯制

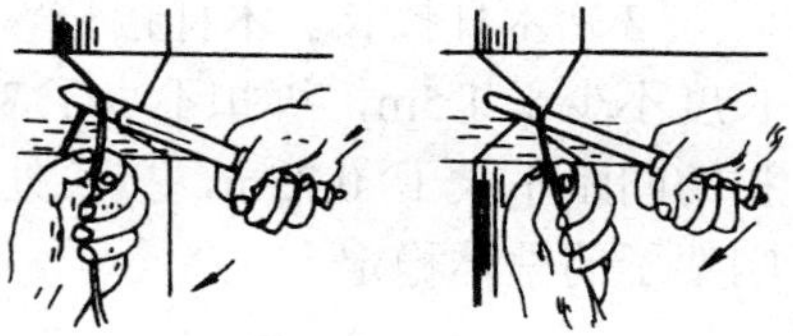

图 8.1.10 平插法绑扎

② 斜插绑扎法。如图 8.1.11 所示，将铁丝卡住大横杆，从立杆与大横杆交角处斜插过去，绕过立杆的背后，分别从立杆的右边和左边拉过来，同时把钎子插进鼻孔，用左手拉紧铁丝，并使铁丝压到鼻孔下，右手用力拧扭一圈半，即可绑牢。

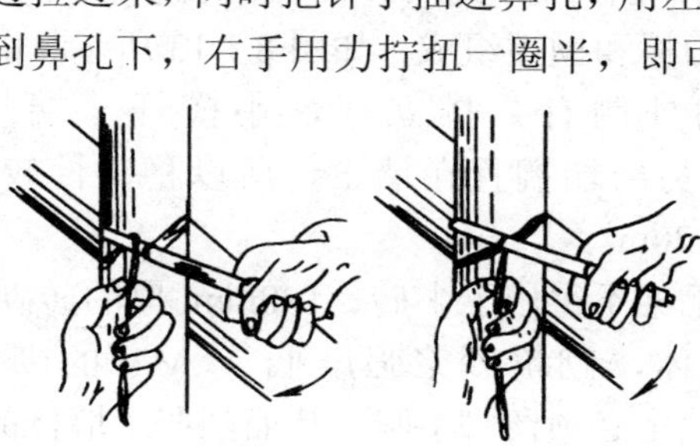

图 8.1.11 斜插法绑扎

2）斜交。木杆倾斜相交，如立杆与斜撑或剪刀撑相交即属斜交连接。木杆斜交时应采用斜插绑扎法和顺扣绑扎法绑扎。

斜插绑扎法如前述。顺扣绑扎法如图 8.1.12 所示，将铁丝兜绕杆件相交处一圈后，随即将钎子插进铁丝鼻孔内，左手拉紧铁丝并使其压在鼻孔下，右手用力拧扭一圈半即可绑牢。

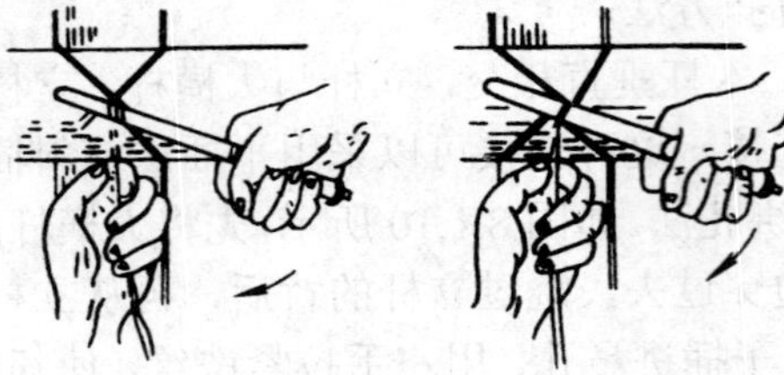

图 8.1.12 顺扣绑轧

3）木杆接长。木杆接长一般采用顺扣绑扎法绑扎，接头长度不少于 1.5m，绑扣不少于 3 个，两端及中间各绑一个扣，扣的间距不大于 0.75m，接长处必须防止弯折及松动，以免影响架子的整体稳定。

4. 多立杆杉篙脚手架的搭设

多立杆杉篙脚手架以杉篙为主要杆件，按其搭设形式可分为单排脚手架和双排脚手架，构造如图 8.1.13 所示。

（1）单排外脚手架的搭设。单排外脚手架由立杆、大横杆、小横杆、剪刀撑和抛撑组成，如图 8.1.13 所示。由于这种脚手架仅在结构外侧有一排立杆，小横杆一端与立杆和大横杆相连，另一端搁置在墙上，所以稳定性较差，搭设高度不得超过 20m。

单排脚手架不得用于半砖、180mm 厚的砖砌墙体，轻质空心砖砌墙体，砌筑砂浆强度低于 M1 的砌体。为了搁置小横杆，墙上必须留脚手眼，从而削弱了墙体的强度。为确保墙的整体强度，在下列部位不允许留置脚手孔：

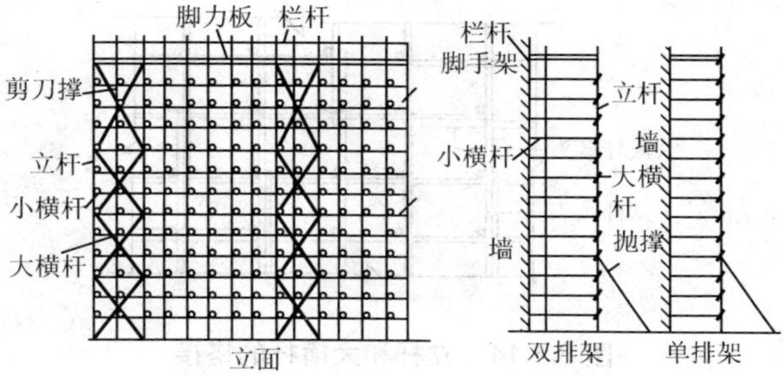

图 8.1.13 杉篙脚手架

1）砖过梁上与梁成 60°角的三角形范围内。

2）砖柱或宽度小于 740mm 的窗间墙。

3）梁及梁垫下及其左右各 370mm 的范围内。

4）门窗洞口两侧 240mm 和转角处 420mm 范围内，以及设计图纸上规定不允许留脚手孔的部位。

单排外脚手架的搭设顺序如前所述，其搭设要点和质量要求如下。

① 竖立杆。按线挖好立杆坑后，开始竖立杆。立杆应大头朝下，上下垂直，垂直偏差不大于架高的 1/1000，且不得大于 100mm。先竖两侧立杆，将立杆纵横方向校垂直以后将杆坑填平夯实，然后再竖中间立杆，校正后将杆坑填平夯实。竖其他杆时，以这三根立杆为标准，做到横平竖直。

立杆的接长位置应错开一步架，搭接长度应跨两根大横杆，且不得小于 1.5m，搭接部位绑扎不小于三道，相邻两根立杆的搭接位置应错开，如图 8.1.14 所示。

② 绑扎大横杆。大横杆应在立杆的内侧，沿纵向水平绑扎。绑第一道大横杆时，要注意保持立杆的横平竖直，操作人员要听从找平人的指挥，绑扎时切忌拉铁丝用力过猛，以免将立杆拉歪。绑扎第二道大横杆时要注意动作轻巧，上下呼应，找

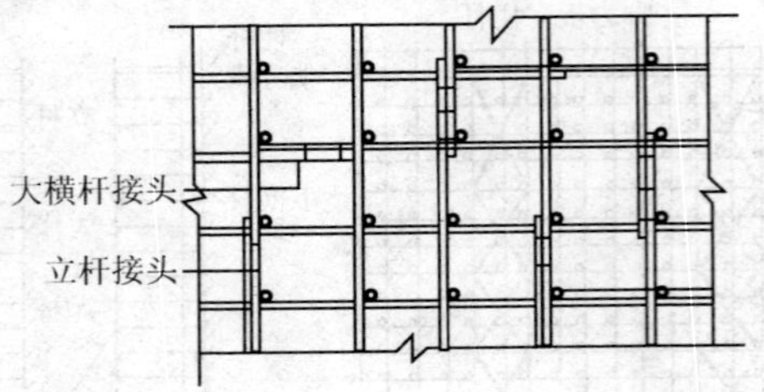

图 8.1.14 立杆和大横杆的搭接

平人发出绑扎信号后，马上绑扎，其他大横杆依次用上述方法绑扎。

大横杆的接长应位于立杆处，大头伸出立杆 200～300mm，并使小头压在大头上，搭接长度不小于 1.5m，上下大横杆的搭接位置应错开，如图 8.1.14 所示。

③ 绑扎小横杆。在第一步架绑扎大横杆的同时，应绑扎一定数量的小横杆，使脚手架有一定的稳定性和整体性。绑扎到 2～3 步架时，应全面绑扎小横杆，以增强脚手架的整体性。

小横杆绑扎在大横杆上，大头朝里。小横杆搁置在墙上的长度不得小于 240mm，伸出大横杆的长度不得小于 200mm。

小横杆绑扎好以后，根据施工需要和脚手板的数量可以铺放 1～2 步架的脚手板。

④ 绑扎抛撑和剪刀撑。脚手架绑扎到三步架时，必须绑扎抛撑和剪刀撑。

抛撑设在脚手架外侧拐角处，中部抛撑设在剪刀撑的中部，间距为 7 根立杆的距离绑扎一道抛撑。抛撑与地面呈 45°，底端埋入土中 200～300mm，以保证脚手架不向外倾斜或发生塌架事故。

剪刀撑设置在脚手架的外侧，与地面成 45°～60° 角的十字交叉杆件，由下至上与脚手架同步搭设，绑扎牢固。第一步剪刀撑要着地，上下两对剪刀撑不能对头相接，应互相搭接，搭接位置应位于立杆处，剪刀撑要占两个立杆宽，其间距不超过

7 根立杆的间距。剪刀撑本身，以及剪刀撑与立杆、大横杆相交处均应绑牢。

脚手架纵向长度小于 15m 或架高小于 10m 时，可设置斜撑代替剪刀撑，从下向上连续呈“之”字形设置。

⑤ 连墙点的设置。脚手架的搭设高度大于 7m 时，必须设连墙点，使脚手架与结构连接牢固。连墙点设在立杆与横杆交点附近，沿墙面呈梅花状布置，两排连墙点的垂直距离为 2～3 步架高，水平距离不大于 4 倍的立杆纵距。单排脚手架应在两端端部沿竖向每步架设置一个连墙点。

连墙点应既能承受拉力又能承受压力，在混凝土结构墙、柱、过梁等处可以预埋$\phi 6$～$\phi 8$mm 的钢筋环或打膨胀管螺栓，用双股 8 号铁丝与立杆绑牢承受拉力，并配合小横杆顶住墙面承受压力。砖砌墙体可将小横杆穿过连墙点，然后在墙的内、外两侧用短杆加固。

⑥ 护栏和挡脚板的设置。脚手架搭设到两步架以上时，操作层必须设置高 1.2m 的防护栏杆和高度不小于 0.18m 的挡脚板，也可以加设一道 0.2～0.4m 高的低护栏代替挡脚板，以防止人、物的闪出和坠落。

⑦ 特殊部位的处理。脚手架搭设遇到门洞通道时，为了施工方便和不影响通行与运输，应设置八字撑，如图 8.1.15 所示。

八字撑设置的方法是在门洞或过道处拔空 1～2 根立杆，并将悬空的立杆用斜杆逐根连接到两侧立杆上并绑牢，形成八字撑。斜撑与地面成 45°～60°角，上部相交于洞口上部 2～3 步大横杆上，下部埋入土中不少于 300mm。洞口处大横杆断开，绑扎拔空立杆的第二步架的大横杆小头直径不得小于 120mm。

（2）双排外脚手架的搭设。双排外脚手架是在结构外侧设双排立柱，稳定性比单排外脚手架好，搭设高度一般不超过 30m。

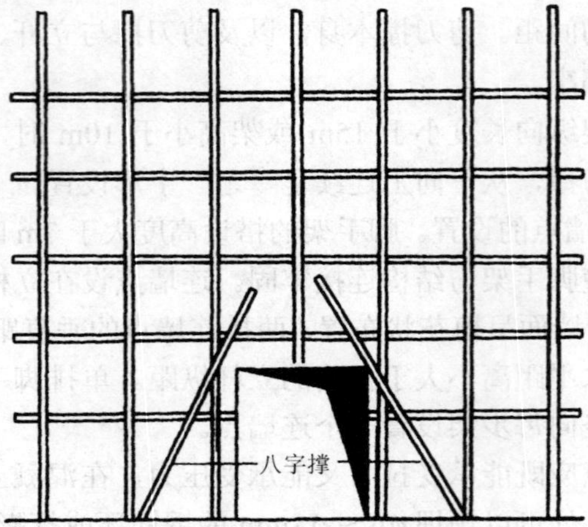

图 8.1.15 通道处八字撑布置

双排外脚手架由立杆、大横杆、小横杆、斜撑、剪刀撑、抛撑等组成，如图 8.1.13 所示。

双排外脚手架的搭设要点和质量要求基本上与单排外脚手架的搭设要点和质量要求相同，但强调以下要求。

1）立杆。立杆应大头朝下，上下垂直，内、外两侧立杆杆距相等，立杆搭至建筑物顶部时，内侧立杆应低于檐口 400～500mm；外侧立杆平屋顶应高出檐口 1～1.2m，坡屋顶应不小于 1.5m。立杆顶端应齐平，高出的立杆可以向下错动，进行封顶。

立杆的接长除应遵守单排外脚手架的规定外，还应注意内、外立杆的搭接接头必须错开一步架以上。

2）大横杆和小横杆的绑扎。大横杆绑扎在立杆的内侧，沿纵向平放，小横杆绑扎在大横杆上，大头朝外。

大横杆的接长接头应位于立杆处，大头伸出立杆 200～300mm，并将小头压在大头之上，搭接长度不小于 1.5m，搭接范围内至少绑三道扣，扣间距为 600～750mm。接头位置上下、内外错开一倍以上的立杆纵距。

小横杆距墙面保持 50～150mm 的距离，并等距离布置。门窗洞口有吊杆时，操作层下一步架与立杆绑扎的小横杆不得抽拆。

3）斜撑和抛撑的布置。斜撑设置在脚手架的拐角处，与地面成 45° 倾角，其底端埋入土中 200～300mm，底脚距立杆纵距为 700mm。脚手架纵向长度小于 15m 或架高小于 10m 时，可用斜撑代替剪刀撑，由下而上呈“之”字形设置。

抛撑与地面成 45° 角，当脚手架搭到 3 步架高，全高不大于 7m，且墙体暂时无法设置连墙点时，应设置抛撑，以加强脚手架的空间稳定性。抛撑每隔 7 根立杆设置一根，一般布置在两组剪刀撑的中部，其底端应埋入土中 200～300mm。

4）剪刀撑的绑扎。脚手架的端头、转角处和中间每隔 15m 左右的净距应在四根立杆的范围内设置剪刀撑。剪刀撑的底端必须埋入土中 200～300mm，底脚距立杆的纵距为 700mm。

5）连墙点的设置。脚手架高度超过 7m 时，应设连墙点，使脚手架与结构连成一个整体，增加脚手架的稳定性。连墙点在墙面一般呈梅花状排列，两排连墙点的垂直距离为 2～3 步架高，水平距离不大于 4 倍的立杆纵距。

连墙点可以采用以下几种形式（图 8.1.16）：

① 在混凝土结构墙体、梁、柱等部位，可以预埋ϕ8 钢筋环或打胀管螺栓，然后用 8 号铁丝双股与立杆拉结，与此同时用短木杆顶住墙面，使连墙点既能承受拉力，又能承受压力，如图 8.1.16a 所示。

② 砖砌墙体可以将连墙杆的一端穿过墙，并在墙的里外用加固件紧固在墙体上，如图 8.1.16b 所示

③ 在窗洞口处，可用另外两根短杆将连墙杆夹住窗间墙，如图 8.1.16c 所示。

6）特殊部位的处理。门窗洞口的处理与单排外脚手架相同，可以设置八字撑，在挑檐和其他凸出部位，采用斜杆将脚手架挑出，形成挑脚手架，如图 8.1.17 所示。

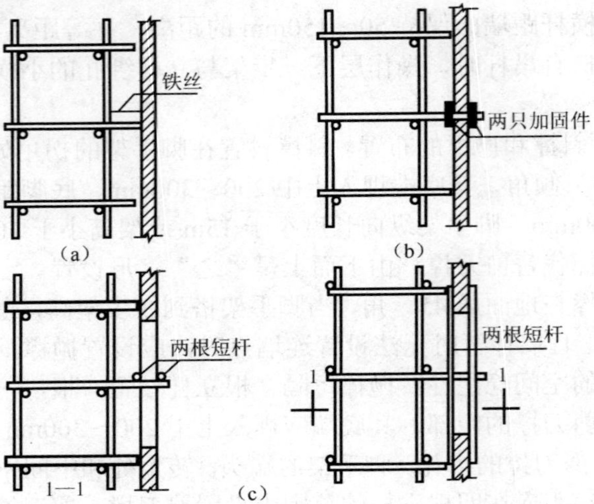

图 8.1.16 连墙杆与墙的拉结

（a）用铁丝拉住 （b）用加固件夹墙 （c）窗洞处用两根短杆夹墙

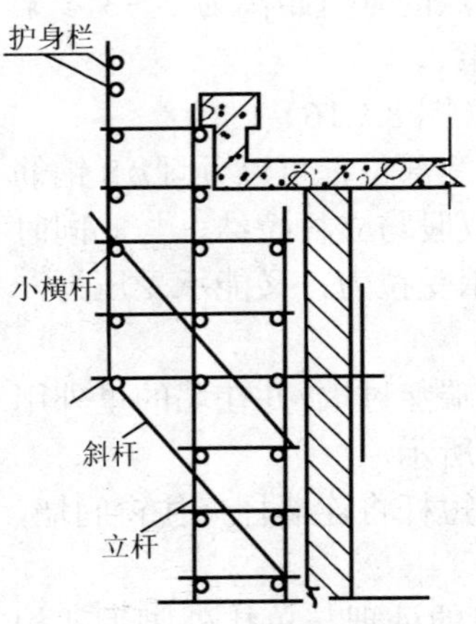

图 8.1.17 挑檐处脚手架的处理

斜杆应在每跨立杆上挑出，与水平面夹角不得小于 60°，两端均应交于立杆与大横杆、立杆与小横杆的结点处。斜杆大头应朝下，小头直径不得小于 120mm。

挑脚手架最外侧立杆与原脚手架的两排立杆，至少应连续设置三道平行的大横杆，并高出檐口 1m 以上，以绑扎防护栏杆。挑出部分的高度不得超出两步架高，挑出部分的宽度和斜杆间距，均不得大于 1.5m。其小横杆间距不得大于 1m，两端必须绑扎牢固，使用荷载不得超过 1000N/m^2。

这种脚手架顶部四周须绑两道护身栏杆和挡脚板，或立挂安全网，以确保安全。

8.1.3 一般棚仓和马道的搭设

1. 一般棚仓的搭设

木棚仓是利用杉篙等材料搭设成的棚房或仓库，其搭设顺序如下：

放立杆线→挖立杆坑→竖立杆→绑大横杆→绑临时支撑→绑下弦杆→绑上弦杆（人字架）→绑上弦杆的纵向加固杆→绑脊杆及水平拉杆→绑扎檩条杆→铺钉屋面板及油毡。

一般棚仓的搭设要点和质量要求如下。

（1）放立杆线和挖立杆坑。根据棚仓的平面尺寸和使用要求放出立杆线位，立杆的间距一般不大于 3m，放线后就可以挖立杆坑，坑深不小于 50cm。

（2）竖立杆和绑大横杆。立杆坑挖好后，就可以竖立杆。最好三人同时操作，一人将立杆大头对准坑口，另一人用铁锹挡住立杆根部，并用右脚用力向坑内蹬住立杆根部，第三人将杉篙抬起扛在肩上，将杆竖立坑内后，一人双手扶住立杆，并校正立杆垂直，两人回填夯实。其他立杆依次按上述方法竖立即可。立柱直径不得小于 12cm。

大横杆至少应绑扎两道，最上一道大横杆应绑扎双扣，檐口离地面最高不得超过 2.5m，大横杆绑扎完后，将棚仓四周的扫地杆绑扎牢固。

（3）绑下弦杆和上弦杆。在绑下弦杆和上弦杆以前，应检查一下四周和中间的临时支撑是否稳固，应使棚仓具有一定的空间稳定性后，再绑扎下弦杆和上弦杆。

下弦杆杉篙的小头直径不得小于 10cm，上弦杆的跨度不得大于 8m，坡度不得大于 1∶2.5，出檐为 40cm。绑扎时，先将下弦杆绑扎牢固，然后绑上弦杆，再绑一道大横杆，在大横杆下绑顶桩杆。为使棚仓牢固还应在上弦杆两坡中间绑扎一道以上的马梁连接，马梁两头与立杆下端用反八字撑连接，下弦杆两头应绑扎落地撑。

其他各榀上、下弦杆的绑扎顺序和绑扎方法同上。

2. 马道的搭设

马道又称斜道、盘道，为附设在外脚手架旁，供施工人员上下脚手架或兼作运输通道用的架子。因此人行马道宽度不得小于 lm，坡度应为 1∶3.5（高∶长）；运料马道的宽度不小于 1.5m，坡度为 1∶6（高∶长）。马道的拐弯平台面积应不小于 $6m^2$，宽度不小于 1.5m。马道两侧及拐弯平台的外围，均应设高度不低于 1m 的护身柱和 18cm 高的挡脚板。

马道的形式有“一”字形和“之”字形两种，脚手架高度在三步架以下时，可搭成“一字”形；超过三步架的应搭成“之”字形，并在拐弯处设平台。

马道的主要构造如图 8.1.18 所示。

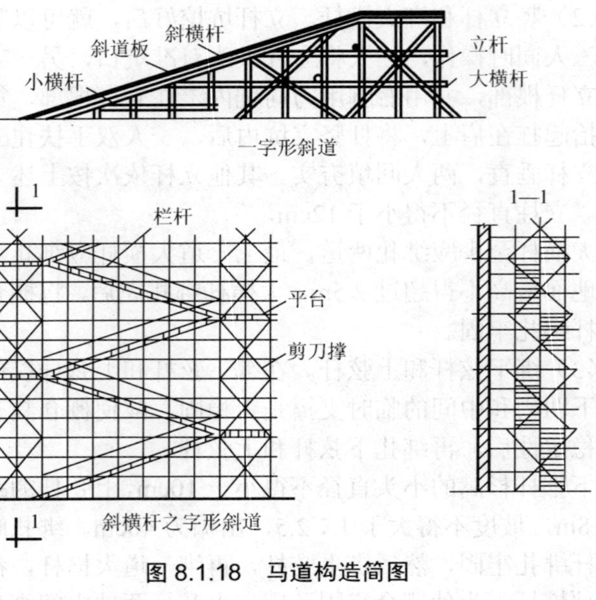

图 8.1.18　马道构造简图

马道搭设要点和质量要求如下。

（1）竖立杆和绑大横杆。竖立杆的方法与多立杆式杉篙脚手架相同，马道的立杆和大横杆的间距应与结构脚手架相适应，独立马道的立杆和大横杆间距不大于 1.5m，立杆埋深不小于 50cm，小横杆间距不大于 1m。如果马道的宽度大于 2m 时，应在小横杆中间加绑吊杆，并每隔一根立杆在吊杆下加绑托杆和八字撑，其绑扎顺序和绑扎方法与杉篙脚手架基本相同。

（2）铺脚手板。脚手板应铺牢、铺平，对头搭接时、板端部分应用双根小横杆；交叉搭接时，搭接长度不小于 40cm，并在交叉搭设处用钉子和小横木将上、下板钉牢，再用三角木填平搭接错台。为了防止滑动，应在脚手板上加钉 2～3cm 厚的防滑条。

（3）设剪刀撑。为保证马道的结构稳定，在马道的两侧、平台外围和端部应设剪刀撑。

8.1.4 吊、挂、挑木架子的搭设

1. 吊脚手架的搭设

吊脚手架是通过特定的支承点，利用吊索悬吊吊架或吊篮进行砌筑施工或装饰施工的脚手架。

（1）吊架和吊篮。桁架式工作台用于工业建筑或钢筋混凝土框架结构的砌筑围护墙施工，小型吊篮用于外装饰施工。

提升式吊篮的基本部件为底盘架、吊架、底板、顶盖架、顶盖护网、护身栏、护墙轮、活动翻板等。小型吊篮长 3～4m，宽 0.8～1m，高 2m。吊架的绑扎方法与杉篙脚手架相同。

（2）挑梁和挑架。作为外架使用时，一般在屋顶设挑梁和挑架。在厂房内部进行装饰施工时，可将吊篮悬吊在屋架或梁的下面。

挑梁和挑架必须保证其抵抗力矩大于倾覆力矩的 3 倍，以确保其稳定，同时应具有足够的承载能力。常用的有单梁式挑

梁、双梁式挑梁、斜撑梁式挑梁。

① 单梁式挑梁。固定在屋顶上，支点要牢靠，支点到悬臂点的悬臂长度为 0.6～0.8m，挑梁圆木直径不小于 160mm，长度不得小于 3.5m，间距为 2～3m，用双股 8 号铁丝绑扎在屋面板的预埋钢筋环上。

垫木和压木均采用通常的木杆或方木，如图 8.1.19 所示。

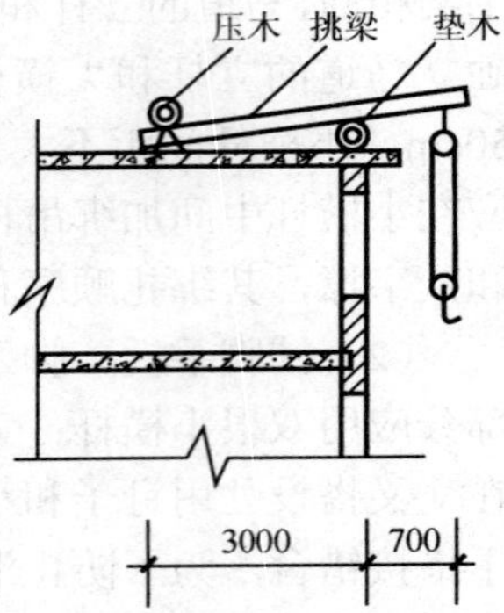

图 8.1.19 单梁式挑梁

② 双梁式挑梁。由两根单梁组合而成，增加了支承面，有利于安全。

③ 斜撑式挑梁。当吊篮的荷载较大时，为减小挑梁的截面尺寸，可以采用斜撑式挑梁。

斜撑采用 100mm×100mm 的方木，挑梁在斜撑杆支点外悬挑长度不得超过 1m。

（3）吊索。吊脚手架的吊索一般采用钢丝绳，其使用应符合第四章的有关规定。

（4）升降装置。吊脚手架的升降方法及装置，见表 8.1.3。

表 8.1.3 吊脚手架的升降方法及装置

升降方法	吊索	升降装置
手动葫芦连续升降	钢丝绳	8～15kN 手动葫芦
电动机械升降	钢丝绳	电动卷扬机

2. 挂脚手架的搭设

挂脚手架是在墙体上预埋挂钩，将脚手架挂在挂钩上的脚手架，也可以在结构构件上预留孔洞，将脚手架用螺栓固定在构件上。挂脚手架主要用于高层建筑外装饰施工。

挂脚手架主要由挂置点、挂架、工作台、脚手板等组成，如图 8.1.20 所示。

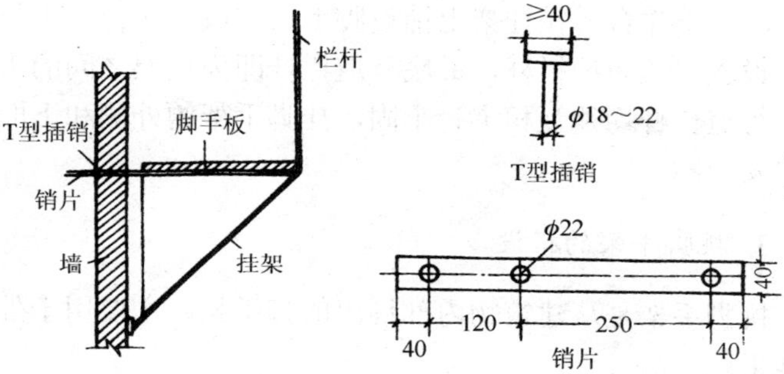

图 8.1.20　挂架子附墙方法

挂脚手架的搭设要点和质量要求如下。

（1）挂置点的设置。挂置点由 8mm 厚的钢板做成预埋销片，砌墙时将销片平放在水平灰缝内，也可将销片立放在竖直灰缝内。此销片的两端均钻有圆孔，以便在墙外挂设脚手架，墙内用 T 形插销插入圆孔内拴牢，在 370mm 和 240mm 厚的墙体内设置的销片，中部还须加一圆孔。

挂置点关系到挂脚手架的施工安全，施工时应注意以下几点：

① 挂置点上部要有 1m 以上的墙体压住销片。

② 墙体砂浆强度不低于设计强度等级的 70%，并不小于 $1.8N/mm^2$ 时，方可挂设脚手架。

③ 在窗口两侧小于 240mm 的墙体内，宽度小于 490mm 的窗间墙内，半砖墙、180mm 墙、空斗墙、轻质空心砖墙等墙体内，均不得设置挂脚手架的销片。

④ 安放销片的预留孔要随拆随填充。

⑤ 严格控制使用荷载，并严禁冲击。

（2）挂架。砌筑用的挂架多采用单层三角形挂架，装饰用的挂架有单层三角形挂架和双层矩形挂架两种。

挂架间距为 3m，挂架可用杉篙按杉篙脚手架的常规绑扎方法预先绑扎成型，并保证稳定不变形。

（3）工作台。在挂架上铺设脚手板即成工作台。工作台上必须设置三道防护栏杆，最底一道栏杆即为挂架之间的水平连杆。每道栏杆均须互相绑扎牢固，挂脚手架的外侧和下面均应设置安全网。

3. 挑脚手架的搭设

挑脚手架是从建筑物内部挑出的脚手架，主要用于外墙装饰施工。

杉篙挑脚手架主要由立杆、大横杆、小横杆、斜杆及护身栏杆等组成，如图 8.1.21 所示。它只能挑出一步架，使用施工荷载不得大于 1000N/m^2。

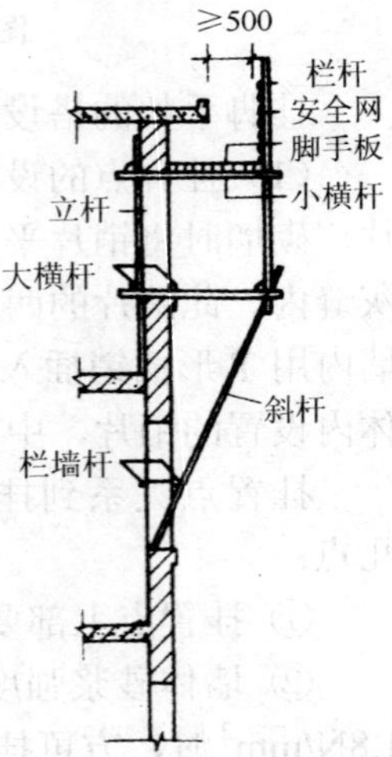

图 8.1.21 挑架子

（1）斜杆与横杆在同一层洞口挑出墙外的宽度不得大于 1m，斜杆与墙面的夹角不得大于 30°，斜杆纵向间距不得大于 1.2m。

（2）斜杆在下一层洞口、脚手孔或预埋钢筋环上挑出墙外的宽度不得大于 1.2m，斜杆纵向间距为 1.2～1.5m，斜杆与墙面的夹角不得大于 30°。

（3）挑脚手架的斜杆下端撑紧在窗台上，通过连墙杆与墙体拉结牢固。斜杆的上端与立杆绑扎牢固，并与大横杆绑扎好，无窗口则应预先在墙体上留孔洞或预埋钢筋环。

（4）上、下两排小横杆外侧用立杆相连，并形成工作台，外立杆应高出工作台 1.2m，小横杆的内侧用立杆将小横杆固定在墙体上，小横杆的纵向用大横杆绑扎牢固。

（5）在挑出的小横杆上铺脚手板形成工作台，工作台外侧应绑三道栏杆或立挂安全网。

8.1.5 木脚手架的拆除和安全管理

1. 木脚手架的拆除顺序

拆除木脚手架的原则是：先绑扎的后拆除，后绑扎的先拆除。拆除的顺序是：拆除顶部立挂的安全网→拆除护身栏杆→拆除挡脚板→拆除脚手板→拆除小横杆→拆除剪刀撑→拆除连墙杆→拆除大横杆→拆除立杆→拆除斜杆。

2. 拆除木脚手架的要求与注意事项

（1）拆除要求。

1）架子使用完毕后，由专业架子工拆除脚手架。

2）拆除区域应设警戒标志，派专人指挥，严禁非作业人员进入警戒区域。

3）拆除的杆件应用滑轮或绳索自上而下运送，不得从架子上直接向下随意抛落杆件。

4）参加拆除工作的人员必须按照安全操作规程的要求做好各种安全防护工作，方可上脚手架作业。

5）特殊搭设的脚手架，应单独制定拆除方案并对拆除人员作技术交底，以保证拆除工作安全顺利进行。

（2）拆除注意事项。

1）拆除时至少 4 人互相配合工作，解扣和落杆时必须思想集中，上下呼应，互相配合，以免发生安全事故。

各种杆件的拆除应注意以下事项：

① 立杆应先戗住，再解开最后两个绑扎扣。

② 大横杆、剪刀撑、斜撑，先拆中间绑扎扣，托住中间再解开两头的绑扎扣。

③ 抛撑应先用临时支撑加固后，才允许拆除抛撑。

④ 剪刀撑、斜撑以及连墙点只允许分层依次拆除，不得一次全面拆除。

2）拆下来的杆件，特别是立杆和大横杆，不得往下乱扔，必须由中间的一人顺杆滑落，待下面的人接住后才能松手，以防杆件弹崩伤人。

3）整片脚手架拆除后的斜道、上料平台架等，必须在脚手架拆除前进行加固，以保证其整体稳定和安全。

4）拆下来的杆件和铁丝不得乱扔，应派人及时清理和搬运，杉篙搬运到指定地点，按规格、用途的不同，分类堆放整齐。

3. 木脚手架安全施工的注意事项

（1）安全技术要求。

1）必须按照规范规定和施工方案的要求，制定脚手架的施工安全技术措施。

2）必须由有合格证书的专业架子工操作，施工时必须按规定佩戴安全帽、安全带，穿防滑鞋。

3）脚手架与高压线之间的水平和垂直安全间距为：35kV以上不得小于6m，10～35kV不得小于5m，10kV以下不得小于3m。

4）六级风以上的大风天气，以及大雾、大雨、大雪天气，不得从事脚手架作业，雨、雪天后作业，必须采取防滑措施。

5）吊、挂、挑脚手架必须按规定严格控制使用荷载，严禁超载，同时必须设置安全绳。挂、吊脚手架须经荷载试验合格后方准使用。

（2）安全措施。

1）高度超过4m的脚手架必须按规定设置安全网。

2）高度超过三步架的脚手架必须设置防护栏杆和挡脚板，斜道（马道）、休息平台应设扶手。

3）脚手架的搭设进度应与结构工程施工进度相配合，不宜一次搭设过高，以免影响架子稳定，并给其他工序带来麻烦。

4）脚手架内侧与墙面之间的间隙不应超过150mm，必须离开墙面设置时，应采取向内挑扩架面措施。

5）杆件相交挑出的端头应大于150mm，杆件搭接绑扎点以外的余梢应绑扎固定。

6）高层建筑脚手架和特种工程脚手架，使用前必须进行严格的详细检查，合格后方可使用。

8.2　竹脚手架的搭设与拆除

选用生长期三年以上的毛竹或楠竹的竹材为主要杆件，采用竹篾、铁丝、塑料篾绑扎而成的脚手架，称为竹脚手架。

竹脚手架也可以分为多立杆脚手架、马道、满堂红、挑脚手架等形式。竹脚手架在南方使用比较普遍，因为南方的竹材资源比较丰富，而且气候潮湿，适应竹材的性能，而在气候干燥和寒冷的北方地区就不适用。

8.2.1　多立杆竹脚手架的搭设

1. 双排外脚手架的构造

双排外脚手架由立杆、大横杆、小横杆、剪刀撑、抛撑等杆件组成，其构造如图 8.2.1 所示，竹脚手架的构造要求见表 8.2.1。

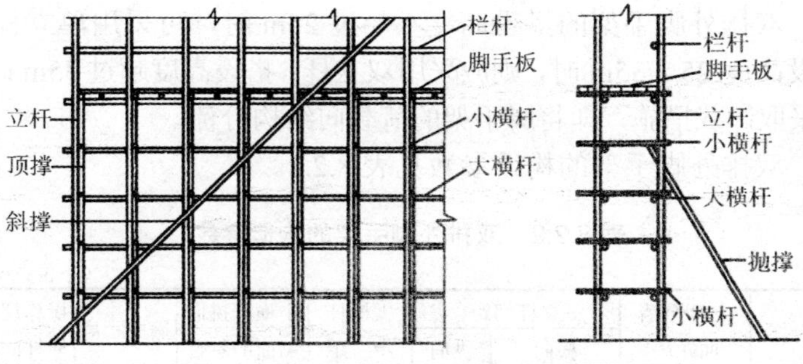

图 8.2.1　竹脚手架的基本构造

表 8.2.1 竹脚手架的构造要求

序号	构造要求
1	立杆、大横杆、斜撑、抛撑、顶撑等杆件，其有效部分小头直径应不小于 7.5cm，小横杆有效部分小头直径应不小于 9cm，如小头直径在 6～9cm 之间，可将双根合并使用
2	竹外脚手架的构造与木外脚手架基本上相同，所不同的是立杆旁要加设顶撑，顶住小横杆，用以分担一部分小横杆传来的荷载，使大横杆不因受荷载过大而下滑，如图 8.2.2 所示。 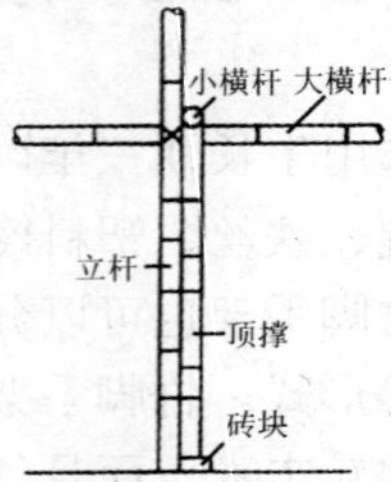 图 8.2.2 顶撑的设置
3	砌筑用竹脚手架不宜搭单排，只有 3 步以下粉刷用脚手架，才准用单排，以确保施工安全。大横杆宜绑在立杆内侧，立杆的纵向间距，一般不大于 1.3m，大横杆间距不大于 1.2m，小横杆间距不超过 75cm。每根立杆处要绑一小横杆，两根立杆之间也要绑一小横杆
4	斜撑、抛撑的设置，以及立杆、抛撑的埋设深度，与木外脚手架相同，但在埋入前必须在坑内垫以砖块或石块，以防下沉
5	立杆的接长，其搭接长度应不小于 1.5m，大横杆接长，其搭接长度不小于 2m，每一搭接处至少扎篾三道

双排外脚手架的搭设高度不超过 25m 时，可采用单立杆；搭设高度 25～35m 时，则应采用双立杆；搭设高度超过 35m 时，应采取卸载措施，即将脚手架的荷载向结构分流。

双排外脚手架的构造参数见表 8.2.2。

表 8.2.2 双排外脚手架的构造参数

（单位：m）

用途	立杆至墙面距离	立杆间距		大横杆步距	小横杆挑向墙面的悬臂	搁栅距离	操作层小横杆间距
		横向	纵向				
砌筑	0.45～0.5	0.8～1.0	≤1.2	1.2	0.4	≤0.25	≤0.75
装饰	0.45～0.5	1.0～1.2	≤1.5	1.5～1.8	0.35～0.4	≤0.25	≤1.0

2. 双排外脚手架的搭设

（1）搭设顺序。双排竹脚手架的搭设顺序如下：

确定立杆位置→挖立杆坑→竖立杆→绑大横杆→绑顶撑→绑小横杆→铺脚手板→绑栏杆→绑抛撑、斜撑、剪刀撑等→设置连墙点→搭设安全网。

（2）搭设要点。

1）挖立杆坑。立杆坑深300～500mm，坑口直径较杆的直径大100mm，坑口的自然土尽量少破坏，以便将立杆正确就位，挤紧埋牢。

2）竖立杆。操作方法与杉篙脚手架相同，先竖端头的立杆，再立中间立杆，依次竖立完毕。立杆如有弯曲，应将弯曲顺向纵向方向，既不能朝墙面也不能背向墙面。

① 立杆的接长应采用平扣绑扎，搭设长度不得小于1.5m，绑扎不少于五道绑扣，相邻立杆的接头应上下错开一个步距。

② 杆件的绑扎可以采用直交或斜交的绑扎方法，每道绑扣必须用双篾缠绕4～6圈，每缠绕二圈应收紧一次，端头拧成辫结，插入杆件相交处的缝隙中，并用力拉紧。使用的竹篾必须一黄一青两根并在一起绑扎，如图8.2.3所示。

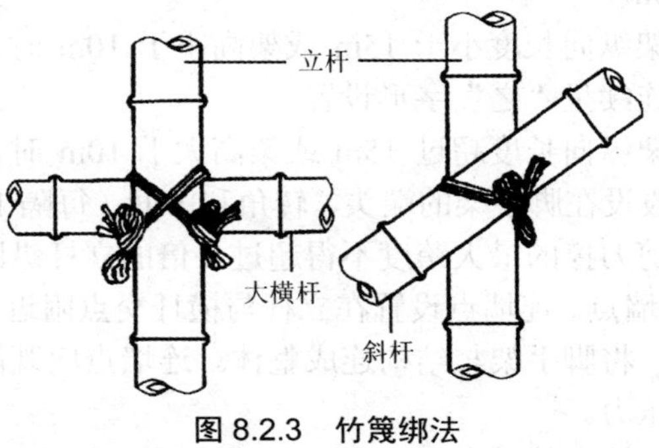

图8.2.3 竹篾绑法

③ 三根杆件相交的地点，应先绑扎好两根，再绑扎第三根，不允许将三根杆一起绑扎。否则绑不紧，影响架子的稳定。

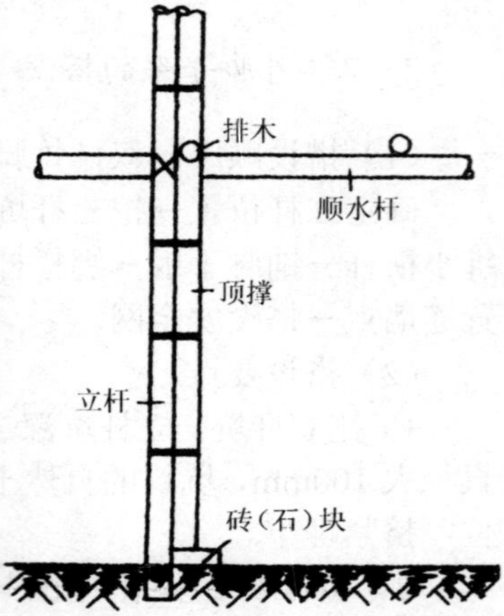

图 8.2.4 竹脚手架顶撑设置

④ 立杆的垂直偏差。脚手架顶端向内倾斜不得大于架高的 1/250，且不大于 100mm，不得向外倾斜。立杆旁加绑小顶撑顶住小横杆，如图 8.2.4 所示。

3）大横杆。大横杆绑扎在立杆的内侧，沿纵向水平布设，其接长以及接头位置的错开距离与杉篙脚手架相同。同一排大横杆的水平偏差不得大于脚手架总长度的 1/300，并且不大于 200mm。

4）小横杆。小横杆垂直于墙面，绑扎在立杆上。采用竹笆脚手板，小横杆应置于大横杆下；采用纵向支承的脚手板，小横杆位于大横杆之上。操作层的小横杆应加密，砌筑脚手架间距不大于 0.5m；装饰脚手架间距不大于 0.75m。

5）斜撑、抛撑和剪刀撑。架子搭到三步架高，暂时不能设连墙点时，应每隔 5～7 根立杆设抛撑一道，抛撑底埋入土中应不少于 0.5m。

脚手架纵向长度小于 15m 或架高小于 10m 时，可设置斜撑，上下连续呈“之”字形设置。

脚手架纵向长度超过 15m 或架高大于 10m 时，应设置剪刀撑，一般设在脚手架的端头、转角和中间（每隔 10m 净距设一道），剪刀撑的最大跨度不得超过 4 倍的立杆纵距。

6）连墙点。连墙点设置在立杆与横杆交点附近，呈梅花状交替排列，将脚手架与结构连成整体。连墙点应既能承受拉力又能承受压力。

两排连墙点的垂直距离为 2～3 步架高，水平距离不大于 4 倍立杆间距，转角两排立杆和顶排架，必须设置连墙点。连墙点的构造如图 8.2.5 所示。

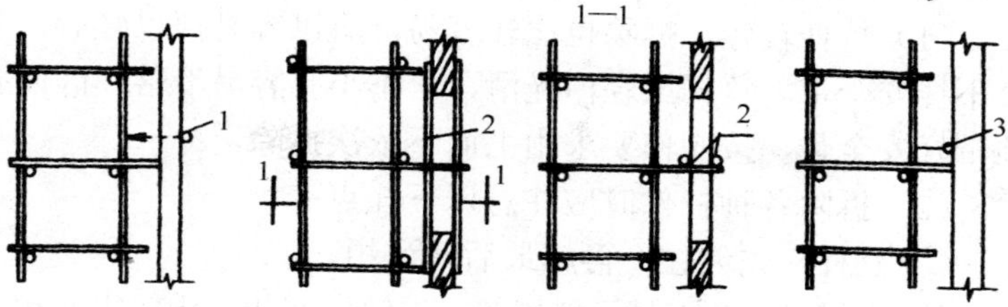

图 8.2.5 连墙点的构造

1．镀锌铁丝和短竹杆 2．两根竹杆 3．镀锌铁丝和钢筋环

7）搁栅。搁栅应设在小横杆上，间距不大于 0.25m。搁栅应绑扎在小横杆上，搭接处的竹杆应头搭头，梢搭梢，搭接端应在小横杆上，伸出 200～300mm。

8）脚手板、护栏和挡脚板。操作层的脚手板应满铺在搁栅、小横杆上，用铁丝与搁栅绑牢。搭接必须在小横杆处，脚手板伸出小横杆长度为 100～150mm，靠墙面一侧的脚手板离开墙面 120～150mm。

脚手架搭到三步架高时，操作层必须设防护栏杆和挡脚板，护栏高 1.2m，挡脚板高不小于 0.18m。

8.2.2 多立杆竹脚手架的拆除

1. 多立杆竹脚手架的拆除顺序

竹脚手架拆除必须自上而下按下列顺序拆除：

拆除顶部安全网→拆除护身栏杆→拆除挡脚板→拆除脚手板→拆除小横杆→拆除剪刀撑→拆除连墙点→拆除大横杆→拆除立杆→拆除斜撑→拆除抛撑和扫地杆。严禁上下同时进行作业，严禁采用推倒或拉倒的方法进行拆除。

2. 竹脚手架的拆除要求和注意事项

竹脚手架的拆除要求和注意事项与杉篙脚手架基本相同，但要特别注意以下几点：

（1）竹杆较轻，拆除也比较容易，所以容易掉以轻心，甚至不挂安全带。竹杆虽轻但光滑，一不小心容易滑落，因而必须带好安全带，按操作要求由上而下依次拆除。

（2）拆除各种杆件时应注意以下几点：

① 立杆应先戗住，再解最后两道扣。

② 大横杆、剪刀撑、斜撑等，先解中间扣，托住中间扣再解开两头扣。

③ 抛撑应先用临时支撑加固后，才允许拆除抛撑。

④ 剪刀撑和连墙点只能在拆除层上按程序拆除，不得乱拆一气，以免发生塌架事故。

8.3　内脚手架的搭设

内脚手架用于楼层内砌墙、内装饰和砌筑围墙等，常用的有组合式平台脚手架、支柱式内脚手架和移动式脚手架。

8.3.1　组合式平台脚手架

1. 组合式平台脚手架的构造

组合式平台脚手架由立柱架、联系桁架、横向桁架、三角挂架以及脚手板等部件组成，如图 8.3.1 所示。

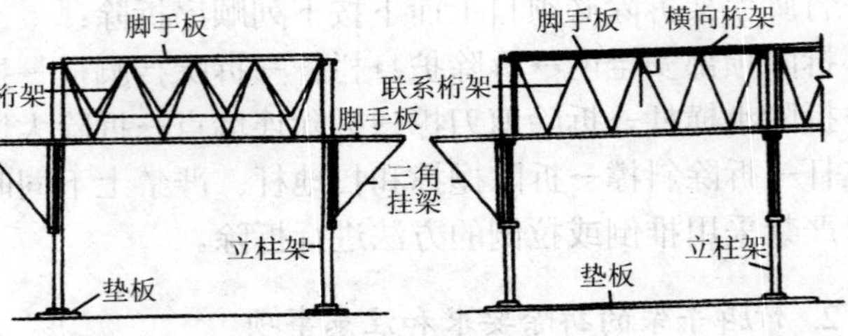

图 8.3.1　组合式平台脚手架

组合式平台架适于砖混结构的砌砖内架使用，承载力大，每个平台可承受 20kN（600 块砖和两桶砂浆）的荷载。

（1）立柱架。立柱架由两根立柱和上、下横杆及腹杆等焊接而成如图 8.3.2 所示。立柱一般用直径为 45～50mm 的钢管，并在钢管的底端焊有底座，在立柱的中部与顶部焊有套管，用以挂设三角挂架。

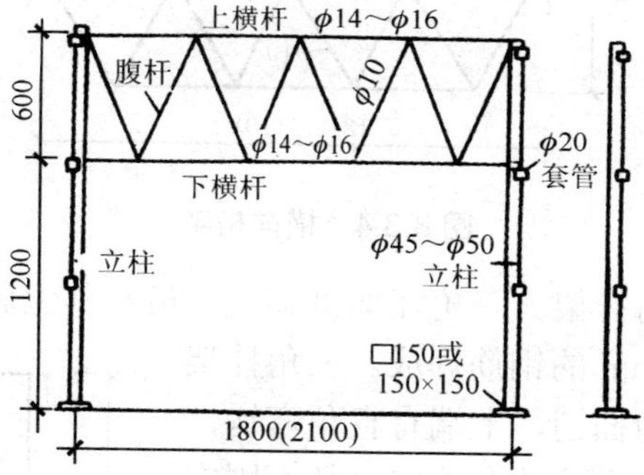

图 8.3.2　立柱架

（2）上、下横杆及腹杆。上、下横杆均用直径为 14～16mm 的钢筋，腹杆用直径为 10mm 的钢筋。

（3）联系桁架。联系桁架由上、下横杆和腹杆焊接而成。桁架高 0.6m，宽 1.8m 或 2.4m。

横杆有直角弯钩，可挂于立柱架上的套管中，如图 8.3.3 所示。

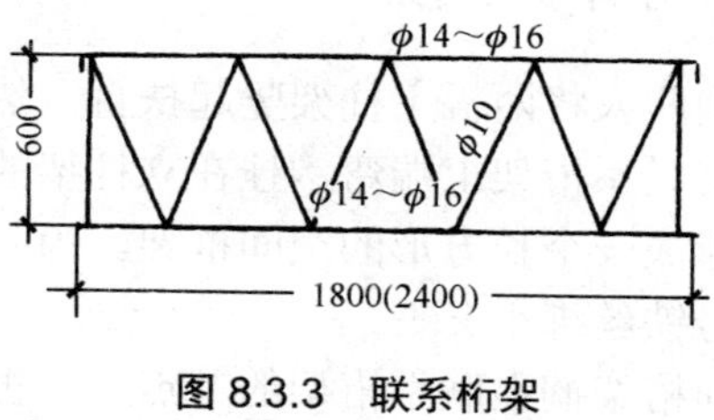

图 8.3.3　联系桁架

（4）横向桁架。横向桁架由上、下横杆和腹杆焊成。上、下横杆用直径为 14～16mm 的钢筋，腹杆用直径为 10mm 的钢筋，上横杆两端有直角弯钩，可挂在联系桁架的上横杆节点上，横向桁架高为 0.45～0.5m，宽为 1.81m 或 2.11m，如图 8.3.4 所示。

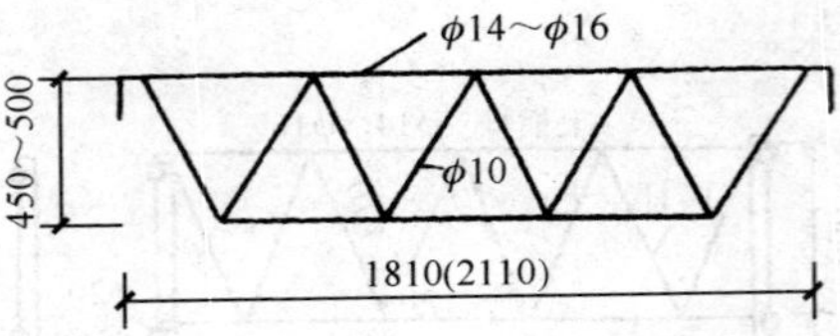

图 8.3.4　横向桁架

（5）三角挂架。三角挂架供砌筑人员在其上施工，可用直径为 14～16mm 的钢筋焊成。三角挂架的下端有竖向插销，上端有直角弯钩，用以分别插入立柱的套管中，从而固定三角挂架。

三角挂架的高度为 0.6m，宽度有 0.5m 或 0.7m 两种，如图 8.3.5 所示，0.7m 宽的用于转角处。

三角挂架上铺脚手板，供砌筑人员操作和放置施工材料。

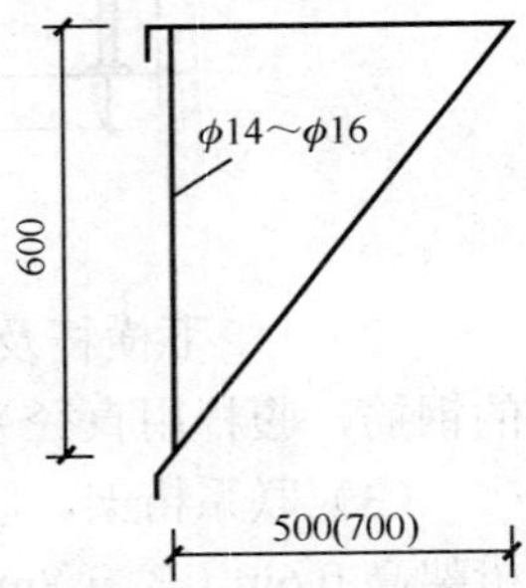

图 8.3.5　三角挂架

2. 组合式平台脚手架的组装

（1）首先由两人将两榀主柱架竖起扶直，然后第三人把联系桁架搬起，将联系桁架上端弯钩挂在立柱架的套管中，从而固定立柱架，形成一个长方形的空间框架。为防止弯钩脱落，可另加一道 8 号铁丝绑牢。

（2）将横向桁架搁在联系桁架的节点上，再在上面铺绑平台脚手板，即成平台脚手架。

（3）为了防止立柱架的立柱对楼板产生过大的集中荷载，应在底盘下垫 5cm 厚的脚手板，并与底盘钉绑牢固，吊运时随平台脚手架一起吊到作业地点就位。

（4）使用塔式起重机将组装好的平台脚手架吊运到作业地点。吊运时，吊钩应挂在四角立柱架的套管内，起吊要慢，待四角钢丝绳拉紧后暂停，检查吊钩的位置是否正确牢固，如果吊钩挂在桁架或脚手板上，应落钩重新挂好再起吊，并要求吊点同时受力起吊。

为了防止吊运过程中发生散架事故，可用杉篙将组装好的平台架两榀立柱绑扎加固。

8.3.2 其他内脚手架

1. 内脚手架的形式

其他内脚手架的形式很多，常见的有角钢折叠式、支柱式、马凳式。

（1）角钢（钢筋、钢管）折叠式内脚手架。角钢折叠式内脚手架由角钢焊成，两榀支架焊成梯子形，支架的上端用铁铰链相连，下端设有ϕ12mm 的挂钩，可以灵活移动，如图 8.3.6 所示。这种脚手架也可以用钢筋或钢管焊成。

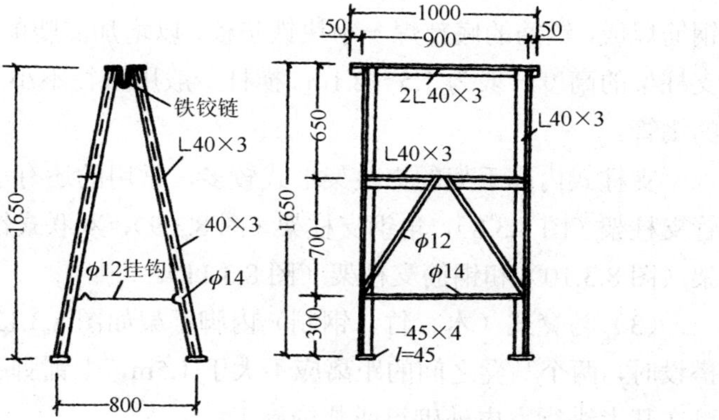

图 8.3.6 折叠式内脚手架

（2）支柱式内脚手架。支柱式内脚手架一般用钢管制成，主要杆件有支柱、横杆、托架等，如图 8.3.7 所示。

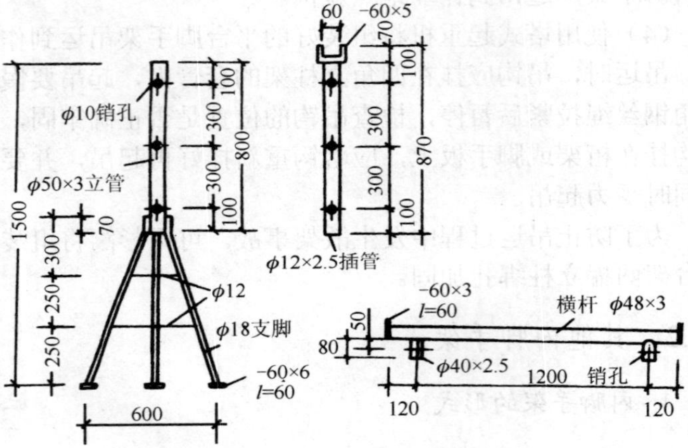

图 8.3.7 支柱式内脚手架

支柱由套管、插管、支脚等部分焊接而成。套管外径多为 50mm，插管外径为 45mm，管壁上留有销孔，插管插入套管中，利用插销插入位置的不同，可调整支柱的高度。插管的顶部焊有“⊔”形叉托，用来搁置横杆。支脚一般用直径为 18mm 的钢筋焊成，钢筋的底部焊一小块铁垫板，以增加支腿的接触面，支柱架的高度一般为 1.5～2.1m。横杆一般用直径不小于 32mm 的钢管。

支柱式内脚手架的支柱架形式较多，常用的还有承插式钢管支柱架（图 8.3.8），角钢支柱架（图 8.3.9），双联式钢管支柱架（图 8.3.10）和钢筋支柱架（图 8.3.11）。

（3）马凳式（木、竹、钢制）内脚手架如图 8.3.12 所示。搭设时，两个马凳之间的距离应不大于 1.5m，上铺脚手板，即可在其上进行室内外砌筑或装饰施工。

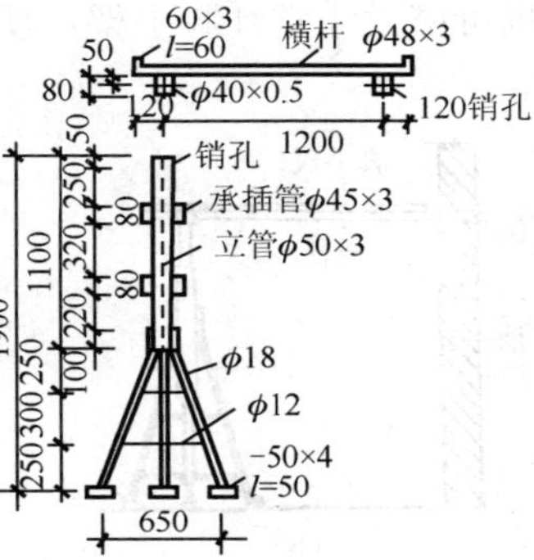

图 8.3.8 承插式钢管支柱架

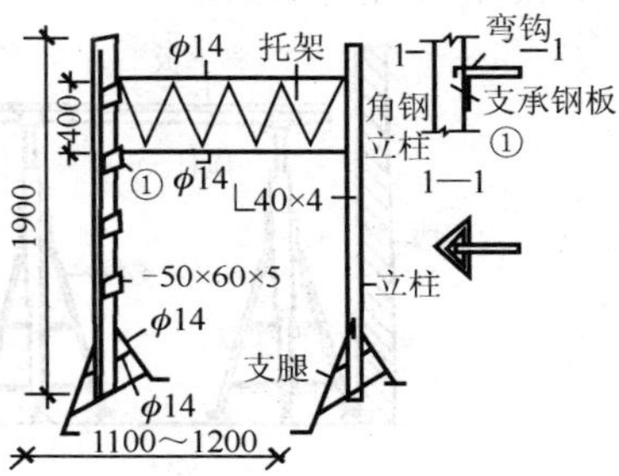

图 8.3.9 角钢支柱架

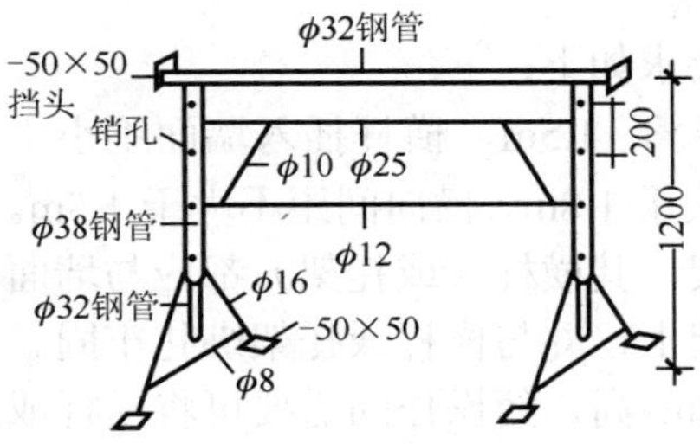

图 8.3.10 双联式钢管支柱架

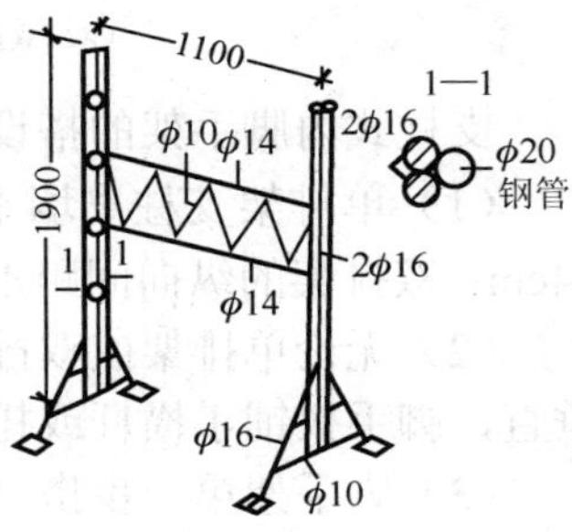

图 8.3.11 钢筋支柱架

（a） （b） （c）

图 8.3.12 马凳式内脚手架

（a）竹马凳 （b）木马凳 （c）钢马凳

2. 支柱式内脚手架的搭设要点

支柱式内脚手架的搭设比较简单，既可搭成双排架，也可搭成单排架，如图 8.3.13 所示。也可搭设满堂红脚手架，便于实施屋顶装饰工程。

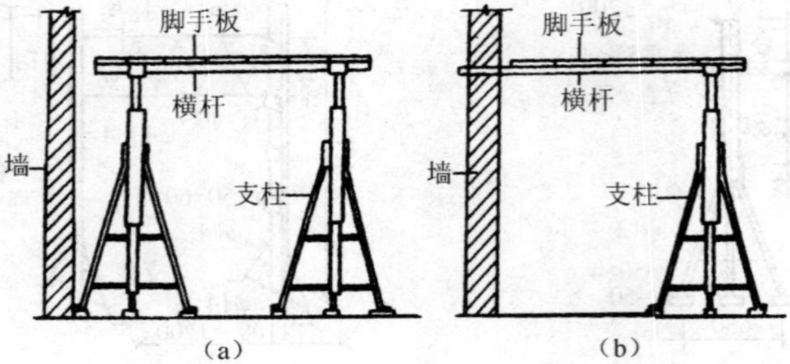

图 8.3.13 支柱式内脚手架的搭设

(a) 双排架 (b) 单排架

支柱式内脚手架的搭设要求如下：

(1) 单排架支柱离墙不大于 1.5m，横杆插入墙面不小于 24cm；双排架的纵向间距不大于 1.8m，横向间距不大于 1.5m。

(2) 无论单排架或双排架，其横杆（或托架）都应与墙面垂直，脚手板铺于横杆或托架上，并与横杆或托架绑扎牢固。

(3) 脚手架第一步搭 1.2m 高，随操作的需要可将横杆或托架再升高，当升高到 1.6m 时，必须另设斜撑，并用 8 号铁丝绑扎牢固，以免操作时脚手架晃动或倒塌发生安全事故。

(4) 支柱式内脚手架在使用过程中应避免摔抛，以免变形、脱焊；已发生变形和脱焊的脚手架在修好以前，不得使用。

8.4 复杂脚手架的搭拆

8.4.1 水搭内、外脚手架的搭拆

1. 水塔外脚手架的形式和基本构造

(1) 水塔外脚手架的形式。水塔外脚水架可用杉篙或钢管搭设，适用于高度在 45m 以内的砖砌水塔。

水塔外脚手架的平面形式有正方形、六角形和八角形等多种形式，如图 8.4.1 所示。

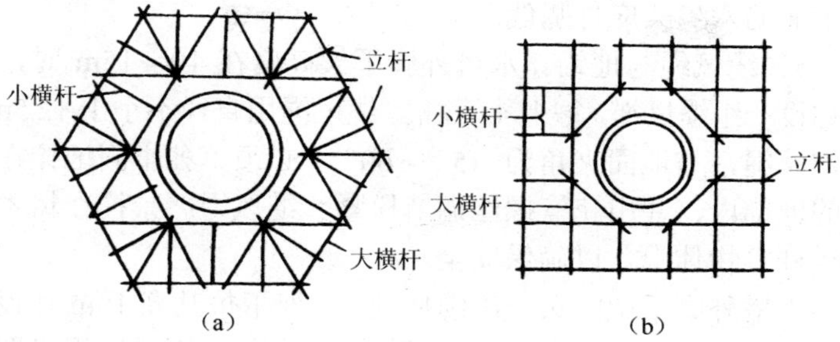

图 8.4.1 水塔外脚手架平面形式

(a) 六角形架子 (b) 正方形架子

水塔外脚手架无论采用哪种平面形式，均要搭设双排脚手架，其主要杆件有立杆、大横杆、水横杆、剪刀撑、斜撑，此外，还有地锚和缆风绳等。

（2）水塔外脚手架的基本构造。

1）立杆。杉篙立杆的间距不大于 1.4m，钢管立杆的间距不大于 1m，在井笼口和出口处的立杆间距不大于 2m。内侧立杆离水塔壁最近距离为 40～50cm，外侧立杆离水塔壁的距离不大于 2m。

四角和每边中间的立杆必须使用“头顶头双戗杆”，架子高度在 30m 以上时，所有立杆应全部使用“头顶头双戗杆”。杉篙立杆的埋地深度不得小于 50cm。

2）大横杆。大横杆的间距不大于 1.2m，封顶应绑双杆，杉篙大横杆的搭接长度不得小于两根立杆。

3）小横杆和脚手板。小横杆的间距不大于 1m，并需全部绑牢，脚手板必须满铺，操作平台应设两道护身栏杆和挡脚板。架子高度超过 10m 时，脚手板下方应加铺一层安全板，随每步架上升。

4）剪刀撑和斜撑。剪刀撑四面必须绑到顶，高度超过 30m 的脚手架，剪刀撑必须用双杆。斜撑与地面的夹角不大于 60°，最下面的六步架应打腿戗。

5）缆风绳与地锚。水塔外脚手架高度在 10～15m 时，应对称设一组缆风绳，每组 4～6 根。缆风绳用直径不小于 12.5mm 的钢丝绳，与地面夹角为 45°～60°，必须单独牢固地拴在专设的地锚内，并用花篮螺丝调节松紧。缆风绳严禁拴在树木、电线杆等物体上，以确保安全。

水塔外脚手架除第一组缆风绳外，架子每升高 10m 加设一组。脚手架支搭过程中应加临时缆风绳，待加固缆风绳设置好以后方可拆除。

6）附属于脚手架的“之”字马道，宽度不得小于 1m，坡度为 1∶3，满铺脚手板并与小横杆绑牢，在其上加钉防滑条。

2. 水塔外脚手架的搭设

（1）搭设顺序。水塔外脚手架的搭设顺序如下：

按要求放立杆位置线→挖立杆坑→竖立杆→绑扎大横杆→绑扎小横杆→绑扎剪刀撑和斜撑→铺放脚手板→绑扎防护栏杆和挡脚板→拉临时缆风绳→封顶和立挂安全网→拉缆风绳。

（2）搭设要点和要求。

1）放立杆位置线。一般根据水塔的直径和脚手架搭设的平面形式，确定立杆的位置，常用正方形和六边形放线法。

① 正方形脚手架放线法。已知水塔底的外径为 3m，内侧立杆距水塔壁的最近距离为 50cm，由此求出搭设长度为 3+2×0.5=4m。再挑 4 根长于 4m 的立杆，在杆上量出 4m 长的边线，并在钢管的中线处划上十字线，将四根划好线的立杆在水塔外围摆成正方形，注意杆件的中线与水塔中线对齐，正方形的对角线相等，则杆件垂直相交的四角即为脚手架内侧四角立杆的位置。据此按脚手架的搭设方案确定其他中间立杆和外侧立杆的位置，如图 8.4.2 所示。

② 六边形脚手架放线法。六边形内侧脚手架的边长为（1.5+0.5）×1.15=2.3m。找 6 根 3m 左右的杆件，在两端留出余量，用尺子量出 2.3m，并划上十字线，按上述方法在水塔外围摆成正六边形，就可以确定内侧脚手架 6 个角点的位置。在此基础上再按要求划出中间立杆和外侧脚手架立杆的位置线，如图 8.4.3 所示。

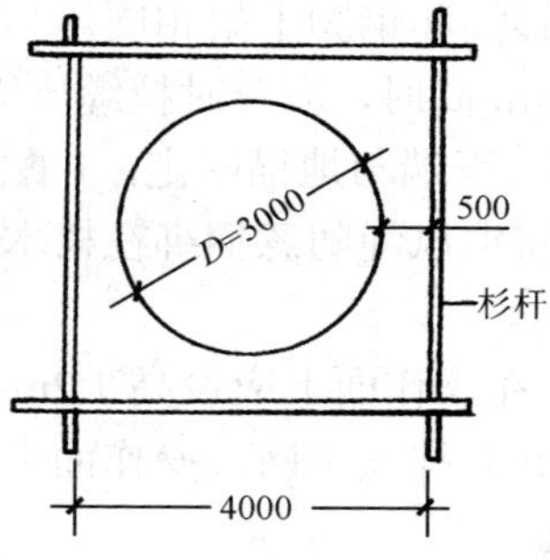

图 8.4.2 正方形架内侧立杆位置的确定方法

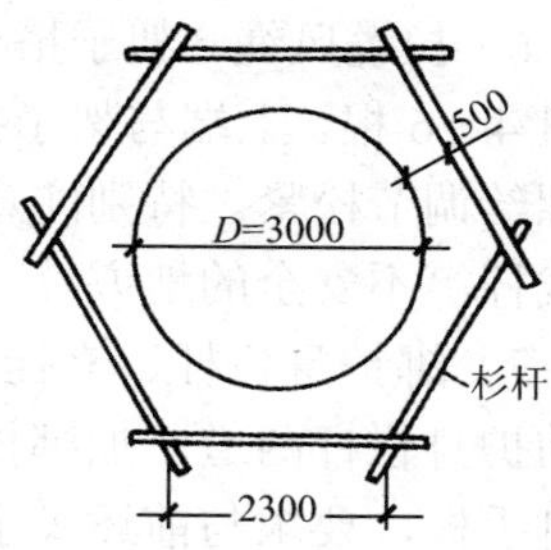

图 8.4.3 六边形架内侧立杆位置的确定方法

2）挖立杆坑。立杆的位置线放出后，就可以依次挖立杆坑。坑深不小于 50cm，坑的直径应比立杆直径大 10cm 左右，挖好后最好在坑底垫砖块或石块。

3）竖立杆。竖立杆时最好三人配合操作，依次先竖内侧立杆，后竖外侧立杆。由一人将立杆对准坑口，第二个人用铁锹挡住立杆根部，同时用脚蹬立杆根部，再一人抬起立杆向上举起竖立。注意推杆别过猛，以防收势不住倒杆伤人。

竖立杆时先竖转角处的立杆，由一人校正立杆垂直后，将立杆坑回填夯实，中间立杆同排要互相看齐、对正。

相邻立杆的接长位置要上、下错开 50cm 以上，钢管立杆应用对接接长；杉篙立杆的搭接长度应不小于 1.5m，并绑三道铁丝，所有接头不能在同一步架内。

4）绑大横杆和小横杆。绑大横杆和小横杆的方法与钢、木脚手架的方法基本相同。

大横杆应绑在立柱的内侧，用杉篙搭设时，同一步架内的大头朝向应相同，搭接处小头压在大头上，搭接位置应错开。相邻两步大横杆的大头朝向应相反。小横杆应按规定与大横杆绑牢，端头距水塔壁 10～15cm。

5）绑剪刀撑和斜撑。剪刀撑和斜撑应随架子搭高及时绑扎，最下一道要落地，绑扎方法与杉篙和钢脚手架相同。

6）拉缆风绳。架子搭至 10～15m 高时，应及时拉缆风绳，每组 4～6 根，上端与架子拉结牢固，下端与地锚固定，并配花篮螺丝调节松紧。特别注意，严禁将缆风绳随意捆绑在树木、电线杆等不安全的地方。

7）绑护身栏杆、立挂安全网。在操作面上应设高 1.2m 以上的护身栏杆两道，加绑挡脚板，并立挂安全网。操作面上满铺脚手板，要求与前述脚手架相同。

8）水塔的水箱部分可采用挑架子或增设里立杆的脚手架，如图 8.4.4 所示。

3. 水塔外脚手架的拆除

（1）拆除顺序。水塔外排脚手架的拆除顺序与搭设顺序相反，先搭的后拆，后搭的先拆。拆除顺序如下：

立挂安全网→护身栏→挡脚板→脚手板→小横杆→顶端缆风绳→剪刀撑→大横杆→立杆→斜撑和抛撑。

拆除脚手架时，必须按上述顺序由上而下一步一步地依次拆除，严禁用拉倒或推倒的方法拆除。

（2）拆除注意事项。水塔外脚手架拆除时至少三人配合操作，并佩戴安全带和安全帽。拆除前应确定拆除方案，对各种杆件的拆除顺序做到心中有数，特别是缆风绳的拆除要格外注意，应由上而下拆到缆风绳处才能对称拆除，严禁为工作方便将缆风绳随意乱拆，以避免发生倒架事故。

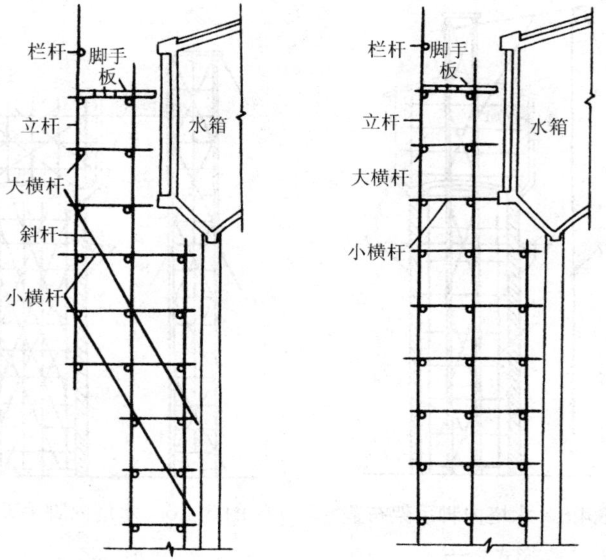

图 8.4.4　水塔外脚手架

(a) 双排架　(b) 三排架

在拆除过程中要特别注意脚手架的缺口、崩扣以及搭设不合格的地方。

4. 水塔内脚手架的搭设与拆除

(1) 水塔内脚手架的布置形式。水塔内脚手架一般根据上料架设在塔内或塔外布置成图 8.4.5 和图 8.4.6 两种形式。

图 8.4.5 的布置形式，上料架设在水塔内，水塔筒身的内脚手架和水箱内脚手架，分别搭设在已施工完的水塔地面和水箱底板上，水箱内脚手架可以设置上料吊杆，以方便施工材料的上下吊运。

图 8.4.6 所示形式，上料脚手架设在水塔外，施工时，先搭设筒身的内脚手架至水箱底，待水箱底施工完毕后，再在水箱底板内搭设水箱内脚手架，进行水箱壁及护壁施工。

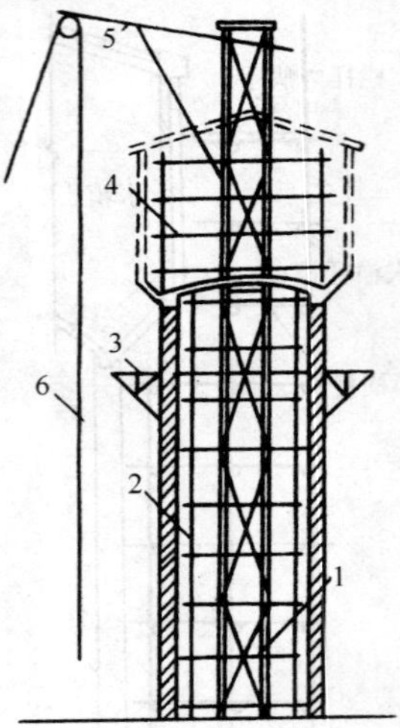

图 8.4.5 水塔内脚手架布置形式之一

1．井形上料架 2．内脚手架
3．三角托架 4．水箱内脚手架
5．上料吊杆 6．钢丝绳

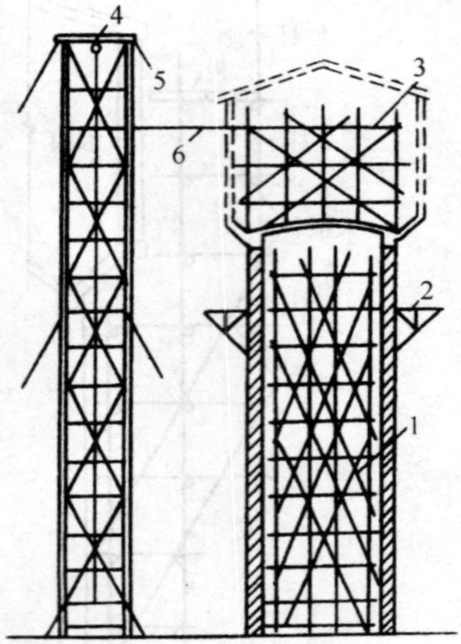

图 8.4.6 水塔内脚手架布置形式之二

1．筒身内脚手架 2．三角托架
3．水箱内脚手架 4．上料井架
5．缆风绳 6．跳板

（2）水塔内脚手架的搭设与拆除。

1）水塔内脚手架的搭设要求。水塔内脚手架搭设时，首先应根据筒身内径的大小确定拐角处立杆的位置。当水塔内径为3～4m 时，一般设 4 根立杆；当水塔内径为 4～6m 时，一般设 6 根立杆，要求立杆距离水塔筒壁有 20cm 的空隙。立杆的位置确定以后，就可以按照常规脚手架的要求进行搭设。

2）水塔内脚手架的拆除要求。水塔内脚手架的拆除要求基本上与水塔外脚手架的拆除要求相同，水塔内的空间较小，万一出现安全事故，人员躲避困难，所以拆除时一定要落实各项安全措施，确保安全。

5. 水塔采用提升式吊篮架的搭设

（1）搭设方法与特点。如图 8.4.7 所示，先在筒身内搭设好井架，利用井架做高处的支架，将吊篮架悬挂在井字架上。吊篮设在水塔筒身的外侧，操作人员在吊篮架上作业，待施工完一步架高时，再利用捯链将吊篮提升一步架高继续施工。

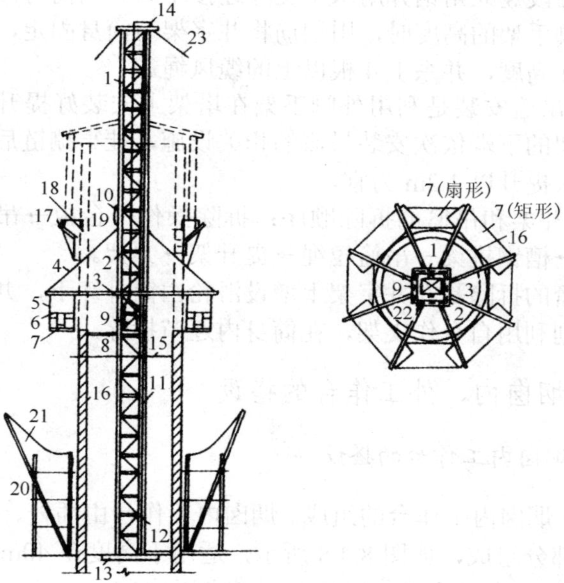

图 8.4.7 提升吊篮脚手架的组装

1．塔架 2．提升架 3．挑梁 4．拉杆 5．吊杆 6．栏杆 7．脚手板 8．接料台 9．吊笼 10．捯链 11．上料钢丝绳 12．地滑轮 13．塔架垫木 14．顶滑轮 15．ϕ6 固定架子 16．筒身 17．环梁模板 18．环梁 19．池底留槎 20．4m 高脚手架 21．安全网 22．滑道 23．缆风绳

（2）搭设顺序。采用提升式吊篮架的搭设顺序如下：

搭设圈外脚手架→水塔筒身砌砖至 4m 高在筒身内设置井字架垫木，搭设井字架至设计高度→安装套架及吊篮→挂捯链提升吊篮→筒身继续砌砖，环梁支模并浇筑混凝土→水箱壁及护壁施工→降低井字架，水箱封顶→落吊篮→拆除部分井字架，水箱底支模及浇筑混凝土→拆模，拆除井字架。

（3）吊篮架搭设、拆除要点及注意事项。

1）水塔外 4m 高的外脚手架的搭设与常规脚手架相同。

2）搭设水塔内的井字架时，应先安置垫木，安好底座后，按 2m 分段竖立角钢并用水平支撑连接牢固。当筒身砌筑高度超过外脚手架的高度时，用钢筋将井字架与筒身固定，一次搭设到设计高度，并系上 4 根以上的缆风绳。

3）吊篮安装是利用外脚手架在塔架上安装好提升架，并在提升架的下端依次安装吊篮的相关设施，挂牢捌链后即可提升，每次提升以 1.2m 为宜。

4）井架和吊篮的拆除顺序：拆除操作平台板→吊杆→接料平台→槽钢挑梁→吊篮拉绳→提升架→井架。

吊篮的拆除是在井字架上增设滑轮由筒外卸下，井字架的拆除则利用自身作支架，在筒身内逐节拆除。

8.4.2 烟囱内、外工作台的搭设

1. 烟囱内工作台的搭设

（1）烟囱内工作台的组成。烟囱内工作台由插杆、脚手板、吊架等部分组成，如图 8.4.8 所示，适用于高度在 40m 以下，烟囱的上口内径在 2m 以内的砖砌烟囱施工。

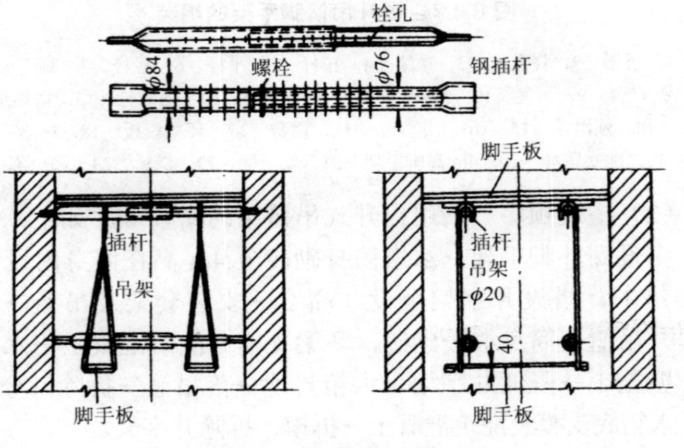

图 8.4.8 钢插杆工作台

插杆由两段粗细不同的无缝钢管制成，在管壁上钻有栓孔，栓孔的间距根据每步架的高度及烟囱筒身的坡度经计算确定。如每步架高为 1.2m，筒身坡度为 2.5%，则栓孔距离为 6cm。插杆的外径为 84mm，里管的外径用 76mm，插杆两头打扁以便支承在烟囱壁上；里外管的搭接长度要大于 30cm，以防弯曲，栓孔中插入螺栓，可以调节插杆的长短，以便随着筒身坡度的改变牢靠地支承在烟囱壁上。

脚手板用 5cm 厚的木板制成，可按烟囱内壁直径的大小，做成略小的近似半圆形，分 4 块支在插杆上，中间留出孔洞以检查烟囱中心位置，脚手板随烟囱的升高逐渐锯短铺设。

吊架用 ϕ20mm 的钢筋弯制而成，挂在插杆上，并在吊架之间搭设脚手板，作为修理筒内表面、堵脚手眼的工作平台。

（2）烟囱内工作台的搭设。搭设时先将插杆支承在烟囱壁上，挂上吊架，搭上下两层脚手板即可使用，施工时筒身每砌高一步架，将插杆往里缩一次，重新将螺栓紧固好。当一步架砌完后，先将上面放好插杆，后将脚手板翻移上去。施工过程中，需要不同规格的插杆倒换使用，当烟囱直径较大（直径超过 2m）时，可采用木插杆工作台，在施工过程中随着筒身直径的缩小锯短木插杆，如图 8.4.9 所示。

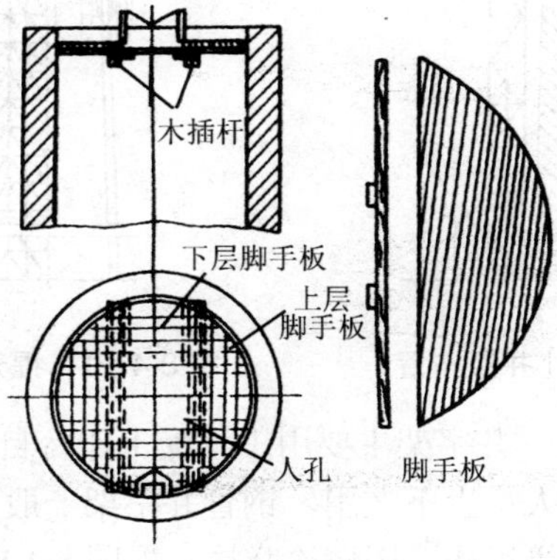

图 8.4.9 木插杆内工作台

烟囱采用内工作台施工时，一般在烟囱外搭设双孔井字架供材料运输和人员上、下使用，同时在井字架上悬吊一个卸料台。卸料台用方木和木板制成，用 2～4 个捯链挂在井字架上，逐步提升卸料台并使其一直高于砌筑工作面，可将材料用人传递或用溜槽卸到工作平台上，如图 8.4.10 所示。

2. 烟囱提升工作台的搭设

烟囱的提升工作台由井字架、工作台和提升设备等组成，如图 8.4.11 所示。当烟囱的直径较大时，可采用提升式工作台进行施工。

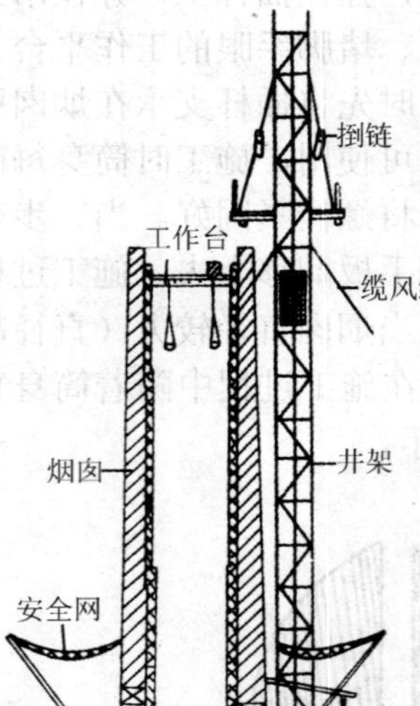

图 8.4.10　外井架布置

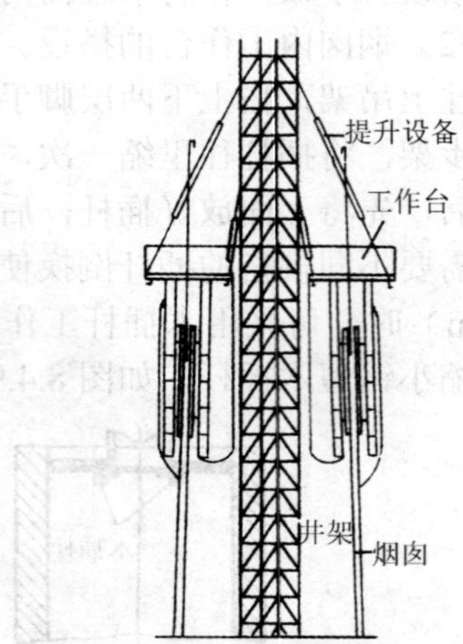

图 8.4.11　提升工作台的组成

（1）井字架。井字架主要用于承受工作台自重和施工荷载，并供物料运输和人员上下之用，钢管井字架一般由支承底座、立管、横管、斜管等组成，用螺栓联接，如图 8.4.12 所示。

钢管井字架的孔数多少应由烟囱高度、烟囱的最小内径，施工荷载以及施工方法等因素确定。

（2）工作台。根据烟囱筒身材料和施工方法的不同，工作台分为钢筋混凝土烟囱施工用的工作台和砖砌施工用工作台两种。

① 钢筋混凝土烟囱施工用工作台。这种工作台由承重钢圈、辐射支撑或连接支撑、木梁、铺板、栏杆及保护网等组成，安装在烟囱的上方。

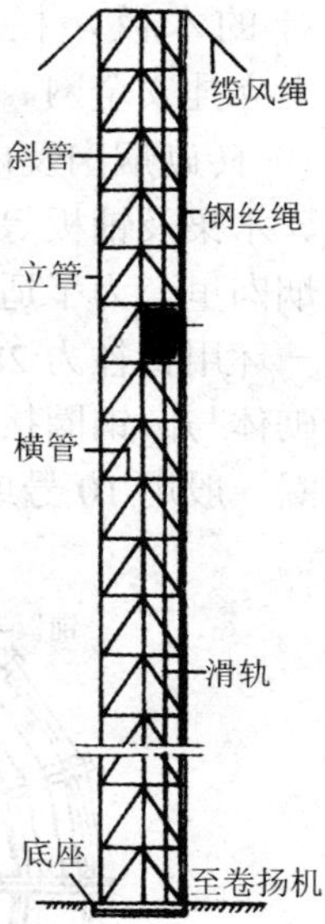

图 8.4.12 钢管井字架

承重钢圈一般使用 12 号或 14 号槽钢制作，有里外两环，外环半径比烟囱筒身最大处半径大 10cm，里环半径比烟囱筒身最小处半径小 20cm，分成相等的数段拼接而成；辐射支撑一般采用 40mm×10mm 的扁钢制作，两端焊有连接板，用螺栓与钢圈连接；连接斜撑一般采用 50mm×5mm 的角钢制作，用螺栓与承重钢圈连接，如图 8.4.13 所示。

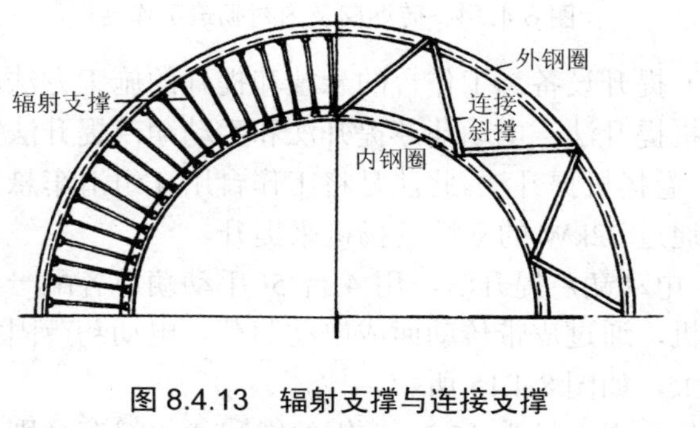

图 8.4.13 辐射支撑与连接支撑

木梁一般采用 15cm×20cm 或 12cm×16cm 方木，呈辐射状配置在里、外承重钢圈上，间距为 1.2～1.5m，在木梁上铺

5cm 厚的木板，栏杆高 1.5m，组装在平台的外圈，并在栏杆上立挂安全网。

② 砖砌烟囱及内衬砌筑用的工作台。这种工作台由里、外钢圈、木梁及铺板等组成，如图 8.4.14 所示。这种工作台是安装在烟囱里。为了适应烟囱内径的变化，可以在钢圈的内侧，增设一环用直径为 28～32mm 钢筋制成的圆钢圈。当工作台提升到砌体与圆钢圈接触时，将圆钢圈及外围的铺板拆除。里、外钢圈一般用 10 号或 12 号槽钢制成。

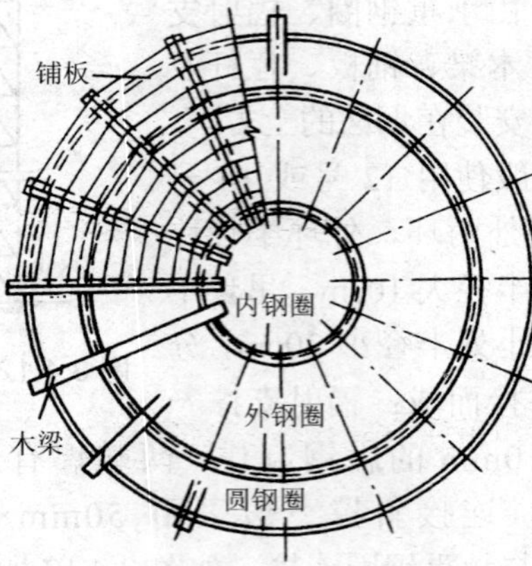

图 8.4.14　砖烟囱及内衬砌筑工作台

（3）提升设备。工作台的悬挂和提升的施工方法，目前采用卷扬机提升法、电动葫芦提升法和手动葫芦提升法等三种。

① 卷扬机提升法。此法是将工作台用 4 组滑车悬挂于井架上，再通过 22kW 的双筒卷扬机来提升。

② 电动葫芦提升法。用 4 台 5t 手动葫芦各配一台 2.2kW 的电动机，通过皮带传动而成电动葫芦。电动葫芦固定在井字架托架上，如图 8.4.15 所示。

工作台用直径为 15.5mm 钢丝绳和 4 组滑车分别悬挂在井架的四角上，每组滑车吊 6 个点（4 个外点，2 个里点），分别承担 1/4 工作台的荷载，如图 8.4.16 所示。

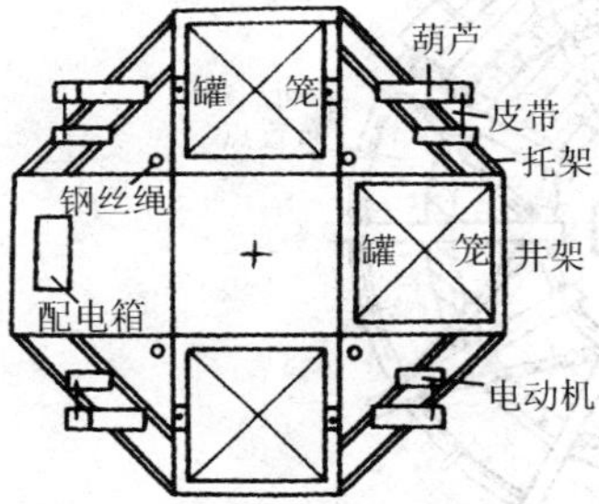

图 8.4.15 电动葫芦设置

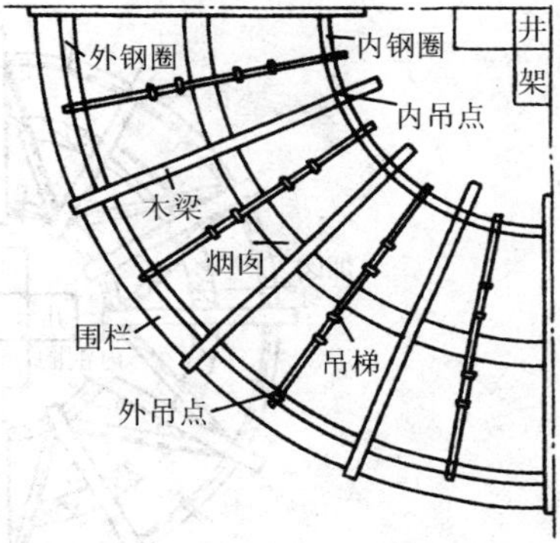

图 8.4.16 工作台吊点布置

电动葫芦提升布置如图 8.4.17 所示。提升时，开动电动机正转，起重钩上升，升高到 5m 处，工作台就提升到 1.25m 处，然后使起重钩复位，为下一次提升做好准备。循环重复以上操作，就可以将工作台提升到需要的高度。

③ 手动葫芦提升法。利用起重量为 1～2t 的手动葫芦，将工作台悬挂在井字架上。

手动葫芦的数量，根据施工荷载情况来确定，布置时原则上每个葫芦所受的荷载应相等。如使用 20 个手动葫芦，则应在里钢圈上布置 8 个，外钢圈上布置 12 个，并需多

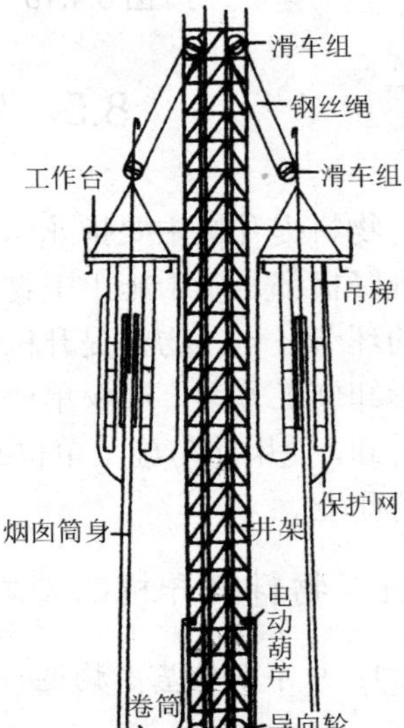

图 8.4.17 电动葫芦提升布置示意

准备 2 个手动葫芦作为移挂倒换用，如图 8.4.18 所示。

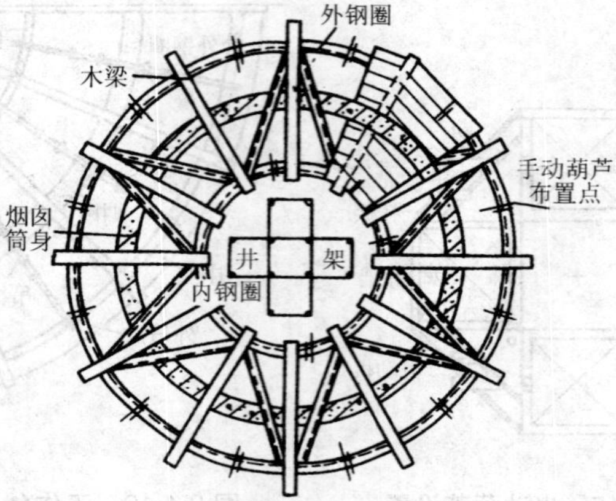

图 8.4.18　手动葫芦布置示意

8.5　物料提升机

物料提升机主要指龙门架、井字架升降机。龙门架、井字架升降机都是用于施工中物料的垂直运输，是建筑施工安全防护的环节之一。物料提升机应按有关规定由其产权单位编制安装拆卸施工方案，产权单位分管负责人审批签字，并负责安装和拆卸，使用前与施工单位共同进行验收，经验收合格签字后，方可作业。

8.5.1　物料提升机的基本构造

1. 井字架的基本构造

井字架是建筑施工中最常用也是最简单的垂直运输设施。其稳定性好，起重能力为 1～3t，提升高度一般在 60m 以内，在采取措施以后，亦可搭设得更高。

井字架除用型钢或钢管加工的定型井架之外，还可以用脚手架材料搭设而成。井架多为单孔井架，但也可构成两孔或多孔井架。钢管扣件井架有四柱式、六柱式和八柱式，如图 8.5.1 所示，可根据实际情况选定。

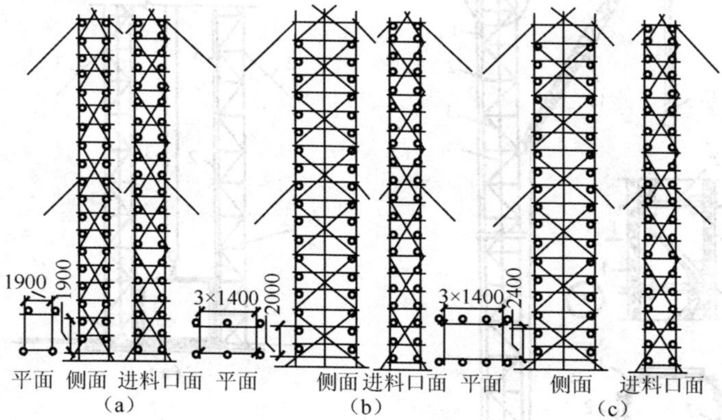

图 8.5.1　低层扣件式钢管井架

（a）四柱井架　（b）六柱井架　（c）八柱井架

井架除了杆件外，还设有天梁、吊盘、导轨、地锚和缆风绳等设施，以保证井架的工作稳定，并满足垂直运输的需要。井架上还可以设小型拔杆，供吊运长度较大的构件，其起重量为 0. 5～1. 5t，工作幅度可达 10m，图 8.5.2 是用角钢搭设的井架构造图。

2．龙门架的基本构造

常见的龙门架由二根钢制支柱及顶部天轮梁（横梁）组成。支柱预制成定尺长度的标准节，按使用要求在现场用螺栓联接成整体。在龙门架上装设滑轮、导轨、吊盘（上料平台）、安全装置以及起重吊索、缆风绳等，即构成图 8.5.3 所示垂直运输体系。

龙门架的起重能力一般在 2t 以内，提升高度在 40m 以内，适用于中小型工程。

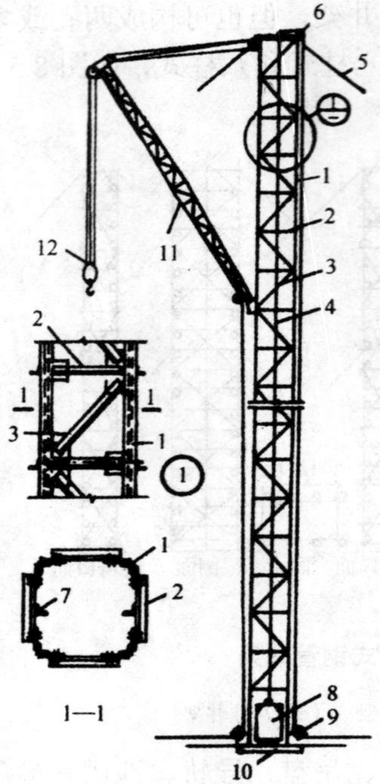

图 8.5.2 角钢井架

1. 立柱 2. 平撑 3. 斜撑 4. 钢丝绳 5. 缆风绳 6. 天轮 7. 导轨 8. 吊盘 9. 地轮 10. 垫木 11. 摇臂拔杆 12. 滑轮组

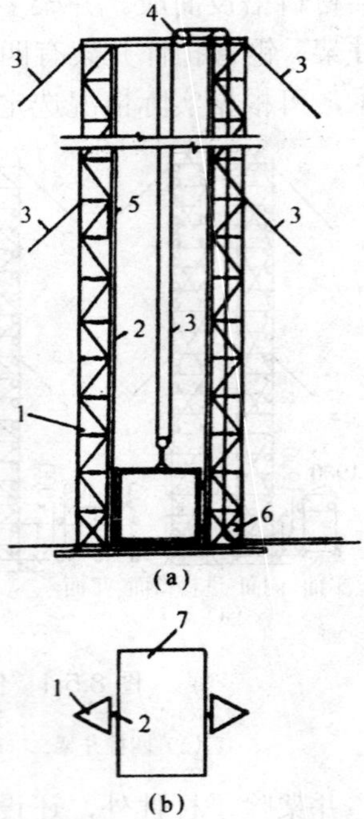

图 8.5.3 龙门架的基本构造形式

(a) 立面 (b) 平面

1. 立柱 2. 导轨 3. 缆风绳 4. 天轮 5. 吊盘停车安全装置 6. 地轮 7. 吊盘

龙门架一般单独设置，有外脚手架时，可设在脚手架的外侧，或转角部位，用缆风绳固定；亦可设在外脚手架的中间，用拉杆将立柱与脚手架连接起来，但在垂直于脚手架方向，仍需设置缆风绳，并设附墙拉结。与龙门架相接的脚手架要加设必要的剪刀撑加固，每隔一定高度，设一道附墙杆件，与建筑群的结构部位连接牢固，从而保护架体的稳定。

8.5.2 物料提升机的安全防护装置

1. 安全停靠装置

在吊篮运行到指定位置时，停靠装置将吊篮定位，使吊篮稳定停靠，以保障人员进入吊篮内作业时的安全。目前各地区停靠装置形式不一，有自动型和手动型，即吊篮到位后由弹簧控制或手扳动，使支杠伸到架体的承托架上，其荷载全由停靠装置承担，此时钢丝绳不受力，只起保险作用。

2. 断绳保护装置

在吊篮悬挂或运行中发生钢丝绳突然折断时，断绳保护装置即弹出，两端将吊篮卡在架体上，使吊篮不坠落。其滑落行程在吊篮满载时，不得超过 1m，以保护工作人员的安全。

3. 吊篮安全门

吊篮的上料口处应设安全门，安全门在吊篮运行中起防护作用。最好将其制成自动开启型，即当吊篮落地时，安全门自动开启；吊篮上升时，安全门自动关闭，这样可避免因操作忘记关闭安全门，致使物料从吊篮中滚落。

4. 楼层口停靠栏杆

升降机与各层进料口的结合处搭设了运料通道，以运送材料。当吊篮上下运行时各通道口处于危险的状态，因此，楼层各通道口应设置常闭的停靠栏杆，待吊篮运行到位，停稳后方可开启。停靠栏杆可用钢管制造，其强度应能承受 1kN / m 水平荷载。

5. 上料口防护棚

升降机地面进料口是运料人员经常出入和停留的地方，易发生落物伤人，因此，要在距地面一定高度处搭设防护棚。防护棚的宽度应大于提升机的最外部尺寸；防护棚的高度，低架提升机应大于 3m，高架提升机应大于 5m。可用厚 50mm 木板架设或采用两层竹笆，上下竹笆间距应不小于 600mm。

6. 超高限位装置

井字架、龙门架的天轮与最高一层上料平台的垂直距离应不小于 6m。为防止因司机误操作或机械电气故障而引起的吊笼失控上升，发生与天梁碰撞的事故，必须设置超高限位装置，使吊笼上升到最高位置时，与天轮间的垂直距离不小于 3m。

7. 下极限限位装置

下极限限位装置主要用于升降机，为防止吊笼下行时不停机，从而防止升降机压迫缓冲装置造成事故。安装时将下限位调试到碰撞缓冲器之前自动切断电源，保证安全运行。

8. 超载限位器

超载限位器是为防止装料过多，以及司机对散状物料难以估计重量，造成的超载运行而设置的。当吊笼内载荷达到额定载荷的 90%时，即发出报警信号；当荷载超过额定荷载时，即切断起升电源。

9. 缓冲器

在架体的底坑内应设缓冲器，当吊篮以额定荷载和规定速度作用到缓冲器时，应能承受相应的冲击力。缓冲器可采用弹簧或弹性实体。

10. 通讯装置

使用高架升降机或利用建筑物内通道升降运行的升降机

时，因司机视线障碍不能清楚看到各楼层的，应增加通讯设施。司机与各层运料人员靠通讯装置及信号装置进行联系和确定吊篮实际运行的情况。

11. 缆风绳和地锚

（1）当提升机因条件限制不能采用附墙架时，应采用缆风绳稳定架体（高架提升机不得采用缆风绳）。缆风绳应用圆股钢丝绳，直径不得小于 9.3mm。

（2）提升机在 20m 以下时，缆风绳不少于 1 组（4～8 根）；提升高度在 20～30m，不少于 2 组。缆风绳与地面的夹角应不大于 60°，其下端应与地锚连接，不得拴在树木、电杆或堆放构件等物体上。

（3）缆风绳应在架体四周有横向缀件的同一水平面上对称设置，缆风绳与地锚之间应采用与钢丝绳拉力相应的花篮螺栓对称调节、拉紧。

当缆风绳需改变位置时，应先做好预定位置的地锚，并加临时缆风绳确保架体稳定后，方可移动位置，移位缆风绳与地锚拴牢后，方可拆除临时缆风绳。

（4）缆风绳的地锚一般宜采用水平式地锚。当土质坚实，地锚受力小于 15kN 时，也可采用桩式地锚。

12. 附墙架

（1）提升机的附墙架应符合设计要求，附墙架的设置间距一般不宜大于 9m，且在建筑物的顶部必须设置一组。附墙架与建筑结构之间必须采用刚性连接，不得连接在脚手架上，严禁用铁丝绑扎。

（2）附墙架与建筑结构的连接无设计要求时，可采用图 8.5.4 所示的预埋专用铁件连接方式和图 8.5.5 所示的预埋与附墙架规格相同的短管连接方式。

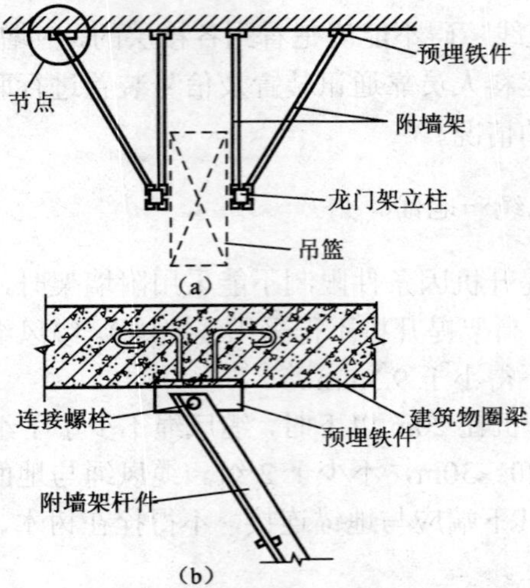

图 8.5.4 预埋铁件连接方式

（a）附墙架与预埋铁件连接 （b）连接节点结构

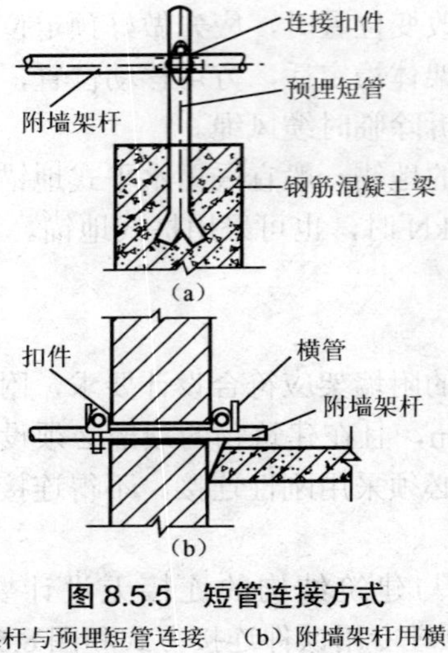

图 8.5.5 短管连接方式

（a）附墙架杆与预埋短管连接 （b）附墙架杆用横管夹住墙体

（3）低架龙门架整体吊立时，应采用图 8.5.6 所示的加固措施。

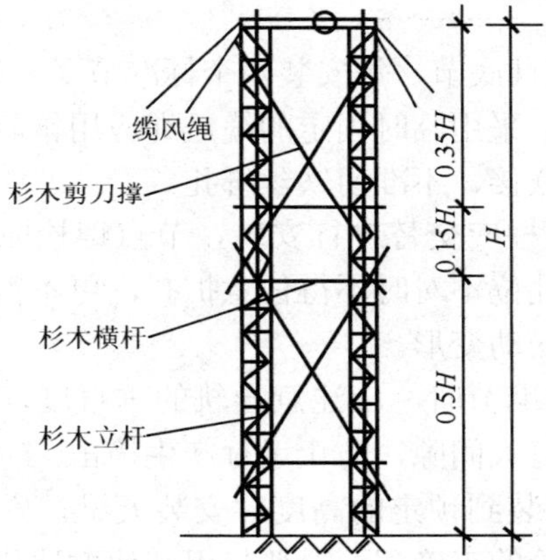

图 8.5.6 龙门架整体吊立的加固方法

8.5.3 升降机的安装与拆除

1. 升降机的安装

升降机的安装位置要视现场条件及设备情况而定，要尽量远离架空输电线路，并采取安全防护措施，最小安全距离应符合表 8.5.1 的规定。升降机安装时险情较多，应避开施工现场人员活动频繁的场所。

表 8.5.1 与架空输电线路的最小安全距离

线路电压（KV）	1 以下	1～10	35～110	154～220	330～500
最小安全距离（m）	4	6	8	10	15

（1）基础的要求。井字架、龙门架的地基要平整坚实，排水良好。地基土质不好时，要加碎砖或碎石夯实，并做 150mm 厚 C15 混凝土垫层，立柱底部应设底座和 50mm×200mm 垫木。

（2）龙门架的安装顺序。

1）将底盘放在基础上，与基础预埋螺栓紧固，吊篮放置在底盘中间。

2）安装立柱底节，每安装两个标准节（一般不大于 8m）要做临时固定。采用临时固定的缆风绳应用钢丝绳，支点和支承点要用螺栓联接，不准用铁丝绑扎。

3）两边立柱应交替进行安装，节点螺栓应按孔径选定不得漏装，发现孔位不对时不得任意扩孔，更不得以铁丝绑扎代替，以免节点松动变形。

4）安装标准节时，应注意导轨的垂直度，导轨相接处不能出现折线和过大间隙，防止运行产生撞击。

5）立柱组装到预定的高度时安装天梁，安装时要确保螺孔的准确和螺栓的正确配合，严禁用其他方法代替螺栓。

6）施工现场条件许可时，可在地面组装，然后整体吊起，以减少高处作业。由于设计架体时，只考虑施工时受力情况，所以在整体搬起之前，应对两立柱及架体采取临时的加固措施，以增强节点和立柱的抗弯能力。

7）整体吊装之前要在架体顶部系好缆风绳。选择吊点时应按照原图纸规定位置，起吊过程中注意观察立柱的弯曲变形，防止节点的破坏。

8）龙门架吊起后要初步校正垂直度，并紧固底脚螺栓和缆风绳，待一切工作完成后，方可放松起吊索具，摘除吊钩。

2. 物料提升机安装、使用的安全要点

（1）物料提升机安装安全要点。

1）垂直运输架的基础必须坚固，土壤要夯实，铺上厚度 5cm 的木板，一般井架的四角应设双排立杆，高井架其立杆要经过计算。吊篮进出料口必须有活动的安全门。

2）垂直运输架的高度，应高出使用面 6m，在距顶部 2m

处的滑轨上必须安装超高限位装置，并保证在使用中灵敏有效。

3）垂直运输架首层进料口，必须支搭不小于2m宽3m高的防护栏，高度超过30m时，须搭设双层防护栏，其他三面应设围杆，禁止人员通行。

4）垂直运输架的任一点与架空输电线路或带电设备的水平与垂直距离不得小于3m。

5）各层卸料平台宽度不小于1m，搁置点必须坚固牢靠，与吊盘出料门之间的距离不大于15cm，两侧应有1.2m高的两道护身栏和挡脚板，平台口必须安装安全门，不用时必须关闭。

6）滑轮、吊钩必须有保险装置，禁止使用开口滑轮。

7）吊盘必须装设定位装置，并保证四角全部同时托实，方准上人、接物、运料。

8）吊盘滑轮与钢丝绳连接应使用不少于4个绳卡，绳卡间距不小于钢丝绳直径的6倍，并有安全弯，最后一个绳卡离绳端不小于15cm。

9）物料提升机安装后，必须经过安全检查，并经空载运行试验，确认符合安全要求后，方可投入使用。

（2）物料提升机使用的安全要点。

1）物料提升机安装后，必须经过安全检查，并经空载运行试验，确认符合安全要求后，方可投入使用。

2）严禁人员攀登、穿越提升机架体及乘坐吊盘上下。

3）物料在吊篮内应均匀分布，不得超出吊篮的范围，严禁超载使用。

4）高架提升机作业时，应使用通讯装置，低架提升机在多工种、多楼层同时使用时，应设专人指挥，信号不清不得开机。作业中无论何人发出紧急停车信号均应立即停车。

5）在使用中经常检查安全装置的完好情况，发现有隐患时，要严禁使用，及时修理。

6）吊盘不准长时间悬于架中，应及时落至地面。

7）作业后，应将吊篮降至地面，各控制开关扳至零位，切断主电源，锁好闸箱。

3. 拆除时的安全注意事项

（1）拆除作业前，应检查提升机与建筑结构的连接情况，附墙架、缆风绳及地锚的情况，提升机上是否有其他牵拉物。

（2）拆除作业前，应向参加拆除作业的人员进行安全技术交底，拆除工作必须由专业人员进行。

（3）拆除工作必须严格按照事先制订的拆除方案有序进行。

（4）拆除缆风绳或附墙架前，应先设置临时缆风绳或支撑，确保架体的自由高度不大于 2 个标准节（一般不大于 8m）。

（5）拆除龙门架的天梁前，应先分别对两立柱采取加固措施，保证单柱的稳定。

（6）拆除作业中，严禁从高处向下抛掷物件。

（7）低架龙门架整体拆除时，应先挂好吊具，拉紧起吊绳，使架体呈起吊状态，再解除缆风绳和底脚螺栓，整体拆除工作必须由持证的起重工和有经验的指挥人员配合进行。

9 安全生产基本知识

9.1 安全生产的基本概念

9.1.1 安全生产的概念

1. 安全的概念

安全是指预知人类在生产和生活各个领域存在的固有的或潜在的危险，并且为消除这些危险所采取的各种方法、手段和行为的总称。

2. 安全生产

安全生产是指在劳动生产过程中，通过努力改善劳动条件，克服不安全因素，防止伤亡事故发生，使劳动生产在保障劳动者安全健康和国家财产及人民生命财产不受损失的前提下顺利进行，它涵盖了三个方面，即：对象、范围和目的。

（1）安全生产的对象。安全生产的对象包含人和设备等一切不安全因素，其中人是第一位的，消除危害人身安全健康的一切不良因素，保障职工的安全和健康，使其舒适地工作，称之为人身安全；消除损坏设备、产品和其他产品的一切危害因素，保证生产正常进行，称之为设备安全。

（2）安全生产的范围。安全生产的范围覆盖了各个行业，各种企业以及生产、生活中的各个环节。

（3）安全生产的目的。安全生产的目的是使生产在保障劳动者安全健康和人民生命财产安全的前提下顺利进行，从而实现经济的可持续发展，树立企业文明生产的良好形象。

3. 安全生产管理

安全生产管理是管理的重要组成部分，是安全科学的一个分支。所谓安全生产管理，是指经营管理者对安全生产工作进行的策划、组织、指挥、协调、控制和改进的一系列活动，目的是保证在生产经营活动中的人身安全、财产安全，促进生产的发展，保持社会的稳定。安全生产管理包括安全生产法制管理、行政管理、监督检查、工艺技术管理、设备设施管理、作业环境和条件管理等。

（1）安全生产管理的基本对象。安全生产管理的基本对象是企业的员工，涉及企业中的所有人员、设备设施、物料、环境、财务、信息等各个方面。

（2）安全生产管理的目标。安全生产管理的目标是减少和控制危害，减少和控制事故，尽量避免生产过程中由于事故所造成的人身伤害、财产损失、环境污染以及其他损失。

（3）安全生产的重要性。生产过程中的安全是生产发展的客观需要，特别是现代化生产，更不允许有所忽视，必须强化安全生产，在生产活动中把安全工作放在第一位，尤其当生产与安全发生矛盾时，生产要服从安全，这是安全第一的含义。

（4）安全生产管理的主要任务。长期以来，安全生产第一一直是我国的一项基本国策，是保护劳动者安全健康和发展生产力的重要工作，同时也是维护社会安定团结，促进国民经济稳定、持续、健康发展的基本条件，是社会文明程度的重要标志。

安全生产管理的主要任务见表9.1.1。

9.1.2 现代安全生产管理的原理与原则

安全生产管理作为管理的主要组成部分，既服从管理的基本原理与原则，又有其特殊的原理与原则。安全生产管理是从生产管理的共性出发，对生产管理中安全工作的实质内容进行科学分析、综合、抽象与概括所得出的安全生产管理规律。现代安全生产管理的原理分为系统原理、人本原理、预防原理和强制原理，详见表9.1.2。

表9.1.1 安全生产管理的主要任务

序号	主要任务
1	贯彻落实国家安全生产法规，落实“安全第一、预防为王”的安全生产、劳动保护方针
2	制定安全生产的各种规程、规定和制度，并认真贯彻实施
3	制定并落实各级安全生产责任制
4	积极采取各项安全生产技术措施，保障职工有一个安全、可靠的作业条件，减少和杜绝各类事故
5	采取各种劳动卫生措施，不断改善劳动条件和环境，防止和消除职业病及职业危害，做好女工和未成年工的特殊保护，保障劳动者的身心健康
6	定期对企业各级领导、特种作业人员和所有职工进行安全教育，强化安全意识
7	及时完成各类事故的调查、处理和上报
8	推动安全生产目标管理，推广和应用现代化安全管理技术与方法，深化企业安全管理

表9.1.2 现代安全生产管理的原理与原则

序号	类别	具体说明
1	系统原理	系统原理是现代管理学的一个最基本原理，它是指人们在从事管理工作时，运用系统理论、观点和方法，对管理活动进行充分的系统分析，以达到管理的优化目标，即用系统论的观点、理论和方法来认识和处理管理中出现的问题。 安全生产管理系统是生产管理的一个子系统，包括各级安全管理人员、安全防护设备与设施、安全管理规章制度、安全生产损失规范和规程以及安全生产管理信息等。安全贯穿于生产活动的方方面面，安全生产管理是全方位、全天候且涉及全体人员的管理
2	人本原理	管理中必须把人的因素放在首位，体现以人为本的指导思想，这就是人本原理
3	预防原理	安全生产管理工作应该做到预防为主，通过有效的管理和技术手段，减少和防止人的不安全行为和物的不安全状态，这就是预防原理。在可能发生人身伤害、设备或设施损坏和环境破坏的场合，应事先采取措施，防止事故发生
4	强制原理	采取强制管理的手段控制人的意愿和行为，使个人的活动、行为等受到安全生产管理要求的约束，从而实现有效的安全生产管理，这就是强制原理

9.1.3 安全生产方针

《中华人民共和国安全生产法》第 3 条、《中华人民共和国建筑法》第 36 条、《建设工程安全生产管理条例》第 3 条都明确规定，建设工程安全生产管理必须坚持“安全第一、预防为主”的方针，以法律形式确立的这个方针，是建设工程整个安全生产活动的指导原则。

“安全第一、预防为主”的方针是我国安全生产工作长期经验的总结。实践证明，要搞好安全生产，减少或避免安全事故的发生，就必须坚定不移地贯彻、落实这一方针。

1.“安全第一”要坚持以人为本

“安全第一”是原则和目标，是从保护和发展生产力的角度，确立了生产与安全的关系，肯定了安全在建设工程生产活动中的重要地位。

在生产活动中，人是第一因素，是最宝贵、最活跃的生产力。就是说，在生产经营活动中，在处理保证安全生产与实现生产经营活动的其他各项目标的关系上，要始终把安全特别是作业人员的人身安全放在首要的位置，在确保安全的前提下，努力实现生产经营的其他目标。

在生产经营活动中，保证安全的目标与其他目标既统一又有矛盾。从根本上来说，保证安全生产与生产经营活动本身的目标是一致的。因为投资希望取得盈利，取得尽可能高的投资回报；从业人员希望获得劳动报酬；政府则希望多提供一些就业机会，并增加社会需要的产品或服务的供应，增加税收，促进社会的稳定和繁荣。上述目标实现的基本前提就是保证安全生产。当然，从另一角度看，在一定情况下，保证安全的目标与其他目标也是有矛盾的。比如，在生产资金一定情况下，投到安全生产方面的资金多一些，投到其他方面的资金就会少一些；企业用于安全生产的费用多一些，产品的成本就会高一些，利润就会少一些；严格按操作规程办事，生产效率就可能受到一些影响等。当保证安全与生产经营的其他目标发生矛盾时，应该坚持“安全第一”。

2.“预防为主”就是要把预防生产安全事故的发生放在安全生产工作的首位

“预防为主”是手段和途径。安全事故的发生，虽具有一定的偶然性，人类在生产经营活动中，还不可能完全杜绝安全事故的发生，事故一旦发生，其后果就无法挽回。但只要思想重视，预防措施得当，做到防患于未然，将事故消灭在萌芽状态，事故特别是重大恶性事故的发生率，就可以大大降低。有些企业的领导，平时忽视安全生产，少投入、赶进度，对安全生产存在侥幸心理，发生事故后再去找原因、追责任、堵漏洞，往往造成人身安全和财产的巨大损失。

预——是预先，预计的意思。就建筑施工安全而言，必须预先分析施工中不安全的作业环境、危险的作业工种和作业部位、施工人员不安全的操作行为，预测和评价其危害程度，发现和掌握事故隐患出现的时间、地点、过程和演变规律，划分等级，分责控制，采用科学的方法将事故消灭在萌芽状态。

防——是防护、科学决策的意思。针对预先分析的结果，分别研究、制定科学的防护技术措施和管理手段，把危险转化为安全或控制事故发生的危害程度，达到最佳的安全效果。

3. 保证安全生产方针落实的基本制度和措施

《安全生产法》规定了以下14项基本制度和措施以保证“安全第一、预防为主”方针的落实：

（1）安全生产的准入制度。即生产经营单位必须具备法律、法规和国家标准或行业标准规定的安全生产条件，不符合安全生产条件的，不得从事生产经营活动。

（2）生产经营单位主要负责人对本单位安全生产工作全面负责的制度。

（3）企业必须依法设置安全生产管理机构或安全生产管理人员的制度。

（4）对生产经营单位的主要负责人、安全生产管理人员和从业人员进行安全生产教育、培训、考核的制度。

（5）对特种作业人员实行资格认定和持证上岗的制度。

（6）建设工程项目的安全措施应与主体工程同时设计、同时施工、同时投入生产和使用的“三同时”制度。

（7）对部分危险性较大的建设工程项目，实行安全条件论证、安全评价和安全措施验收的制度。

（8）安全设备的设计、制造、安装、使用、检测、维修和报废必须符合国家标准的制度。

（9）对危险性较大的特种设备实行安全认证和使用许可，非经认证和许可不得使用的制度。

（10）对从事危险品的生产经营活动实行前置审批和严格监管的制度。

（11）对严重危及生产安全的工艺、设备予以淘汰的制度。

（12）生产经营单位对重大危险源的登记、建档及向安全监督管理部门报告备案的制度。

（13）对爆破、吊装等危险作业现场安全管理的制度。

（14）生产经营单位的安全生产管理人员对本单位安全生产状况的经常性检查、处理、报告和记录的制度等。

对上述法定的安全生产基本制度，各方面都必须严格遵守。

4. 事故预防与控制的基本原则

事故预防是指通过采用技术和管理手段使事故不发生，事故控制是通过采用技术和管理手段，使事故发生后不造成严重后果或使后果尽可能减小。对于事故的预防与控制，应从安全技术、安全教育和安全管理等方面入手，采取相应的对策。

安全技术对策着重解决物的不安全状态问题，安全教育对策和安全管理对策主要着重于人的不安全行为问题。安全教育对策是使人知道哪里存在危险源，如何导致事故发生，事故的可能性和严重程度如何，面对可能发生的危险应采取什么应对措施。安全管理措施则是要求从业人员必须怎么做。

9.1.4 建筑施工安全生产主要法律、法规

在建筑活动中，施工管理者必须遵循相关的法律、法规及标准进行生产活动，以确保施工安全。为此，应当了解法律、法规及标准各自的地位及相互关系。

1. 建筑法律

建筑法律一般是全国人民代表大会及其常务委员会对建筑管理活动的宏观规定，侧重于对政府机关、社会团体、企事业单位的组织、职能、权利、义务等，以及建筑产品生产组织管理和生产基本程序进行规定，是建筑法律体系的最高层次，具有最高法律效力，以主席令形式公布。例如，1997 年 11 月 1 日，中华人民共和国主席令第 91 号《中华人民共和国建筑法》。

2. 建筑行政法规

建筑行政法规是对法律条款进一步细化，是国务院根据有关法律中授权条款和管理全国建筑行政工作的需要制定的，是

法律体系中第二层次，以国务院令形式公布。例如，2003 年 11 月 12 日，国务院第 393 号《建设工程安全生产条例》。

3. 建筑部门规章

建筑部门规章是国务院各部委根据法律、行政法规颁布的建筑行政规章，其中综合规章主要由建设部发布。部门规章对全国有关行政管理部门具有约束力，但它的效力低于行政法规，以部委第几号令发布。例如，2000 年 8 月 21 日，建设部令第 81 号《实施工程强制性标准监督规定》。

4. 地方性建筑法规

地方性建筑法规是省、自治区、直辖市人民代表大会及其常务委员会，根据本行政区的特点，在不与宪法、法律、行政法规相抵触的情况下制定的行政法规，仅在地方性法规所辖行政区域内有法律效力。

5. 地方性建筑规章

地方性建筑规章是地方人民政府根据法律、法规制定的地方性规章，仅在其行政区域内有效，其法律效力低于地方性法规。例如，2001 年 4 月 5 日北京市人民政府令第 72 号《北京市建设工程施工现场管理办法》。

6. 国家标准

国家标准是需要在全国范围内统一的技术要求，由国务院标准化行政主管部门制定发布。国家标准分为强制性标准和推荐性标准，强制性标准代号为“GB”，推荐性标准代号为“GB/T”。国家标准的编号由国家标准代号、国家标准发布顺序号及国家标准发布的年号组成，国家工程建设标准代号为

GB 5××××或 GB/T 5××××。例如，《建筑工程施工质量验收统一标准》（GB 50300—2013）。

7. 行业标准

行业标准是需要在某个行业范围内统一，而又没有国家标准的技术要求，由国务院有关行政主管部门制定，并报国务院标准化行政主管部门备案。行业标准是对国家标准的补充，行业标准在相应国家标准实施后，应该自行废止。其标准分为强制性标准和推荐性标准。行业标准，如城市建设行业标准（CJ）、建材行业标准（JC）、建筑工业行业标准（JG）。现行工程建设行业标准代号在部分行业标准代号后加上第三个字母“J”，行业标准的编号由标准代号、标准顺序号及年号组成，行业标准顺序号在 3000 以前为工程类标准，在 3001 以后为产品类标准。例如，《普通混凝土配合比设计规程》（JGJ 55—2011）和《冷轧扭钢筋》（JG 190—2006）等。

8. 地方标准

地方标准是对没有国家标准和行业标准，但又需要在省、自治区、直辖市范围内统一的产品的安全和卫生要求，由省、自治区、直辖市标准化行政主管部门制定，并报国务院标准化行政主管部门备案。地方标准不得违反有关法律法规和国家行业强制性标准，在相应的国家标准行业标准实施后，地方标准应自行废止。在地方标准中凡法律法规规定强制性执行的标准，才可能有强制性地方标准。

9. 《中华人民共和国安全生产法》（以下简称《安全生产法》）概述

（1）立法目的。《安全生产法》立法的根本目的，就是为了加强安全生产监督管理，防止和减少安全事故，保障人民群众生命和财产安全，促进经济发展。

国家作为社会公共利益的维护者，必须运用法律手段建立强制性的保障安全生产维护劳动者安全的法律制度，对安全生产实施有力的监督管理。在日常生产经营活动中，特别是矿山企业、建筑施工企业等高危行业的生产活动中存在着诸多不安全因素和隐患，如果缺乏对安全充分的意识，没有采取有效的预防和控制措施，各种潜在的危险就会显现，造成重大事故。以国家法律的形式强制规范生产经营单位的安全生产能力，保障安全生产的法定措施，正是为了保障人民群众的生命和财产安全，保障经营活动健康正常运行，从而促进经济发展。

（2）《安全生产法》确立的安全生产保障体系。

1）安全生产的组织保障。生产经营单位的主要负责人对本单位的安全生产工作全面负责。《安全生产法》第 5 条规定，生产经营单位的主要负责人对本单位的安全生产工作全面负责。

① 生产经营单位的主要负责人对本单位的安全生产工作，有法定的指挥决策权，也有保证生产安全的法定义务。要保证安全生产所需的资金投入，建立、健全本单位的安全生产责任制，组织制定本单位的安全生产规章制度和操作规程，督促、检查本单位的安全生产工作，及时消除生产安全事故隐患，组织制定并实施本单位的安全事故应急、救援预案，及时如实报告生产安全事故。

生产经营单位的主要负责人还应当具备必要的安全生产知识和管理能力，熟悉国家有关安全生产的法律、法规，并按照国家有关规定，依法获得任职资格。

② 设置安全生产管理机构或者配备专职安全生产管理人员。《安全生产法》第 18 条规定，矿山、建筑施工单位和危险物品的生产、经营、储存单位，应当设置安全生产管理机构或者配备专职安全生产管理人员。

一般建筑施工企业都应配置安全生产机构，其作用是落实国家有关安全生产的法律法规，组织企业内部各种安全检查活动，负责日常的安全检查，及时整改各种事故隐患，监督安全生产责任制的落实等等。安全生产机构中的工作人员即安全生产管理人员，是国家有关安全生产法律、法规在本单位的具体贯彻执行者，是本单位安全生产规章制度的具体落实者，是施工单位施工安全的保护神。施工安全管理人员必须具备与本单位所从事的施工项目相应的安全生产知识和管理能力。

③ 做好从业人员的安全生产教育与培训。生产经营单位的从业人员，包括管理人员、技术人员和各岗位的工人，也包括临时聘用的人员。

从业人员能否在各自的岗位上保证安全，是安全生产的关键。因此，生产经营单位要对从业人员进行安全生产的教育和培训，并达到以下要求：

a. 具备必要的安全生产知识，包括安全生产的法律法规，安全生产过程中的安全知识，以及出现事故时，有关应急、救援和逃离的知识，以尽量减少人员的伤亡程度和防止事故的进一步扩大。

b. 熟悉有关安全生产规章制度和操作规程。

c. 掌握本岗位的安全操作技能。

④ 特种作业人员必须持证上岗。特种作业人员所从事的工作，一般危险性比较大，其工作的好坏直接关系到单位的安全生产。特种作业人员必须经过专门培训，由指定的专业单位组织考核，取得合格证书后，方可上岗作业。

2）安全生产的基础保障。

① 保证安全生产资金的投入。为了保证安全生产，必须投入一定的资金配置安全设施、劳动保护用品、进行安全生产培训，以保证生产经营单位达到法律、法规、标准规定的安全生产条件。

② 建设项目安全设施“三同时”制度。《安全生产法》第

二十四条规定，生产经营单位新建、改建、扩建工程项目的安全设施，必须与主体工程同时设计、同时施工、同时投入生产和使用。安全设施投资应当纳入建设项目概算。

上述制度是一种事前保障措施，可以解决建设项目先天不足的问题，为安全生产筑起第一道防线，十分必要，也相当有效。

③ 建设项目的安全论证和安全评价。矿山建设项目和用于生产、储存危险物品的建设项目，是危险性极大的项目，它的建设好坏直接关系到矿山的安全和危险品生产、储存的安全。为此，在项目开办之前，要用科学的方法对项目进行安全论证和安全评价，以保证建设项目正常投入生产或者使用后的安全。

④ 建设项目安全设施的设计、审查、施工、竣工验收。建设项目安全设施的设计人、设计单位应对安全设施设计负责，安全设施设计应当按照国家的有关规定报经有关主管部门审查，审查部门及其负责审查的人员对审查结果负责。施工单位必须按批准的安全设施设计方案组织施工，并对安全设施的工程质量负责。建设项目竣工正式投入生产或者使用前，必须按照有关规定进行安全设施验收，验收合格后，方可投入生产或者使用。

⑤ 为从业人员提供符合标准的劳动保护用品，并监督佩戴、使用。使用劳动保护用品，是保障从业人员人身安全与健康的重要措施，也是保证安全生产的基础。生产经营单位要根据行业的特点免费为从业人员提供符合国家标准的劳动保护用品，并监督其佩戴和使用。要加强劳动保护用品的购买、验收、保管、发放、更新和报废工作，保证劳动保护用品的正常使用。对不按规定佩戴和使用劳动保护用品的人，要给予一定的教育，直至处分。

⑥ 生产经营单位必须依法参加工伤社会保险，为从业人员缴纳保险费。

3）安全生产的管理保障。《安全生产法》对生产经营单位安全生产的管理保障有详细的规定，主要内容有以下几方面。

① 在有较大危险因素的生产经营场所和有关设施、设备上，设置明显的安全警示标志。

② 各种安全设备的设计、制造、安装、使用、检测、维修、改造和报废，应当符合国家标准或行业标准。生产经营单位必须对安全设备进行经常性维护、保养，并定期检测，保证正常运转。涉及生命安全、危险性较大的特种设备、危险物品容器及运输工具的生产必须由专业生产单位负责生产，并经专业机构检测，检验合格取得安全使用合格证或者安全标志后，方可使用。生产经营单位不得使用国家明令淘汰、禁止使用的危及生产安全的工艺、设备。

③ 生产、经营、运输、储存、使用危险品或者处置废弃危险物品，要报请有关主管部门审批并监督管理。为确保从业人员的人身安全与健康，防止和减少事故发生，生产、经营、运输、储存、使用危险品的车间、商店、仓库不得与员工宿舍在同一座建筑物内，并应与员工宿舍保持安全距离。

④ 生产经营单位对重大危险源应当登记建档，进行定期检测、评估、监控，并制定应急预案，告知从业人员和相关人员，在紧急情况下应当采取的措施。生产经营单位应当按照国家有关规定将本单位重大危险源及有关安全措施、应急预案报有关地方负责安全生产监督管理的部门和有关部门备案。

⑤ 生产经营场所和员工宿舍应当设置符合紧急疏散要求、标志明显、保持畅通的通道出口，禁止封闭、堵塞生产经营场所或员工宿舍的出口。

⑥ 进行爆破、吊装等危险作业时，施工单位应当安排专业人员进行现场安全管理，确保操作规程的遵守和安全措施的落实。

⑦ 在同一区域进行交叉作业，可能危及另一方生产安全时，应双方签订安全生产管理协议，明确各自的职责和应采取

的安全措施，并指定专人进行检查和协调。

⑧ 生产经营单位将项目、场所、设备进行承包、租赁时，对方应具备相应的资质，并签订专门的安全生产管理协议，明确各自的职责，有多个承包、承租单位时，生产经营单位对承包单位、承租单位的安全生产作统一协调管理。

⑨ 生产经营单位的安全生产管理人员，应当根据本单位的生产经营特点，对安全生产状况进行经常性检查。对检查中发现的安全问题，应当立即处理；不能处理的，应当及时报本单位有关负责人。检查及处理情况应当记录在案。

10.《中华人民共和国建筑法》的有关规定

第 36 条　建筑工程安全生产管理必须坚持安全第一、预防为主的方针，建立健全安全生产的责任制度和群防群治制度。

第 38 条　建筑施工企业在编制施工组织设计时，应当根据建筑工程的特点制定相应的安全技术措施；对专业性较强的工程项目，应当编制专项安全施工组织设计，并采取安全技术措施。

第 39 条　建筑施工企业应当在施工现场采取维护安全、防范危险、预防火灾等措施；有条件的，应当对施工现场实行封闭管理。施工现场对毗邻的建筑物、构筑物和特殊作业环境可能造成损害的，建筑施工企业应当采取安全防护措施。

第 40 条　建设单位应当向建筑施工企业提供与施工现场相关的地下管线资料，建筑施工企业应当采取措施加以保护。

第 41 条　建筑施工企业应当遵守有关环境保护和安全生产的法律、法规的规定，采取控制和处理施工现场的各种粉尘、废气、废水、固体废物以及噪声、振动对环境的污染和危害的措施。

第 44 条　建筑施工企业必须依法加强对建筑安全生产的管理，执行安全生产责任制度，采取有效措施，防止伤亡和其他安全生产事故的发生。

第 45 条 建筑施工企业的法定代表人对本企业的安全生产负责。施工现场安全由建筑施工企业负责。实行施工总承包的，由总承包单位负责。分包单位向总承包单位负责，服从总承包单位对施工现场的安全生产管理。

第 46 条 建筑施工企业应当建立健全劳动安全生产教育培训制度，加强对职工安全生产的教育培训；未经安全生产教育培训的人员，不得上岗作业。

第 47 条 建筑施工企业和作业人员在施工过程中，应当遵守有关安全生产的法律、法规和建筑行业安全规章、规程，不得违章指挥或者违章作业。作业人员有权对影响人身健康的作业程序和作业条件提出改进意见，有权获得安全生产所需的防护用品。作业人员对危及生命安全和人身健康的行为有权提出批评、检举和控告。

第 48 条 建筑施工企业必须为从事危险作业的职工办理意外伤害保险，支付保险费。

第 49 条 涉及建筑主体和承重结构变动的装修工程，建设单位应当在施工前委托原设计单位或者具有相应资质条件的设计单位提出设计方案；没有设计方案的，不得施工。

第 50 条 房屋拆除应当由具备保证安全条件的建筑施工单位承担，由建筑施工单位负责人对安全负责。

第 51 条 施工中发生事故时，建筑施工企业应当采取紧急措施减少人员伤亡和事故损失，并按照国家有关规定及时向有关部门报告。

11. 《工伤保险条例》（国务院令第 375 号 2003 年 4 月 27 日发布）

主要内容如下：

第一章 总则包括立法宗旨、适用范围、保险费征缴依据以及主管部门和用人单位责任和职能划分等。

第二章 工伤保险基金包括基金构成、费率确定、统筹层次、基金管理、风险储备金等。

第三章 工伤认定包括认定条件、申报程序、认定机关及工作要求等。

第四章 劳动能力鉴定包括总体要求，鉴定范围标准、鉴定程序、组织机构及工作要求、争议处理、复查鉴定等。

第五章 工伤保险待遇包括医疗康复待遇、工资福利待遇、生活护理费、一次性伤残补助金和伤残津贴、丧葬费、一次性伤亡补助金、遗属抚恤金、保险待遇调整，以及其他特定情况的待遇处理办法等。

第六章 监督管理包括经办机构的职责范围经办机构与医疗机构、辅助器具配置机构之间的工作方式和要求、劳动保障行政部门以及财政部门和审计机关在监督检查方面职权划分、争议处理、社会监督等。

第七章 法律责任包括劳动保障行政部门和经办机构、医疗机构、劳动鉴定机构等单位和个人的法律责任规定等。

12. 常用脚手架工程安全生产技术规程及标准要点

（1）《建筑安装工人安全技术操作规程》（[80]建工劳字第24号文）。

“规程”分土木建筑、设备安装、机械施工三大部分，共40章832条。主要内容包括四个方面，一是安全技术设施标准，二是安全技术操作标准，三是设备安全装置标准，四是施工组织管理及安全技术的一般要求。

（2）《龙门架及井架物料提升机安全技术规范》（JGJ 88—2010）。

为使龙门架及井架物料提升机（简称提升机）的设计、制造符合安全要求和在施工中得到正确使用，保证施工及人身安全，制订本规程。内容包括：一般规定，结构设计与制造，结构制造，提升结构，安全防护装置及要求，电气，基础、附墙架、缆风绳及地锚，安装与拆除，检验规则与试验方法，使用与管理。

（3）《吊笼有垂直导向的人货两用施工升降机》（GB 26557—2011）。

本标准规定了施工升降机（以下简称升降机）的设计、制造与安装的安全规则。内容包括：适用范围，引用标准，金属结构的设计安全要求，基础，停层，吊笼，对重，钢丝绳、滑轮，传动系统，导向与缓冲装置，安全装置，导轨架的附着，电气。

（4）《建筑施工门式钢管脚手架安全技术规范》（JGJ 128—2010）。

为在门式钢管脚手架的设计与施工中，贯彻执行国家有关安全生产的法规，做到技术先进、经济合理、安全适用，制定本规范。主要内容包括：术语、符号，构配件，荷载，设计计算，构造要求，搭设与拆除，检查与验收，安全管理。

（5）《建筑施工扣件式钢管脚手架安全技术规范》（JGJ 130—2011）。

为在扣件式钢管脚手架设计与施工中贯彻执行国家有关安全生产的法规，做到技术先进、经济合理、安全适用，制定本规范。主要内容包括：术语、符号，构配件，荷载，设计计算，构造要求，施工，检查与验收，安全管理。

（6）《建筑施工碗扣式钢管脚手架安全技术规范》（JGJ 166—2008）。

为在碗扣式钢管脚手架设计与施工中贯彻执行国家有关安全生产的法规，做到技术先进、经济合理、安全适用，制定本规范。主要内容包括：术语、符号，构配件材料、制作及检验，荷载，结构设计计算，构造要求，施工，检查与验收，安全使用与管理。

（7）《建筑施工高处作业安全技术规范》（JGJ 80—1991）。

为在建筑施工高处作业中，贯彻安全生产的方针，做到防护要求明确，技术合理和经济适用，制订本规范。内容包括：基本规定，临边与洞口作业的安全防护，攀登与悬空作业的安全防护，操作平台与交叉作业的安全防护，高处作业安全防护设备的验收。

（8）《高处作业吊篮》（JGJ 19155—2003）。

本标准规定了高处作业吊篮（以下简称吊篮）的设计、制造、安装、使用、维修保养等方面的安全要求。内容包括：适用范围，引用标准，术语，一般要求，结构安全系统，材料与加工质量要求，吊篮平台的要求，提升机构的要求，安全保护装置的要求，钢丝绳的要求，悬挂机构的要求，配重的要求，电气系统的要求，建筑物或构筑物支撑的承载要求，其他要求。

（9）《建筑施工安全检查标准》（JGJ 59—2011）。

为科学地评价建筑施工安全生产情况，提高安全生产工作和文明施工的管理水平，预防伤亡事故的发生，确保职工的安全和健康，实现检查评价工作的标准化、规范化、制定本标准。内容包括：检查分类及评分方法，检查评分表。

9.2 脚手架施工安全技术

9.2.1 脚手架的一般安全防护规定

1. 安全技术要求

（1）构架结构稳定可靠。

1）构架单元不缺基本的稳定构造杆部件。

2）整架按规定设置斜杆、剪刀撑、连墙杆或撑、拉件。

3）在通道、洞口以及其他需要加大结构尺寸（高度、跨度）或承受超规定荷载的部位，根据需要设置加强杆件或构造。

（2）连接节点可靠。

1）杆件的交叉位置符合节点构造规定。

2）连接件的安装和紧固力符合要求。

（3）基础（地基）和拉撑承受结构牢靠。

1）脚手架的基础（地基）、应平整夯实，具有足够的承载力和稳定性，脚手架的立杆之下必须设置垫座和垫板。

2）脚手架的连墙点、撑拉点和悬挂（吊）点必须设置在能可靠地承受撑拉荷载的结构部位，必要时应进行结构验算。

（4）安全防护。脚手架上的安全防护设施应能有效地提供安全防护，防止架上的人员和物料发生坠落。

1）搭设和拆除中的安全防护。作业现场应设安全护围和警示标志，禁止无关人员进入危险区域；对尚未形成或已失去结构稳定的脚手架部位应加设临时支撑或拉结；在无可靠的安全带扣挂物时，应拉设安全绳；设置材料提上或吊下设施，禁止投掷。

2）作业面的安全防护。脚手架的作业面应作全封闭防护，重点是作业面的平面和外侧立面的安全防护，确保操作人员的人身安全和防止施工杂物坠落伤人。

作业面外侧立面的防护设施可采用：挡脚板加两道防护栏杆；三道栏杆加外围塑料编织布（高度不低于 1.0m 或按步距设置）；两道栏杆绑挂高度不小于 1m 的竹笆；两道栏杆满挂立安全网。

3）临街防护。为了防止施工杂物坠落、弹出伤人，在施工现场临街的一侧应采取防护措施：采用塑料编织布、竹笆、席子或篷布将脚手架的临街面完全封闭；在临街面挂满安全网，下设安全通道。通道的顶盖应满铺脚手板或其他能可靠承接落物的板篷材料，篷顶临街的一侧应设高于篷顶不小于 0.8m 的挡墙，以免落物又反弹到街上。

4）人行和运输通道的防护。当行人贴近或穿过脚手架的人行和运输通道时，极有可能受到伤害，为此应采取以下防护措施：贴近或穿过脚手架的人行和运输通道必须设置板篷；上、下脚手架有高度差的入口应设坡道或踏步，并设栏杆防护。

9.2.2 脚手架安全操作的一般要求

1. 脚手架的搭设作业

（1）搭设顺序。按形成基本构架单元的要求逐排、逐跨和逐步进行搭设，矩形周边脚手架宜从其中的一个角向两个方向延伸搭设。为确保已搭部分架体的稳定，应遵守以下要求：

① 先放扫地杆，立杆竖立后按间距与扫地杆扣接或绑扎牢固，装设第一步大横杆时，将立杆校垂直后予以连接牢固。搭设时先搭设一个角部两侧 1～2 根杆长和一根杆高的架子，并按规定设置斜撑、剪刀撑，以形成整体稳定的起始架子，在此基础上再向两边延伸搭设，待全周边都搭好后，再分步满周边向上搭设。

② 在设置第一道连墙点之前，除角部外，应每隔 10～12m 设一根抛撑，抛撑的斜角为 45°～60°，埋入地下不少于 30cm。连墙杆设置后，方可拆去抛撑。

③ 门式脚手架以及其他纵向竖立面刚度较差的脚手架，在连墙点设置层宜加设纵向水平长横杆与连接件连接。

（2）做好施工人员个人防护。在搭设作业过程中，应做好以下个人防护和保护其他施工人员的安全工作：

① 架上工作人员应穿防滑鞋、佩戴安全带。为便于作业和确保安全，脚下应铺设足够数量的脚手板，脚手板铺设应平稳，不得有探头板。

② 架上作业人员应做好分工和配合，传递杆件时，应掌握好重心平稳传递，不要用力过猛，以免造成人身或物件失稳。

③ 作业人员应佩带工具袋，操作工具应放在工具袋内，防止工具失落伤人。

④ 架设所用材料应随搭设速度随用随上，以免放置不当，掉落伤人。

⑤ 每次收工前，架上材料应使用完毕，不要留存在作业面上。已搭设的架子应形成稳定结构，不稳定的应进行临时加固。

⑥ 在搭设过程中，地面上配合施工的人员应避开可能落物的区域。

（3）其他安全注意事项。其他安全注意事项包括以下几个方面：

① 向作业面传送材料应尽量用起重设备，尽量避免或减少人工传递材料。

② 进入现场的人员必须戴安全帽。

③ 作业人员不得攀登脚手架上下，应走房屋楼梯或单设安全人梯上下。

④ 在搭设脚手架时，不得使用不合格的架设材料。

⑤ 脚手架的搭设必须有专人指挥，作业人员必须服从统一指挥，不得各行其是。

2. 作业面上的操作

（1）各种架子的使用荷载均不得超过规定，使用荷载必须符合以下的规定：

① 作业面上的荷载（包括脚手架、人员、工具和材料等），设计无规定时，结构脚手架不超过 $2646N/m^2$；装修脚手架不超过 $1960N/m^2$；维护脚手架不超过 $1000N/m^2$。

② 架面荷载应均匀分布，避免荷载过大地集中在一起。

③ 脚手架的铺脚手板层和同时作业层的数量不得超过规定。

④ 垂直运输设施（井子架等）与脚手架之间转运平台的铺板层数量和荷载控制，应不超出施工组织设计的规定，不得任意增加铺板层数量和超量堆放施工材料。

⑤ 过梁等墙体构件应随运随安装，不得存放在脚手架上。

⑥ 较重的施工设备（如电焊机等）不得放在脚手架上。

（2）不得任意拆除脚手架的基本构件和连墙件，以免影响脚手架的稳定。因作业需要不得已拆除某些杆件或连墙件时，应征得施工负责人的同意，并采取可靠的弥补加固措施。

（3）不准随意拆除安全防护措施，安全设施未设置或设置不合格的，应补做或改善后才能上架作业。

（4）作业面操作。作业面操作时应注意以下事项：

① 工作面上的材料应及时清理，保持工作面规整畅通，不得乱放工具材料，以免影响作业安全和发生坠物伤人。

② 每次收工时，架上材料应用完，一时未用完的应堆码整齐。

③ 在作业面上进行撬、拉、推、拔等操作时，要采取正确姿势，站稳脚跟或手扶牢固的支持物，以免用力过猛时身体失去平衡或把东西甩出。

④ 在作业面上进行电焊作业时，应采取可靠的防火措施。

⑤ 雨、雪之后上架作业时，应把架面上的积雪、积水清除掉，避免发生滑跌。

⑥ 当作业面的高度不够而需要垫高时，应采取可靠的垫高措施，并且垫高不得超过 0.5m。当超过 0.5m 时，应按搭设规定，升高架子的铺板层。

3. 脚手架的拆除作业

（1）拆除准备。脚手架拆除作业的危险性大于搭设作业，因此，在拆除前应制定详细的拆除方案，建立统一指挥，并对拆除人员进行安全技术交底。

（2）拆除作业要点。按既定程序进行拆除作业，拆除时应注意以下事项：

① 拆取脚手板、杆件、门架及较长、较重、有两端连接的部件时，一定要两人或多人作业。拆除水平杆时，松开连

接后，水平托下；拆除立杆时，应先把稳上端，再松开下连接取下。

② 一定要按先搭后拆，后搭先拆的原则，逐步、逐层、逐件地拆除，并及时将拆下的材料吊运到地面。

③ 应尽量避免单人作业。多人作业时，应加强指挥，禁止不按程序进行乱拆乱卸。

④ 因拆除上部或一侧的连墙件而使架子不稳时，应加设临时撑拉措施，以免因架子晃动，影响作业安全。

（3）做好现场安全防护工作。

① 拆除现场应设可靠的安全警戒区，并设专人看管，严禁非施工人员进入拆除作业区。

② 严禁将拆除下的杆件和材料向地面抛掷，已吊至地面的材料应及时运出拆除区域，保持现场整洁。

③ 作业人员的安全防护要求与搭设作业相同。

9.2.3 架子工安全操作规定

架子工属于特殊工种，必须经过上岗培训，并取得合格证后，方可上岗作业。作业过程中应遵守下列规定：

（1）凡是高血压、心脏病、癫痫病、晕高或视力弱等不适合在高处作业的人员，均不得从事架子作业。架子工要经过上岗培训，并取得合格证后，方可上岗作业。

（2）认真学习领会安全技术交底内容，操作前要对作业环境和防护用品做一次检查，消除隐患后方可开始操作。

（3）架子工在高处作业时，必须佩戴安全带，所用的钎子应拴 1m 长的钎子绳。安全带必须与绑扎好的立杆或横杆挂牢，不得挂在铁丝扣等不牢固的地方。高处作业应精神集中，禁止打闹和开玩笑，休息时应下架子，禁止酒后作业。

（4）绑架子时 2～3 人配合操作，绑第一部大横杆时，必须检查立杆是否垂直，大横杆应绑在立杆的内侧，绑至四步时必须绑临时十字盖。

（5）递杆、拔杆时，上下操作人员应互相呼应，协调一致，防止坠物伤人。

（6）未搭完的脚手架，非架子工一律不准上架。架子搭完后施工人员会同组长、使用脚手架的班组、技术安全等有关人员共同进行验收，合格后各方签字方可投入使用。

（7）在带电设备附近搭、拆脚手架时，宜停电作业，在外电架空线路附近作业时，脚手架外侧边缘与外电架空线路之间的最小安全操作距离不得小于表 9.2.1 的规定。

表 9.2.1　在建工程（含脚手架具）的外侧边缘与外电架空线路的边缘之间的最小安全操作距离

外电线路电压	1KV 以下	1～10KV	35～110KV	154～220KV	330～500KV
最小安全操作距离（m）	4	6	8	10	12

（8）架子在使用的过程中，严禁随意拆改脚手架或挪用脚手板，必须拆改脚手架时，应经施工负责人批准，由架子工负责操作。

（9）遇大风（六级以上）、高温、雨雪天气影响施工安全时，应停止高空作业。

（10）所有的架子，经过大风、大雨后，应进行检查，如出现倾斜、下沉、松扣和崩扣等现象，要及时修理。

（11）每天班前要检查作业的安全隐患，班后要工完场清。

9.2.4　各种脚手架搭设安全技术要求

1. 金属扣件双排钢管脚手架

金属扣件双排钢管脚手架搭设安全技术要求见表 9.2.2。

表 9.2.2 金属扣件双排钢管脚手架搭设安全技术要求

序号	安全技术要求
1	进入现场，必须戴好安全帽，扣好帽带，并正确使用个人劳动防护用具
2	凡不符合高处作业要求的人员，一律禁止高处作业；严禁酒后高处作业
3	严格正确使用劳动保护用品，遵守高处作业规定，工具必须入袋，物件严禁高处抛掷
4	搭设金属扣件双排脚手架，应严格按照《建筑施工扣件式钢管脚手架安全技术规范》(JGJ 130—2011）的规定进行搭设
5	搭设前应严格进行钢管的筛选，凡严重锈蚀、薄壁、弯曲裂变的杆件不宜采用
6	严重锈蚀、变形、裂缝、螺栓螺纹已损坏的扣件不宜采用
7	脚手架的基础除按规定设置外，还必须做好排水处理
8	高层钢管脚手架座立于槽钢上的，必须有地杆连接保护，普通脚手架立杆必须设底座保护
9	不宜采用承插式钢管作底步立杆交叉之用

2. 扣件式钢管脚手架

扣件式钢管脚手架搭设工程应注意的安全技术要求见表 9.2.3。

表 9.2.3 扣件式钢管脚手架搭设时应注意的安全技术要求

类别	安全技术要求
扣件式钢管脚手架搭设安全技术	单位工程负责人应按施工组织设计中有关脚手架的要求，向架设和使用人员进行技术交底
	应按《建筑施工扣件式钢管脚手架安全技术规范》(JGJ 130—2011）第 3.1.1～3.5.2 条的规定和施工组织设计的要求对钢管、扣件、脚手板等进行检查验收，不合格产品不得使用
	经检验合格的构配件应按品种、规格分类，堆放整齐、平稳，堆放场地不得有积水
	应清除搭设场地的杂物，平整搭设场地，并使排水畅通
	当脚手架基础下有设备基础、管沟时，在脚手架使用过程中不应开挖，否则必须采取加固措施
	脚手架底座标高宜高于自然地坪 50mm～100mm
	脚手架基础经验收合格后，应按施工组织设计的要求放线定位

续表 9.2.3

类别	安全技术要求
扣件钢管脚手架搭设安全技术	脚手架必须配合施工进度搭设，一次搭设高度不应超过相邻连墙件以上两步
	每搭完一步脚手架后，应按《建筑施工扣件式钢管脚手架安全技术规范》(JGJ 130—2011)表 8.2.4 的规定校正步距、纵距、横距及立杆的垂直度
	底座安放应符合下列规定： （1）底座、垫板均应准确地放在定位线上。 （2）垫板宜采用长度不少于两跨、厚度不小于 50mm 的木垫板，也可采用槽钢
	立杆搭设应符合下列规定： （1）严禁将ϕ48 与ϕ51 的钢管混合使用。 （2）相邻立杆的对接扣件不得在同一高度内，错开距离应符合《建筑施工扣件式钢管脚手架安全技术规范》(JGJ 130—2011）第 6.3.6 条的规定。 （3）开始搭设立杆时，应每隔 6 跨设置一根抛撑，直至连墙件安装稳定后，方可根据情况拆除。 （4）当搭至有连墙件的主节点时，在搭设完该处的立杆、纵向水平杆、横向水平杆后，应立即设置连墙件。 （5）顶层立杆搭接长度与立杆顶端伸出建筑物的高度应符合《建筑施工扣件式钢管脚手架安全技术规范》(JGJ 130—2011）第 6.3.5、6.3.6 条的规定
	纵向水平杆搭设应符合下列规定： （1）纵向水平杆的搭设应符合《建筑施工扣件式钢管脚手架安全技术规范》(JGJ 130—2011）第 6.2.1 条的构造规定。 （2）在封闭型脚手架的同一步中，纵向水平杆应四周交圈设置，用直角扣件与内外角部立杆固定。 （3）纵向水平杆应随立杆按步搭设并应采用直角扣件与立杆固定
	横向水平杆搭设应符合下列规定： （1）搭设横向水平杆应符合《建筑施工扣件式钢管脚手架安全技术规范》(JGJ 130—2011）第 6.2.2 条的构造规定。 （2）双排脚手架横向水平杆的靠墙一端至墙装饰面的距离不宜大于 100mm。 （3）单排脚手架的横向水平杆不应设置在下列部位： ① 设计上不允许留脚手孔的部位。 ② 过梁上与过梁两端成 60°角的三角形范围内及过梁净跨度 1/2 的高度范围内。 ③ 宽度小于 1m 的窗间墙。 ④ 梁或梁垫下及其两侧各 500mm 的范围内

续表 9.2.3

类别	安全技术要求
扣件式钢管脚手架搭设安全技术	⑤ 砖砌体的门窗洞口两侧 200mm 和转角处 450mm 的范围内，其他砌体的门窗洞口两侧 300mm 和转角处 600mm 的范围内。 ⑥ 独立或附墙砖柱。 ⑦ 墙体厚度小于或等于 180mm。 ⑧ 砌筑砂浆强度等级小于或等于 M2.5 的砖墙。 当脚手架施工操作层高出连墙件两步时，应采取临时稳定措施，直到上一层连墙件搭设完后方可根据情况拆除
	剪刀撑、横向斜撑的搭设应随立杆、纵向和横向水平杆等同步搭设，各底层斜杆下端均必须支承在垫块或垫板上，门洞搭设应符合第 4.2 节规定。 扣件安装应符合下列规定： （1）扣件规格必须与钢管外径相同。 （2）螺栓拧紧扭力矩应不小于 40N・m，且应不大于 65N・m。 （3）在主节点处固定横向水平杆、纵向水平杆、剪刀撑、横向斜撑等用的直角扣件、旋转扣件的中心点的相互距离应不大于 150mm。 （4）对接扣件开口应朝上或朝内。 （5）各杆件端头伸出扣件盖板边缘的长度应不小于 100mm
	作业层、斜道的栏杆和挡脚板的搭设应符合下列规定： （1）栏杆和挡脚板均应搭设在外立杆的内侧。 （2）上栏杆上皮高度应为 1.2m。 （3）挡脚板高度应不小于 180mm。 （4）中栏杆应居中设置
	脚手板的铺设应符合下列规定： （1）脚手板应铺满、铺稳，离开墙面 120～150mm。 （2）采用对接或搭接时均应符合规定，脚手板探头应用 ϕ3.2mm 的镀锌钢丝固定在支承杆件上。 （3）在拐角、斜道平台口处的脚手板，应与横向水平杆可靠连接，防止滑动。 （4）自顶层作业层的脚手板往下计，宜每隔 12m 满铺一层脚手板
扣件式钢管脚手架安全管理技术	脚手架搭设人员必须是经过按现行国家标准《特种作业人员安全技术考核管理规则》考核合格的专业架子工，上岗人员应定期体验，合格者方可持证上岗
	搭设脚手架人员必须戴安全帽、系安全带、穿防滑鞋
	脚手架的构配件质量与搭设质量，应按《建筑施工扣件式钢管脚手架安全技术规范》（JGJ 130—2011）第 8 章的规定进行检查验收，合格后方准使用；钢管上严禁打孔

续表 9.2.3

类别	安全技术要求
扣件式钢管脚手架安全管理技术	作业层上的施工荷载应符合设计要求，不得超载；不得将模板支架、缆风绳、泵送混凝土和砂浆的输送管等固定在脚手架上；严禁悬挂起重设备；严禁拆除或移动架体上的安全防护设施
	当有六级及六级以上大风和雾、雨、雪天气时应停止脚手架搭设与拆除作业，雨、雪后上架作业应有防滑措施，并应扫除积雪
	脚手架的安全检查与维护应按规定进行，安全网应按有关规定搭设或拆除
	在脚手架使用期间，严禁拆除下列杆件： （1）主节点处的纵、横向水平杆，纵、横向扫地杆。 （2）连墙件
	不得在脚手架基础及其邻近处进行挖掘作业，否则应采取安全措施，并报主管部门批准
	临街搭设脚手架时，外侧应有防止坠物伤人的防护措施
	在脚手架上进行电、气焊作业时，必须有防火措施和专人看守
	工地临时用电线路的架设及脚手架接地、避雷措施等，应按现行行业标准《施工现场临时用电安全技术规范》（JGJ 46—2005）的有关规定执行
	搭拆脚手架时，地面应设围栏和警戒标志，并派专人看守，严禁非操作人员入内
扣件式钢管脚手架拆除安全技术	拆除脚手架前的准备工作应符合下列规定： （1）全面检查脚手架的扣件连接、连墙件、支撑体系等是否符合构造要求。 （2）应根据检查结果补充完善施工组织设计中的拆除顺序和措施，经主管部门批准后方可实施。 （3）应由单位工程技术负责人进行拆除安全技术交底。 （4）应清除脚手架上杂物及地面障碍物
	拆脚手架时，应符合下列规定： （1）拆除作业必须由上而下逐层进行，严禁上下同时作业。 （2）连墙件必须随脚手架逐层拆除，严禁先将连墙件整层或数层拆除后再拆脚手架；分段拆除高差应不大于两步，如高差大于两步，应增设连墙件加固。 （3）当脚手架拆至下部最后一根长立杆的高度（约 6.5m）时，应先在适当位置搭设临时抛撑加固后，再拆除连墙件。 （4）当脚手架采取分段、分立面拆除时，对不拆除的脚手架两端应先按《建筑施工扣件式钢管脚手架安全技术规范》（JGJ 130—2011）第 6.4.4 条、第 6.6.4 条款、第 6.6.5 条的规定设置连墙件和横向斜撑加固
	卸料时应符合下列规定： （1）各构配件严禁抛掷至地面。 （2）运至地面的构配件应按《建筑施工扣件式钢管脚手架安全技术规范》（JGJ 130—2011）第 8.1.2～8.1.5 条的规定及时检查、整修与保养，并按品种、规格码堆存放

3. 门式钢管脚手架

门式钢管脚手架搭设工程应注意的安全技术要求见表9.2.4。

表9.2.4 门式钢管脚手架搭设工程应注意的安全技术要求

类别	安全技术要求	
搭设安全技术要求	施工准备	（1）门式脚手架与模板支架搭设与拆除前，应向搭拆和使用人员进行安全技术交底。 （2）应按门式脚手架与模板支架搭拆施工的专项施工方案，对门架与配件、加固杆等在使用前应进行检查和验收，严禁使用不合格的门架与配件、加固杆等。 （3）经检验合格的构配件及材料应按品种、规格分类堆放整齐、平稳。 （4）对搭设场地应进行清理、平整，并应做好排水
	搭设作业	（1）对地基与基础的要求： ① 门式脚手架与模板支架的地基与基础施工，应符合《建筑施工门式钢管脚手架安全技术规范》（JGJ 128—2010）第6.8节的规定和专项施工方案的要求。 ② 在搭设前，应先在基础上弹出门架立杆位置线，垫板、底座安放位置应准确，标高应一致。 （2）搭设作业要求。搭设程序应符合下列规定： ① 门式脚手架的搭设应与施工进度同步，一次搭设高度不宜超过最上层连墙件两步，且自由高度应不大于4m。 ② 满堂脚手架和模板支架应采用逐列、逐排和逐层的方法搭设。 ③ 门架的组装应自一端向另一端延伸，应自下而上按步架设，并应逐层改变搭设方向，不应自两端相向搭设或自中间向两端搭设。 ④ 每搭设完两步门架后，应校验门架的水平度及立杆的垂直度。 搭设门架及配件除应符合《建筑施工门式钢管脚手架安全技术规范》（JGJ 128—2010）第6章的规定外，还应符合下列要求： a. 交叉支撑、脚手板应与门架同时安装。 b. 连接门架的锁臂、挂钩必须处于锁住状态。 c. 钢梯的设置应符合专项施工方案组装布置图的要求，底层钢梯底部应加设钢管并应采用扣件扣紧在门架立杆上。 d. 在施工作业层外侧周边应设置180mm高的挡脚板和两道栏杆，上道栏杆高度应为1.2m，下道栏杆应居中设置；挡脚板和栏杆均应设置在门架立杆的内侧。 （3）加固杆的搭设除应符合《建筑施工门式钢管脚手架安全技术规范》（JGJ 128—2010）第6.3节和第6.9节～6.11节的规定外，还应符合下列要求： ① 水平加固杆、剪刀撑等加固杆件必须与门架同步搭设。 ② 水平加固杆应设于门架立杆内侧，剪刀撑应设于门架立杆外侧

续表 9.2.4

类别		安全技术要求
搭设安全技术要求	搭设作业	（4）门式脚手架连墙件的安装必须符合下列规定： ① 连墙件的安装必须随脚手架搭设同步进行，严禁滞后安装。 ② 当脚手架操作层高出相邻连墙件以上两步时，在连墙件安装完毕前必须采用确保脚手架稳定的临时拉结措施。 （5）加固杆、连墙件等杆件与门架采用扣件连接时，应符合下列规定： ① 扣件规格应与所连接钢管的外径相匹配。 ② 扣件螺栓拧紧扭力矩值应为 40～65N·m。 ③ 杆件端头伸出扣件盖板边缘长度应不小于 100mm。 （6）悬挑脚手架的搭设应符合《建筑施工门式钢管脚手架安全技术规范》（JGJ 128—2010）第 6.1 节～6.5 节和第 6.9 节的要求，搭设前应检查预埋件和支承型钢悬挑梁的混凝土强度。 （7）门式脚手架通道口的搭设应符合《建筑施工门式钢管脚手架安全技术规范》（JGJ 128—2010）6.6 节的要求，斜撑杆、托架梁及通道口两侧的门架立杆加强杆件应与门架同步搭设，严禁滞后安装。 （8）满堂脚手架与模板支架的可调底座、可调托座宜采取防止砂浆、水泥浆等污物填塞螺纹的措施
拆除安全技术要求	拆除准备	（1）门式脚手架在拆除前，应检查架体构造、连墙件设置、节点连接，当发现有连墙件、剪刀撑等加固杆件缺少、架体倾斜失稳或门架立杆悬空情况时，对架体应先行加固后再拆除。 （2）模板支架在拆除前，应检查架体各部位的连接构造、加固件的设置，应明确拆除顺序和拆除方法。 （3）在拆除作业前，对拆除作业场地及周围环境应进行检查，拆除作业区内应无障碍物，作业场地临近的输电线路等设施应采取防护措施。 （4）根据拆除前的检查结果补充完善拆除方案，清除架体上的材料、杂物及作业面的障碍物
	拆除作业	（1）拆除作业必须符合下列规定： ① 架体的拆除应从上而下逐层进行，严禁上下同时作业。 ② 同一层的构配件和加固杆件必须按先上后下、先外后内的顺序进行拆除。 ③ 连墙件必须随脚手架逐层拆除，严禁先将连墙件整层或数层拆除后再拆架体；拆除作业过程中，当架体的自由高度大于两步时，必须加设临时拉结。 ④ 连接门架的剪刀撑等加固杆件必须在拆卸该门架时拆除，拆卸连接部件时，应先将止退装置旋转至开启位置，然后拆除，不得硬拉，严禁敲击；拆除作业中，严禁使用手锤等硬物击打、撬别。 （2）当门式脚手架需分段拆除时，架体不拆除部分的两端应按《建筑施工门式钢管脚手架安全技术规范》（JGJ 128—2010）第 6.5.3 条的规定采取加固措施后再拆除。 （3）门架与配件应采用机械或人工运至地面，严禁抛投。 （4）拆卸的门架与配件、加固杆等不得集中堆放在未拆架体上，应及时运至地面，并应及时检查、整修与保养，同时按品种、规格分别存放

续表 9.2.4

类别		安全技术要求
安全管理	作业人员要求	（1）搭拆门式脚手架或模板支架应由专业架子工担任，并应按住房和城乡建设部特种作业人员考核管理规定考核合格，持证上岗；上岗人员应定期进行体检，凡不适合登高作业者，不得上架操作。 （2）搭拆架体时，施工作业层应铺设脚手板，操作人员应站在临时设置的脚手板上进行作业，并应按规定使用安全防护用品，穿防滑鞋
	施工阶段	（1）严禁将模板支架、缆风绳、混凝土泵管、卸料平台等固定在门式脚手架上。 （2）六级及以上大风天气应停止架上作业，雨、雪、雾天应停止脚手架的搭拆作业，雨、雪、霜后上架作业应采取有效的防滑措施并应扫除积雪。 （3）满堂脚手架与模板支架的交叉支撑和加固杆，在施工期间禁止拆除。 （4）当施工需要，脚手架的交叉支撑可在门架一侧局部临时拆除，但在该门架单元上下应设置水平加固杆或挂扣式脚手板，在施工完成后应立即恢复安装交叉支撑。 （5）应避免装卸物料对门式脚手架或模板支架产生偏心、振动和冲击荷载。 （6）门式脚手架外侧应设置密目式安全网，网间应严密，防止坠物伤人。 （7）门式脚手架与架空输电线路的安全距离、工地临时用电线路架设及脚手架接地、防雷措施，应按现行行业标准《施工现场临时用电安全技术规范》(JGJ 46—2005 的有关规定执行。 （8）在门式脚手架或模板支架上进行电、气焊作业时，必须有防火措施和专人看护。 （9）不得攀爬门式脚手架。 （10）搭拆门式脚手架或模板支架作业时，必须设置警戒线、警戒标志，并应派专人看守，严禁非作业人员入内
	使用阶段	（1）门式脚手架与模板支架在使用期间，当预见可能有强风天气所产生的风压值超出设计的基本风压值时，对架体应采取临时加固措施。 （2）在门式脚手架使用期间，脚手架基础附近严禁进行挖掘作业。 （3）门式脚手架在使用期间，不应拆除加固杆、连墙件、转角处连接杆、通道口斜撑杆等加固杆件。 （4）门式脚手架与模板支架应进行日常性的检查和维护，架体上的建筑垃圾或杂物应及时清理

4. 碗扣式钢管脚手架

碗扣式钢管脚手架搭设工程应注意的安全技术要求见表 9.2.5。

表 9.2.5 碗扣式钢管脚手架搭设工程应注意的安全技术要求

类别		安全技术要求
搭设安全技术要求	施工准备	（1）双排脚手架及模板支撑架施工前必须编制专项施工方案，并经批准后方可实施。 （2）脚手架搭设前工程技术负责人应按脚手架施工设计或专项方案的要求对操作员进行技术交底。 （3）进入现场的脚手架构配件，使用前应对其质量进行复检。 （4）经检验合格的构配件应按品种、规格分类放置在堆料区内或码放在专用架上，清点好数量备用。脚手架堆放场地排水应畅通，不得有积水。 （5）连墙件如采用预埋方式，应提前与设计协商，并保证预埋件在混凝土浇筑前埋入。 （6）脚手架搭设场地必须平整、坚实、排水措施得当
	搭设作业	（1）地基与基础处理。 ① 脚手架地基基础必须按设计进行施工，按地基承载力要求进行验收。 ② 地基高低差较大时，可利用立杆0.6m 节点位差调节。 ③ 土壤地基上的立杆必须采用可调底座。 ④ 脚手架基础验收合格后，应按施工设计或专项方案的要求放线定位。 （2）双排脚手架搭设。 ① 底座和垫板应准确地放置在定位线上；垫板宜采用长度不少于 2 跨，厚度不小于 50mm 的木垫板；底座的轴心线应与地面垂直。 ② 脚手架搭设应按立杆、横杆、斜杆、连墙件的顺序逐层搭设，底层水平框架的纵向直线度应小于 1/200 架体长度，横杆间水平度偏差应小于 1/400 架体长度。 ③ 脚手架的搭设应分阶段进行，第一阶段的撂底高度一般为 6 m，搭设后必须经检查验收后方可正式投入使用。 ④ 双排脚手架的搭设应与建筑物的施工同步上升，每次搭设高度必须高于即将施工楼层 1.5 m。 ⑤ 当双排脚手架高度 H 小于或等于 30m 时，脚手架全高的垂直度偏差应小于或等于 $H/500$；当高度 H 大于 30m 时，垂直度偏差应小于或等于 $H/1000$。 ⑥ 当脚手架内外侧加挑梁时，在一跨挑梁范围内不得超过一名施工人员操作，挑架严禁堆放物料。 ⑦ 连墙件必须随架子高度上升及时在规定位置处设置，严禁任意拆除。 ⑧ 作业层设置应符合下列要求： a．脚手板必须铺满、铺实，外侧应设 180mm 挡脚板及 1200mm 高两道防护栏杆。 b．防护栏杆应用横杆在立杆的 0.6m 和 1.2m 的碗扣接头处搭设两道。 c．作业层下的水平安全网设置应符合国家现行标准《建筑施工安全检查标准》（JGJ 59—2011）的规定。 ⑨ 当采用钢管扣件作加固件、连墙件、斜撑时，应符合国家现行标准《建筑施工扣件式钢管脚手架安全技术规范》（JGJ 130—2011）的规定。 ⑩ 脚手架搭设完成时，应组织技术、安全、施工人员对整个架体结构进行全面的检查和验收，及时解决存在的结构缺陷

续表 9.2.5

类别		安全技术要求
拆除安全技术要求	拆除准备	（1）搭拆门式脚手架或模板支架应由专业架子工担任，上岗人员应定期进行体检，合格者方可持证上岗。 （2）搭拆架体时，操作人员应按规定使用安全防护用品，必须戴安全帽、系安全带、穿防滑鞋。 （3）双排脚手架拆除时，必须按专项施工方案，在专人统一指挥下进行。拆除前应全面检查脚手架的连接、支撑体系等是否符合构造要求，经按技术管理程序批准后，方可实施拆除作业。 （4）脚手架拆除前，现场工程技术人员应对在岗操作工人进行有针对性的安全技术交底。 （5）脚手架拆除时必须划出安全区，设置警戒标志，派专人看管。 （6）拆除前应清理脚手架上的器具及多余的材料和杂物
	拆除作业	（1）双排脚手架拆除。 ① 双排脚手架拆除作业应从顶层开始，逐层向下进行，严禁上下层同时拆除。 ② 连墙件必须在双排脚手架拆到该层时方可拆除，严禁提前拆除。 ③ 拆除的构配件应用起重设备吊运或人工传递到地面，严禁抛掷。 ④ 当双排脚手架采取分段、分立面拆除时，必须事先确定分界处的技术处理方案。 ⑤ 拆除的构配件应分类堆放，以便于运输、维护和保管。 （2）模板支撑架的拆除。 ① 模板支撑架的拆除应符合《混凝土结构工程施工质量验收规范》（GB 50204—2015）中混凝土强度的有关规定。 ② 架体拆除时应按施工方案设计的拆除顺序进行
安全使用与管理	施工阶段	（1）混凝土输送管、布料杆及塔架拉结缆风绳不得固定在脚手架上。 （2）大模板不得直接墩放在脚手架上。 （3）遇 6 级及以上大风、雨雪、大雾天气时，应停止脚手架的搭设与拆除作业。 （4）严禁在脚手架基础及邻近处进行挖掘作业。 （5）脚手架应与架空输电线路保持安全距离，工地临时用电线路架设及脚手架接地防雷措施等，应按国家现行行业标准《施工现场临时用电安全技术规范》（JGJ 46—2005）的有关规定执行。 （6）使用后的脚手架构配件应清除表面粘结的灰渣，校正杆件变形，表面作防锈处理后待用
	使用阶段	（1）作业层上的施工荷载应符合设计要求，不得超载，不得在脚手架上集中堆放模板、钢筋等物料。 （2）脚手架使用期间，严禁擅自拆除架体结构杆件；如需拆除必须经修改施工方案并报请原方案审批人员批准，确定补救措施后方可实施

5. 附着式升降脚手架

附着式升降脚手架搭设工程应注意的安全技术要求见表9.2.6。

表 9.2.6 附着式升降脚手架搭设工程应注意的安全技术要求

类别	安全技术要求
搭设安全技术要求	根据工程特点与使用要求编制专项施工组织设计，对特殊尺寸的架体应进行专门设计。架体在使用过程中因工程结构的变化而需要局部变动时，应制定专门的处理方案
	根据施工组织设计要求，落实现场施工人员及组织机构
	核对脚手架搭设材料与设备的数量、规格，查验产品质量合格证（出厂合格证）、材质检验报告等文件资料，必要时应进行抽样检验。主要搭设材料还应符合以下规定： （1）杆件表面外观质量应平直光滑，没有裂纹、分层、压痕、硬弯等缺陷，并应进行防锈处理；立杆最大弯曲变形应小于 $L/500$，横杆最大弯曲变形应小于 $L/150$；端面平整，切斜偏差应小于 1.70mm；实际壁厚不得小于标准公称壁厚的 90%。 （2）焊接件焊缝应饱满，焊缝高度应符合设计要求，无咬肉、夹渣、气孔、未焊透、裂纹等缺陷。 （3）螺纹连接件应无滑丝、严重变形、严重锈蚀等现象。 （4）扣件应符合现行《钢管脚手架扣件》（GB 15831—2006）的规定。 （5）安全围护材料及其他辅助材料应符合相应国家标准的有关规定
	准备必要的电工工具、机械工具和机电设备并检查其是否合格，限载控制系统的传感器等在每一个单体工程使用前均应进行标定
	附着式升降脚手架的安装与拆除需要塔式起重机配合时，应核验塔式起重机的施工技术参数是否满足需要
	附着式升降脚手架的升降采用电动设备时，应核验施工现场的供电容量
	附着式升降脚手架安装搭设前，应核验工程结构施工时设置的预留螺栓孔的孔径、垂直度或预埋件的平面位置、标高等，还应核实预留螺栓孔或预埋件处混凝土的强度等级。预留螺栓孔或预埋件的中心位置偏差应小于 15mm，预留螺栓孔孔径最大值与螺栓直径的差值应小于 5mm，预留孔应垂直于结构外表面，不能满足要求时应采取合理可行的补救措施
	附着式升降脚手架安装搭设前，应设置可靠的安装平台来承受安装时的竖向荷载。安装平台上应设有安全防护措施，安装平台的水平精度应满足架体安装精度的要求，任意两点间的高差最大值应不大于 20mm

续表 9.2.6

类别	安全技术要求
搭设安全技术要求	附着式升降脚手架的安装搭设应按照施工组织设计规定的程序进行
	安装过程中应严格控制水平支承结构与竖向主框架的安装偏差。水平支承结构相邻两机位处的高差应小于 20mm；相邻两榀竖向主框架的水平高差应小于 20mm；竖向主框架的垂直偏差应小于 3‰；若有竖向导轨，则导轨垂直偏差应小于 2‰
	安装过程中架体与结构间应采取可靠的临时水平拉撑措施，确保架体稳定
	用扣件式或碗扣式脚手杆件搭设的架体，搭设质量应符合相关标准的要求
	扣件螺栓螺母的预紧力矩应控制在 40～50N・m 范围内
	作业层与安全围护设施的搭设应满足设计与使用要求
	架体搭设的整体垂直偏差应小于 4‰，底部任意两点间的水平高差不大于 50mm
	脚手架邻近高压线时，必须有相应的防护措施
	在使用过程中，脚手架上的施工荷载必须符合设计规定，严禁超载，严禁放置影响局部杆件安全的集中荷载。建筑垃圾应及时清理
	脚手架只能作为操作架，不得作为施工外模板的支模架
	使用过程中，禁止违章作业
	使用过程中，应以一个月为周期，按《建筑施工附着升降脚手架安全技术规程》（DGJ 08—19905—1999）第 6.4.1 条中 1、2、3、7 的要求进行检查，不合格部位立即整改
	脚手架在空中暂时停用时，应以一个月为周期，按《建筑施工附着升降脚手架安全技术规程》（DGJ 08—19905—1999）第 6.4.1 条中 1、2、3、7 的要求进行检查，不合格部位立即整改
	脚手架在空中停用时间超过一个月或遇六级以上（包括六级）大风后复工时，应按《建筑施工附着升降脚手架安全技术规程》（DGJ 08—19905—1999）第 6.4.1 条的要求进行检查，检查合格后方能投入使用
拆除安全技术要求	脚手架的拆除工作必须按施工组织设计中有关拆除的规定执行，拆除工作宜在低空进行
	脚手架的拆除工作应有安全可靠的防止人员与物料坠落的措施
	拆下的材料做到随拆随运，分类堆放，严禁抛扔

6. 室内满堂脚手架

室内满堂脚手架搭设工程应注意的安全技术要求见表 9.2.7。

表 9.2.7 室内满堂脚手架搭设工程应注意的安全技术要求

序号	安全技术要求
1	室内满堂脚手架搭设应严格按施工组织设计要求搭设
2	满堂脚手架的纵、横距应不大于 1.5m
3	满堂脚手架应设登高设施，保证操作人员上下安全
4	操作层应满铺竹笆，不得留有空洞，必须留空洞时，应设围栏保护
5	大型条形内脚手架，操作层两侧，应设防护栏杆保护
6	满堂脚手架步距，应控制在 1.8m 内，高于 1.8m 时，应有技术保护措施
7	满堂脚手架的稳固，应采用斜杆（剪刀撑）保护
8	满堂脚手架严禁采用钢、竹混设

10　施工方案的编制及班组管理

10.1　脚手架施工方案的编制

10.1.1　编制施工方案的内容

施工方案的编制是施工组织设计最重要的环节之一，是决定工程全局的关键。在拟订施工方案时，应着重研究以下几个内容：确定工程各施工过程的施工顺序；确定主要施工过程的施工方法，并选择适用的施工机械；确定工程施工的流水组织。

1. 施工顺序的确定

一般建筑物的施工顺序是：先地下、后地上；先土建、后设备；先主体、后围护；先结构、后装修。有了这样的施工顺序就可以按顺序做好各项施工准备工作，合理安排各阶段各工种的施工及相互间的协作配合。

混合结构民用房屋施工顺序如图 10.1.1 所示。单层工业厂房施工顺序如图 10.1.2 所示。

2. 施工方法和施工机械的选择

正确地选择施工方法和施工机械是编制施工方案的关键，因为它直接影响到施工速度、工程质量、施工安全和工程的成本。应从若干种施工方法中选择适合本工程的最先进、最合理、最经济的施工方法和施工机械，达到降低工程成本，提高劳动生产率的目的。

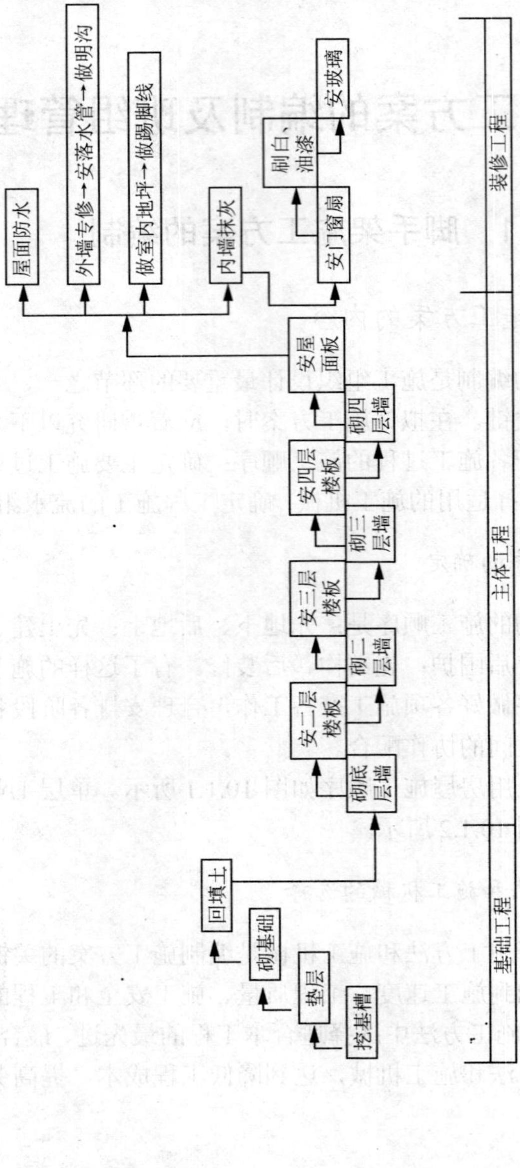

图 10.1.1 混合结构民用房屋施工顺序示意

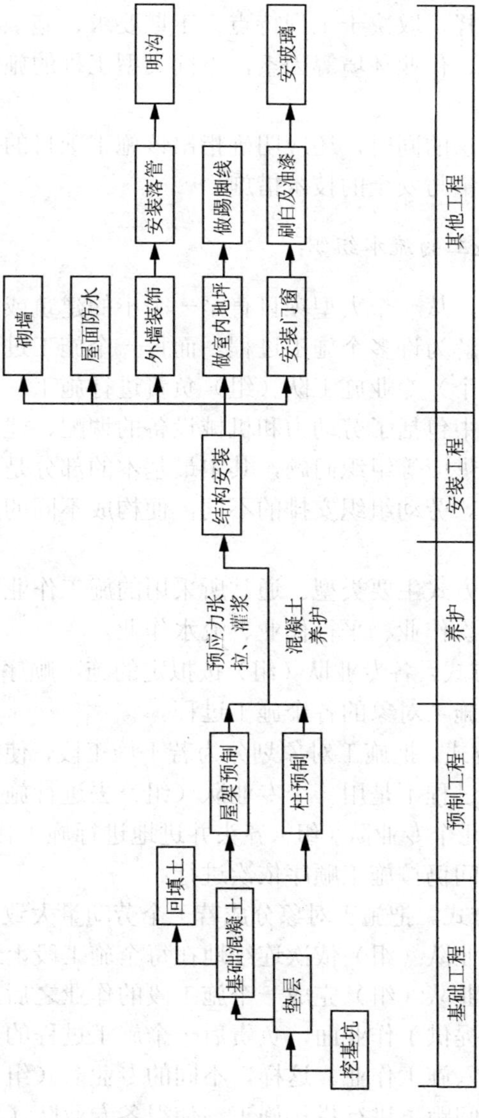

图10.1.2 单层工业厂房施工顺序示意

施工方法的选择，取决于工程特点、工期要求、施工机械的使用和施工工艺、作业环境等因素，不同类型工程的施工方法有很大的差异。

在拟定施工方法的同时，还应明确指出该施工项目的质量标准，以及确保质量与安全的技术措施。

3. 确定工程施工的流水组织

任何建筑工程，从一个大型项目直至一个小的建筑或构筑的施工，都可以分解为许多个施工过程。而每一个施工过程通常是由一个（或多个）专业施工队（组）负责进行施工。每一个工程的施工活动中包括了劳动力和机械设备的调配、建筑材料和构（配）件的供应等组织问题，其中最基本的部分是劳动力的组织安排问题。劳动组织安排的不同，便构成不同的施工方式。

（1）施工作业方式主要类型。通常所采用的施工作业方式主要可以归纳为依次作业、平行作业、流水作业。

1）依次作业方式。各专业队（组）按拟定的施工顺序，一个接着一个地完成施工对象的各个施工过程。

2）平行作业方式。把施工对象划分为若干施工段，使施工对象的每一个施工过程不是用一个专业队（组）去进行施工作业，而是同时安排几个专业队（组）齐头并进地进行施工作业，并且各施工过程之间仍按施工顺序依次进行。

3）流水作业方式。把施工对象分成若干个劳动量大致相等的施工段，各个专业队（组）依次连续地在每个施工段上进行作业，当前一个专业队（组）完成一个施工段的作业之后，就为下一个施工过程提供了作业面，负责后一个施工过程的专业队（组）便可以投入施工作业。这样，不同的专业队（组）之间保持着一定的时间距离进行搭接施工，使得各专业队（组）在不同的空间范围内可以互不干扰地同时进行不同的工作。

上述三种作业方式通过工程实践证明，流水作业方式是组织工程施工的有效方法，因此被广泛使用。

（2）组织流水施工的基本要求。

1）将施工对象按其所包含的工作内容不同，划分为若干个施工过程，也就是划分为若干个工作性质相同的分部、分项工程或工序。

2）对各个施工过程进行劳动组织分工，即为各施工过程组织相应的专业队（组），负责该施工过程的施工作业。

3）在空间上将施工对象（整个建筑工程、建筑物或分部工程）划分为工程量相等或大致相等的若干个施工段（层）。

4）建立生产节奏，确定每一个施工过程的延续时间。

5）组织各个施工过程之间的合理搭接。

6）使各个专业队（组）按照一定的施工工艺程序，依次地、连续地在各个施工段上完成各自的工作，并且有些专业队（组）能在同一时间的不同空间上平行进行作业。

10.1.2 编制搭设脚手架的施工方案

脚手架的种类很多，但在施工中究竟采用哪种脚手架，应从实际出发，要根据工程量的大小、建筑物的结构形式、装修要求、工期长短、脚手架所用材料、构件大小、机具设备、劳动力，以及现场条件和配合工种等情况来确定采用脚手架的种类、搭设顺序和方法。

无论搭设哪一类脚手架，其编制施工方案的基本原则和要点是相同的。

1. 编制施工方案的基本原则和依据

（1）一般性房屋建筑施工的外脚手架。

1）所搭设的脚手架要有足够的面积，以满足工人操作、材料堆放和人行通道及运输的需要。

2）所搭设的脚手架要坚固、稳定，保证在施工期内，在各种荷载和气候条件下不发生变形、不倾斜、不摇晃，安全可靠。

3）所搭设的脚手架要构造简单、搭拆和搬运方便，并能多次周转运用。

4）尽量考虑节约搭设脚手架的用料。

5）脚手架为辅助工程，搭设的进度要和其他工序相配合，保证各项施工有序、有节奏，按时完成。

（2）高层建筑外脚手架。

1）高层建筑外脚手架必须安全感好，有防御意外情况的切实措施，使高处作业人员和外脚手架影响范围内人员的人身安全有可靠保证。

2）高层建筑外脚手架，应能满足高层建筑施工和施工进度的要求，适用性强。

3）高层建筑外脚手架施工方案的选择依据如下：

① 建筑高度不超过 40m 时，用于涂料、干粘石或水刷石等施工的外脚手架，宜选用挂架、吊篮架和插接式框式钢管脚手架。

② 建筑物外立面凹凸不大于 1m 时，可采用桥式脚手架。

③ 高层房屋围护结构采用砖砌体，装饰工程采用贴面砖，施工荷载较大时，可采用扣件式钢管脚手架。

④ 建筑物的高度超过 40m 时，应沿建筑物长度方向分段搭设，可采用吊撑或悬挑一次或几次搭设扣件式钢管脚手架。

⑤ 当建筑物的总高度不超过 60m，层高低于 3m 时，可采用上吊式扣件钢管、桁架式斜撑钢管加拉杆的脚手架。

⑥ 当建筑物的柱、梁、剪力墙为现浇钢筋混凝土结构，且层高低于 3m 时，可选用三角形钢架脚手架。

2. 编制脚手架施工方案的基本要点

（1）审核图纸，了解建筑物的总体情况。

1）通过建筑平面图了解建筑物的平面形式，建筑物的总长和进深多宽，共有多少开间，每个开间的平面尺寸多大等。

2）通过建筑立面图了解建筑物的立面情况。如总高多少，共有多少层，每层的层高多少；立面有无高低跨，屋顶是平屋顶还是坡屋顶，有无阳台及外墙的装饰要求等。

（2）根据施工组织设计要求选用脚手架形式。

1）了解施工组织设计对脚手架施工提出了什么具体的要求。如施工中采用内脚手架还是采用外脚手架；做外墙装修时是否采用吊篮架子；在某些特定部位是否要求使用挑架子等。

2）根据施工要求、施工地点和施工条件确定脚手架的种类。如外脚手架采用多立杆式脚手架时，是使用杉篙搭设，还是使用扣件式或碗扣式钢管脚手架，或是使用毛竹脚手架；如条件许可，是否可采用框式脚手架或桥式脚手架。

（3）了解项目施工的具体情况，安排脚手架的施工步骤和施工方法。

1）掌握项目施工进度和分段流水施工的具体时间要求，了解有多少工种需搭设脚手架。掌握这些情况以后，就可以根据不同的时间要求，不同的使用要求安排脚手架的施工步骤和施工方法。

2）提出搭设脚手架的安全技术措施。

（4）针对整个工程，计算脚手架的施工工程量和所需要的材料、机具数量，以及劳动力的用工量，并提出相应的计划、进场时间和完成日期，做到有计划地科学施工。

10.1.3 搭设各种脚手架的用料量估算

1. 搭设扣件式钢管脚手架用料量估算

每搭设 $1000m^2$ 墙面扣件式钢管脚手架用料量估算见表 10.1.1。

表 10.1.1 扣件式钢管脚手架用料量参考表（1000m² 墙面）

材料名称		单位	墙高 20m		墙高 10m	
			单排	双排	单排	双排
钢管	立杆	m	546	1092	583	1166
	顺水杆	m	805	1560	834	1565
	排木	m	924	882	998	897
	剪刀撑	m	183	183	100	100
	小计	m	2458	3717	2515	3728
	钢管重量	t	9.44	14.27	9.66	14.32
扣件	直角扣件	个	908	1688	943	1685
	回转扣件	个	75	75	40	40
	对接扣件	个	206	404	189	361
	底座	个	26	52	53	106
	小计	个	1215	2219	1225	2193
	扣件重量	t	1.63	2.98	1.65	2.97
钢材用量		t	11.07	17.25	11.31	17.29

注：1. 脚手架构造：立杆纵向间距 2m，横向间距 1.5m（单排离墙面 1.4m），顺水杆间距 1.3m（最下一步 1.8m）。高 20m 时，搭 15 步 25 跨，设剪刀撑 3 道；高 10m 时，7 步 52 跨，设剪刀撑 4 道。

2. 扣件每个重量：直角扣件为 1.25kg，回转扣件为 1.5kg，对接扣件为 1.6kg。

3. 底座用 8mm 厚钢板和 $\phi60\times3.5$mm 钢管焊接，每个重 2.14kg。

4. 顺水杆中包括栏杆。

5. 钢管内径为 40mm，外径为 48mm，壁厚 4mm，每米重 3.8kg。

2. 搭设扣件式组合脚手架用料量估算

每搭设 1000m² 墙面扣件式组合脚手架用料量估算见表 10.1.2。

3. 搭设框式钢管脚手架用料量估算

每搭设 1000m² 墙面框式钢管脚手架用料量估算见表 10.1.3。

表 10.1.2 扣件式组合脚手架用料量参考表（1000m^{2}墙面）

材料名称		单位	墙高 20m	墙高 10m	备注
钢管	立杆	m	574	736	ϕ 48×3.5mm
	顺水大横杆	m	624	413	
	排木小横杆	m	1026	1146	
	剪刀撑、斜撑	m	375	386	
	小计	m	2599	2681	
	钢管重量	t	9.98	10.3	
扣件	直角扣件	个	1136	1072	每个重 1.25kg
	回转扣件	个	140	168	每个重 1.5kg
	对接扣件	个	96	64	每个重 1.6kg
	底座	个	32	64	每个重 2.14kg
	小计	个	1404	1368	
	扣件重量	t	1.85	1.83	
桁架		t	0.92	1.84	
钢材用量		t	12.75	13.97	

注：6m 型钢木行架每个用钢量为 153.4kg。

表 10.1.3 框式钢管脚手架用料量参考表（1000m^{2}墙面）

材料名称	用料量						
	单位	门形脚手架			梯形脚手架		
		每件重量（kg）	件数	总重量（kg）	每件重量（kg）	件数	总重量（kg）
框架	榀	33.73	270	9107	34.41	270	9291
剪刀撑	副	7.18	270	1939	7.18	270	1939
水平撑	根	2.81	504	1416	2.81	504	1416
栏杆	副				10.74	15	161
栏杆立柱	根	4.02	30	121			
栏杆横杆	根	2.64	58	153	2.67	28	75
三角架	个	4.4	30	132	4.4	30	132
底座	个	2.75	60	165	3.86	60	232
连接螺栓	个	0.09	1080	97	0.09	1080	97
合计	kg			13130			13343

注：1. 剪刀撑每 2 根为 1 副。

2. 三角架包括挂钩。

4. 搭设木脚手架用料量估算

每搭接 1000m^2 墙面木脚手架用料量估算见表 10.1.4。

5. 搭设竹脚手架用料量估算

每搭设 1000m^2 墙面竹脚手架用料量估算见表 10.1.5。

6. 搭设角钢脚手架用料量估算

每搭设 1000m^2 墙面角钢脚手架用料量估算见表 10.1.6。

7. 搭设井架的用料量估算

（1）搭设木井架用料量估算见表 10.1.7。
（2）搭设木井架吊盘用料量估算见表 10.1.8。
（3）搭设角钢井架用料量估算见表 10.1.9。
（4）搭设扣件式钢管井架用料量估算见表 10.1.10。

表 10.1.4　木脚手架用料量参考表（1000m^2 墙面）

材料名称		单位	用料量				备注
			墙高 20m		墙高 10m		
			单排	双排	单排	双排	
杉杆	梢径 7cm，长 6m	根			202	338	立杆、剪刀撑用
	梢径 7cm，长 8m	根	153	258			立杆、剪刀撑用
	梢径 8cm，长 8m	根	119	231	126	238	顺水杆用
木杆	梢径 8cm，长 2m	根	594	594	611	611	顺水杆用
木材合计		m^3	31.6	51.8	29.8	48	
8 号铁丝		kg	276	517	291	531	

注：1. 表中所列木脚手架构造方式：立杆纵向间距为 1.5m、立杆横向间距双排为 1m，单排立杆距墙面 1.5m；顺水杆步距为 1.2m，操作层排木间距为 0.75m。
2. 墙高 20m 时，搭设 16 步 34 跨；墙高 10m 时，搭设 8 步 67 跨。

表 10.1.5 竹脚手架用料量参考表（1000m² 墙面）

材料名称		单位	用料量				备注
			墙高 20m		墙高 10m		
			单排	双排	单排	双排	
毛竹	梢径 7.5cm，长 6m	根		1028		1035	立杆、顺水杆、剪刀撑用
	梢径 9cm，长 2m	根		594		611	
竹蔑	长 2.5～2.7m，每把 6～7 根	把		3350		3270	排木用

注：1. 表列竹脚手架构造方式：立杆纵向间距为 1.5m、立杆横向间距为 1m，顺水杆步距为 1.2m，操作层排木间距为 0.75m。

2. 墙高 20m 时，搭设 16 步 34 跨；墙高 10m 时，搭设 8 步 67 跨。

表 10.1.6 角钢脚手架用料量参考表（1000m² 墙面）

材料名称	用料量				备注
	单位	每件重量（kg）	件数	总重量（kg）	
立杆 3.88m	根	17.57	260	4568	
短立杆 2.33m	根	9.54	13	124	
顺水杆 2m	根	10.19	500	5095	
排木 1.2m	根	5.66	285	1613	
栏杆 2m	根	10.19	25	255	
斜撑	根	21.12	45	950	
三角架	个	2.26	26	59	
底座	个	2.09	52	109	
合计				12773	
其中：∟50×5				4313	
∟75×50×5				6407	
∟50×5				970	

注：1. 1000m² 墙面，高 20m 的脚手架按双排 11 步 25 跨计算。

2. 每件重量已包括附焊铁件在内。

3. 斜撑按“之”字单肢布置，用 $\phi 48\times3.5$mm 钢管。

表 10.1.7 木井架用料量参考表（座）

<table>
<tr><th colspan="2" rowspan="4">材料名称及规格</th><th rowspan="4">单位</th><th colspan="2">用料量</th></tr>
<tr><th>八柱木井架</th><th>六柱木井架</th></tr>
<tr><th>搭设高度 20m</th><th>搭设高度 20m</th></tr>
<tr><th>井孔 4.2m×2.2m
横杆间距 1.3m</th><th>井孔 3.6m×2.0m
横杆间距 1.3m</th></tr>
<tr><td rowspan="8">杉木杆
梢径 8cm</td><td>长 8m</td><td>根</td><td>24</td><td>18</td></tr>
<tr><td>长 6.6m</td><td>根</td><td>24</td><td></td></tr>
<tr><td>长 6.1m</td><td>根</td><td></td><td>24</td></tr>
<tr><td>长 5.3m</td><td>根</td><td>8</td><td>8</td></tr>
<tr><td>长 5m</td><td>根</td><td>32</td><td></td></tr>
<tr><td>长 4.4m</td><td>根</td><td></td><td>32</td></tr>
<tr><td>长 3m</td><td>根</td><td>36</td><td></td></tr>
<tr><td>长 2.8m</td><td>根</td><td></td><td>36</td></tr>
<tr><td colspan="2">木材合计</td><td>m^3</td><td>6.69</td><td>5.54</td></tr>
<tr><td colspan="2">8 号铁丝</td><td>kg</td><td>48</td><td>39</td></tr>
</table>

注：表列指标不包括吊盘、天轮梁、导轨等附件材料。

表 10.1.8 木井架的吊盘用料量参考表（个）

名称 （底盘）	大吊盘 3.8m×1.7m	中吊盘 2.4m×1.4m	小吊盘 1.5m×1.2m
大梁	2-∟63×6 组合桁架	2-∟8	2-∟63×6
搁栅	3-∟50×5	5-∟50×5	3-∟63×6
竖吊杆	4-∟63×6	2-∟8	2-∟63×2
斜拉杆	4-∟40×4	4-∟40×4	4-∟40×4
横梁	4-∟63×6	1-∟8	1-∟8
角撑	8-∟40×4	2-∟40×4	2-∟40×4

表 10.1.9 角钢井架用料量参考表（座）

材料名称及规格		单位	用料量	
			普通角钢井架	
			Ⅰ型	Ⅱ型
			搭设高度 20m	搭设高度 20m
			井孔尺寸 1.8m×1.8m 节间尺寸 1.5m （底节 1.8m）	井孔尺寸 1.5m×1.5m 节间尺寸 1.5m （底节 1.8m）
角钢	∟75×8	kg	751	
	∟63×6	kg	1198	476
	∟55×5	kg		692
	钢板 δ=8mm	kg	231	
	δ=6mm	kg		173
钢材合计		kg	2180	1341
螺栓 M16		个	512	
螺栓 M14		个		512

注：表列指标不包括吊盘、天轮梁、导轨及附设拨杆等附件材料。

表 10.1.10 扣件式钢管井架用料量参考表（座）

材料名称及规格	单位	用料量		
		八柱井架	六柱井架	四柱井架
		搭设高度 20m	搭设高度 20m	搭设高度 20m
		井孔 4.2m×2.4m 横杆间距 1.3m	井孔 4m×2.0m 横杆间距 1.3m	井孔 1.9m×1.9m 横杆间距 1.3m
钢管（ϕ48×3.5 mm）	m	620	560	340
	kg	2381	2150	1306
直角扣件	个	224	192	160
回转扣件	个	140	100	44
对接扣件	个	24	18	12
底座	个	8	6	4
扣件重量	kg	585	431	294
钢材重量	kg	2966	2581	1600

注：表列指标中不包括吊盘、天轮梁、导轨等附件材料。

10.2 脚手架施工班组管理知识

生产班组是工作班、生产小组的统称，是企业的细胞，班组工作是企业各项工作的基础。

班组根据企业内部劳动协作分工的需要，按施工程序和施工工艺、专业和工种而划分。企业生产任务的完成，达标升级规划的实现，企业的生存和发展，均依赖于班组的建设和管理。班组的建设加强了，可以大大提高劳动者的责任感和积极性，这对确保工程质量，提高企业的竞争力有着十分重要的意义。

10.2.1 班组管理的基本内容

企业为了取得最佳的经济效益和社会效益，必须加强对施工项目的生产管理、计划管理、技术管理、质量管理、材料管理以及劳动、经济管理，而这些管理目标最终都必须落实到班组来完成。

班组管理包括以下基本内容：

（1）加强政治思想工作。

（2）完成企业的计划目标。

（3）为实施企业的最佳经济效益和社会效益而开展各项施工管理活动（主要有施工生产计划管理、质量管理、安全管理）。

（4）组织班组人员参加政治、文化、技术、业务学习，不断提高班组成员的个人素质和群体素质，广泛开展技术革新、技术练兵和提合理化建议活动，努力培养“多面手”和能工巧匠。

（5）积极开展社会主义劳动竞赛。

10.2.2 班组施工生产计划管理

1. 班组施工生产计划管理的原则

企业的月、季、年施工计划目标，经过层层分解落实，最后分解为班组的月、旬、日分阶段的局部目标。这些局部目标的实现是企业施工计划目标实现的基础。因此，班组必须从全局出发加强计划管理，保证局部目标按日、旬和月完成，绝不允许只顾班组小团体利益和眼前利益，讲价钱，不服从分配和指挥。

2. 班组计划管理的内容

（1）根据施工队下达到班组的施工任务书，结合本班组的技术生产能力，编制好本班组的作业计划，并向班组全体人员进行交底，明确当月、旬生产计划任务。

（2）为完成生产任务做好一切必要的准备，包括熟悉施工图纸、工艺与工序流程、质量标准和工期进度要求，准备好所需使用的机具、材料等。

（3）班组在执行计划过程中，要逐日、逐项检查所分派的任务、时间、质量要求的情况，在检查过程中对每道工序的进展情况要及时分析、研究，对可能发生的问题要采取积极的预防措施，对检查出来的问题要及时处理好。

（4）班组要抓好作业的综合平衡和劳动力的分工协作，对于重点工序、关键部位要重点保证。对施工中的劳动力、材料、工具等要合理分配使用，达到既能满足施工作业的需要，又能取得较好的生产效益的目的。

（5）在计划的执行过程中，对已变动的作业计划，要不失时机地根据变动的情况及时加以调整和平衡，以保证在新的情况下，最好地实施计划目标。

10.2.3 班组的质量管理

施工质量的好坏不仅关系到企业的经济效益，而且关系到企业的社会效益，因此它是企业经营管理的核心。

班组生产质量的好坏，直接影响到后续工序的顺利进行，从而决定了施工项目的质量。因此，班组在施工质量管理方面应强调以下几点。

1. 贯彻“质量第一”方针

班组在施工中必须坚定不移地贯彻“质量第一”的方针，除了利用必要的检查控制手段外，还应建立健全并严格执行各项规章制度，确保工程质量。

2. 坚持“预防为主”方针

在施工管理中应坚持“预防为主”的方针，防患于未然，将工程质量问题的苗头和事故隐患消灭在萌芽状态，最大限度地减少损失，以施工质量保证工程质量的稳定提高。

3. 坚持“谁施工，谁负责”的原则

认真落实质量承包责任制，坚持“谁施工谁负责”的原则，层层设防，道道把关，人人有责，落到实处。

4. 坚持边施工，边自检、互检的制度

作业人员必须严格按图施工，在施工过程中应坚持边施工，边自检、互检的制度，有问题及时改正，确保施工质量符合设计和施工的质量要求。

5. 按国家有关规定进行全面检查

每项任务完成后，应按国家标准中的有关规定进行全面的检查，并如实填写质量自检记录，送交质量专职检查员复查和评定质量等级。

6. 严格执行上下工序交接检查验收制度

严格执行上下工序交接检查验收制度，做到本班的质量不合格不交工，上道工序不符合要求不进行下道工序的施工，保证每道工序符合质量标准。

7. 保护好原材料

保护好原材料、半成品，不损坏成品、不污染成品，防止材料的混杂和丢失。

8. 有质量问题的材料不得用于工程

当原材料、半成品、成品、设备等有质量问题时，应及时向领导反映，在没有得到正式答复之前不得用于工程施工。

9. 严格执行国家计量法

严格执行国家计量法，对计量仪器和测量仪器应精心维护，进行必要的检定，使之保持良好的工作状态。

10. 坚持奖罚严明的质量管理制度

对质量好的要进行精神和物质的表彰和奖励；对施工质量不好的，必须查明原因，订出改进措施并落实，对有关责任人员视情节的轻重分别给予批评和惩罚。

10.2.4 班组的安全管理

班组安全管理必须贯彻国家制定的“安全第一，预防为主”的安全生产方针，通过教育使班组全体人员了解有关安全生产的方针和制度。

班组的安全管理重点抓好以下几点：

（1）安全教育与思想教育相结合，认真贯彻有关安全生产的方针、政策、法令和各项制度，克服工人单纯追求完成定额而不关心安全的倾向。

（2）加强工前教育、工中检查、工完讲评的“三工教育”，对安全工作进行严格、及时的监控。

（3）教育班组人员自觉遵守生产安全操作规程，树立牢固、正确的安全生产观念，增强安全生产意识和自我防护能力。

（4）抓好安全技术交底和安全操作交底的日常工作。此工作除了日常抓好，并做好记录外，还要突出重点，针对性强，切忌公式化。

（5）对本班组工作范围的安全进行经常性的检查，发现隐患应及时向有关人员和部门报告，并积极提出消除隐患的意见。

（6）认真落实安全技术措施，要不断丰富职工安全操作知识，提高职工对安全作业环境的辨别能力，培养他们维护施工作业环境和提高防护能力的自觉性。

（7）正确使用和爱护劳动保护用品和安全设施。

（8）积极参加伤亡事故的调查。如一旦发生事故，要参加事故分析会，做到事故原因不查明不放过，没有切实可行的改正措施不放过，事故责任者和群众没有受到教育并吸取教训不放过。

10.2.5 质量管理小组活动

在施工企业中生产和工作岗位上劳动的职工，围绕企业的方针目标，运用全面质量管理的理论和方法，以改进质量、降低消耗、提高经济效益和管理水平为目的而组织起来开展活动的小组，统称为质量管理小组，简称为 QC 小组。

目前，施工企业正积极开展全面质量管理工作。全面质量管理，是现代化管理的一种科学管理方法，它以实行全过程、全企业、全人员的“三全”管理为基本手段，充分发挥企业内部各部门各方面的作用，不断提高企业的管理水平，从而生产出物美价廉、经久耐用、社会和用户都满意的优质产品。

在建筑工程项目施工中，有几百人，几十个专业工种，几十道工序同时进行施工，仅仅靠专职质量管理检查监控机构和少数专职质量检查人员是无法搞好工程质量的。必须广泛发动群众参加管理，实行专业管理与群众管理相结合的体制，使专管成线，群管成网。这几年开展群众性质量管理活动的成功经验是开展 QC 小组活动。

工程项目可以根据需要，成立若干个 QC 小组，针对某些特殊工序，包括操作难度比较高的工序，以及技术、质量难点设立活动课题，开展攻关活动。

通过 QC 小组活动，调动了职工的积极性和创造性，较好地解决了技术和质量中的难点，培养了职工搞好工程质量的自觉性，激发了广大职工学文化、学技术的热情。达到施工全过程的自检自控，从而高效地建造出质量高、造价低的建筑成品，以满足社会对精神和物质需求发展的需要。

1. 全面质量管理的基本内容

全面质量管理的基本内容包括：标准化、质量情报、质量教育、计量工作、质量责任制、建立质量管理小组等项工作。

（1）标准化工作。标准化是组织现代化生产的重要手段，是科学管理的重要组成部分，是国家的一项重要技术经济政策。在施工企业中，标准化包括技术标准和企业工作标准。

技术标准是工程在性能、可靠性、安全性、经济性等质量特性方面应达到的标准，是进行施工、检查评定工程质量等级的依据。技术标准按其适用范围分为国家标准、部标准、企业标准。这些标准必须按其适用范围严格执行。

企业工作标准是企业为高质量、高效益地完成施工生产，要求企业内部各部门以至每个职工保证自己的工作质量而应达到的标准，具体通过管理工作规程、工作守则、管理条例以及有关的规章制度进行企业的施工管理、技术管理、质量管理工作。

（2）质量情报工作。质量情报又称质量信息，是反映工程质量情况的各种数据、原始记录、统计报表、报告等的总称，起着及时反映质量因素和企业生产状态的作用。抓好质量情报工作应注意以下几点。

1）保证质量情报的准确、及时、全面。准确是质量情报的关键，假数据比没有数据更坏，因为根据假数据会做出不符合实际的结论。情报贵在及时反映现场的施工状态，不失时机地解决施工中的质量问题。情报还要全面，因为孤立的、片面的情报也不能反映施工的真实情况，是没有价值的。

2）做好各种资料、数据的收集、整理、分类归档工作。

（3）质量教育工作。质量教育工作意在提高职工的质量意识和技术水平，是一项加强质量管理的根本性基础工作。

质量教育的内容包括：质量意识教育，全面质量管理的知识、技术标准和管理标准；企业的方针目标；质量管理小组的活动程序和活动方法；专业技术和有关的文化科学知识教育。

（4）计量工作。计量工作是保证工程质量的重要工作，如果没有计量或计量不准确，就根本谈不上贯彻执行质量标准。

计量工作的主要内容是：配备齐全施工所需的量具、仪器，保证量具和仪器设备质量稳定、量度准确、操作灵便，使用先进的操作技术等。

（5）质量责任制。通过质量责任制将质量管理的各项目标进行层层分解，落实到企业每一个部门、每一个班组和每一个人，使质量工作事事有人管，人人有岗位，办事有标准，工作有考核，形成切实可行、完整有效的质量保证体系，以保证施工质量稳步提高。

（6）质量管理小组（QC 小组）。班组建立的 QC 小组，将质量责任制落到实处，并针对施工中的质量目标进行集体攻关。因此，QC 小组是开展全面质量管理的基础，是抓好班组质量工作，提高施工质量的重要保证。

2. 组建 QC 小组并开展活动

QC 小组的建立主要抓好以下工作：

（1）组建小组。结合本企业特点组建，一般有按工种班组建立和建立各专业工种的联合小组两种方式。

（2）人员组成。人数以 3～10 人为宜，应吸收技术骨干和积极分子参加，采取自愿结合的形式，要求组员有较高的质量意识、技术水平和事业心，努力学习、勇于探索。

（3）注册登记。QC 小组成立后，应向上级质量管理部门登记注册，以便上级掌握小组的基本情况、所选的课题、成果水平等。企业的各级领导应积极支持 QC 小组开展工作。

1）QC 小组的活动要点一般有以下几点：

① 小组的活动要建立在统计方法、信息反馈的科学管理上，要有明确的目标、计划、实施方法、检查和总结的科学程序。

② 小组的活动要建立健全考核制度，用数据和图表说话，克服“差不多”的不科学方法。

③ 小组要根据现实的质量问题有针对性地选好课题。

④ 小组活动应经常化、制度化，不断完善和提高。

2）QC 小组的活动内容包括以下主要方面：

① 定期学习全面质量管理的基本理论和实施方法。

② 开展经常化的日常质量管理活动，组织自检、互检，定期定量分析质量动态，以及组织质量攻关和技术改革活动。

③ 苦练基本功，不断提高专业技术水平。

④ 发现质量问题，及时分析原因，研究解决办法，并加以实施。

⑤ 做好日常原始数据和图表的记录与绘制。

⑥ 提出小组的经验总结报告，进行同级和上级的经验交流活动。

3）QC 小组一般按以下程序开展工作：

① 选定课题，确定目标。选题应有针对性，可根据企业的

发展目标和发展规划来选，也可以根据施工中的关键、薄弱环节来选。选题应从提高质量、降低成本、提高效益、安全文明等方面考虑。

② 调查分析，制定方案。课题选定以后，应对课题的现状进行调查分析，找出问题及症结所在，从而制定出有针对性的、切实可行的实施方案。

③ 根据方案组织实施。方案制定以后，要组织贯彻执行。在实施过程中，还应根据具体情况，对计划进行必要的调整、完善和补充，并做好记录。

④ 检查课题开展的效果。实施过程中以自检为主，方案完成后以专检为主，检查问题解决的程度。

⑤ 总结经验，写出 QC 成果报告。总结的目的在于：一是检查小组活动的质量，找出不足并提出改进意见；二是发表成果、交流经验。

成果报告应简单明了，重点突出，分析精要，不回避存在的问题。

4）成果报告的要点如下：

① 情况简介。

② 选题理由。

③ 因果分析。

④ 对策实施。

⑤ 效果检查。

⑥ 巩固措施。

⑦ 存在问题和今后的打算。

QC 成果的发表，是检验 QC 小组活动的机会和主要形式。因此，各单位、各部门召开成果发布会时，有关领导和人员应积极参加，并组织对成果的鉴定，对成绩突出者给予奖励，以促进 QC 小组活动积极深入开展。

11 脚手架工程常用数据

11.1 基础资料

（1）法定计量单位见表11.1.1。

表 11.1.1 法定计量单位

量的名称	单位名称	符号	换算关系
长度	米 分米 厘米 毫米	m dm cm mm	1m＝10dm ＝100cm ＝1000mm
质量（重量）	千克（公斤） 吨	kg t	1t＝1000kg
体积	升	L、l	$1L=1dm^3$ $=1000cm^3$
时间	秒 分 时 天	s min h d	1min＝60s 1h＝60min 1d＝24h
电流	安	A	
电压	伏	V	
功率	瓦	W	
平面角	秒 分 度	″ ′ °	1′＝60″ 1°＝60′
旋转速度	转/分	r/min	
频率	赫	Hz	

(2)法定计量单位与习惯用非法定计量单位的换算见表11.1.2。

表 11.1.2 法定计量单位与习惯用非法定计量单位的换算

量的名称	习用计量单位		法定计量单位		换算关系
	名称	符号	名称	符号	
力	千克力（公斤力）	kgf	牛	N	1kgf=9.80665N
	吨力	tf	千牛	kN	1tf=9.80665kN
线分布力	千克力每米	kgf/m	牛每米	N/m	1kgf/m=9.80665N/m
面分布力、压强	千克力每平方米	kgf/m^2	牛每平方米(帕)	N/m^2（Pa）	$1kgf/m^2$=9.80665Pa（N/m^2）
	吨力每平方米	tf/m^2	千牛每平方米 千帕	kN/m^2（kPa）	$1tf/m^2$=9.80665 kN/m^2（kPa）
应力、强度	千克力每平方毫米	kgf/mm^2	牛每平方毫米（兆帕）	N/mm^2（MPa）	$1kgf/mm^2$ = 9.80665 N/mm^2（MPa）
	千克力每平方厘米	kgf/cm^2	兆帕	MPa	$1kgf/cm^2$=0.0980665 N/mm^2（MPa）
弹性模量	千克力每平方厘米	kgf/cm^2	兆帕	MPa	$1kgf/cm^2$=0.0980665（MPa）
力矩、弯矩、扭矩	千克力米	kgf·m	牛·米	N·m	1kgf·m=9.80665 N·m
	吨力米	tf·m	千牛·米	kN·m	1 tf·m=9.80665 kN·m

（3）常用长度单位换算见表11.1.3。

表 11.1.3 常用长度单位换算

单位	公制				市制		英美制			
	毫米（mm）	厘米（cm）	米（m）	公里（km）	市尺	市里	英寸（in）	英尺（ft）	码（yd）	英里（mile）
1毫米	1	0.1	0.001		0.003		0.03937	0.00328	0.00109	
1厘米	10	1	0.01	0.00001	0.03	0.00002	0.3937	0.0328	0.0109	
1米	100	100	1	0.001	3	0.002	39.3721	3.2808	1.0936	0.0006
1公里	1000000	100000	1000	1	3000	2		3280.8398	1093.6132	0.6214

续表 11.1.3

单位	公制				市制		英美制			
	毫米（mm）	厘米（cm）	米（m）	公里（km）	市尺	市里	英寸（in）	英尺（ft）	码（yd）	英里（mile）
1 市尺	333.3333	33.3333	0.3333	0.0003	1	0.0007	13.1234	1.0936	0.3645	0.0002
1 市里	500000	50000	500	0.5000	1500	1	19685.0	1640.4	546.8	0.3107
1 英寸	25.4	2.54	0.0254		0.0762	0.0001	1	0.0833	0.0278	
1 英尺	304.8	30.48	0.3048	0.0003	0.9144	0.0006	12	1	0.3333	0.0002
1 码	914.4	91.44	0.9144	0.0009	2.7432	0.0018	36	3	1	0.0006
1 英里		160934	1609.34	1.6093	4824.02	3.2186	63360	5280	1760	1

（4）常用重量单位换算见表 11.1.4。

表 11.1.4 常用重量单位换算

单位	公制			市制			英美制			
	克（g）	千克（kg）	吨（t）	市两	市斤	市担	盎司（floz）	磅（lb）	美吨（sh·tn）	英吨（ton）
1 克	1	0.001		0.02	0.002		0.0353	0.0022		
1 公斤	1000	1	0.001	20	2	0.02	35.274	2.2046		
1 吨		1000	1		2000	20	35274	2204.6	1.1023	0.9842
1 市两	50	0.05		1	0.1		1.7637	0.1102		
1 市斤	500	0.5		10	1	0.01	17.637	1.1023		
1 市担		50	0.05	1000	100	1	1763.7	110.23	0.0551	0.0492
1 盎司	28.35	0.0234		0.567	0.0567		1	0.0625		
1 磅	453.5	0.4536		9.072	0.9072		16	1		
1 美吨		907.19	0.9072		1814.4	18.144		2000	1	0.8929
1 英吨		1016	1.016		2032.1	20.321		2240	1.12	1

（5）常用面积单位换算见表 11.1.5。

（6）常用体积、容积单位换算见表 11.1.6。

表 11.1.5 常用面积单位换算

单位	公制				市制		英美制				
	平方米（m^2）	公亩（a）	公顷（ha）	平方公里（km^2）	平方市尺	市亩	平方英尺（ft^2）	平方码（yd^2）	英亩（acre）	美亩	平方英里（$nule^2$）
1 平方米	1	0.01	0.001		9	0.0015	10.7639	1.19600	0.00025	0.00025	
1 公亩	100	1	0.01	0.0001	900	0.15	1076.39	119.6	0.02471	0.02471	0.00004
1 公顷	10000	100	1	0.01	90000	15	1076.39	11960	2.47106	2.47104	0.00386
1 平方公里		10000	100	1	9000000	1500	10763900	1163000	247.106	247.104	0.3858
1 平方尺	0.11111	0.00111	0.00011		1	0.00017	1.19598	0.13289	0.00003	0.00003	
1 市亩	666.666	6.66667	0.06667	0.00067	6000	1	7175.9261	793.34	0.16441	0.16474	0.00026
1 平方英尺	0.0929	0.00093	0.00009		,0.8361	0.000139	1	0.11111	0.00002	0.00002	
1 平方码	0.83612	0.00836	0.00084		7.52508	0.00125	8.99991	1	0.00021	0.00021	
1 英亩	4046.85	40.4685	0.40469	0.00405	36421.6	6.07029	43559.888	4840.0346	1	0.99999	0.00157
1 美亩	4046.87	40.4687	0.40469	0.00405	36421.8	6.07037	43560.105	4840.0588	1.000005	1	0.00157
1 平方英里	2589984	25899.84	259.067	2.592	23309856	3884.986	27878188	3097606.6	640	639.9936	1

表 11.1.6　常用体积、容积单位换算

单位	公制			市制			英美制			
	立方厘米（cm^3）	升（L）	立方米（m^3）	立方市尺	市斗	市石	立方英寸（in^3）	立方英尺（ft^3）	蒲式耳（bu）	加仑
1 立方厘米	1	0.001	0.000001	0.000027	0.0001	0.00001	0.061024	0.000035	0.000028	0.000264
1 升	1000	1	0.001	0.027	0.01	0.01	61.0237	0.035	0.0283	0.264
1 立方米	1000000	1000	1	27	100	10	61023.7	35.000525	28.29975	263.9916
1 立方市尺	37037037	37.037037	0.037037	1	3.703704	0.370370	2260.137	1.30794	1.048148	9.777752
1 市斗	10000	10	0.01	0.27	1	0.1	610.237	0.35	0.282998	2.639999
1 市石	100000	100	0.1	2.7	10	1	6102.37	3.500004	2.82999	26.39999
1 立方英寸	16.387275	0.016387	0.000016	0.000442	0.001639	0.000164	1	0.00058	0.000464	0.004326
1 立方英尺	28571.428	28.571428	0.028571	0.761456	2.857143	0.285714	1728	1	0.828576	7.542857
1 蒲式耳	35335.689	35.335689	0.035336	0.954064	3.533569	0.353357	2156.31440	1.236750	1	9.328619
1 加仑	3787.8787	3.787879	0.003788	0.102273	0.378788	0.037879	231.160420	0.132576	0.107197	1

（7）建筑工程主要材料用量参考数据见表 11.1.7。

表 11.1.7　建筑工程主要材料用量参考数据（不含室外工程）

工程名称	结构类型	每平方米材料消耗			
		钢材（kg）	水泥（kg）	木材（m^3）	砖（块）
多层住宅	砖混	20～22	135～145	0.04～0.05	245～255
	内浇外砌	26～27	175～185	0.04～0.05	125～135
	全装配	32～33	225～235	0.04～0.05	40～45
高层住宅	内浇外挂	44～49	215～225	0.03～0.04	10～20
	框架	39～44	205～215	0.04～0.05	10～20
	滑升	49～54	215～225	0.04～0.05	10～20
	全装配	60～65	220～230	0.03～0.04	10～20
多层单宿	砖混	18～20	120～130	0.04～0.05	240～250
托幼	砖混	18～20	140～150	0.04～0.05	280～290
中小学	砖混	20～23	150～160	0.04～0.05	240～250
教学楼	砖混	23～26	160～170	0.04～0.05	250～260
	框架	45～50	210～230	0.04～0.05	10～20
图书馆	框架	40～50	210～230	0.05～0.06	50～70
办公楼	砖混	25～27	160～170	0.04～0.05	270～280
	框架 15层以下	55～65	210～220	0.05～0.06	10～20
	框架 16～20层	65～80	230～250	0.07～0.08	10～15
	框架 21～25层	80～95	260～280	0.08～0.09	5～10
	框架 26～30层	95～100	280～300	0.10～0.12	5～10
实验楼	砖混	27～30	170～180	0.05～0.06	260～270
	框架	50～55	220～240	0.06～0.07	10～20
医院	砖混	25～26	240～260	0.05～0.06	300～320
	框架	55～60	260～270	0.08～0.09	15～20
商业楼	砖混	26～28	160～180	0.05～0.06	220～240
	框架	50～55	230～250	0.06～0.07	15～20
书店	砖混	26～30	210～220	0.05～0.06	250～260
书库	砖混	28～30	150～160	0.04～0.05	120～130

续表 11.1.7

工程名称	结构类型	每平方米材料消耗			
		钢材（kg）	水泥（kg）	木材（m^3）	砖（块）
邮局	砖混	20～22	180～190	0.04～0.05	280～300
商店	砖混	18～20	180～190	0.04～0.05	270～280
旅馆	砖混	22～24	150～160	0.04～0.05	220～230
	框架	60～65	220～240	0.08～0.09	20～30
高层饭店	框架	85～95	270～300	0.09～0.10	10～15
淋浴室	砖混	20～22	150～160	0.04～0.05	280～300
外交公寓	砖混	25～28	170～190	0.07～0.08	240～260
礼堂	砖混	40～45	180～200	0.10～0.12	180～190
剧场	砖混	45～50	200～220	0.11～0.13	160～180
电影院	砖混	40～45	180～200	0.08～0.09	180～190
排演场	砖混	30～35	160～180	0.07～0.08	300～310
体育馆	砖混	55～65	220～240	0.10～0.12	160～180
锅炉房	砖混	18～20	170～190	0.03～0.04	400～500
变电室	砖混	16～18	180～190	0.04～0.05	350～400
加油站	砖混	55～60	300～320	0.09～0.10	500～600
铸工车间	吊车 20t 以内	45～50	200～220	0.04～0.05	
铸钢车间	吊车 30t 以内	55～60	140～150	0.06～0.07	
铸铁车间	吊车 30t 以内	50～55	150～160	0.07～0.08	
锻工车间	吊车 20t 以内	45～55	180～200	0.05～0.06	
金工车间	吊车 30t 以内	40～45	180～200	0.05～0.06	
	吊车 10t 以内	30～35	150～160	0.04～0.05	
汽车保养车间	吊车 15t 以内	35～45	180～200	0.05～0.06	
机修车间	吊车 10t 以内	35～45	160～170	0.05～0.06	
焊接车间	吊车 20t 以内	45～50	160～170	0.05～0.06	
电镀车间	吊车 20t 以内	35～45	150～160	0.04～0.05	
纺织车间	框架	40～45	170～190	0.06～0.07	
印染车间	框架	65～70	320～340	0.08～0.09	
服装加工车间	框架	25～30	160～180	0.05～0.06	
食品加工车间	框架	45～50	220～240	0.05～0.06	
木工车间	框架	20～25	120～140	0.04～0.05	

11.2 竹木脚手架

（1）单排木外脚手架构造参数见表 11.2.1。

表 11.2.1 单排木外脚手架构造参数

用 途	立杆间距（m）		操作层小横杆间距（m）	大横杆竖向步距（m）
	横 向	纵 向		
砌筑架	≤1.2	≤1.5	≤0.75	1.2～1.5
装饰架	≤1.2	≤18	≤1.0	≤1.8

（2）双排木外脚手架构造参数见表 11.2.2。

表 11.2.2 双排木外脚手架构造参数

用 途	内立杆轴线至墙面距离（m）	立杆间距（m）		操作层小横杆间距（m）	大横杆竖向步距（m）	小横杆朝墙方向的悬臂长（m）
		横向	纵向			
砌筑架	0.5	≤1.5	≤1.5	≤0.75	1.2～1.5	0.35～0.45
装饰架	0.5	≤1.5	≤1.8	≤1.0	≤1.8	0.35～0.45

注：砌筑架最下一层大横杆至地面的距离可增大到 1.8m。

（3）木满堂脚手架构造参数见表 11.2.3。

表 11.2.3 木满堂脚手架构造参数

用 途	立杆纵、横间距（m）	横杆竖向步距（m）	操作层支撑杆间距（m）	靠墙立杆离开墙面距离（m）
装饰架	≤2.0	≤1.8	≤1.0	0.5～0.6
结构架	≤1.5	≤1.4	≤0.75	根据需要定

（4）木挑脚手架构造参数表见表 11.2.4。

表 11.2.4 木挑脚手架构造参数

挑出形式	挑出墙外宽度（m）	斜杆纵向间距（m）	斜杆与墙面夹角
斜杆与横杆在同一层洞口挑出	≤1.0	≤1.2	≤30°
斜杆在下一层洞口或脚手眼和钢筋环上挑出	≤1.2	1.2～1.5	≤30°

（5）烟囱、水塔木脚手架构造参数见表 11.2.5。

表 11.2.5　烟囱、水塔木脚手架构造参数

里排立杆距构筑物边（m）	立杆间距（m）		操作层小横杆间距（m）	大横杆步距（m）
	横距	纵距		
0.4～0.5	≤1.5	≤1.4	≤1.0	≤1.2

（6）木上料平台架构造参数见表 11.2.6。

表 11.2.6　木上料平台架构造参数

立杆间距（m）		大横杆步距（m）	支撑架板的小横杆间距（m）
横向	纵向		
≤1.5	≤1.5	≤1.0	≤0.75

（7）竹满堂脚手架构造参数见表 11.2.7。

表 11.2.7　竹满堂脚手架构造参数

用途	立杆纵横间距（m）	横杆步距（m）	操作层搁栅间距（m）	靠墙立杆离开墙面距离（m）
一般装修	≤2.0	≤1.8	≤0.3	0.5～0.6
承重较大	≤1.5	≤1.4	≤0.25	根据需要定

（8）竹挑脚手架构造参数见表 11.2.8。

表 11.2.8　竹挑脚手架构造参数

形　式	挑出墙外宽度（m）	斜杆纵向间距（m）	斜杆与墙面夹角
斜杆与横杆在同一层洞口挑出	≤1.0	1.2	≤30°
斜杆在下一层洞口或脚手眼上挑出	≤1.2	1.2～1.5	≤30°

（9）竹烟囱、水塔脚手架构造参数见表 11.2.9。

表 11.2.9　竹烟囱、水塔脚手架构造参数

里排立杆距构筑物边（m）	立杆横距（m）	立杆纵距（m）	大横杆步距（m）
0.5	1.2	1.2～1.5	1.2

（10）竹上料平台架构造参数见表 11.2.10。

表 11.2.10 竹上料平台架构造参数

立杆间距（m）		大横杆步距（m）	支撑架板的小横杆间距（m）
横向	纵向		
≤1.5	≤1.5	≤1.0	≤0.75

（11）竹双排外脚手架构造参数见表 11.2.11。

表 11.2.11 竹双排外脚手架构造参数

用途	立杆至墙面距离（m）	立杆间距（m）		大横杆步距（m）	小横杆挑向墙面的悬臂（m）	搁栅间距（m）	操作层小横杆间距（m）
		横向	纵向				
砌筑	0.45～0.5	1.0～1.2	≤1.2	1.2	0.4	≤0.25	≤0.75
装饰	0.45～0.5	0.8～1.0	≤1.5	1.5～1.8	0.35～0.4	≤0.25	≤1.0

11.3 扣件式钢管脚手架

（1）单、双排脚手架立杆承受的每米结构自重标准值见表 11.3.1。

表 11.3.1 单、双排脚手架立杆承受的每米结构自重标准值

（单位：kN/m）

步距（m）	脚手架类型	纵距（m）				
		1.2	1.5	1.8	2.0	2.1
1.20	单排	0.1642	0.1793	0.1945	0.2046	0.2097
	双排	0.1538	0.1667	0.1796	0.1882	0.1925
1.35	单排	0.1530	0.1670	0.1809	0.1903	0.1949
	双排	0.1426	0.1543	0.1660	0.1739	0.1778
1.50	单排	0.1440	0.1570	0.1701	0.1788	0.1831
	双排	0.1336	0.1444	0.1552	0.1624	0.1660
1.80	单排	0.1305	0.1422	0.1538	0.1615	0.1654
	双排	0.1202	0.1295	0.1389	0.1451	0.1482
2.00	单排	0.1238	0.1347	0.1456	0.1529	0.1565
	双排	0.1134	0.1221	0.1307	0.1365	0.1394

注：ϕ48.3×3.6mm 钢管，扣件自重按表 11.3.3 采用，表内中间可按线性插入计算。

（2）满堂脚手架立杆承受的每米结构自重标准值见表 11.3.2。

表 11.3.2 满堂脚手架立杆承受的每米结构自重标准值

（单位：kN/m）

步距（m）	横距 l_b（m）	纵距（m）						
		0.6	0.9	1.0	1.2	1.3	1.35	1.5
0.6	0.4	0.1820	0.2086	0.2176	0.2353	0.2443	0.2487	0.2620
	0.6	0.2002	0.2273	0.2362	0.2543	0. 2633	0.2678	0.2813
0.9	0.6	0.1563	0.1759	0.1825	0.1955	0.2020	0.2053	0.2151
	0.9	0.1762	0.1961	0.2027	0.2160	0.2226	0.2260	0.2359
	1.0	0.1828	0.2028	0.2095	0.2226	0.2295	0.2328	0.2429
	1.2	0.1960	0.2162	0.2230	0.2365	0.2432	0.2466	0.2567
1.05	0.9	0.1615	0.1792	0.1851	0.1970	0.2029	0.2059	0.2148
1.20	0.6	0.1344	0.1503	0.1556	0.1662	0.1715	0.1742	0.1821
	0.9	0.1505	0.1666	0.1719	0.1827	0.1882	0.1908	0.1988
	1.0	0.1558	0.1720	0.1775	0.1883	0.1937	0.1961	0.2045
	1.2	0.1665	0.1829	0.1883	0.1993	0.2048	0.2075	0.2156
	1.3	0.1719	0.1883	0.1939	0.2049	0.2103	0.2130	0.2213
1.35	0.9	0.1419	0.1568	0.1617	0.1717	0.1766	0.1791	0.1865
1.50	0.9	0.1350	0.1489	0.1535	0.1628	0.1674	0.1697	0.1766
	1.0	0.1396	0.1536	0.1583	0.1675	0.1721	0.1745	0.1815
	1.2	0.1488	0.1629	0.1676	0.1770	0.1817	0.1840	0.1911
	1.3	0.1535	0.1676	0.1723	0.1817	0.1864	0.1887	0.1958
1.60	0.9	0.1312	0.1445	0.1489	0.1578	0.1622	0.1645	0.1711
	1.0	0.1356	0.1489	0.1534	0.1623	0.1668	0.1690	0.1757
	1.2	0.1445	0.1580	0.1624	0.1714	0.1759	0.1782	0.1849
1.8	0.9	0.1248	0.1371	0.1413	0.1495	0.1536	0.1556	0.1618
	1.0	0.1288	0.1413	0.1454	0.1537	0.1579	0.1599	0.1661
	1.2	0.1371	0.1496	0.1538	0.1621	0.1663	0.1683	0.1747

注：同表 11.3.1 注。

（3）满堂支撑架立杆承受的每米结构自重标准值见表 11.3.3。

表 11.3.3　满堂支撑架立杆承受的每米结构自重标准值

（单位：kN/m）

步距（m）	横距 l_b（m）	纵距（m）							
		0.4	0.6	0.75	0.9	1.0	1.2	1.35	1.5
0.6	0.4	0.1691	0.1875	0.2012	0.2149	0.2241	0.2424	0.2562	0.2699
	0.6	0.1887	0.2062	0.2201	0.2341	0.2438	0.2619	0.2758	0.2897
	0.75	0.2016	0.2203	0.2344	0.2484	0.2577	0.2765	0.2905	0.3045
	0.9	0.2155	0.2344	0.2486	0.2627	0.2722	0.2910	0.3052	0.3194
	1.0	0.2248	0.2438	0.2580	0.2723	0.2818	0.3008	0.3150	0.3292
	1.2	0.2434	0.2626	0.2770	0.2914	0.3010	0.3202	0.3346	0.3490
0.75	0.6	0.1636	0.1791	0.1907	0.2024	0.2101	0.2256	0.2372	0.2488
0.9	0.4	0.1341	0.1474	0.1574	0.1674	0.1740	0.1874	0.1973	0.2073
	0.6	0.1476	0.1610	0.1711	0.1812	0.1880	0.2014	0.2115	0.2216
	0.75	0.1557	0.1712	0.1814	0.1916	0.1984	0.2120	0.2221	0.2323
	0.9	0.1678	0.1815	0.1917	0.1020	0.2088	0.2328	0.2328	0.2430
	1.0	0.1745	0.1883	0.1986	0.1089	0.2158	0.2389	0.2398	0.2502
	1.2	0.1880	0.2019	0.2123	0.1227	0.2297	0.2540	0.2450	0.2644
1.05	0.9	0.1541	0.1663	0.1755	0.1846	0.1907	0.2121	0.2121	0.2212
1.20	0.4	0.1166	0.1274	0.1355	0.1436	0.1490	0.1679	0.1679	0.1760
	0.6	0.1275	0.1384	0.1466	0.1548	0.1603	0.1794	0.1794	0.1876
	0.75	0.1357	0.1467	0.1550	0.1632	0.1687	0.1880	0.1880	0.1962
	0.9	0.1439	0.1550	0.1633	0.1716	0.1771	0.1965	0.1965	0.2048
	1.0	0.1494	0.1605	0.1689	0.1772	0.1828	0.2023	0.2023	0.2106
	1.2	0.1603	0.1715	0.1800	0.1884	0.1940	0.2137	0.2137	0.2221
1.35	0.9	0.1359	0.1462	0.1538	0.1615	0.1666	0.1845	0.1845	0.1921
1.50	0.4	0.1061	0.1154	0.1224	0.1293	0.1340	0.1503	0.1503	0.1572
	0.6	0.1155	0.1249	0.1319	0.1390	0.1436	0.1601	0.1601	0.1671
	0.75	0.1225	0.1320	0.1391	0.1462	0.1509	0.1674	0.1674	0.1745
	0.9	0.1296	0.1391	0.1462	0.1534	0.1581	0.1748	0.1748	0.1819
	1.0	0.1343	0.1438	0.1510	0.1582	0.1630	0.1797	0.1797	0.18694
	1.2	0.1437	0.1437	0.1533	0.1606	0.1678	0.1726	0.1823	0.1968
	1.35	0.1507	0.1507	0.1604	0.1677	0.1750	0.1799	0.1896	0.20420
1.8	0.4	0.0991	0.1074	0.1136	0.1198	0.1240	0.1323	0.1385	0.1447
	0.6	0.1075	0.1158	0.1221	0.1284	0.1326	0.1409	0.1472	0.1535
	0.75	0.1137	0.1222	0.1285	0.1348	0.1390	0.1475	0.1538	0.1601
	0.9	0.1200	0.1285	0.1349	0.1412	0.1455	0.1540	0.1603	0.1667
	1.0	0.1242	0.1327	0.1391	0.1455	0.1498	0.1583	0.1647	0.1711
	1.2	0.1326	0.1412	0.1476	0.1541	0.1584	0.1670	0.1734	0.1799
	1.35	0.1389	0.1475	0.1540	0.1605	0.1648	0.1735	0.1800	0.1864
	1.5	0.1452	0.1539	0.1604	0.1669	0.1713	0.1800	0.1865	0.1930

注：同表 11.3.1 注。

（4）常用构配件与材料、人员自重见表11.3.4。

表11.3.4 常用构配件与材料、人员自重

名称		单位	自重	备注
扣件	直角扣件	N/个	13.2	—
	旋转扣件		14.6	
	对接扣件		18.4	
人		N	800～850	—
灰浆车、砖车		kN/辆	2.04～2.50	—
普通砖 240mm×115mm×53mm		kN/m³	18～19	684块/m³，湿
灰砂砖		kN/m³	18	砂：石灰＝92：8
瓷面砖 150mm×150mm×8mm		kN/m³	17.8	5556块/m³
陶瓷锦砖（马赛克）δ＝5mm		kN/m³	0.12	—
石灰砂浆、混合砂浆		kN/m³	17	—
水泥砂浆		kN/m³	20	
素混凝土		kN/m³	22～24	—
加气混凝土		kN/块	5.5～7.5	—
泡沫混凝土		kN/m³	4～6	—

（5）敞开式单、双排、满堂脚手架与满堂支撑架的挡风系数见表11.3.5。

表11.3.5 敞开式单、双排、满堂脚手架与满堂支撑架的挡风系数

步距（m）	纵距（m）										
	0.4	0.6	0.75	0.9	1.0	1.2	1.3	1.35	1.5	1.8	2.0
0.60	0.260	0.212	0.193	0.180	0.173	0.164	0.160	0.158	0.154	0.148	0.144
0.75	0.241	0.192	0.173	0.161	0.154	0.144	0.141	0.139	0.135	0.128	0.125
0.90	0.228	0.180	0.161	0.148	0.141	0.132	0.128	0.126	0.122	0.115	0.112
1.05	0.219	0.171	0.151	0.138	0.132	0.122	0.119	0.117	0.113	0.106	0.103
1.20	0.212	0.164	0.144	0.132	0.125	0.115	0.112	0.110	0.106	0.090	0.096
1.35	0.207	0.158	0.139	0.126	0.120	0.110	0.106	0.105	0.100	0.094	0.091
1.50	0.202	0.154	0.135	0.122	0.115	0.106	0.102	0.100	0.096	0.090	0.086
1.60	0.200	0.152	0.132	0.119	0.113	0.103	0.100	0.098	0.094	0.087	0.084
1.80	0.1959	0.148	0.128	0.115	0.109	0.099	0.096	0.094	0.090	0.083	0.080
2.00	0.1927	0.144	0.125	0.112	0.106	0.096	0.092	0.091	0.086	0.080	0.077

注：采用ϕ48.3×3.6mm钢管。

（6）轴心受压构件的稳定系数φ（Q23511 钢）见表 11.3.6。

表 11.3.6 轴心受压构件的稳定系数φ（Q23511 钢）

λ	0	1	2	3	4	5	6	7	8	9
0	1.000	0.997	0.995	0.992	0.989	0.987	0.984	0.981	0.979	0.976
10	0.974	0.971	0.968	0.966	0.963	0.960	0.958	0.955	0.952	0.949
20	0.947	0.944	0.941	0.938	0.936	0.933	0.930	0.927	0.924	0.921
30	0.918	0.915	0.912	0.909	0.906	0.903	0.899	0.896	0.893	0.889
40	0.886	0.882	0.879	0.875	0.872	0.868	0.864	0.861	0.858	0.855
50	0.852	0.849	0.846	0.843	0.839	0.836	0.832	0.829	0.825	0.822
60	0.818	0.814	0.810	0.806	0.802	0.797	0.793	0.789	0.784	0.779
70	0.775	0.770	0.765	0.760	0.755	0.750	0.744	0.739	0.733	0.728
80	0.722	0.716	0.710	0.704	0.698	0.692	0.686	0.680	0.673	0.667
90	0.661	0.654	0.648	0.641	0.634	0.626	0.618	0.611	0.603	0.595
100	0.588	0.580	0.573	0.566	0.558	0.551	0.544	0.537	0.530	0.523
110	0.516	0.509	0.502	0.496	0.489	0.483	0.476	0.470	0.464	0.458
120	0.452	0.446	0.440	0.434	0.428	0.423	0.417	0.412	0.406	0.401
130	0.396	0.391	0.386	0.381	0.376	0.371	0.367	0.362	0.357	0.353
140	0.349	0.344	0.340	0.336	0.332	0.328	0.324	0.320	0.316	0.312
150	0.308	0.305	0.301	0.298	0.294	0.291	0.287	0.284	0.281	0.277
160	0.274	0.271	0.268	0.265	0.262	0.259	0.256	0.253	0.251	0.248
170	0.245	0.243	0.240	0.237	0.235	0.232	0.230	0.227	0.225	0.223
180	0.220	0.218	0.216	0.214	0.211	0.209	0.207	0.205	0.203	0.201
190	0.199	0.197	0.195	0.193	0.191	0.189	0.188	0.186	0.184	0.182
200	0.180	0.179	0.177	0.175	0.174	0.172	0.171	0.169	0.167	0.166
210	0.164	0.163	0.161	0.160	0.159	0.157	0.156	0.154	0.153	0.152
220	0.150	0.149	0.148	0.146	0.145	0.144	0.143	0.141	0.140	0.139
230	0.138	0.137	0.136	0.135	0.133	0.132	0.131	0.130	0.129	0.128
240	0.127	0.126	0.125	0.124	0.123	0.122	0.121	0.120	0.119	0.118
250	0.117	—	—	—	—	—	—	—	—	—

注：当$\lambda>250$时，$\varphi=7320/\lambda^2$。

（7）钢管截面几何特性见表 11.3.7。

（8）满堂脚手架立杆计算长度系数μ见表 11.3.8。

（9）满堂支撑架（剪刀撑设置普通型）立杆计算长度系数μ_1见表 11.3.9。

表 11.3.7 钢管截面几何特性

外径ϕ，d	壁厚 t	截面积 A（cm^2）	惯性矩 I（cm^4）	截面模量 W（cm^3）	回转半径 i（cm）	每米长质量（kg/m）
mm						
48.3	3.6	5.06	12.71	5.26	1.59	3. 97

表 11.3.8 满堂脚手架立杆计算长度系数μ

步距（m）	立杆间距（m）			
	1.3×1.3	1.2×1.2	1.0×1.0	0.9×0.9
	高宽比不大于 2			
	最少跨数 4	最少跨数 4	最少跨数 4	最少跨数 4
1.8		2.176	2.079	2.017
1.5	2.569	2.505	2.377	2.335
1.2	3.011	2.971	2.825	2.758
0.9			3.571	3.482

注：1. 步距两级之间计算长度系数按线性插入值。

2. 立杆间距两级之间，纵向间距与横向间距不同时，计算长度系数按较大间距对应的计算长度系数取值。立杆间距两级之间值，计算长度系数取两级对应的较大μ值，要求高宽比相同。

3. 高宽比超过表中规定时，应按《建筑施工扣件式钢管脚手架安全技术规范》（JGJ 130－2011）第 6.8.6 条执行。

表 11.3.9 满堂支撑架（剪刀撑设置普通型）立杆计算长度系数μ_1

步距（m）	立 杆 间 距（m）											
	1.2×1.2		1.0×1.0		0.9×0.9		0.75×0.75		0.6×0.6		0.4×0.4	
	高宽比不大于 2								高宽比不大于 2.5			
	最少跨数 4		最少跨数 4		最少跨数 5		最少跨数 5		最少跨数 5		最少跨数 8	
	a=0.5	a=0.2	a=0.5	a=0.2	a=0.5	a=0.2	a=0.5	a=0.2	a=0.5	a=0.2	a=0.5	a=0.2
1.8	—	—	1.165	1.432	1.131	1.388	—	—	—	—	—	—
1.5	1.298	1.649	1.241	1.574	1.215	1.540	—	—	—	—	—	—
1.2	1.403	1.869	1.352	1.799	1.301	1.719	1.257	1.699	—	—	—	—
0.9	—	—	1.532	2.153	1.473	2.066	1.422	2.005	1.599	2.251	—	—
0.6	—	—	—	—	1.699	2.622	1.629	2.526	1.839	2.846	1.839	2.846

注：1. 同表 11.3.8 注 1、注 2。

2. 立杆间距 0.9m×0.6 m 计算长度系数，同立杆间距 0.75m×0.75m 计算长度系数，高宽比不变，最小宽度 1.2m。

3. 高宽比超过表中规定时，应按《建筑施工扣件式钢管脚手架安全技术规范》（JGJ 130—2011）第 6.9.7 条执行。

（10）满堂支撑架（剪刀撑设置加强型）立杆计算长度系数 μ_1 见表 11.3.10。

表 11.3.10　满堂支撑架（剪刀撑设置加强型）立杆计算长度系数 μ_1

步距（m）	立杆间距（m）											
	1.2×1.2		1.0×1.0		0.9×0.9		0.75×0.75		0.6×0.6		0.4×0.4	
	高宽比不大于 2								高宽比不大于 2.5			
	最少跨数 4		最少跨数 4		最少跨数 5		最少跨数 5		最少跨数 5		最少跨数 8	
	a=0.5	a=0.2	a=0.5	a=0.2	a=0.5	a=0.2	a=0.5	a=0.2	a=0.5	a=0.2	a=0.5	a=0.2
1.8	1.099	1.355	1.059	1.305	1.031	1.269	—	—	—	—	—	—
1.5	1.174	1.494	1.123	1.427	1.091	1.386	—	—	—	—	—	—
1.2	1.269	1.685	1.233	1.636	1.204	1.596	1.168	1.546	—	—	—	—
0.9	—	—	1.377	1.940	1.352	1.903	1.285	1.806	1.294	1.818	—	—
0.6	—	—	—	—	1.556	2.395	1.477	2.281	1.497	2.300	1.497	2.300

注：同表 11.3.9 注。

（11）满堂支撑架（剪刀撑设置普通型）立杆计算长度系数 μ_2 见表 11.3.11。

表 11.3.11　满堂支撑架（剪刀撑设置普通型）立杆计算长度系数 μ_2

步距（m）	立杆间距（m）					
	1.2×1.2	1.0×1.0	0.9×0.9	0.75×0.75	0.6×0.6	0.4×0.4
	高宽比不大于 2				高宽比不大于 2.5	
	最少跨数 4	最少跨数 4	最少跨数 5	最少跨数 5	最少跨数 5	最少跨数 8
1.8		1.750	1.697			
1.5	2.089	1.993	1.951			
1.2	2.492	2.399	2.292	2.225		
0.9		3.109	2.985	2.896	3.251	
0.6			4.371	4.211	4.744	4.744

注：同表 11.3.9 注。

（12）满堂支撑架（剪刀撑设置加强型）立杆计算长度系数 μ_2 见表 11.3.12。

表 11.3.12 满堂支撑架（剪刀撑设置加强型）立杆计算长度系数μ_2

步距（m）	立杆间距（m）					
	1.2×1.2	1.0×1.0	0.9×0.9	0.75×0.75	0.6×0.6	0.4×0.4
	高宽比不大于 2				高宽比不大于 2.5	
	最少跨数 4	最少跨数 4	最少跨数 5	最少跨数 5	最少跨数 5	最少跨数 8
1.8	1.656	1.595	1.551			
1.5	1.893	1.808	1.755			
1.2	2.247	2.181	2.128	2.062		
0.9		2.802	2.749	2.608	2.626	
0.6			3.991	3.806	3.833	3.833

（13）构配件质量检查表见表 11.3.13。

表 11.3.13 构配件质量检查表

项　目	要　求	抽检数量	检查方法
钢管	应有产品质量合格证、质量检验报告	750 根为一批，每批抽取 1 根	检查资料
	钢管表面应平整光滑，不应有裂缝、结疤、分层、错位、硬弯、毛刺、压痕、深的划道及严重锈蚀等缺陷；严禁打孔；钢管使用前必须涂刷防锈漆	全数	目测
钢管外径及壁厚	外径 48.3mm，允许偏差±0.5mm；壁厚 3.6mm，允许偏差±0.36；最小壁厚 3.24mm	3%	游标卡尺测量
扣件	应有生产许可证、质量检验报告、产品质量合格证、复试报告	《钢管脚手架扣件》（GB 15831—2006）规定	检查资料
	不允许有裂缝、变形、螺栓滑丝；扣件与钢管接触部位不应有氧化皮；活动部位应能灵活转动，旋转扣件两旋转面间隙应小于 1mm；扣件表面应进行防锈处理	全数	目测
扣件螺栓拧紧扭力矩	扣件螺栓拧紧扭力矩应不小于且应不大于 65 N·m	按规范 8.2.5 条	
可调托撑	可调托撑受压承载力设计值应不小于 40kN，应有产品质量合格证、质量检验报告	3%	检查资料

续表 11.3.13

项　目	要　求	抽检数量	检查方法
可调托撑	可调托撑螺杆外径应不小于 36mm，可调托撑螺杆与螺母旋合长度不少于 5 扣，螺母厚度不小于 30mm，插入立杆内的长度不小于 150mm，支托板厚不小于 5mm，变形不大于 1mm，螺杆与支托板焊接要牢固，焊缝高度不小于 6mm	3%	游标卡尺钢板尺测量
	支托板、螺母有裂缝的严禁使用	全数	目测
脚手板	新冲压钢脚手板应有产品质量合格证		检查资料
	冲压钢脚手板板面挠曲不大于 12mm（$l \leq 4m$）或不大于 16mm（$l > 4m$）；板面扭曲不大于 5mm（任一角翘起）	3%	钢板尺
	不得有裂纹、开焊与硬弯；新、旧脚手板均应涂防锈漆	全数	目测
	木脚手板材质应符合现行国家标准《木结构设计规范》（GB 50005—2003）中$Ⅱ_a$级材质的规定，扭曲变形、劈裂、腐朽的脚手板不得使用	全数	目测
	木脚手板的宽度不宜小于 200mm，厚度应不小于 50mm；板厚允许偏差-2mm	3%	钢板尺
	竹脚手板宜采用由毛竹或楠竹制作的竹串片板、竹笆板	全数	目测
	竹串片脚手板宜采用螺栓将并列的竹片串联而成。螺栓直径宜为 3～10mm，螺栓间距宜为 500～600mm，螺栓离板端宜为 200～250mm，板宽宜为 250mm，板长 2000mm、2500mm、3000mm	3%	钢板尺

11.4 门式钢管脚手架

（1）MF1219 系列门架几何尺寸及杆件规格见表 11.4.1。

（2）MF0817、MF1017 系列门架几何尺寸及杆件规格见表 11.4.2。

（3）扣件规格及重量见表 11.4.3。

表 11.4.1　MF1219 系列门架几何尺寸及杆件规格

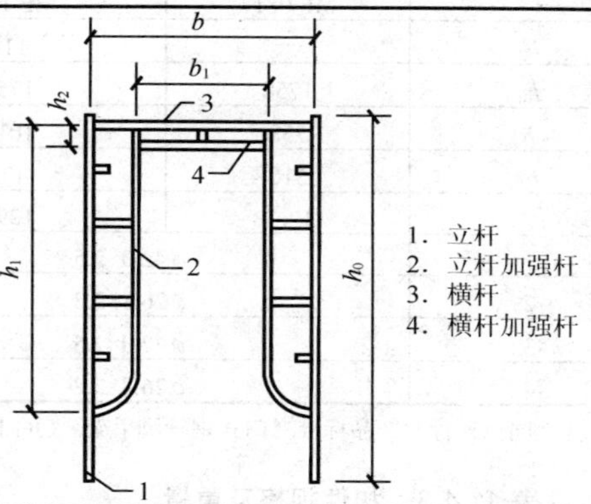

1. 立杆
2. 立杆加强杆
3. 横杆
4. 横杆加强杆

门架代号		MF 1219	
门架几何尺寸（mm）	h_2	80	100
	h_0	1930	1900
	b	1219	1200
	b_1	750	800
	h_1	1536	1550
杆件外径壁厚（mm）	1	ϕ42.0×2.5	ϕ48.0×3.5
	2	ϕ26.8×2.5	ϕ26.8×2.5
	3	ϕ42.0×2.5	ϕ48.0×3.5
	4	ϕ26.8×2.5	ϕ26.8×2.5

注：表中门架代号含义同现行行业产品标准《门式钢管脚手架》JG 13—1999。

表 11.4.2　MF0817、MF1017 系列门架几何尺寸及杆件规格

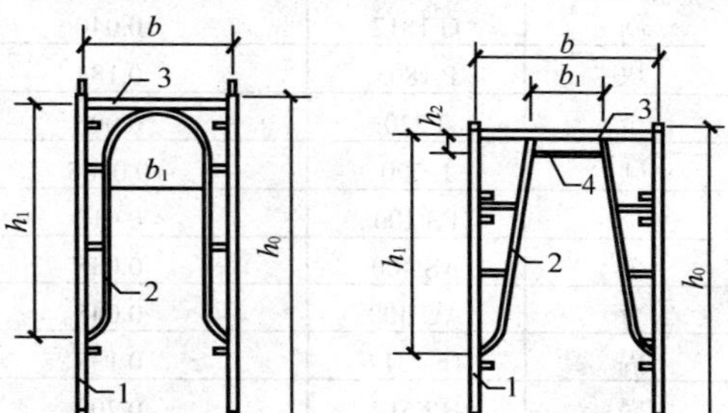

MF0817　　MF1017

1. 立杆
2. 立杆加强杆
3. 横杆
4. 横杆加强杆

续表 11.4.2

门架代号		MF 0817	MF 1017
门架几何尺寸（mm）	h_2	—	114
	h_0	1750	1750
	b	758	1018
	b_1	510	402
	h_1	1260	1291
杆件外径壁厚（mm）	1	ϕ42.0×2.5	
	2	ϕ26.8×2.2	
	3	ϕ42.0×2.5	
	4	ϕ26.8×2.2	

注：表中门架代号含义同现行行业产品标准《门式钢管脚手架》(JG 13—1999)。

表 11.4.3　扣件规格及重量

规格		重量（标准值）（kN/个）
直角扣件	GKZ48、GKZ48/42、GKZ42	0.0135
旋转扣件	GKU48、GKU48/42、GKU42	0.0145

（4）MF1219 系列门架、配件重量见表 11.4.4。

表 11.4.4　MF1219 系列门架、配件重量

名称	单位	代号	重量（标准值）（kN）
门架（ϕ42）	榀	MF 1219	0.224
门架（ϕ42）	榀	MF 1217	0.205
门架（ϕ48）	榀	MF 1219	0.270
交叉支撑	副	G 1812	0.040
脚手板	块	P 1805	0.184
连接棒	个	J 220	0.006
锁臂	副	L 700	0.0085
固定底座	个	FS 100	0.010
可调底座	个	AS 400	0.035
可调托座	个	AU 400	0.045
梯形架	榀	1F 1212	0.133
承托架	榀	B F617	0.209
梯子	副	S 1819	0.272

注：表中门架与配件的代号同现行行业产品标准《门式钢管脚手架》(JG 13—1999)。

（5）MF0817、MF1017系列门架、配件重量见表 11.4.5。

表 11.4.5　MF0817、MF1017 系列门架、配件重量

名称	单位	代号	重量（标准值）（kN）
门架	榀	MF 0817	0.153
门架	榀	MF 1017	0.165
交叉支撑	副	G 1812、G 1512	0.040
脚手板	块	P 1806、P 1804、P 1803	0.195、0.168、0.148
连接棒	个	J 220	0.006
安全插销	个	C 080	0.001
固定底座	个	FS 100	0.010
可调底座	个	AS 400	0.035
可调托座	个	AU 400	0.045
梯形架	榀	1F 1012、1F 1009、1F 1006	11.1、9.60、8.20
三角托	个	T 0404	0.209
梯子	副	S 1817	0.250

注：表中门架与配件的代号同现行行业产品标准《门式钢管脚手架》（JG 13—1999）。

（6）门式脚手架用钢管截面几何特性见表 11.4.6。

表 11.4.6　门式脚手架用钢管截面几何特性

钢管外径 d（mm）	壁厚 t（mm）	截面积 A（cm^2）	截面惯性矩 f（m^4）	截面模量 W（cm^3）	截面回转半径 i（cm）	每米长重量（标准值）（N/m）
51	3.0	4.52	13.08	5.13	1.67	35.48
48.0	3.5	4.89	12.19	5.08	1.58	38.40
42.7	2.4	3.04	6.19	2.90	1.43	23.86
42.4	2.6	3.25	6.40	3.05	1.41	25.52
42.4	2.4	3.02	6.05	2.86	1.42	23.68
42.0	2.5	3.10	6.08	2.83	1.40	24.34
34.0	2.2	2.20	2.79	1.64	1.13	17.25
27.2	1.9	1.51	1.22	0.89	0.90	11.85
26.9	2.6	1.98	1.48	1.10	0.86	15.58
26.9	2.4	1.83	1.40	1.04	0.87	14.50
26.8	2.5	1.91	1.42	1.06	0.86	14.99
26.8	2.2	1.70	1.30	0.97	0.87	13.35

（7）MF1219 系列一榀门架的稳定承载力设计值见表 11.4.7。

表 11.4.7　MF1219 系列一榀门架的稳定承载力设计值

门架代号		MF1219	
		ϕ42.0	ϕ48.0
门架高度 h_0（mm）		1930	1900
立杆加强杆高度 h_1（mm）		1536	1550
立杆换算截面回转半径 i（cm）		1.525	1.652
立杆长细比 λ	$H\leqslant 40$m	148	135
	$40<H\leqslant 55$m	154	140
立杆稳定系数 φ	$H\leqslant 40$m	0.316	0.371
	$40<H\leqslant 55$m	0.294	0.349
钢材强度设计值 f（N/mm^2）		205	205
门架稳定承载力设计值 N^d（kN）	$H\leqslant 40$m	40.16	74.38
	$40m<H\leqslant 55$m	37.37	69.97

注：1. 本表门架稳定承载力是根据表 11.4.1 的门架计算，当采用的门架几何尺寸及杆件规格与表 11.4.1 不符合时应另行计算。

2. 表中 H 代表脚手架搭设高度。

（8）MF0817、MF1017 系列一榀门架的稳定承载力设计值见表 11.4.8。

表 11.4.8　MF0817、MF1017 系列一榀门架的稳定承载力设计值

门架代号		MF0817	MF1017
		ϕ42.0	ϕ42.0
门架高度 h_0（mm）		1750	1750
立杆加强杆高度 h_1（mm）		1260	1291
立杆换算截面回转半径 i（cm）		4.428	1.507
立杆长细比 λ	$H\leqslant 40$m	138.71	136
	$40<H\leqslant 55$m	144.64	142
立杆稳定系数 φ	$H\leqslant 40$m	0.354	0.367
	$40<H\leqslant 55$m	0.329	0.340
钢材强度设计值 f（N/mm^2）		205	205
门架稳定承载力设计值 N^d（kN）	$H\leqslant 40$m	44.89	46.60
	$40m<H\leqslant 55$m	41.81	43.21

注：1. 本表门架稳定承载力是根据表 11.4.2 的门架计算，当采用的门架几何尺寸及杆件规格与表 11.4.2 不符合时应另行计算。

2. 表中 H 代表脚手架搭设高度。

（9）轴心受压构件的稳定系数φ（Q235 钢）见表 11.4.9。

表 11.4.9 轴心受压构件的稳定系数φ（Q235 钢）

λ	0	1	2	3	4	5	6	7	8	9
0	1.000	0.997	0.995	0.992	0.989	0.987	0.984	0.981	0.979	0.976
10	0.974	0.971	0.968	0.966	0.963	0.960	0.958	0.955	0.952	0.949
20	0.947	0.944	0.941	0.938	0.936	0.933	0.930	0.927	0.924	0.921
30	0.918	0.915	0.912	0.909	0.906	0.903	0.899	0.896	0.893	0.889
40	0.886	0.882	0.879	0.875	0.872	0.868	0.864	0.861	0.858	0.855
50	0.852	0.849	0.846	0.843	0.839	0.836	0.832	0.829	0.825	0.822
60	0.818	0.814	0.810	0.806	0.802	0.797	0.793	0.789	0.784	0.779
70	0.775	0.770	0.765	0.760	0.755	0.750	0.744	0.739	0.733	0.728
80	0.722	0.716	0.710	0.704	0.698	0.692	0.686	0.680	0.673	0.667
90	0.661	0.654	0.648	0.641	0.634	0.626	0.618	0.611	0.603	0.595
100	0.588	0.580	0.573	0.566	0.558	0.551	0.544	0.537	0.530	0.523
110	0.516	0.509	0.502	0.496	0.489	0.483	0.476	0.470	0.464	0.458
120	0.452	0.446	0.440	0.434	0.428	0.423	0.417	0.412	0.406	0.401
130	0.396	0.391	0.386	0.381	0.376	0.371	10.367	0.362	0.357	0.353
140	0.349	0.344	0.340	0.336	0.332	0.328	0.324	0.320	0.316	0.312
150	0.308	0.305	0.301	0.298	0.294	0.291	0.287	0.284	0.281	0.277
160	0.274	0.271	0.268	0.265	0.262	0.259	0.256	0.253	0.251	0.248
170	0.245	0.243	0.240	0.237	0.235	0.232	0.230	0.227	0.225	0.223
180	0.220	0.218	0.216	0.214	0.211	0.209	0.207	0.205	0.203	0.201
190	0.199	0.197	0.195	0.193	0.191	0.189	0.188	0.186	0.184	0.182
200	0.180	0.179	0.177	0.175	0.174	0.172	0.171	0.169	0.167	0.166
210	0.164	0.163	0.161	0.160	0.159	0.157	0.156	0.154	0.153	0.152
220	0.150	0.149	0.148	0.146	0.145	0.144	0.143	0.141	0.140	0.139
230	0.138	0.137	0.136	0.135	0.133	0.132	0.131	0.130	0.129	0.128
240	0.127	0.126	0.125	0.124	0.123	0.122	0.121	0.120	0.119	0.118
250	0.117	—	—	—	—	—	—	—	—	—

11.5 碗扣式钢管脚手架

（1）风压高度变化系数见表 11.5.1。

表 11.5.1 风压高度变化系数

离地面或海平面高度	地面粗糙类别			
	A	B	C	D
5	1.17	1.00	0.74	0.62
10	1.38	1.00	0.74	0.62
15	1.52	1.14	0.74	0.62
20	1.63	1.25	0.84	0.62
30	1.80	1.42	1.00	0.62
40	1.92	1.56	1.13	0.73
50	2.03	1.67	1.25	0.84
60	3.12	1.77	1.35	0.93
70	2.20	1.86	1.45	1.02
80	3.27	1.95	1.54	1.11
90	2.34	2.02	1.62	1.19
100	3.40	2.09	1.70	1.27
150	2.64	2.38	2.03	1.61
200	3.83	2.61	2.30	1.92
250	2.99	2.80	2.54	2.19
300	3.12	2.97	2.75	2.45
350	3.12	3.12	2.94	2.68
400	3.12	3.12	3.12	2.91
450	3.12	3.12	3.12	3.12

注：A 类指近海海面和海岛、海岸、湖岸及沙漠地区。

B 类指田野、乡村、丛林、丘陵以及房屋比较稀疏的乡镇和城市郊区。

C 类指有密集建筑群的城市市区。

D 类指有密集建筑群且房屋较高的城市市区。

（2）阵风系数见表 11.5.2。

表 11.5.2 阵风系数

离地面高度（m）	地面粗糙类别			
	A	B	C	D
5	1.69	1.88	2.30	3.21
10	1.63	1.78	2.10	2.76
15	1.60	1.72	1.99	2.54
20	1.58	1.69	1.92	2.39

续表 11.5.2

离地面高度（m）	地面粗糙类别			
	A	B	C	D
30	1.54	1.64	1.83	2.21
40	1.52	1.60	1.77	2.09
50	1.51	1.58	1.73	2.01
60	1.49	1.56	1.69	1.94
70	1.48	1.54	1.66	1.89
80	1.47	1.53	1.64	1.85
90	1.47	1.52	1.62	1.81
100	1.46	1.51	1.60	1.78
150	1.43	1.47	1.54	1.67
200	1.42	1.44	1.50	1.60
250	1.40	1.42	1.46	1.55
300	1.39	1.41	1.44	1.51

注：A、B、C、D 意义同 11.5.1。

（3）钢材的强度和弹性模量见表 11.5.3。

表 11.5.3　钢材的强度和弹性模量　（单位：N/mm^2）

Q235A 钢材抗拉、抗压和抗弯强度设计值	205
弹性模量	2.05×10^5

（4）钢管截面特性见表 11.5.4。

表 11.5.4　钢管截面特性

外径 F（mm）	壁厚 t（mm）	截面积 A（cm^2）	截面惯性矩 I（cm^4）	截面模量 W（cm^3）	回转半径 i（cm）
48	3.5	4.89	12.19	5.08	1.58

（5）Q235A 钢管轴心受压构件的稳定系数见表 11.5.5。

表 11.5.5　Q235A 钢管轴心受压构件的稳定系数

λ	0	1	2	3	4	5	6	7	8	9
0	1.000	0.997	0.995	0.992	0.989	0.987	0.984	0.981	0.979	0.976
10	0.974	0.971	0.968	0.966	0.963	0.960	0.958	0.955	0.952	0.949
20	0.947	0.944	0.941	0.938	0.936	0.933	0.930	0.927	0.924	0.921

续表 11.5.5

λ	0	1	2	3	4	5	6	7	8	9
30	0.918	0.915	0.912	0.909	0.906	0.903	0.899	0.896	0.893	0.889
40	0.886	0.882	0.879	0.875	0.872	0.868	0.864	0.861	0.858	0.855
50	0.852	0.849	0.846	0.843	0.839	0.836	0.832	0.829	0.825	0.822
60	0.818	0.814	0.810	0.806	0.802	0.797	0.793	0.789	0.784	0.779
70	0.775	0.770	0.765	0.760	0.755	0.750	0.744	0.739	0.733	0.728
80	0.722	0.716	0.710	0.704	0.698	0.692	0.686	0.680	0.673	0.667
90	0.661	0.654	0.648	0.641	0.634	0.626	0.618	0.611	0.603	0.595
100	0.588	0.580	0.573	0.566	0.558	0.551	0.544	0.537	0.530	0.523
110	0.516	0.509	0.502	0.496	0.489	0.483	0.476	0.470	0.464	0.458
120	0.452	0.446	0.440	0.434	0.428	0.423	0.417	0.412	0.406	0.401
130	0.396	0.391	0.386	0.381	0.376	0.371	0.367	0.362	0.357	0.353
140	0.349	0.344	0.340	0.336	0.332	0.328	0.324	0.320	0.316	0.312
150	0.308	0.305	0.301	0.298	0.294	0.291	0.287	0.284	0.281	0.277
160	0.274	0.271	0.268	0.265	0.262	0.259	0.256	0.253	0.251	0.248
170	0.245	0.243	0.240	0.237	0.235	0.232	0.230	0.227	0.225	0.223
180	0.220	0.218	0.216	0.214	0.211	0.209	0.207	0.205	0.203	0.201
190	0.199	0.197	0.195	0.193	0.191	0.189	0.188	0.186	0.184	0.182
200	0.180	0.179	0.177	0.175	0.174	0.172	0.171	0.169	0.167	0.166
210	0.164	0.163	0.161	0.160	0.159	0.157	0.156	0.154	0.153	0.152
220	0.150	0.149	0.148	0.146	0.145	0.144	0.143	0.141	0.140	0.139
230	0.138	0.137	0.136	0.135	0.133	0.132	0.131	0.130	0.129	0.128
240	0.127	0.126	0.125	0.124	0.123	0.122	0.121	0.120	0.119	0.118
250	0.117									

（6）不同组架单元组成的支撑架允许支撑荷载见表 11.5.6。

表 11.5.6 不同组架单元组成的支撑架允许支撑荷载

序号	框架单元尺寸（长×高×宽）（m）	单立杆允许荷载（kN/m^2）	横杆总长：立杆总长 η
1	0.90×0.90×1.20	37.0	（0.75～1.5）：1
2	0.90×1.20×1.20	27.8	（0.90～1.8）：1
3	0.90×1.50×1.20	22.2	（1.00～1.2）：1
4	0.90×1.80×1.20	18.5	（1.20～2.4）：1
5	1.20×0.90×1.20	20.8	（1.00～2.0）：1
6	120×120×120	16.7	（1.10～2.2）：1

续表 11.5.6

序号	框架单元尺寸 （长×高×宽）（m）	单立杆允许荷载 （kN/m²）	横杆总长：立杆总长 η
7	120×150×120	13.9	（1.30～2.5）：1
8	120×180×120	13.3	（1.30～2.5）：1
9	50×180×120	11.1	（1.40～2.8）：1
10	180×180×120	9.30	（1.50～3.0）：1
11	90×90×180	30.9	（0.50～1.0）：1
12	90×120×180	23.1	（0.60～1.2）：1
13	90×150×180	18.5	（0.70～1.4）：1
14	90×180×180	15.4	（0.80～1.5）：1
15	120×120×180	17.4	（0.70～1.4）：1
16	120×150×180	13.9	（0.80～1.7）：1
17	120×180×180	11.6	（0.80～1.7）：1
18	150×150×180	11.1	（0.80～1.7）：1
19	150×180×180	9.30	（0.90～1.8）：1
20	180×180×180	7.70	（1.00～2.0）：1

（7）不同支撑高度杆部件组合见表 11.5.7。

表 11.5.7 不同支撑高度杆部件组合

支撑高度（m）	可调高度（m）	立杆数量（根）		顶杆数量（根）		
		n_1LG－300 （3.0m）	n_2LG－180 （1.8m）	n_3LG－210 （2.10m）	n_4LG－150 （1.50m）	n_5LG－90 （0.90m）
1.57～2.17	0.07～0.67				1	
2.17～2.77	0.07～0.67			1		
2.77～3.37	0.07～0.67		1			1
3.37～3.97	0.07～0.67		1		1	
3.97～4.57	0.07～0.67	1	（1）	（1）		1
4.57～5.17	0.07～0.67	1			1	
5.17～5.77	0.07～0.67	1		1		
5.77～6.37	0.07～0.67	1	1			1
6.37～6.97	0.07～0.67	1	1		1	
6.97～7.57	0.07～0.67	2				1
7.57～8.17	0.07～0.67	2		1	1	
8.17～8.77	0.07～0.67	2				
8.77～9.37	0.07～0.67	2	1			1
9.37～9.97	0.07～0.67	2	1		1	
9.97～10.5	0.07～0.67	3				1

（8）碗扣式脚手架用量计算公式（1.8×1.2×1.8 框架）见表 11.5.8。

表 11.5.8 碗扣式脚手架用量计算公式（1.8×1.2×1.8 框架）

脚手架构件名称			构件型号	数量计算公式 A=宽度，B=高度（m）	B=20m，S=1000m² 数量	单重（kg）	总重（kg）	备注
基本框架构件		3m 立杆	LG-300	$(\frac{A}{0.9}+2)(B-1.8)\div 3$	350	17.3	6055	
		1.8m 立杆	LG-180	$\frac{A}{0.9}+2$	58	10.7	620	底层与 LC-300 交错布置，顶层补齐
		1.2m 横杆	HG-120	$(\frac{A}{1.8}+1)(\frac{B}{1.8}+1)$	337	5.2	1752	廊道横杆
		1.8m 横杆	HG-180	$\frac{A}{0.9}(\frac{B}{1.8}+1)$	673	7.5	5048	纵向横杆
		斜杆	XG-255	$\frac{AB}{3.24}$	309	7.5	2318	双侧对称隔框布置
		支座（可调座）	DZ-1	$\frac{A}{0.9}+2$	58	1.7	99	
		连墙撑	LC-1	$(\frac{A}{7.2}+1)(\frac{B}{5.4}+1)$	38	2.4	91	每四跨三层一个
		立杆连接销	LX-1	$(\frac{A}{0.9}+2)(\frac{B}{3}-0.6)$	350	0.18	63	
	廊道斜杆	一层作业	XG-216	$\frac{1}{2}(\frac{A}{1.8}+1)(\frac{B-50}{1.8}+1)$				负数不计
		二层作业	XG-216	$\frac{1}{2}(\frac{A}{1.8}+1)(\frac{B-28}{1.8}+1)$	0	0	0	负数不计
		三层作业	XG-216	$\frac{1}{2}(\frac{A}{1.8}+1)(\frac{B-18}{1.8}+1)$				负数不计
总计								16046kg
基本辅助构件	作业层一层	脚手板	JB-180	$\frac{A}{0.36}$	139	13.2	1835	包括挑梁脚手板
		窄挑梁	TL-30	$\frac{A}{1.8}+1$	29	1.7	49	挑向建筑
		横杆护栏	HG-180	$\frac{A}{0.9}$	56	7.5	420	作业层：2305kg

续表 11.5.8

脚手架构件名称			构件型号	数量计算公式 A=宽度，B=高度（m）	B=20m，S=1000m²			备注
					数量	单重（kg）	总重（kg）	
基本辅助构件	安全防护层一层	安全网支架	AJ-1	$\frac{A}{3.6}+1$	15	15.9	239	每二跨一副
		安全网	AW-1	$2.5A$	125m²			
		脚手板	JB-180	$\frac{A}{0.45}$	111	13.2	1465	
		连墙撑	LC-1	$\frac{A}{1.8}+2$	30	2.4	72	安全层：1776kg
	梯子框上至下一层	梯子	TZ-255	$\frac{B}{1.8}$	12	25.2	302	
		斜杆扶手	XG-255	$\frac{B}{0.9}$	23	7.5	173	
		横杆扶手	HG-180	$\frac{B}{0.45}$	45	7.5	338	
		间杆扶手	JG-120	$\frac{B}{0.9}$	23	6.4	147	
		转角脚手板	JB-120	$\frac{B}{0.9}$	23	9.2	212	梯子框：1172kg
	直角撑一个拐角		ZC-1	$\frac{B}{0.9}+2$	24	1.7	41	搭接直角拐角

（9）WDJ 碗扣式多功能脚手架荷载和层高见表 11.5.9。

表 11.5.9　WDJ 碗扣式多功能脚手架荷载和层高

脚手架层数	脚手架高度（m）	框架自重荷载（kN）		$N_1=0.56$ $N'_1=0.63$		防护层荷载 N_3（kN）	总荷载（$N_1+N_2+N_3+N_4$）（kN） 作业层荷载（N_2+N_4）			
		一层作业	二层作业	三层作业	四层作业		一层作业（0.84+5.83）6.67	二层作业（6.67×2）13.34	三层作业（6.67×3）20.01	四层作业（6.67×4）26.68
1	1.8	0.56	0.56	0.56	0.56	0	7.23	13.90	20.57	27.24
2	3.6	1.12	1.12	1.12	1.17△	0	7.79	14.46	21.13	27.85△
4	7.2	2.24	2.24	2.24	2.43△	0	8.91	15.58	22.25	29.11△

续表 11.5.9

脚手架层数	脚手架高度（m）	框架自重荷载（kN）		N_1=0.56 $N'1$=0.63		防护层荷载 N_3（kN）	总荷载（$N_1+N_2+N_3+N_4$）（kN） 作业层荷载（N_2+N_4）			
		一层作业	二层作业	三层作业	四层作业		一层作业（0.84+5.83）6.67	二层作业（6.67×2）13.34	三层作业（6.67×3）20.01	四层作业（6.67×4）26.68
6	10.8	3.36	3.36	3.36	3.69△	0.87	10.90	17.57	24.24	30.37△
8	14.4	4.48	4.48	4.48	4.95△	0.87	12.02	18.69	25.36	32.50△
10	18.0	5.60	5.60	5.67△	6.21△	0.87	13.14	19.81	26.55△	33.76△
12	21.6	6.72	6.72	6.93△	7.47△	1.74	15.13	21.80	28.68△	35.89△
14	25.2	7.84	7.84	8.19△	8.73△	1.74	16.25	22.92	29.94△	37.15△
16	28.8	8.96	8.96	9.45△	9.99△	1.74	17.37	24.04	31.20△	38.41△
18	32.4	10.08	10.15△	10.71△	11.25△	2.61	19.36	26.03△	33.33△	40.54△
20	36.0	11.20	11.41△	11.97△		2.61	20.48	27.36△	34.59△	限制层高
22	39.6	12.32	12.67△	13.23△		2.61	21.60	28.62△	35.85△	
24	43.2	13.44	13.93△	14.49△		3.48	23.59	30.75△	37.98△	
26	46.8	14.56	15.19△	15.75△		3.48	24.71	32.01△	38.37△	
28	50.4	15.75△	16.45△	17.01△		3.48	25.90	33.27△	40.05△	
30	54.0	17.01△	17.71△			4.35	28.03	35.40△	限制层高	
32	57.6	18.27△	18.97△			4.35	29.29	36.66△		
34	61.2	19.53△	20.23△			4.35	30.55	37.92△		
36	64.8	20.79△	21.49△			5.22	32.68	40.05△		
38	68.4	22.05△				5.22	33.94			
40	72.0	23.31△				5.22	35.20			
42	75.6	24.57△				6.09	37.33			
44	79.2	25.83△				6.09	38.59			
46	82.8	27.09△				6.09	39.85			
48	86.4					6.96	限制层高			

注：限制层高

1. 有△标记层位必须增加廊道斜杆。
2. 表中 N_1——单元框自重力，N'_1——带廊道斜杆，N_2——作业层附加构件重力，N_3——安全防护层附加构件重力，N_4——作业荷载。